全国高等农业院校计算机类与电子信息类“十三五”规划教材

数据库原理及应用

Principle and Application of Database

闫大顺　石玉强　主编

中国农业大学出版社

·北京·

内 容 简 介

本教材以关系数据库为核心，完整地论述了数据库的基本概念、基本原理和应用技术，力图使读者对数据库有一个全面、深入、系统的了解，为进一步从事数据库的应用、开发和研究奠定坚实的基础。本教材以当前流行的大型关系数据库 SQL SERVER 2014 作为演练平台，通过实例讲解，引导学生掌握理论方法的实际运用，不仅使学生由浅入深、循序渐进地掌握数据库技术的基本原理和基础知识，而且本教材中引入的许多数据库实用开发技术，可以培养学生具有较强的数据库综合应用开发能力。本书适合作为高等学校计算机科学与技术、软件工程、信息管理与信息系统、网络工程及其他相关专业的教材，也可供从事有关数据库应用开发工程技术人员阅读与参考。

图书在版编目(CIP)数据

数据库原理及应用／闫大顺，石玉强主编. —北京：中国农业大学出版社，2017.8(2018.6 重印)
ISBN 978-7-5655-1913-0

Ⅰ.①数…　Ⅱ.①闫…②石…　Ⅲ.①数据库系统　Ⅳ.①TP311.13

中国版本图书馆 CIP 数据核字(2017)第 199830 号

书　　名　数据库原理及应用
作　　者　闫大顺　石玉强　主编

策　　划　司建新　　　　**责任编辑**　冯雪梅
封面设计　郑　川
出版发行　中国农业大学出版社
社　　址　北京市海淀区圆明园西路 2 号　　　　**邮政编码**　100193
电　　话　发行部 010-62818525，8625　　　　读者服务部 010-62732336
　　　　　　编辑部 010-62732617，2618　　　　出　版　部 010-62733440
网　　址　http://www.cau.edu.cn/caup　　　　**E-mail** cbsszs @ cau.edu.cn
经　　销　新华书店
印　　刷　涿州市星河印刷有限公司
版　　次　2017 年 8 月第 1 版　　2018 年 6 月第 2 次印刷
规　　格　787×1 092　　16 开本　　19.75 印张　　490 千字
定　　价　49.00 元

前　言

数据是信息世界的基础性资源，数据在信息社会中愈发重要，数据已经成为企业、政府以及个人的重要资产。存储、使用和管理数据的数据库技术是当前发展最快、最受人关注、应用最广泛的科学技术之一。数据库已经渗透到信息技术的各个领域，成为现代计算机信息系统和应用系统开发的一项核心技术。在当今社会，不仅传统的商业管理和行政事务型应用已离不开数据库，那些实时、过程和控制的工程型应用领域也使用现代数据库。因此，人们越来越普遍地要求全面学习和掌握数据库的理论知识、系统技术、应用方法及其新发展。正是由于数据库具有重要的基础地位，数据库理论与技术已成为现代计算机科学和相关学科中的核心部分，所有计算机及其相关专业的学生都有必要掌握和熟悉数据库理论与技术。

本书详细介绍了关系数据库的基本概念、原理、方法和应用技术，是依据作者多年从事数据库的教学、研究、应用及 DBMS 开发工作积累的丰富经验，秉承拓宽基础、注重应用、提高能力的原则写成的。作者长期在教学第一线工作，教学经验丰富，对数据库的内容把握准确，并且多年来，一直从事数据库的设计、开发和研究工作，具有丰富的项目开发和数据库应用的实践经验。作者可以将数据库系统理论、实现和应用紧密结合在一起，并以分析的观点、实现的视角、应用的立场来进行讨论，使读者不仅能"知其然"，还能"知其所以然"，而且还能懂得"如何应用"。即本书不仅说明数据库系统"是什么"，同时分析"为什么"，还进一步讨论"如何做"。通过学习，读者能够达到会"用"数据库，设计数据库、管理数据库、开发数据库应用程序。本教材不仅包含了传统的数据库知识，还包含了支持非传统应用(如空间数据库、大数据、云数据)的现代数据库理论与技术。

本书力图全面、系统、深入地介绍数据库及其应用的相关知识，主要体现在以下三个方面：①概念清晰、知识体系完整，内容组织合理实用；②图文并茂，各个操作讲解详尽，项目示例贯穿全书；③内容讲解循序渐进，深入浅出，概念清晰，符合读者学习数据库课程的认识规律。

本书由闫大顺、石玉强任主编，史婷婷、赵爱芹、罗慧慧、刘涛、冯元勇任副主编。本书第 1 章由闫大顺编写，第 2 章由赵爱芹编写，第 3 章由石玉强编写，第 4 章由赵爱芹编写，第 5 章由罗慧慧编写，第 6 章由史婷婷编写，第 7 章由史婷婷、刘涛编写，第 8 章由闫大顺编写，第 9 章由石玉强、冯元勇、冯大春编写，全书由闫大顺、石玉强统一编排定稿。参加本书编写的还有刘双印、刘磊安、杨灵、王潇、黄明志、贺超波、杨继臣、黄裕峰、杨现丽、符志强、李晟、王俊红、吴志芳、陈勇、成筠等，他们对书稿提出了宝贵的意见，在此一并表示忠心的感谢！

尽管我们已经尽了各种努力来保证不出现错误，但是错误总是难免的，如果您在本书中找到了错误，请告诉我们，我们将非常感激。编者邮箱：ZHKUJSJ2005@163.com。

编　者

2017 年 6 月

目　　录

第 1 章　数据库概论

本章导读

人类社会已经进入信息时代，信息资源已成为重要战略资源，管理信息资源的信息系统已经成为企事业单位生产和发展的重要基础。数据库技术能够帮助用户更好地管理数据，可以提高进行数据存储、数据加工处理和信息搜索的效率。数据库技术已成为现代信息系统的核心和基础，为越来越重要的信息资源共享和高效使用提供技术保障。数据库已成为大家工作、学习、生活中不可缺少的重要组成部分。

学习目标

本章重点掌握数据库系统的基本概念、基本组成和基本功能。理解数据库的 ER 模型、常用数据模型。理解数据库的体系结构以及数据的独立性，了解数据库系统的应用和数据库管理技术的发展历程。

1.1　数据库系统概述

数据库系统(Database Systems，DBS)是指引入数据库技术的计算机系统，它包括数据库、数据库管理系统(Database Management System，DBMS)、数据库应用系统和用户等四个组成部分，用于完成数据存储、管理、处理和维护，如图 1-1 所示。

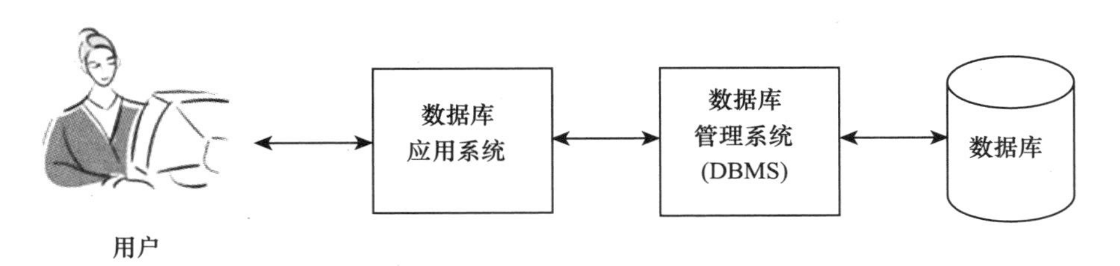

图 1-1　数据库系统的组成

1.1.1　信息与数据

很多情况下，人们不加区别地使用信息和数据这两个术语。究竟什么是数据？什么是信息？这两个术语有什么区别和联系？

简而言之，信息是消息，人们通过获得、识别自然界和社会的不同信息来区别不同的事物。在通讯和控制系统中，信息是一种普遍联系的形式。1948 年，美国信息奠基人香农(Shannon)指出："信息是用来消除随机不定性的东西"。控制论创始人维纳(Norbert Wiener)认为"信息是人们在适应外部世界，并使这种适应反作用于外部世界的过程中，同外部世界进行互相交换的内容和名称"。信息是对客观世界中各种事物的运动状态和变化的反映，它是客观事物之间相互联系和相互作用的表征，表现的是客观事物运动状态和变化的实质内容。现代科学中信息是指事物发出的消息、指令、数据、符号、语言、文字等一切含有内容的信号。

从传统意义上来说，大多数人认为数据就是数字，比如 12、3.1415926、3.6×10^8 等，其实这是对数据狭义的理解。可以将数据定义为：数据是描述事物的符号记录，不仅有整数、实数等数值型数字，还有符号、文字、图形、图像、音频、视频等很多种非数值型数据。

数据是信息的表现形式和载体。数据和信息是不可分离的，数据是信息的表达，信息是数据的内涵。数据本身没有意义，数据只有对实体行为产生影响时才成为信息。例如，整数 60，它可以解释为年龄 60 岁、椅子 60 cm 高、房子 60 m^2 大小等。所以，仅仅知道数据意义不大，还需要了解数据的含义，即数据的语义。

1.1.2 数据管理技术的发展

数据管理的技术经历了人工管理、文件系统、数据库系统等三个阶段。

1.人工管理阶段

20 世纪 50 年代中期以前，计算机主要用于科学计算，数据量较少，一般不需要长期保存数据。硬件方面，外部存储器只有卡片、磁带和纸带，还没有磁盘等直接存取的存储设备；软件方面，没有专门管理数据的软件，数据处理方式基本是批处理。

这一阶段数据管理的特点：

(1)数据面向具体应用

一组数据只能对应某一个应用程序，如果数据的类型、格式或者数据的存取方法、输入/输出方式等改变了，程序必须做相应的修改。这使得数据不能共享，即使两个应用程序涉及某些相同的数据，也必须各自定义，无法互相利用。因此，程序与程序之间存在大量的冗余。

(2)数据不单独保存

由于应用程序与数据之间结合得非常紧密，每处理一批数据，都要特地为这批数据编制相应的应用程序。数据只为本程序所使用，无法被其他应用程序利用。因此，程序的数据不能单独保存。

(3)没有软件系统对数据进行管理

这个阶段只有程序没有文件的概念，数据管理任务，包括数据存储结构、存取方法、输入/输出方式等，这些完全由程序开发人员全面负责自行设计，没有专门的软件加以管理。一旦数据发生改变，就必须修改程序，这就给应用程序开发人员增加了很大的负担。

2.文件系统阶段

20 世纪 50 年代后期至 60 年代中后期，计算机不仅用于科学计算，还用于信息管理。硬件方面，外存储器有了磁盘、磁鼓等直接存取的存储设备；软件方面，操作系统中已经有了专门的管理外存的数据模块，一般称为文件系统。数据处理方式不仅有批处理，还有联机实时处理。此阶段数据与应用程序之间的关系如图 1-2 所示。

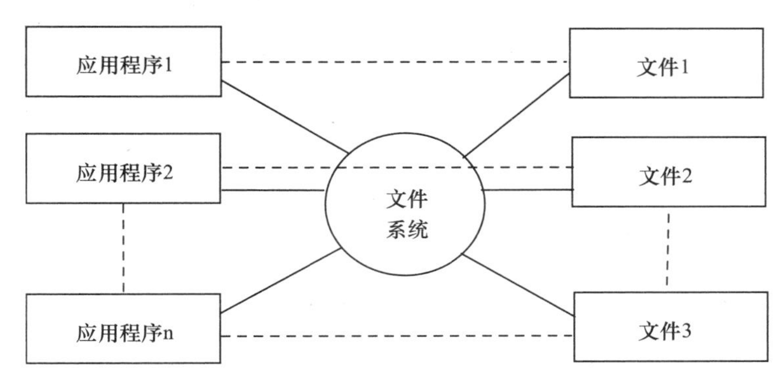

图 1-2　文件系统阶段程序与数据之间的关系

文件系统阶段数据管理的特点：

(1)程序与数据分开存储，数据以“文件”形式可长期保存在外部存储器上，并可对文件进行多次查询、修改、插入和删除等操作。

(2)有专门的文件系统进行数据管理，程序和数据之间通过文件系统提供存取方法进行转换。因此，程序和数据之间具有一定的独立性，程序只需用文件名访问数据，不必关心数据的物理位置。数据的存取以记录为单位，并出现了多种文件组织形式，如索引文件、随机文件和直接存取文件等。

(3)数据不只对应某个应用程序，可以被重复使用。但程序还是基于特定的物理结构和存取方法，因此数据结构与程序之间的依赖关系仍然存在。

(4)虽然这一阶段较人工管理阶段有了很大的改进，但仍显露出很多缺点。首先数据冗余度大，文件系统中数据文件结构的设计仍然对应于某个应用程序，也就是说，数据还是面向应用的。当不同的应用程序所需要的数据有部分相同时，必须建立各自的文件，而不能共享部分相同的数据。因此，出现大量重复数据，浪费了存储空间。其次数据独立性差，文件系统中数据文件是为某一特定要求设计的，数据与程序相互依赖。如果改变数据的逻辑结构或文件的组织方式，必须修改相应的应用程序；而应用程序的改变，比如说应用程序的编程语言改变了，也将影响数据文件结构的改变。

因此，文件系统是一个不具有弹性的、无结构的数据集合，即文件之间是独立的，不能反映现实世界事物之间的内在联系。

3.数据库系统阶段

20 世纪 60 年代后期以来，计算机管理数据的范围越来越广泛，规模越来越大。硬件技术方面，开始出现了大容量、价格低廉的磁盘。软件技术方面，操作系统更加成熟，程序设计语言的功能更加强大。在数据处理方式上，联机实时处理要求更多，另外，提出分布式数据处理方式，用于解决多用户、多应用共享数据的要求。在这种背景下，数据库技术应运而生，它主要解决数据的独立性，实现数据的统一管理，达到数据共享的目的。出现了统一管理数据的专门软件，即数据库管理系统(Database Management System，DBMS)。

数据库系统阶段的数据管理具有以下特点：

(1)数据结构化

数据结构化是数据库与文件系统的根本区别，是数据库系统的主要特征之一。传统文件的最简单形式是等长、同格式的记录集合。在文件系统中，相互独立的文件的记录内部是有结构的，类似于属性之间的联系，而记录之间是没有结构的、孤立的。

例如，有3个文件，学生(学号、姓名、年龄、性别、出生日期、专业、住址)；课程(课程号、课程名称、授课教师)；成绩(学号、课程号、成绩)；要想查找某人选修的全部课程的课程名称和对应成绩，必须编写一段程序来实现。

数据库系统采用数据模型来表示数据结构，数据模型不仅表示数据本身的联系，而且表示数据之间的联系。只要定义好数据模型，对于"查找某人选修的全部课程的课程名称和对应成绩"可以非常容易地联机查到。

(2)数据的冗余度低、共享性高、易扩充

数据库系统从整体角度看待和描述数据，数据不再面向某个应用而是面向整个系统，因此一个数据可以被多个用户、多个应用共享使用。这样可以大大减少数据冗余，提高共享性，节约存储空间。数据共享还能够避免数据之间的不相容性与不一致性。

数据的不一致性是指同一数据在不同复本的值不一样。采用人工管理或文件系统管理时，由于数据被重复存储，当不同的应用使用和修改不同的复制时就很容易造成数据的不一致。在数据库中，数据共享减少了由于数据冗余造成的不一致现象。

由于数据面向整个系统，是有结构的数据，不但可以被多个应用共享使用，而且容易增加新的应用，这就使得数据库系统弹性大、易于扩充，可以适应各种用户的要求。

(3)数据独立性高

数据独立性包括数据的物理独立性和数据的逻辑独立性。物理独立性是指用户的应用程序与存储在磁盘上的数据库是相互独立的。也就是说，数据在磁盘上怎样存储是由数据库管理系统负责管理的，应用程序不需要了解，应用程序要处理的只是数据的逻辑结构。这样当数据的物理结构改变时，可以不影响数据的逻辑结构和应用程序，这就保证了数据的物理独立性。

而数据的逻辑独立性是指用户的应用程序与数据库的逻辑结构是相互独立的，即当数据的逻辑结构改变了，应用程序也可以保持不变。

(4)数据由数据库管理系统统一管理和控制

数据库系统的共享是并发的(Concurrency)共享，即多个用户可以同时存取数据库中的数据，这个阶段的程序和数据的联系通过数据库管理系统(DBMS)来实现。数据库管理系统必须为用户提供存储、检索、更新数据的手段；实现数据库的并发控制、数据库的恢复、保证数据完整性和保障数据安全性控制。

1.1.3 数据库

数据库是计算机存储设备中存放数据集合的仓库。数据是数据库中存储的基本对象。如表1-1所示一组12个学生信息，每个学生都有学号、姓名、性别、年龄、学院、系(或专业)、籍贯等7个方面信息。采用一个二维表格组织数据，把每个学生的信息组织在一起，构成一个记录，一个一个地存储到计算机中。例如徐成波同学的信息表示为：

(20160101,'徐成波',男,20,计算机科学与技术学院,计算机科学与技术,广东广州)

在数据库中，数据是有结构的。从数据库中读出上面的记录，可以由数据库解释为徐成波的学号、姓名、性别、年龄、学院、系和籍贯的信息。记录是一个复合数据结构体，描述现实世界中的事务及其特征，也可以是计算机中表示和存储数据的一种格式或一种方法。

表 1-1　学生基本信息

学号	姓名	性别	年龄	学院	系	籍贯
20160101	徐成波	男	20	计算机科学与技术学院	计算机科学与技术	广东广州
20160102	黄晓君	女	18	计算机科学与技术学院	计算机科学与技术	湖南衡阳
20160103	林宇珊	女	19	计算机科学与技术学院	计算机科学与技术	河南新乡
20160104	张茜	女	18	计算机科学与技术学院	计算机科学与技术	广东中山
20160201	黄晓君	男	21	计算机科学与技术学院	软件工程	河北保定
20160202	陈金燕	女	19	计算机科学与技术学院	软件工程	江苏徐州
20160203	张顺峰	男	22	计算机科学与技术学院	软件工程	河南洛阳
20160204	洪铭勇	男	20	计算机科学与技术学院	软件工程	河北邯郸
20160301	朱伟东	男	19	计算机科学与技术学院	网络工程	山东青岛
20160302	叶剑峰	男	20	计算机科学与技术学院	网络工程	陕西西安
20160303	林宇珊	女	21	计算机科学与技术学院	网络工程	湖北襄阳
20160304	吴妍娴	女	20	计算机科学与技术学院	网络工程	浙江诸暨

如表 1-1 所示的数据可永久性地存放到计算机硬盘。数据库中不仅要存放数据，也要存放数据的自描述信息，即对存放数据结构的描述，如学生的学号、姓名、性别、年龄、学院、系和籍贯等属性数据，以及各自的数据类型。

观察表 1-1，学生基本信息中包含很多重复的信息，如相同专业的学生的学院和专业名称都是相同的，而且数据量比较大。为了提高管理的效率，可以把学院和专业信息独立出来，如表 1-2 和表 1-3 所示。数据库中，不仅存储数据，更重要的是要存放数据之间的关系，比如通过院系编码把分散到两个数据表中关于同一个学生的基本信息整合起来，这样不仅可以大大减少数据冗余，节省存储空间，更加方便了数据的管理和使用。

表 1-2　学生基本信息

学号	姓名	性别	年龄	院系编号	籍贯
20160101	徐成波	男	20	01	广东广州
20160102	黄晓君	女	18	01	湖南衡阳
20160103	林宇珊	女	19	01	河南新乡
20160104	张茜	女	18	01	广东中山
20160201	黄晓君	男	21	02	河北保定
20160202	陈金燕	女	19	02	江苏徐州
20160203	张顺峰	男	22	02	河南洛阳
20160204	洪铭勇	男	20	02	河北邯郸
20160301	朱伟东	男	19	03	山东青岛
20160302	叶剑峰	男	20	03	陕西西安
20160303	林宇珊	女	21	03	湖北襄阳
20160304	吴妍娴	女	20	03	浙江诸暨

表 1-3 学生院系信息

院系编号	学院	系
01	计算机科学与技术学院	网络工程
02	计算机科学与技术学院	计算机科学与技术
03	计算机科学与技术学院	软件工程
04	自动化学院	自动化
05	管理科学学院	商业管理
06	管理学科学院	会计

关于数据库结构的数据称为数据字典,也称为元数据。在关系数据库中元数据为表名、列名和列所属的表、表和列的属性等。为了提升数据库的性能,数据库中还包含索引和其他改进数据库性能的结构,如图 1-3 所示。

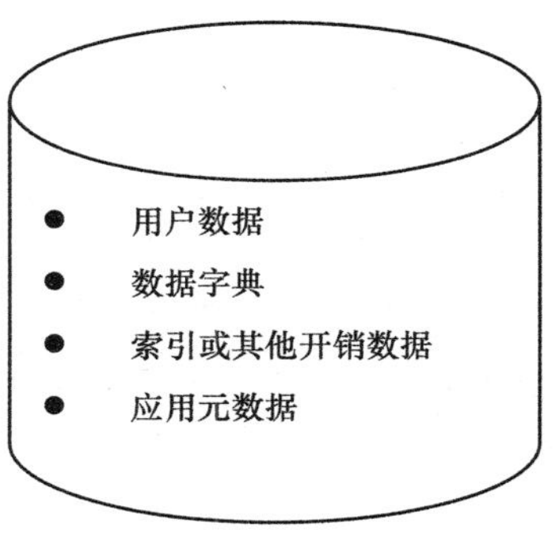

图 1-3 数据库内容

从而可以将数据库定义为:数据库是长期存储在计算机内的、有组织的、可共享的数据的集合。数据库中的数据按一定的数据模型进行组织、描述和存储,具有较小的数据冗余、较高的数据独立性和易扩展性,并可以为各种用户共享。

1.1.4 数据库管理系统

数据库管理系统(DBMS)是用于创建、处理和管理数据库的系统软件,它处于数据库应用程序和数据库之间,接收数据库应用程序的逻辑处理和商业处理的命令请求,转化为数据库的操作作用于数据库,再把数据库命令处理结果返回给应用程序。DBMS 是由软件供应商授权的一个庞大而且复杂的程序,普通软件公司几乎无法编写自己的 DBMS 程序。最为典型 DBMS 商业软件有 Oracle 公司的 Oracle 和 MySQL、Microsoft 公司的 SQL Server、IBM 公司的 DB2 等。

数据库管理系统 DBMS 是运行在操作系统之上的程序,它需要操作系统提供文件管理、安全、网络通信、网络服务等功能。数据库管理系统为数据库应用程序和终端用户提供丰富的功能,例如,数据定义,数据组织、存储和管理,数据操纵,数据库事务管理和运行控制,数据库建立、初始化和维护等功能。

1.数据定义功能

数据库不仅要存储数据,还要存储元数据。数据库管理系统提供数据库定义语言(Data Definition Language,DDL),可以方便地定义面向某个应用的数据对象以及数据结构,比如关系数据库中的数据库创建、表创建、索引创建等,通过数据定义功能,把数据字典保存到数据库中,为整个系统提供数据结构信息。另外DBMS通过DDL来维护所有数据库结构,例如,关系数据库中有时要改变表或其他支持结构的格式。

2.数据操纵功能

数据库管理系统提供读取和修改数据库中的数据的基本功能,为此数据库管理系统提供数据操纵语言(Data Multiplication Language,DML),用户使用DML操纵数据,完成按条件查询、插入、修改和删除等功能。在关系数据库中,DBMS接收用户或应用程序发来的SQL语句或其他请求,并将这些请求转化为对数据库文件的实际操作。

3.基于逻辑模型和物理模型的数据组织、存储和管理功能

按照数据之间不同的联系类别划分,逻辑模型有层次模型(Hierarchical Model)、网状模型(Network Model)、关系模型(Relation Model)、面向对象数据模型(Object Oriented Data Model)等,DBMS选择不同的逻辑模型对数据组织和管理,并依据其选择的逻辑模型进行DBMS软件的设计与实现。按照逻辑模型的不同,DBMS可分别为层次型、网状型、关系型、面向对象型等。

物理模型是对数据最底层的抽象,描述数据在计算机存储系统中表示方法和存取方法,实现磁盘上数据的存储和管理,提高存储空间利用率和存取效率。

4.数据库的事务管理和运行管理功能

只有通过事务管理,数据库操纵才能正确进行,才能保障数据库中数据反映现实世界真实情况。为此,DBMS提供统一事务管理和并发控制,实现数据库的正确建立、运用和维护数据库,使得多用户同时访问数据库时,提供一个安全系统,用于保证只有授权用户对数据库执行授权活动;提供一个防止错误数据、无效数据进入数据库的完整性保障。为了应付各种错误、软硬件问题或自然灾难,DBMS提供备份数据库和恢复数据库功能,确保没有数据丢失,保护企事业单位的信息资源。

另外,DBMS还提供数据库维护功能,通过性能监视、分析等功能,判断当前数据库的运行状况,根据实际情况进行数据库参数修改、数据库重新组织。当前DBMS还提供网络通信功能,让数据库应用程序或者用户终端通过企业内部网、互联网访问DBMS管理的数据库。也提供不同DBMS数据转换、异构数据库互操作等丰富的功能。

1.1.5 数据库应用系统

数据库应用系统是在数据库管理系统(DBMS)支持下建立的计算机应用系统(Database Application System,DBAS),通常为使用数据库的各类信息系统。例如,现代企业中,以数据库为基础的生产管理系统、财务管理系统、销售管理系统、仓库管理系统等各类信息系统。无论是面向企业内部业务和管理的管理信息系统,还是面向外部,提供信息服务的开放式信息系统,从实现技术角度而言,都是以数据库为基础和核心的计算机应用系统,它们接收用户操作,按照信息系统的应用逻辑处理要求,向DBMS发出数据操纵请求,以实现用户的查询、增加、

删除、修改、统计报表等操作，DBMS完成数据库操作之后，再向应用程序返回操作结果，格式化显示到程序界面。

例如，关系数据库应用系统有5个主要功能：

(1)创建并处理表单；

(2)处理用户查询；

(3)创建并处理报表；

(4)执行应用逻辑；

(5)控制应用。

1.1.6 数据库用户

数据库系统不仅有数据库、DBMS、数据库应用系统，还有DBMS和数据库应用系统运行的计算机、通信网络等硬件，以及操作系统、编译开发工具等系统软件的支撑；还有一个重要的部分——数据库用户，这样才是一个完整的数据库系统。数据库用户是开发、管理和使用数据库系统的用户，主要包括数据库管理员、系统分析和数据库设计人员、应用程序员和最终用户。

1. 数据库管理员

为保证数据库系统的正常运行，需要有专门人员来负责管理和控制数据库系统，承担此任务的人员就称为数据库管理员（Database Administration，DBA）。数据库管理员具体职责包括：

(1)规划数据库的结构及存取策略

DBA要了解、分析用户的应用需求，创建数据模式，并根据此数据模式决定数据库的内容和结构。同时要和数据库设计人员共同决定数据的存储结构和存取策略，以求获得较高的存取效率和存储空间利用率。此外，DBA还要负责确定各个用户对数据库的存取权限、数据的保密级别和完整性约束条件。

(2)监督和控制数据库的使用

DBA的一个重要职责就是监视数据库系统的运行情况，及时处理运行过程中出现的问题。比如系统发生故障时，数据库会因此遭到不同程度的破坏，DBA必须在最短时间内将数据库恢复到正确状态，并尽可能不影响或少影响系统其他部分的正常运行。

(3)负责数据库的日常维护

DBA还负责在系统运行期间的日常维护工作，对运行情况进行记录、统计分析。并根据实际情况对数据库加以改进和重组重构。

数据库管理员的工作十分复杂，尤其是大型数据库的DBA，一般是由几个人组成的小组协同工作。数据库管理员的职责十分重要，直接关系到数据库系统的顺利运行。所以，DBA必须由专业知识和经验较丰富的专业人员来担任。

2. 系统分析员和数据库设计人员

系统分析员负责应用系统的需求分析和规范说明，要和用户以及数据库管理员合作以确定系统的硬件软件配置，并参与数据库系统的概要设计。

数据库设计人员负责数据库中数据的确定及数据库各级模式的设计。数据库设计人员必须参加用户的需求调查和系统分析，然后进行数据库设计。

3. 应用程序开发人员

应用程序开发人员是设计数据库应用系统的人员，他们主要负责根据系统的需求分析，使用某种高级语言设计和编写应用程序，即数据库应用系统。应用程序可以对数据库进行访问、修改和存取等操作，并能够将数据库返回的结果按一定的形式显示给用户。

4. 最终用户

最终用户是计算机终端与系统交互的用户。最终用户可以通过应用程序（数据库应用系统）访问数据库，还可以使用数据库系统提供的接口进行联机访问数据库。

1.2 数据模型

数据模型（Data Model）是对现实世界数据特征的抽象，用来描述数据、组织数据和对数据进行操作。只有通过数据模型才能把现实世界的具体事务转换到计算机数据世界之中，才能为计算机存储和处理，所以数据模型是数据库系统的核心和基础。

在数据库系统开发的不同阶段，使用不同的数据模型。按照数据库系统开发流程，数据模型分别为概念模型、逻辑模型和物理模型三种。概念模型也称为信息模型，把现实世界的客观对象抽象为某种信息结构，这种信息结构不依赖于任何 DBMS 和计算机系统；它是按照用户的认知观点对信息建模；它是由系统分析人员、数据库设计人员和最终用户一起认识抽象完成的。逻辑模型和物理模型为机器世界中 DBMS 所支持的数据模型，它们是计算机中数据组织、存储和管理的基础。逻辑模型是面向 DBMS 软件开发，用于 DBMS 的实现。概念模型到逻辑模型的转换由数据库设计人员完成；物理模型是面向计算机系统的，用于逻辑模型的数据与联系在计算机内部的表示方式和存取方法选择，物理模型的具体实现是 DBMS 的任务，即逻辑模型转换为物理模型由 DBMS 完成（图 1-4）。

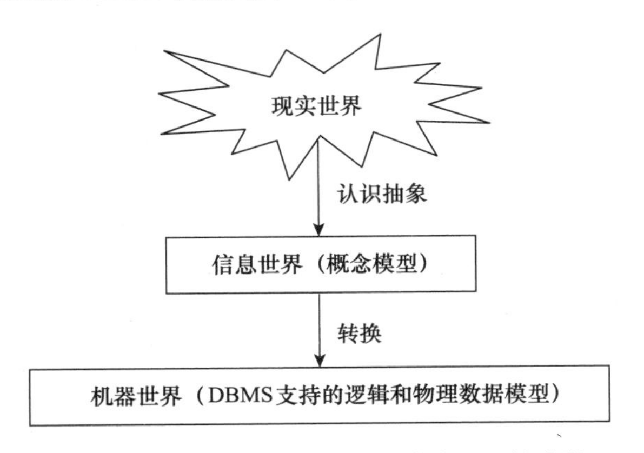

图 1-4　数据模型在信息系统开发中不同的阶段

1.2.1 数据模型的三要素

现实世界客观事物经过概念模型的抽象和描述，最终要转换为计算机所能识别的数据模型。数据模型与具体的 DBMS 相关，可以说它是概念模型的数据化，是现实世界的计算机模拟。数据模型通常有一组严格定义的语法，人们可以使用它来定义、操纵数据库中的数据。数据模型的组成要素为数据结构、数据操作和数据的完整性约束。

1.数据结构

数据结构是对数据静态特征的描述。数据的静态特征包括数据的基本结构、数据间的联系和对数据取值范围的约束。所以说,数据结构是所研究对象类型的集合。例如,前面所讲的学生基本信息表中院系编号和院系表中的院系编号是有联系的。

在数据库系统中,通常按数据结构的类型来命名数据模型,如层次结构的数据模型是层次模型,网状结构的数据模型是网状模型,关系结构的数据模型是关系模型。

2.数据操作

数据操作是指对数据动态特征的描述,包括对数据进行的操作及相关操作规则。数据库的操作主要有检索和更新(具体为插入、删除、修改)两大类。数据模型要定义这些操作的确切含义、操作符号、操作规则(如优先级别)以及实现操作的语言。因此,数据操作完全可以看成是对数据库中各种对象操作的集合。

3.数据的完整性约束

数据的完整性约束是对数据静态和动态特征的限定,是用来描述数据模型中数据及其联系应该具有的制约和依存规则,以保证数据的正确、有效和相容。

数据模型应该反映和规定符合本数据模型必须遵守的基本的通用的完整性约束条件。例如,在关系模型中,任何关系必须满足实体完整性和参照完整性两个条件。

另外,数据模型还应该提供定义完整性约束条件的机制,用以反映特定的数据必须遵守特定的语义约束条件。如学生信息中必须要求学生性别只能是男或女,选课信息中成绩应该在数据 0～100 之间等。

数据模型的这三个要素完整地描述了一个数据模型,数据模型不同,描述和实现方法也不同。

1.2.2 概念模型

概念模型是现实世界到机器世界的一个中间层,它不依赖于数据的组织结构,而是反映现实世界中的信息及其关系。它是现实世界到信息世界的第一层抽象,也是用户和数据库设计人员之间进行交流的工具。这类模型不但具有较强的语义表达能力,能够方便、直接地表述应用中各种语义知识,而且概念简单、清晰、便于用户理解。

数据库设计人员在设计初期应把主要精力放在概念模式的设计上,因为概念模型是面向现实世界的,与具体的 DBMS 无关。目前,被广泛使用的概念模型是 E-R 数据模型(Entity-Relationship Data Model),即实体-联系数据模型,涉及的主要概念有实体、属性、码、实体集、联系等。

1.基本概念

(1)实体(Entity)

客观存在,可以相互区别的现实世界的事物称为实体。实体可以是具体的人、事、物,即具体的对象,例如,一名学生、一名教师、一个课程。实体也可以是抽象的概念和联系,例如,一次借书、一次羽毛球比赛等。

(2)属性(Attribute)

实体所具有的某一特性或性质称为属性。实体有很多属性,可以通过实体的属性来刻画实体，来认识实体，认识客观世界。比如表 1-2 的学生实体是由学号、姓名、性别、院系编码和籍贯等属性组成，属性组合值(20160203、张顺峰、男、22、02、河南洛阳)代表了一名信息科学与技术学院计算机科学与技术专业的学生。每个实体的每个属性值都是确定的数据类型，可以是简单数据类型，例如，整数型、实数型；也可以是复杂数据类型，例如，图像数据类型、Rich-Text 类型等。

(3)关键字(Key)

唯一地标识实体的属性或属性集合称为关键字，也称为码(或键)。例如，学号是学生实体的关键字，学生姓名不能作为关键字，因为有可能重名。例如，学生选课关系中，学号和课程号一起才能唯一地标识某个学生某门课程的考试成绩。

(4)实体型(Entity Type)

在数据库设计中，常常关心具有相同属性的实体集合，它们具有相同的特征和性质，用实体型来抽象和刻画同类实体，具体做法为用实体名及其属性名集合，比如表 1-2 的学生实体型——学生(学号，姓名，性别，年龄，院系编码，籍贯)。

(5)实体集(Entity Set)

具有同一类型实体的集合，如全校学生。

(6)联系(Relationship)

在现实世界中，事物之间以及事物内部是有联系的，这种联系在信息世界中反映为实体(集)之间或实体(集)内部联系。例如，由学生实体组成的一个班级实体集中，班长由一位同学担任，这样班长这个实体与班级这个实体集之间的联系为实体内部联系。通常的联系为实体集之间的联系，根据参与联系的实体集的数目不同，把联系分为二元联系、多元联系。常用的二元联系又分为一对一联系、一对多联系和多对多联系三种，其定义如下：

① 一对一联系

如果实体集 E1 中每个实体至多和实体集 E2 中的一个实体有联系(可以一个没有)；同时实体集 E2 中每个实体至多和实体集 E1 中的一个实体有联系，那么实体集 E1 和 E2 的二元联系称为“一对一联系”，简记为为“1∶1”。例如，职工管理系统中，一个部门只有一个经理，而一个经理只能担当一个部门的经理职务，则部门与经理之间是一对一的联系。如图 1-5 所示。

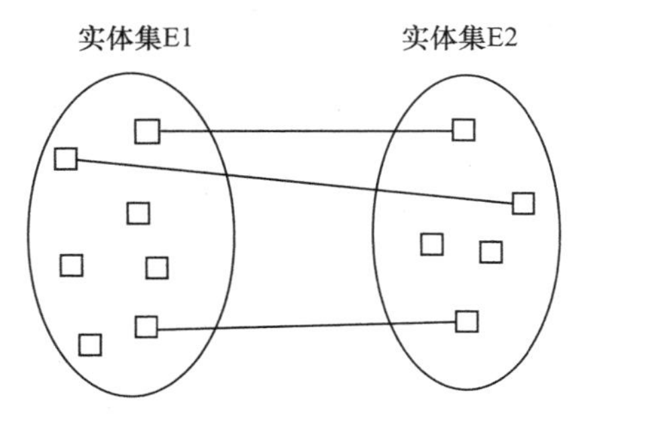

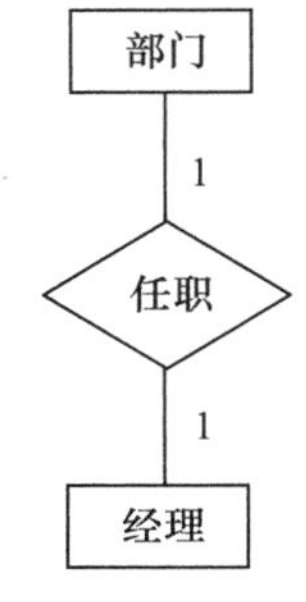

图 1-5　一对一联系

② 一对多联系

如果实体集 E1 中每个实体可以与实体集 E2 中的任意多个实体有联系；同时实体集 E2 中每个实体至多和实体集 E1 中的一个实体有联系，那么实体集 E1 和 E2 的二元联系称为“一对多联系”，简记为为“1 ∶ n”。这类联系比较普遍，如图 1-6 所示，部门与职工之间一对多联系，一个部门可以有多名职工，一名职工只在一个部门就职（只占一个部门的编制）。

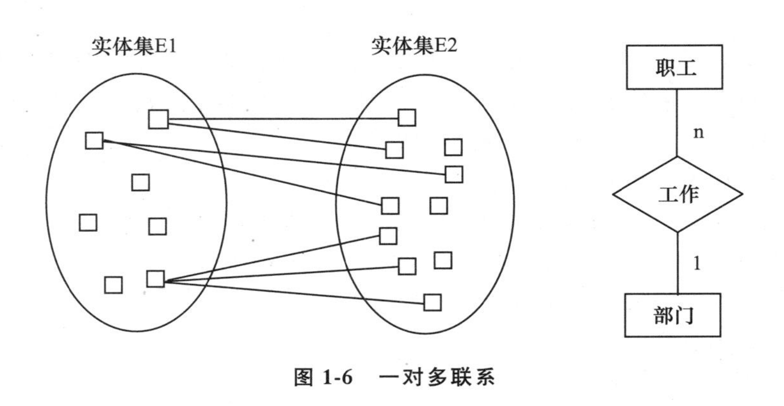

图 1-6　一对多联系

③ 多对多联系

如果实体集 E1 中每个实体可以与实体集 E2 中的任意多个实体有联系；反之亦然，那么实体集 E1 和 E2 的二元联系称为“多对多联系”，简记为为“m ∶ n”。如图 1-7 所示，一个学生可以选修多门课程，一门课程可以由多名学生选修，学生和课程间存在多对多联系。

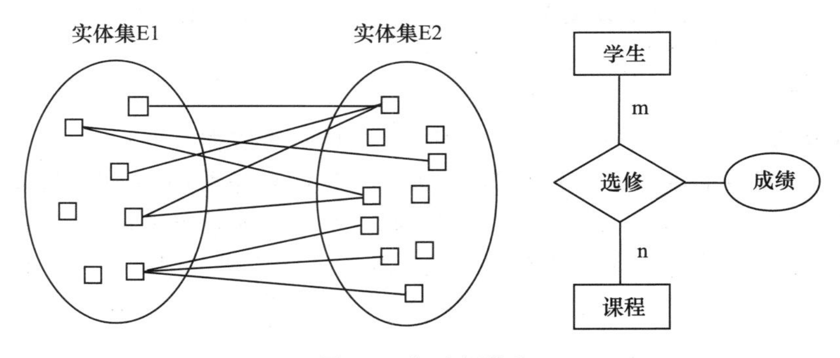

图 1-7　多对多联系

需要注意的是，有时联系也可以有自己的属性，这类属性不属于任一实体。例如，图 1-7 中，选修联系的成绩属性，它既不属于学生实体，也不属于课程实体。

一般情况下，两个以上实体之间也存在着联系。厂家生产过程中，一个厂家可以生产多种产品，每种产品可以使用多种材料，每种材料可以由不同的厂家生产，则厂家、产品和材料之间存在多对多的联系。也就是多个实体之间的多对多联系，如图 1-8 所示。

同一实体集内部也可以存在实体之间的联系。以班级为单位的学生实体集内具有管理与被管理的关系，即一个学生作为班长可以管理若干学生，而一个学生仅被一个班长管理，这就是实体集内部的一对多联系，如图 1-9 所示。

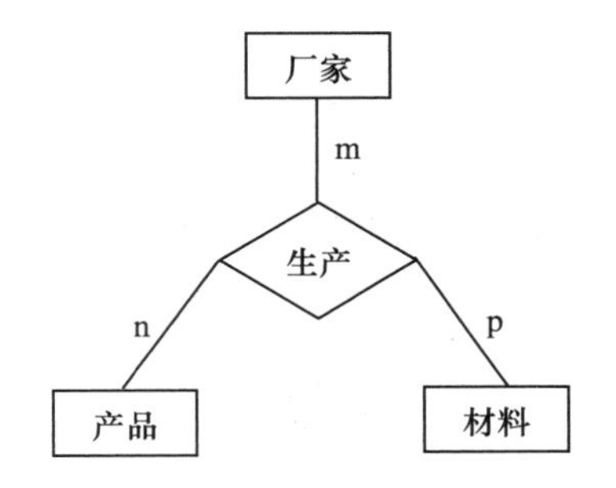

图 1-8　两个以上实体之间的联系

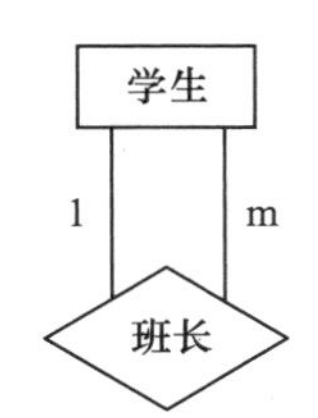

图 1-9　实体集内部的一对多联系

2. E-R 图

E-R 数据模型就是用 E-R 图(E-R Diagram)来描述现实世界的概念模型,采用直观的图形式准确地表示出实体、属性、联系等信息。

(1)实体(型)

用矩形表示,矩形框内写明实体名。

(2)属性

用椭圆形表示,椭圆内注明属性名称,并用无向边将其与相应的实体连接起来。如果属性较多时,可以将实体与其相应的属性另外单独用列表表示。

(3)联系

用菱形表示,菱形框内写明联系名,并用无向边将其与有关实体连接起来,同时在无向边上标注联系的类型(1∶1,1∶n 或 m∶n)。

例如,学生信息的概念模型中,学生实体具有学号、姓名、性别、籍贯等属性,用 E-R 图表示如图 1-10 所示。

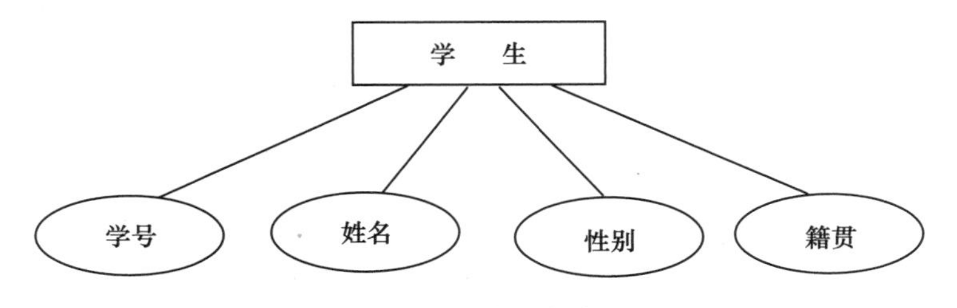

图 1-10　学生基本信息的 E-R 图

例如,院系实体具有院系编号、学院名称、系名称等属性,用 E-R 图表示如图 1-11 所示。

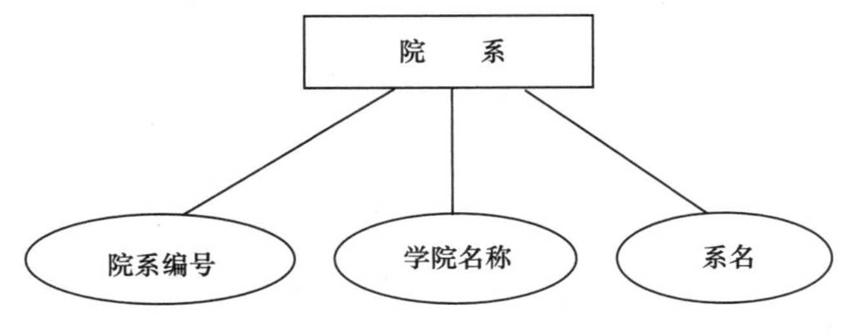

图 1-11　院系信息的 E-R 图

学生与院系实体之间的隶属联系为 1∶n,即一名学生只能属于一个院系,一个院系可以拥有多名学生,两个实体之间的联系用 E-R 图表示如图 1-12 所示。

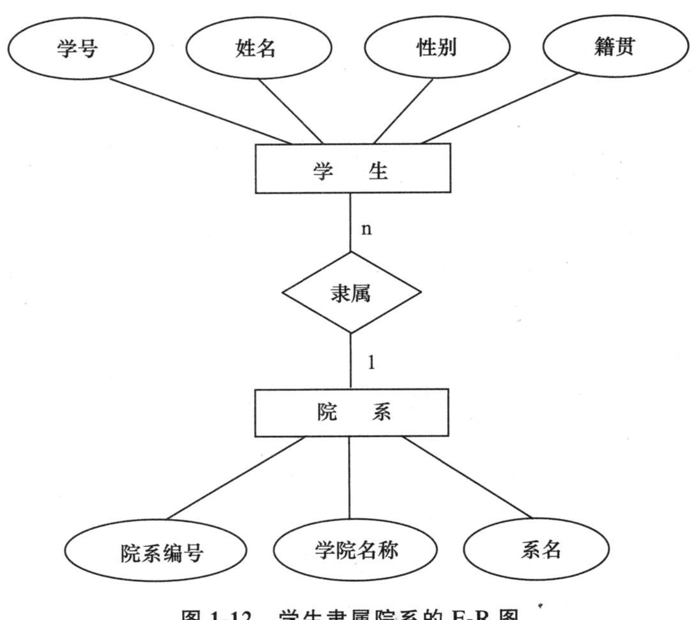

图 1-12　学生隶属院系的 E-R 图

实体-联系方法是抽象和描述现实世界的有力工具。用 E-R 图表示的概念模型独立于具体的 DBMS 所支持的数据模型,它是各种数据模型的共同基础,因而比数据模型更一般、更抽象、更接近现实世界。

1.2.3　常用数据模型

常用数据模型通常是指数据库的逻辑模型。实际上,DBMS 针对具体的逻辑(数据)模型的,数据库根据实际应用的需要,按照某种逻辑模型建立、组织和管理。目前,主要有层次、网状、关系和面向对象四种数据模型。

1. 层次模型

层次模型是数据库系统中最早出现的数据模型,层次数据库系统采用层次模型作为数据的组织方式。层次数据库系统的典型代表是 IBM 公司的 IMS(Information Management System)数据库管理系统,这是 1968 年 IBM 公司推出的第一个大型的商用数据库管理系统。

(1)数据结构

层次模型用树形结构来表示各类实体以及实体间的联系。以实体作为结点,树是由结点和连线组成的。每个结点表示一个记录类型,记录(类型)之间的联系用结点之间的连线(有向边)表示。通常把表示 1 的结点放在上面,称为父结点;把表示多的结点放在下面,称为子结点。

在数据库中,满足下面两个条件的数据模型为层次模型:

①有且只有一个结点没有父结点,这个结点称为根结点;

②根以外的其他结点有且只有一个父结点。

由此可见，层次模型描述的是 1∶n 的实体联系，即一个父结点可以有一个或多个子结点。如图 1-13 所示是一个层次模型。

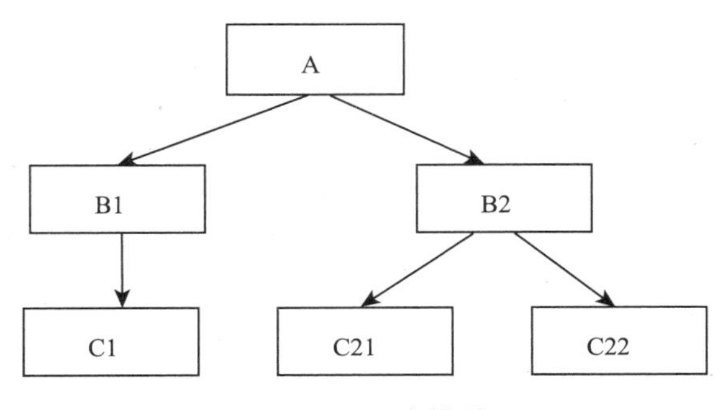

图 1-13　层次模型

在层次模型中，同一父结点的子结点称为兄弟结点（Twin 或 Sibling），没有子结点的结点称为叶结点。每个记录类型可包含若干个字段，这里，记录类型描述的是实体，字段描述实体的属性。各个记录类型及其字段都必须命名，并且同一记录类型中各个字段不能同名。如图 1-14 所示为一个高等院校组织的层次模型的实例。

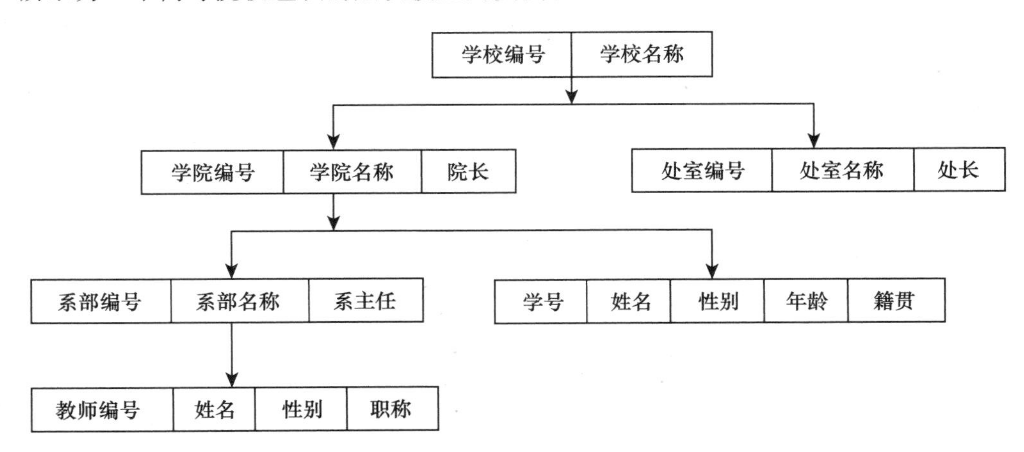

图 1-14　高等学校组织的层次模型实例

层次数据模型只能直接表示一对多（包括一对一）的联系，也就是说层次数据库不支持多对多联系。那么要想用层次模型表示多对多联系，就必须将其分解成几个一对多联系。分解方法有两种：冗余结点法和虚拟结点法。因此，层次数据模型可以看成是由若干个层次模型构成的集合。

层次模型的数据操纵主要有查询、插入、删除和更新。进行插入、删除、更新操作时要满足层次模型的完整性约束条件。

进行插入操作时，如果没有相应的双亲结点值就不能插入子结点值；如图 1-14 所示，学校要建立一个新系部，但还未分配到哪个具体的学院，此时就不能将系部信息插入到数据库中。进行删除操作时，如果删除双亲结点值，则相应的子结点值也被同时删除；如图 1-14 所示，如果要删除某个系部，则这个系部中所有教师的信息将会全部删除。进行更新操作时，应更新所有相应记录，以保证数据的一致性。如数据库中有多处相同信息，都要进行修改。

层次数据库中不仅要存储数据本身，还要存储数据之间的层次联系。层次模型数据的存储常常是和数据之间联系的存储结合在一起的。层次模型的存储结构有两种：顺序存储结构和链式存储结构。

(2)层次模型的特点

层次模型的主要优点：层次数据模型本身比较简单，对具有一对多的层次关系的单位组织结构等类信息的描述自然、直观、容易理解，这是层次数据库的突出优点；对于实体间联系是固定的，且预先定义好的应用系统，其性能稳定；层次数据模型提供了良好的完整性支持。

层次模型的主要缺点：不适合于非层次性联系，如多对多联系，层次模型需要进行分解描述；对插入和删除操作的限制比较多；查询子结点必须通过父结点，因为在层次模型中，查询方式必须按照从根开始按某条路径顺序查询；由于结构严密，层次命令趋于程序化。

2. 网状模型

在现实世界中，事物之间的联系更多的是非层次关系的，用层次模型表示非树形结构是很不直接的，网状模型则可以克服这一点。

网状数据库系统采用网状模型作为数据的组织方式。网状模型的典型代表是 DBTG 系统，亦称 CODASYL 系统。这是 20 世纪 70 年代数据系统语言研究会 CODASYL(Conference On Data System Language)下属的数据库任务组(Database Task Group，DBTG)提出的一个系统方案。DBTG 系统虽然不是实际的软件系统，但是它提出的基本概念、方法和技术具有普遍意义。它对于网状数据库系统的研制和发展有重要的影响。后来不少的系统都采用 DBTG 模型或者简化的 DBTG 模型，例如，Cullinet Software 公司的 IDMS、Univac 公司的 DMS 1100、Honeywell 公司的 IDS/2、HP 公司的 IMAGE 等。

(1)数据结构

与层次模型一样，网状模型中每个结点表示一个记录类型(实体)，每个记录类型可包含若干个字段(实体的属性)，结点间的连线表示记录类型(实体)之间一对多的父子联系。与层次模型不同，网状模型中的任意结点间都可以有联系。

在数据库中，把满足以下两个条件的数据模型称为网状模型。

- 允许一个以上的结点无父结点；
- 一个结点可以有多于一个的父结点。

由此可见，网状模型可以描述实体间多对多的联系。如图 1-15 所示是一个网状模型。

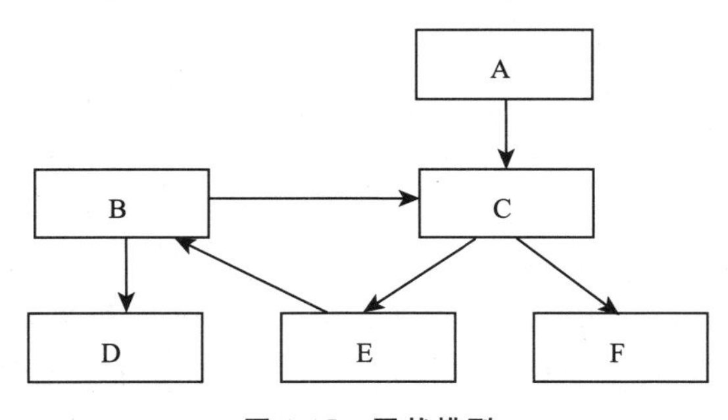

图 1-15 网状模型

网状模型是一种比层次模型更具普遍性的结构，它取消了层次模型的两个限制，允许多个结点没有父结点，允许结点有多个父结点，此外它还允许两个结点之间有多种联系(称为复合联系)。因此网状模型可以更直接地去描述现实世界，而层次模型实际上是网状模型的一个特例。如图1-16所示为一个学生选课的具体网状模型实例。

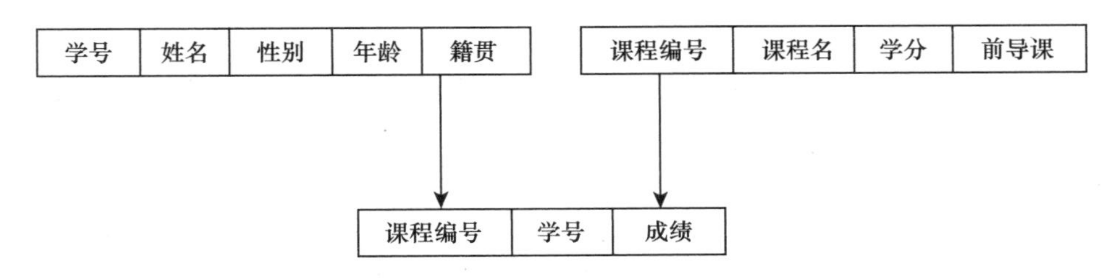

图1-16　学生选课的网状模型实例

网状模型的数据操纵主要有查询、插入、删除和更新。进行插入、删除、更新操作时要满足网状模型的完整性约束条件。

网状模型一般来说没有层次模型那样严格的完整性约束条件，但也对数据操作加了一些限制，提供了一定的完整性约束。支持记录关键字的概念，例如，学生记录中学号是关键字，因此数据库中不允许学生记录中重复出现学号。保证一个联系中父结点和子结点之间是一对多的联系。可以支持父结点和子结点之间某些约束条件。例如，有些子结点要求父结点存在才能插入，而父结点被删除时子结点也一同被删除。如图1-16所示的选课记录就应该满足这种约束条件，学生选课记录值必须是数据库中存在的某一学生、某一门课程的选修记录。如果某一名学生的信息不在学生记录中，则该学生的选课记录值也要被删除。

网状数据模型的存储结构中关键是如何实现记录之间的联系。常用的方法是链接法，包括单向链接、双向链接、环状链接等，此外还有其他实现方法，如指引元阵列法、二进制阵列法、索引法等，依具体系统的不同而不同。

(2)网状模型的特点

网状数据模型的优点：更直接地描述现实世界，如多对多的联系；存取效率较高，性能良好。

网状数据模型的缺点：结构比较复杂，随着应用环境的扩大，数据库的结构变得更加复杂，不利于最终用户掌握；其DDL、DML语言复杂；由于实体间联系是通过存取路径实现的，应用程序在访问数据时必须选择适当的存取路径，也就是说，用户必须了解系统结构，加重了编写应用程序的负担。

3.关系模型

关系模型是目前应用最广泛，也是最重要的一种数据模型。关系数据库采用关系模型作为数据的组织形式。

1970年E.F.Codd发表了题为《大型共享数据库数据的关系模型》的论文，首次提出关系模型，并开创了数据库关系方法和关系数据理论的研究，进而创建了关系数据库系统(Relational Database System，RDBS)。更重要的是RDBS提供了结构化查询语言(Structured Query Language，SQL)，它是在关系数据库中定义和操纵数据的标准语言。SQL大大增加了数据库的查询功能，是RDBS普遍应用的直接原因。

(1)数据结构

关系模型中基本的数据结构是二维表。每个实体可以看成一张二维表,它存放实体本身的数据,实体间的联系也用二维表来表达。在关系模型中,每个二维表称为一个关系,并且有一个名字,称为关系名。如表1-4所示是二维表结构。

表1-4 二维表

课号	课名	学时数
C101	数据库原理	90
C201	计算机网络技术	60
C202	程序设计	90
B101	数学	60

关系模型的数据操纵主要有查询、插入、删除和更新。进行插入、删除、更新操作时要满足关系模型的完整性约束条件。前面介绍过的层次模型和网状模型这两种非关系数据模型的数据操作都是按记录进行的。查找过程中要明确按什么路径、什么方式来查找一条记录。而关系模型是面向集合的操作方式,并且关系操作语言都是高度非过程化的,用户无须考虑存取路径及路径的选择,这些都由系统完成,从而大大简化了操作,提高了使用效率。

关系模型的完整性约束包括实体完整性、参照完整性和用户定义完整性。关系模型中,实体及实体间的联系都用二维表来表示。在数据库的物理组织中,二维表以文件形式存储。

(2)关系模型的特点

关系数据模型的主要优点:具有严格的数据理论基础,关系数据模型是建立在严格的数据概念基础上的;概念单一,不管是实体本身还是实体之间的联系都用关系(表)来表示,这些关系必须是规范化的,使得数据结构变得非常清晰、简单;在用户的眼中无论是原始数据还是结果都是二维表,不用考虑数据的存储路径。因此,提高了数据的独立性、安全性,同时也提高了开发效率。

关系模型的主要缺点:查询效率低,关系模型的DBMS提供了较高的数据独立性和非过程化的查询功能,方便了用户的使用,致使系统的负担比较重,直接影响了查询的效率和速度;关系DBMS实现较难,由于关系DBMS效率低,需要关系模型的查询优化,此项工作复杂且实现难度大。

4.面向对象模型

面向对象数据库系统支持面向对象数据模型。面向对象数据库是面向对象数据库技术和面向对象程序设计相结合的产物,面向对象的方法是面向对象数据库模型的基础,这种数据模型能够适应更复杂的数据处理技术。

面向对象模型中的核心概念是对象(Object)和类(Class)。

(1)对象和类

对象类似于E-R模型中的实体,但更为复杂。每个对象既有数据特征,还有状态(State)特征和行为(Behavior)特征,并把它们封装在一起。比如,学号、姓名、年龄、专业等可以看作学生的数据特征,学生是否毕业看成状态特征,学生是否选修了课程可以看作学生的行为特征。因此,对象应该具有三要素:唯一的标识符来识别对象;用特征或属性来描述对象;有一组操作来决定对象对应的行为。

根据对象定义，可以看出有很多客观存在的对象具有相似的特性。比如，学生是一个客观存在的对象，那么无论是男学生还是女学生都应该具有学生的特征，可以通过相应的属性值来区分。

具有相同数据特征和行为特征的所有对象称为类。由此可以看出，对象是类的一个实例。类是一个描述，对象是具体描述的值。

每个类有两部分组成，其一是对象类型，也称对象的状态；其二是对这个对象进行的操作方法，称为对象的行为。对象的状态是描述该对象属性值的集合，对象的行为是对该对象操作的集合。

例如，学生赵强是一个学生类的对象。

- 对象名：赵强
- 对象的属性（状态）：未婚
- 学号：07304703203
- 性别：男
- 专业：信息工程系
- 出生日期：1998-04-25
- 对象的操作（行为）：选修课程，参加考试

该学生类中所有像赵强这样的学生对象，都具有相同的数据状态和行为。

（2）对象之间的信息传递

现实世界中，各个对象之间不是相互独立的，它们之间存在相互联系。对象的属性和操作对外部是透明的，对象之间的通信是通过消息传递实现的。一个对象可以通过接收其他对象发送的消息来执行某些指定的操作，同时这个对象还可以向多个对象发送消息。可见，一个对象既可以是消息的发送者（请求者）也可以是消息的接收者（响应者）。

对象之间的联系就是通过消息的传递来进行的，接收者只有接收到消息后才会触发某种操作，也就是根据消息做出响应，来完成某种功能的执行。

（3）面向对象模型的特点

由于面向对象模型中不仅包括描述对象状态的属性集，而且包括类的方法及类层次，具有更加丰富的表达能力。因此，面向对象的数据库比层次、网状、关系数据库使用上更加方便，它能够支持这些模型所不能处理的复杂的应用。

面向对象模型不但能够支持存储复杂的应用程序，而且还能够支持存储较大的数据结构。由于面向对象模型可以直接引用对象，因此，使用对象可以处理复杂的数据集。当然，面向对象模型也有它的缺点，比如，由于模型复杂，系统实现起来难度大。

1.3　数据库系统的体系结构

数据库系统的结构从不同的角度，有不同的结构，例如，图1-1就是数据库系统的一种结构。从数据库应用开发人员角度来看，数据库系统通常采用三级模式结构，这是数据库系统的内部系统结构。按照数据库管理系统与应用程序的关系来分，数据库管理系统与应用程序在一起的单用户结构，数据库管理系统与应用程序分开的客户端/服务器（Client/Server，C/S）

结构，应用程序的用户操作与商业逻辑分开的客户端/应用服务器/数据库服务器（Client/Application Server/Database Server）多层级结构，以及现在常用的浏览器/应用服务器/数据库服务器（Browser/Application Server/Database Server，B/S）结构。

1.3.1 数据库系统的三级模式结构

构建数据库系统的模式结构就是为了保证数据的独立性，以达到数据统一管理和共享的目的。数据的独立性包括物理独立性和逻辑独立性。其中物理独立性是指用户的应用程序与存储在磁盘上的数据库中数据的相互独立性。也就是说，在磁盘上数据库中数据的存储是由DBMS管理的，用户程序一般不需要了解。应用程序要处理的只是数据的逻辑结构，也就是数据库中的数据，这样在计算机存储设备上的物理存储改变时，应用程序可以不必改变，而由DBMS来处理这种改变，这就称为“物理独立性”。

数据库体系结构是数据库的一个总体框架，是数据库内部的系统结构。1978年美国国家标准协会（American National Standard Institute，ANSI）的数据库管理研究小组提出标准化建议，从数据库管理系统角度，将数据库结构分成三级模式和两级映像。

数据库系统的三级模式结构是指数据库系统是由外模式、模式和内模式三级构成，它们之间的关系如图1-17所示。

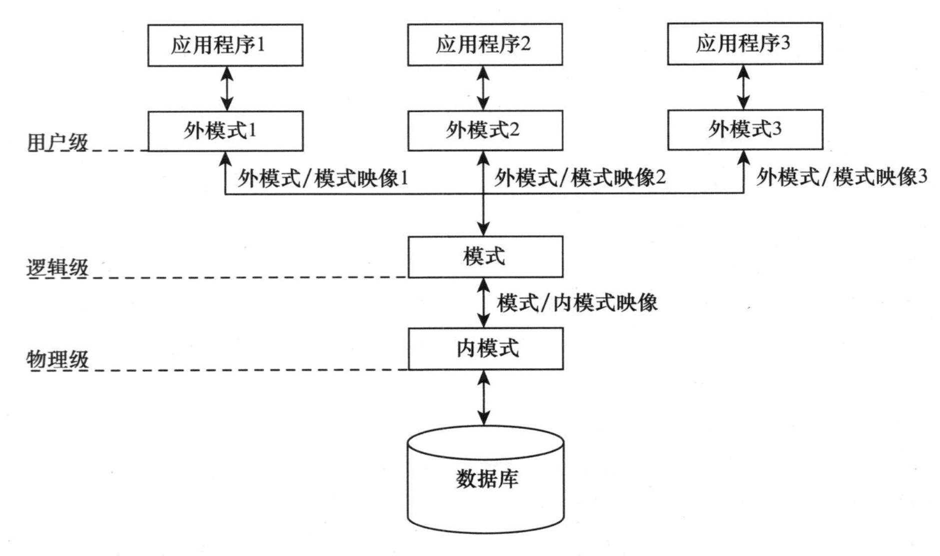

图1-17 数据库系统的三级模式结构

1.外模式

外模式也称子模式或用户模式，属于视图层抽象，它是数据库用户（包括应用程序员和最终用户）能够看见和使用的局部数据的逻辑结构和特征的描述，是数据库用户的数据视图，是与某一应用有关的数据的逻辑表示。

外模式通常是模式的子集。一个数据库可以有多个外模式。由于它是各个用户的数据视图，如果用户在应用需求、提取数据的方式、对数据保密的要求等方面存在差异，则其外模式描述是有所不同的。即使对模式中同一数据，在外模式中的结构、类型、长度、保密级别等都可以不同。可见,不同数据库用户的外模式可以不同。

每个用户只能看见和访问所对应的外模式中的数据,数据库中的其余数据是不可见的,对于用户来说,外模式就是数据库。这样既能实现数据共享,又能保证数据库的安全性。DBMS 提供模式语言(Data Description Language)来严格定义外模式。

2. 模式

模式也称逻辑模式或概念模式,是数据库中全体数据的逻辑结构和特征的描述,是所有用户的公共数据视图,是数据库管理员看到的数据库,属于逻辑层抽象。它介于外模式与内模式之间,既不涉及数据的物理存储细节和硬件环境,也与具体的应用程序、与所使用的应用程序无关。

模式实际上是数据库数据在逻辑级上的视图。一个数据库只有一个模式。数据库模式以某一种数据模型为基础,统一考虑所有用户的需求,并将这些需求有机地结合成一个逻辑整体。定义模式时不仅要定义数据的逻辑结构,例如,数据记录由哪些数据项构成,数据项的名字、类型、取值范围等,而且要定义数据之间的联系,定义与数据有关的安全性、完整性要求。模式可以减小系统的数据冗余,实现数据共享。DBSM 提供模式描述语言来严格地定义模式。

3. 内模式

内模式也称存储模式,是数据在数据库中的内部表示,属于物理层抽象。内模式是数据物理结构和存储方式的描述,一个数据库只有一个内模式,它是 DBSM 管理的最低层。DBSM 提供内模式描述语言(Internal Schema Data Description Language)来严格地定义内模式。

总之,模式描述数据的全局逻辑结构,外模式涉及的是数据的局部逻辑结构,即用户可以直接接触到的数据的逻辑结构,而内模式更多地是由数据库系统内部实现的。

1.3.2　数据库的两级映像与独立性

数据库系统的三级模式是对数据的三个抽象级别,为了能够在内部实现这三个抽象层次的联系和转换,数据库管理系统在这三级模式之间提供了两层映像:

- 外模式/模式映像
- 模式/内模式映像

如图 1-17 所示,两层映像可以有效地保证数据库系统中的数据能够具有较高的逻辑独立性和物理独立性。

1. 外模式/模式映像

模式描述的是数据的全局逻辑结构,外模式描述的是数据的局部逻辑结构。对应于同一个模式可以有任意多个外模式。对于每一个外模式,数据库系统都提供了一个外模式/模式映像,它定义了该外模式与模式之间的对应关系。这些映像定义通常包含在各自外模式的描述中。

当模式改变时,可由数据库管理员对各个外模式/模式的映像做相应的改变,从而保持外模式不变。应用程序是依据数据的外模式编写的,因此应用程序就不必修改了,保证了数据与程序的逻辑独立性,简称数据的逻辑独立性。

2. 模式/内模式映像

数据库中只有一个模式,也只有一个内模式,所以模式/内模式映像是唯一的,它定义了数据全局逻辑结构与存储结构之间的对应关系。当数据库的存储结构改变了(例如,选用了另一种存储结构),为了保持模式不变,也就是应用程序保持不变,可由数据库管理员对模式/内模式映像做相应改变就可以了。这样,就保证了数据与程序的物理独立性,简称数据的物理独立性。

在数据库的三级模式结构中,数据库模式即全局逻辑结构是数据库的中心与关键,它独立于数据库的其他层次。因此设计数据库模式结构时应首先确定数据库的逻辑模式。

数据库的内模式依赖于它的全局逻辑结构,但独立于数据库的用户视图即外模式,也独立于具体的存储设备。它是将全局逻辑结构中所定义的数据结构及其联系按照一定的物理存储策略进行组织,以达到较好的时间与空间效率。

数据库的外模式面向具体的应用程序,它定义在逻辑模式之上,但独立于存储模式和存储设备。当用户需求发生较大变化,相应外模式不能满足其视图要求时,该外模式就要做相应的改动,所以设计外模式时应充分考虑到应用的扩充性。

特定的应用程序是在外模式描述的数据结构上编制的,它依赖于特定的外模式,与数据库的模式和存储结构独立。不同的应用程序有时可以共用同一个外模式。数据库的两级映像保证了数据库外模式的稳定性,从而从底层保证了应用程序的稳定性,除非应用需求本身发生变化,否则应用程序一般不需要修改。

数据库的三级模式和两级映像保证了数据与程序之间的独立性,使得数据的定义和描述可以从应用程序中分离出去。另外,由于数据的存取由 DBMS 管理,用户不必考虑存取路径等细节,从而简化了应用程序的编制,大大减少了应用程序的维护和修改。

1.4 SQL Server 2014 概述

SQL Server 是 Microsoft 公司开发的关系数据库管理系统,它具有强大的数据库创建、开发、设计和管理功能。SQL Server 诞生于 1989 年,经过持续不断的改进和版本升级,它在可扩展性、集成性、易管理性、性能和功能等各方面都得到了很大的提高。凭借其功能强大、操作简便,深受广大数据库用户的欢迎,占据了越来越大的数据库市场份额。在其发展历程中,1996 年推出的 SQL Server 6.5 版为小型商业数据库;2000 年 9 月发布了 32 位的 SQL Server 2000,将 SQL Server 引入了企业,具有群集功能、更优秀的性能,支持 XML 技术;SQL Server 2005 走向企业领域增加了 Service Broker、通知服务、CLR、XQuery 及 SQLOS;SQL Server 2008 增加了基于策略的管理、数据压缩、资源调控器;SQL Server 2012 全面支持云技术与平台。SQL Server 2014 主要侧重关键业务和云性能,集成内存 OLTP 技术的数据库产品,关键业务和性能的提升,安全和数据分析,以及混合云搭建等方面。SQL Server 2014 可以应用于微软云平台 Windows Azure 的新型混合方案,另外也支持在 Windows Azure 虚拟平台上运行 SQL Server 2014。

1. SQL Server 2014 的架构

SQL Server 2014 支持管理 Azure 公有云数据,提供了一批功能强大的核心任务工作负载、智能化业务和混合云服务,通过关键任务应用提供突破性的性能、可用性和可管理性,而且通过内置的内存驻留技术为所有工作负载提供对关键业务的高性能应用,用户可以通过熟悉的工具从任意数据中快速获取重要信息,混合云平台也可以帮助企业快速搭建、部署并管理跨客户端和云的解决方案。为了完成这些功能，SQL Server 2014 由多个组件搭建而成，如图 1-18所示。

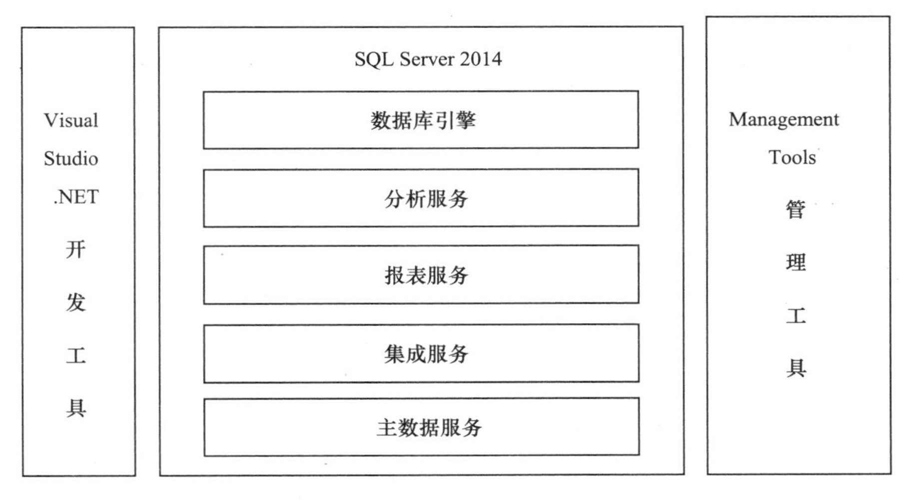

图 1-18　SQL Server 2014 架构

(1)数据库引擎

数据库引擎 Database Engine(DE)是 SQL Server 2014 的核心组件，负责业务数据的存储、处理、查询和安全管理等操作，如创建数据库和表、执行各种数据查询、访问数据库等。通常情况下，使用数据库系统实际上就是在使用数据库引擎。SQL Server 2014 的数据库引擎是一种安全可靠、可伸缩更强且高可用性的关系型数据库引擎。数据库引擎也是一个复杂的系统，是由许多功能组件组成，还包含全文搜索、Service Broker、复制功能。SQL Server 2014 的数据库引擎不仅可以完成数据管理，而且可以控制数据管理系统的访问权限并能够快速处理事务，从而满足企业极高要求实现大量数据的处理，也可以创建用于联机事务处理或联机分析处理数据。复制是一组技术，它是将数据或数据库对象从一个数据库复制分发到另一个数据库，使两个数据库实现数据的同步，以维持数据的一致性。

(2)分析服务

分析服务 Analysis Services(AS)是 SQL Server 2014 一种核心服务，其主要作用是通过服务器和客户端技术的组合来提供联机分析处理(Online Analytical Processing，OLAP)和数据挖掘功能，提供商业智能解决方案。相对 OLAP，联机事务处理(Online Transacting Processing，OLTP)是由数据库引擎负责完成的。使用 Analysis Services，用户可以设计、创建和管理包含来自于其他数据源的多维结构，通过对多维数据进行多角度的分析，可以使企业管理人员能够对业务数据有更全面的理解。另外，通过使用 Analysis Services，用户还可以完成数据挖掘模型的构造和应用，实现知识的发现、表示和管理。

(3)报表服务

报表服务 Reporting Services(RS)是基于服务器的报表平台，提供各式各样报表模型的图形工具和向导，提供用于管理 Reporting Services 的报表服务器管理工具，为各种数据源提供支持 Web 的企业级报表功能；也提供了用于对 Reporting Services 对象模型进行编程和扩展的应用程序编程接口(API)。通过使用 Reporting Services，用户可以方便地定义和发布满足自己需求的报表，轻松实现报表的布局格式和数据源。报表服务能够极大地方便企业的管理工作，满足管理人员对高效、规范管理的要求。

(4)集成服务

集成服务 Integration Services(IS)是一个生成高性能数据集成和数据转换解决方案的平台，负责完成有关数据的提取、转换和加载等操作，是从原来的数据转换服务派生并重新以.NET格式改写而成，可实现有关数据的提取、转换、加载等功能。Integration Services 可以高效地处理各种各样的数据源，例如，SQL Server、Oracle、DB2、Sybase、Excel、XML 文档、文本文件等。从而集成服务可以将各种数据源中的数据适当进行处理并加载到分析服务中应用于各种分析，提供给客户有效的服务。

(5)主数据服务

主数据服务 Master Data Service(MDS)是针对数据管理的解决方案，可配置 MDS 管理任何领域，MDS 可包括层次结构、各种级别的安全性、事务、数据版本控制和业务规则，以及可用于管理数据的处理 Excel 的外接程序，包括复制服务、服务代理、通知服务和全文检索服务等功能组件，共同构成完整的服务架构。

(6)管理工具和开发工具

SQL Server 2014 包含的管理工具可用于高级数据库管理，它也和其他 Microsoft 工具紧密集成在一起，提供一个统一界面的资源管理。SQL Server 2014 为数据库引擎、数据抽取、转换和装载(ETL)、数据挖掘、OLAP 和报表提供了与 Microsoft Visual Studio 相集成的开发工具，以实现端到端的应用程序开发能力。SQL Server 2014 每个主要的子系统都有自己的对象模型和 API，能够以任何方式将数据系统扩展到不同的商业环境中。

2.SQL Server 2014 的数据库构成

数据库是数据库管理系统的核心，它包含了系统运行所需的全部数据。用户通过对系统的操作实现对数据库数据的调用，从而返回不同的数据结果。

(1)数据文件

数据文件指数据库中用来存放数据库数据和数据库对象的文件，一个数据库可以有一个或多个数据库文件，一个数据库文件只能属于一个数据库。当有多个数据库文件时，有一个文件被定为主数据库文件。主数据文件是数据库的起点，指向数据库文件的其他部分，每个数据库有且只有一个主要数据文件，默认扩展名为.mdf。次数据文件，也称辅助数据文件，包含除主数据库文件外的所有数据文件，一个数据库可以没有次数据文件，也可能有多个次数据文件，默认扩展名为.ndf。

(2)事务日志文件

事务日志文件简称日志文件，是包含用于恢复数据库所需的所有日志信息的文件。日志文件中记录了存储数据库的更新情况等事务日志信息，用户对数据库进行的插入、删除和更新等操作也都会记录在日志文件中，默认扩展名为.ldf。当数据库发生损坏时，可以根据日志文件来分析出错的原因，或者数据丢失时，还可以使用事务日志恢复数据库。每一个数据库至少必须拥有一个事务日志文件，而且允许拥有多个日志文件。

(3)数据库文件组

为了便于分配和管理，可以将数据文件集合起来，放到文件组中，这是数据文件的逻辑组合。每个数据库只有一个主要文件组，可选配一个用户定义次文件组。主要文件组是包含主要数据文件和未放入其他文件组的所有次要文件的文件组。用户定义文件组是用户首次创建数据库或以后修改数据库时明确创建的任何文件组，用于将数据文件集合起来，以便于管理、数据分配和放置。

(4)页和区

SQL Server 中数据存储的基本单位是页，也称物理块。为数据库中的数据文件(.mdf 或 .ndf)分配的磁盘空间可以从逻辑上划分成页(从 0 到 n 连续编号)。磁盘 I/O 操作是页级上执行，也就是说，SQL Server 读取或写入所有数据页。区是八个物理上连续的页的集合，用来有效地管理页，所有页都存储在区中。

(5)用户和角色

SQL Server 2014 系统中，用户和角色是两个不同的概念。用户与登录对应，它能够使用户连接到 SQL Server 2014 实例。角色则是用于完成特定的、与服务器相关的管理任务所需的权限，只有给用户赋予了角色，该用户才有相应的操作数据库的权限。一个用户可以属于一个或多个角色，而一个角色也可以包括一个或多个用户。

2.SQL Server 2014 的对象

SQL Server 2014 将用户提供的数据以及数据库系统生成的管理结构一起保存在用户指定的数据库中，用户可以通过数据库系统程序来访问其数据库数据，也可以通过管理工具以数据库对象的方式访问这些数据库数据，大大简化了数据的使用和管理。其实数据库对象就是组成整个数据库的逻辑组件。常用的 SQL Server 2014 数据库主要对象：数据库对象、数据表类对象、数据库关系图对象、视图类对象、可编程性类对象、安全类对象。

(1)数据库对象

SQL Server 2014 的数据库对象有两种：安装时自动生成的，为整个数据库系统实例服务；另一种用户创建的数据库，管理用户的数据，向客户端提供数据服务。本节主要介绍自动生成的数据库对象，用户数据库对象创建和使用后面章节陆续介绍。

①数据库 master

master 是 SQL Server 2014 中最重要的数据库，是整个数据库服务器的核心。用户不能直接修改该数据库，如果损坏了 master 数据库，那么整个 SQL Server 服务器将不能工作。该数据库中包含以下内容：所有用户的登录信息、用户所在的组、所有系统的配置选项、服务器中本地数据库的名称和信息、SQL Server 的初始化方式等。master 数据库的数据文件为 master.mdf，日志文件为 mastlog.ldf。

②数据库 model

model 数据库是 SQL Server 2014 中创建数据库的模板，如果用户希望创建的数据库有相同的初始化文件大小，则可以在 model 数据库中保存文件大小的信息；希望所有的数据库中都有一个相同的数据表，同样也可以将该数据表保存在 model 数据库中。因为将来创建的数据库以 model 数据库中的数据为模板，因此在修改 model 数据库之前要考虑到，任何对 model 数据库中数据的修改都将影响所有使用模板创建的数据库。model 数据库的数据文件是 model.mdf，日志文件是 modellog.ldf。

③数据库 msdb

msdb 提供运行 SQL Server Agent 工作的信息。SQL Server Agent 是 SQL Server 中的一个 Windows 服务，该服务用来运行制定的计划任务。计划任务是在 SQL Server 中定义的一个程序，该程序不需要干预即可自动开始执行。与 tempdb 和 model 数据库一样，在使用 SQL Server 时也不要直接修改 msdb 数据库，SQL Server 中的其他一些程序会自动运行该数据库。例如，当用户对数据进行存储或者备份的时候，msdb 数据库会记录与执行这些任务相关的一些信息。msdb 数据文件是 msdb.mdf，日志文件是 msdblog.ldf。

还有一个临时数据库 tempdb，用于存放临时对象或中间结果。以及一个只读数据库 resource，物理存储了所有系统对象。但在逻辑上，它们出现在每个系统数据库的架构中。resource 数据库不包含用户数据或用户元数据。

（2）数据表类对象

数据表是关系数据库中的基本存储单元，是采用向量的形式表示一个数据实体，每个向量部分用于描述一个实体的某一个方面的属性，采用行与列的形式描述用户的所有对象数据。数据表以及关系（即数据表间的关系）是关系型数据库中最重要的元素。

（3）数据库关系图对象

数据库关系图就是用于显示数据库中各表结构和各表间关系的一张可视化图；还显示了一个数据表上的键、约束以及索引等关系。便于在设计时可视化处理，可以更好地帮助数据库设计人员了解当前数据库的逻辑结构。

（4）视图类对象

视图是采用行列表格的形式来把数据库中相关表列进行任意组合将数据集中在一起，以便许多用户可以反复访问它们。视图与表不同，一个视图不分配任何存储空间，它并不真正地包含数据。视图只在数据字典中存储其定义。通常引入视图的主要目的是为了限制对数据表中的某些敏感数据进行访问，为表提供附加的安全性，此外，使用视图也可起到简化数据访问操作，以及保存并重用复杂查询操作。

（5）可编程性类对象

SQL Server 2014 管理工具集将数据库中的可编程对象都搜集到指定"可编程性"数据库节点之下，便于统一管理，消除功能的重复定义。"可编程性类"对象包括存储过程、函数、数据库触发器、程序集、类型、规则以及默认值。

（6）安全类对象

SQL Server 2014 为自身提供了强大的安全性控制机制，主要包括 SQL Server 2014 的权限机制和加密功能。SQL Server 2014 提供的权限机制主要由用户、角色和架构这 3 类安全对象组成，主要用于管理对数据库的访问和管理权限。SQL Server 2014 的加密功能主要包括密钥对象（对称密钥或非对称密钥）和证书对象，用于对数据表中的数据进行加密和签名。

本章小结

本章对数据库系统作了概要的介绍。首先简述了数据库的几个基本概念，通过对数据管理技术的发展历程的介绍，说明了数据库技术出现的必然性和必须性。之后，对数据库系统结构作了整体介绍，讨论了数据库系统的三级模式结构和数据独立性的概念，并对数据库、数据库管理系统和数据库系统进行了概念性的介绍。最后对数据库技术的发展作了简要介绍。

学习完本章之后，应该理解有关数据库的基本概念和基本方法，并初步了解数据库系统的三级模式结构和数据独立性。

- 数据库系统(DataBase System,DBS)主要特点:数据结构化;数据共享性好,冗余度小;数据独立性好;数据由 DBMS 统一管理和控制,从而保证多个用户能并发、安全、可靠地访问,而一旦出现故障,也能有效恢复。
- 数据库系统三级模式结构:定义了数据库的三个抽象级:用户级、概念级、物理级;用户级数据库对应于外模式,概念级数据库对应于模式,物理级数据库对应于内模式;这三级之间通过一定的对应规则进行相互映射,从而保证了数据库系统中能够具有较高的逻辑独立性和物理独立性。
- 数据库管理系统(DataBase Management System,DBMS):DBMS 是数据库系统的核心,用户开发的数据库系统都是建立在特定的 DBMS 之上;数据库管理系统的主要职能有数据库的定义和建立、数据库的操作、数据库的控制、数据库的维护、故障恢复和数据通信。

习题 1

1.1 什么是数据库、数据库系统和数据库管理系统? 数据库有哪些主要特征?

1.2 计算机数据管理技术发展经历几个阶段? 各阶段的特点是什么?

1.3 什么是外模式、模式和内模式? 试述数据库系统的两级映像功能。

1.4 简单说明数据库管理系统包含的功能。

1.5 什么是概念模型? 解释概念模型中的常用术语:实体、实体型、实体集、属性、键、模式、内模式、外模式、DDL、DML、DBMS。

1.6 简单叙述数据与程序的物理独立性和逻辑独立性,以及二者在数据库中是如何实现的。

1.7 什么是关系模型? 关系模型有什么特点? 试举一个关系模型的例子。

1.8 试举三个实例,要求实体型之间分别具有一对一、一对多和多对多的联系。

1.9 目前访问网络数据库服务器的标准接口主要有哪几种方式?

1.10 一个工厂可以生产若干产品,每种产品由不同的零件组成,有的零件可以用在不同的产品上。这些零件由不同的原材料制作,一种原材料可适用于多种零件的生产。工厂内有若干仓库存放零件和产品,但同一种零件或产品只能放在一个仓库内。请用 E-R 图画出此工厂产品、零件、材料和创建的概念模型。

1.11 学校有若干个学院,每个学院有若干个班级和教研室。每个教研室有若干名教师,其中教授和副教授各带若干名研究生;每个班级有若干名学生,每个学生可以选修若干门课程,每门课可由有若干名学生选修。用 E-R 图画出该学校的概念模型。

第 2 章　关系模型与关系运算

本章导读

关系数据库系统是支持关系模型的数据库系统，关系模型具有严格的数学理论基础。本章讲解了关系模型的基本概念，并对关系模型的数据结构、数据操作和完整性约束的三个要素进行了详细阐述，然后针对关系数据操作中的关系代数进行了介绍，并针对关系代数中的查询操作提出了相关的优化算法和处理。

学习目标

本章重点是在掌握关系基本概念的基础上，了解对关系的操作，重点是掌握关系代数的相关内容。

2.1　关系数据结构及形式化定义

关系模型的数据结构非常简单，只包含单一的数据结构——关系。也就是说，现实世界中的实体以及实体间的各种联系都可以用单一的结构类型即关系(二维表)来表示。在第 1 章中已经非形式化地介绍了关系模型及其有关基本概念。而关系模型是建立在严格的数学理论基础之上的，这里将从集合论角度给出关系数据结构的形式化定义。

2.1.1　关系形式化定义及其有关概念

首先引入域(Domain)和笛卡尔集(Cartesian Product)的概念。

1. 域

定义 2.1　域是一组具有相同数据类型的值的集合，又称为值域(用 D 表示)。

域可能是系统定义的类型，如 Integer(所有整数类型的集合)或 Char(所有字符类型的集合)，但更常见的是用户自己定义的类型，例如：

姓名：{吴娟，王平，刘力伟}

性别：{男，女}

专业：{国际贸易，网络工程，财务管理}

成绩：0～100 的整数集合

从上述例子可以看出：域是一种特殊的集合，要求集合中的元素各不相同，但是同一域中的元素值必须是相同的数据类型。一个域中不同取值个数称为该域的基数(Cardinal

Number)。在数据库中域的基数一般为有限值,如上所示“姓名”域的基数为 3、“成绩”域的基数为 101。

2. 笛卡尔积

笛卡尔积是域上的一种集合运算。

定义 2.2　给定一组域 $D_1, D_2, \cdots, D_n$(其中允许有相同的域),那么,$D_1, D_2, \cdots, D_n$上的笛卡尔积为:

$$D_1 \times D_2 \times \cdots \times D_n = \{(d_1, d_2, \cdots, d_n) \mid d_i \in D_i, i = 1, 2, \cdots, n\}$$

其中每一个元素$(d_1, d_2, \cdots, d_n)$称为一个 n 元组(N-Tuple),简称元组(Tuple);元组中每个值 d_i称为一个分量(Component)。当 n = 1 时,称为单元组,n = 2 时称为二元组,n = 6 时称为六元组等。

若 $D_i(i = 1, 2, \cdots, n)$为有限集,其相应基数为 $m_i(i = 1, 2, \cdots, n)$,则 n 个域 $D_1 \times D_2 \times \cdots \times D_n$的基数 M 为:

$$M = \prod_{i=1}^{n} m_i$$

设有三个域,D_1为学生姓名集合,D_2为性别集合,D_3为系部集合:

D_1 = {邓晨,苏菲,陈宾}
D_2 = {男,女}
D_3 = {计算机系,电信系}

则 D_1, D_2, D_3的笛卡尔积集合表示为:

$D_1 \times D_2 \times D_3$ = {(邓晨,男,计算机系),(邓晨,男,电信系),
(邓晨,女,计算机系),(邓晨,女,电信系),
(苏菲,男,计算机系),(苏菲,男,电信系),
(苏菲,女,计算机系),(苏菲,女,电信系),
(陈宾,男,计算机系),(陈宾,男,电信系),
(陈宾,女,计算机系),(陈宾,女,电信系)}

笛卡尔积包括了所有可能的组合,其中(邓晨,男,计算机系),(苏菲,女,计算机系)等都是三元组。苏菲、男、计算机系等都是分量。该笛卡尔积的基数为 3×2×2 = 12,即 D_1, D_2, D_3的笛卡尔积一共有 12 个元组。笛卡尔积也可以用直观的二维表来表示;表中的每一行对应一个元组,每一列的值来自于某个域,$D_1 \times D_2 \times D_3$这 12 个元组构成的二维表如表 2-1 所示。其中二维表的表头为域名,表 2-1 所示域名中的括号部分为对应域名的英文域名标识。

表 2-1　D_1, D_2, D_3的笛卡尔积

学生姓名(D_1)	性别(D_2)	院系(D_3)
邓晨	男	计算机系
邓晨	男	电信系
邓晨	女	计算机系

续表 2-1

学生姓名(D_1)	性别(D_2)	院系(D_3)
邓晨	女	电信系
苏菲	男	计算机系
苏菲	男	电信系
苏菲	女	计算机系
苏菲	女	电信系
陈宾	男	计算机系
陈宾	男	电信系
陈宾	女	计算机系
陈宾	女	电信系

3. 关系(Relation)

一组域的笛卡尔乘积的任意一个子集都可以称为一个关系。

定义 2.3 当且仅当 R 是 $D_1 \times D_2 \times \cdots \times D_n$的一个子集,则称 R 是 $D_1 \times D_2 \times \cdots \times D_n$上的一个关系,记为:

$R(D_1, D_2, \cdots, D_n)$

其中 R 表示关系的名称,n 为关系的目或度(Degree);关系中不同列可以源于相同的域,为了相互区分,必须为每列起一个名字,称为属性(Attribute),n 目关系必有 n 个属性;而关系 R 中所包含的元组数称为 R 的基数。

一般来说,$D_1, D_2, \cdots, D_n$的笛卡尔积是没有实际语义的,只有它的某个子集才有实际含义。如表 2-1 所示,一般来说,任意一个学生肯定属于某个院系,有确定的性别,因此,表 2-1 中的某个子集才能表示现实学生的真实情况。如表 2-2 所示为学生、性别及院系之间的一个正确的关系(假定邓晨和陈宾是计算机系学生,苏菲为电信系学生)。

表 2-2 学生情况对照表

学生姓名(D_1)	性别(D_2)	院系(D_3)
邓晨	男	计算机系
苏菲	女	电信系
陈宾	男	计算机系

由上述定义可知,域 $D_1, D_2, \cdots, D_n$上的关系 R,就是由域 $D_1, D_2, \cdots, D_n$确定的某些元组的集合。为了更好地描述关系的含义,如表 2-2 中的关系用 Student 来标识,则该关系记为:

Student(学生姓名,性别,院系)

其中"学生姓名"、"性别"、"院系"为域名,很多时候都是采用英文缩写来描述,例如:

Student(Sname, Ssex, Sdepart)

在关系数据模型中,关系(表)可以有三种类型:基本关系(通常又称为基本表或者基表)、查询表和视图表。其中基本关系表是实际存在的表，是实际存储数据的逻辑表示；查询表是由一个或者多个基本表进行查询后，其查询结果所对应的表；视图表是由基本表或其他视图表导出的表，是虚表，不对应实际存储的数据。

尽管关系与二维表格、传统的数据文件有类似之处，但它们之间又有着重要的区别，严格地说，关系是一种规范化了的二维表格中行的集合，具有如下性质：

(1)列的同质性，即每一列中的分量是同一类型的数据，来自同一个域。例如，性别的取值范围(域)是{男，女}。

(2)异列同域性，即不同的列可以出自同一个域，给每列取一个名称即属性名，不同的列要取不同的属性名。例如，姓名和院系都是字符类型域。

(3)列的无序性，即列的顺序无所谓。但是有时为了习惯和方便，通常有一定顺序。例如，学生关系中，学号通常在最前面，其后为学生的姓名、性别、所属院系等属性。

(4)元组不重复性，即关系中任意两行(元组)不能相同，严格来说，是任意两个元组的候选码不能完全相同。如果学生关系中有学号属性，则任意两个学生的学号不能相同，但一个班级中允许同名。

(5)行的无序性，即行的顺序无所谓。

(6)属性值原子性，即元组的每个分量必须取原子值，即每一个分量都必须是不可再分的数据项，不允许出现组合数据，更不允许“表中有表”。例如，表 2-3 所示为非规范化关系，表中出生日期又分了两列，分别代表该学生的出生的年份和月份。

表 2-3　非规范化关系

学生(D_1)	性别(D_2)	院系(D_3)	出生日期(D_4)	
			出生年份 D_{4-1}	出生月日 D_{4-2}
邓晨	男	计算机系	1998	05-20
陈宾	男	电信系	2000	06-14
苏菲	女	计算机系	1998	12-31

以上六个性质可以简单归纳为：关系中的每一个属性都是不可分解的，即所有域都应是原子数据的集合；没有完全相同的行和列，且行、列的排列顺序是无关紧要的。

2.1.2　码的定义

在关系数据库中，关键字(Key Words，简称码或 Key)是关系模型的一个重要概念。码由一个或几个属性组成，在实际应用中，有如下几个码的概念。

1. 候选码(Candidate Key)

若关系中的某一属性或属性组的值能唯一地标识一个元组，而其任意真子集都不能。关系中所有满足此要求的属性或属性组为候选码。例如，学生关系 Student：

Student(学号，姓名，性别，年龄，院系)

学号为学生关系 Student 的候选码。如果不允许学生重名，则姓名也是学生关系 Student 的一个候选码，从而一个关系允许有多个候选码。

上述情况候选码只包含一个属性，而候选码也可能为一个属性组。例如，选课关系 SC：

SC(学号,课程号,成绩)

学号和课程号两个属性组为选课关系 SC 的候选码,在属性集"学号+课程号"中去掉任一属性,都无法唯一标识选课记录。

对于组成候选码的属性或属性组 K,具有以下两个特性:

(1)唯一性,即关系 R 的任意两个不同元组,其候选码的属性或属性组 K 的值是不同的;

(2)最小性,即属性组 K 作为候选码,任一属性都不能从属性集 K 中删除掉,否则将破坏唯一性。

2. 全码(All Key)

关系模式的所有属性组是这个关系模式的候选码,称为全码,这也是候选码最极端的情况。

例如,供应关系(供应商号,零件号,工程号),要唯一确定每一个元组,需要所有的属性组合,即"供应商号+零件号+工程号",此为全码的情况。

3. 主码(Primary Key)

若一个关系中有多个候选码,则选定其中一个为主码。一般不加以说明,码是指主码。候选码中的诸属性称为主属性(Primary Attribute),不包含在任何候选码中的属性称为非主属性(Non-primary Attribute)或非码属性(Non-key Attribute)。

学生关系 Student 中选择候选码学号为主码,选课关系 SC 中选择候选码学号和课程编号组成的属性组为主码。在描述关系时,一般在主码下面加横线,则学生关系 Student 和选课关系 SC 表示为:

Student(学号,姓名,性别,年龄,院系)

SC(学号,课程编号,成绩)

在学生关系 Student 中,主属性为"学号",非主属性为"姓名"、"性别"、"年龄"和"院系"。在选课关系 SC 中,主属性为"学号"和"课程编号",非主属性只有一个"成绩"。

注意:关系的主码下面加横线以示区分,在后续章节中,皆用这种方式表述,将不再特殊说明。

4. 外码(Foreign Key)

若一个关系 R_2 中的一个属性子集 S 是另一个关系 R_1 的主码所对应的属性组,则称 S 为 R_2 的外码(R_1 与 R_2 可能是同一个表),并称关系 R_2 为参照关系(Referencing Relation),关系 R_1 为被参照(Referenced Relation)关系或目标关系(Target Relation)。简单地说,外码就是定义在关系变量 R_2 上的一组属性集,它们的值要求与关系变量 R_1 上的候选码的值相匹配。

在学生关系 Student 和选课关系 SC 中,Student 的主码为"学号",SC 的主码为"学号+课程编号"。在 SC 中,学号是它的外码,且其取值依赖于 Student 的学号属性,从而实现两个表的联系。在关系数据库中,表与表的联系常常是通过公共属性实现的,这个公共属性是一个表的主码和另外一个表的外码,这也是关系数据库的一个特点。

一个关系的外码一般为另外一个关系的主码,也可以是同一个关系的主码,例如,课程关系 Course 中"先修课"属性的值取自于 Course 关系中的课程号,表示如下:

Course(课程号,课程名,学分,先修课)

注意:在关系的描述中,一般在外码下面加波浪线以示区分,在后续章节中,皆用这种方式表述,将不再特殊说明。

2.1.3　关系模式与关系数据库

在数据库中要区分型和值的概念。在关系数据库中，关系模式是型，关系是值。

在关系数据理论中，关系的数据结构表明了在其提供的平台上，数据的组织形式是二维表格。但是，在实际的应用中，表格的样式是多种多样的，那么各种表格是如何定义的，即由哪些属性列组成，每个属性域又是如何确定的，这就涉及关系模式的概念。关系模式直观上就是一张只包括表头的空二维表格，是对关系的描述，添上具体的值之后就是某关系了。

定义 2.4　关系的描述称为关系模式（Relation Schema）。可以形式化地表示为：

R（U，D，DOM，F）

其中，R 表示关系名，U 是组成该关系的属性名集合，D 是属性组 U 中属性所来自的域，DOM 为属性向域的映象集合，F 为属性间数据的依赖关系集合。

通常将关系模式简记为

R（U）或 R（A_1，A_2，…，A_n）

其中，R 为关系名，A_1，A_2，…，A_n 为属性名，通常在诸属性的主属性下加下划线表示该属性为主码属性。这样关系与关系模式的描述相同了，其实在数据库中不太严格地区分二者，读者可以根据需要进行判断。

此外，在关系模式 R 中，属性间的数据依赖 F 的相关知识将在第 6 章进行详细介绍，D 和 DOM 即域名及属性向域的映象，常常直接说明为属性的类型、长度。例如，在 Student 关系模式中，学号和姓名均来自于同一个域，即字符串域，根据需要，两个属性列取了不同的属性名，在模式的定义中，还需要定义属性向域的映象，即说明它们分别出自哪个域，如：

DOM（学号）= DOM（姓名）= CHAR

由上述分析可知，关系模式是关系（表）的框架，是对关系结构的描述，它指出了关系由哪些属性构成。关系模式是静态的、稳定的，而关系是动态的、随时间不断发生变化的，因为关系操作在不断地更新着数据库中的数据，它是关系模式在某一时刻的状态或内容。

注意：在实际应用中，人们通常将关系模式和关系都笼统地称为关系，需要读者根据需要通过上下文进行区分。

例如，教学管理信息系统数据库中，其中的学生表，其型即关系模式为：

学生（学号，姓名，性别，年龄，院系）

而该关系模式在某一时刻对应的实例可能如表 2-4 所示。

表 2-4　某时刻与学生关系模式对应的实例

学号	姓名	性别	年龄	学院
701	邓晨	男	18	计算机系
102	苏菲	女	18	电信系
123	陈冬	男	19	计算机系
124	张立	男	20	电信系

关系数据库同样也有型和值之分。关系数据库的型也称为关系数据库模式，是对关系数据库结构或者框架的描述，包括若干个关系模式；而关系数据库的值，通常称之为关系数据库，是这些关系模式在某一时刻对应的关系的集合，也是关系数据库的内容，代表现实世界中的实体。在一个给定的应用领域中，所有实体以及实体间联系的关系的集合构成一个关系数据库。

2.2 关系的完整性约束

随着时间的变化，现实世界也在不停地发生变化，因此，各种操作也在不停的更新数据库中的数据，但是这种更新要受到现实世界中许多已有事实的限定和制约，例如，学生选修的课程开设了才能选修，即选课关系中课程号来自于课程关系。这些约束为现实世界的真实需要，任何关系在任何时刻都必须满足这些语义约束。为了方便用户，关系模型为这些限定和制约提供了丰富有效的完整性约束机制。现在关系模型有三类完整性约束：实体完整性、参照完整性和用户自定义的完整性。

在三类完整性约束中，实体完整性和参照完整性是关系模型必须满足的完整性约束条件，被称为关系的两个不变性，任何关系数据库系统都应该支持这两类完整性；而用户自定义完整性描述的是应用领域需要遵循的约束条件，体现了具体领域中的语义约束。

2.2.1 实体完整性

规则 2.1 实体完整性规则 若属性 A(可能是一个，也可能是一组属性)是基本关系 R 的主属性，则属性 A 具有唯一性且不能取空值(Null Value)。

该规则要求关系在候选码上的属性不能取重复的值，也不可取空值。所谓空值就是“不知道”或“无意义”的值。

当实体模型转化为一个关系模型时，关系模型中的一个元组对应一个实体，一个关系则对应一个实体集，例如，学生关系对应现实世界中的学生实体集，而关系中的每一条记录对应现实世界的一个学生实体，因为现实世界中的实体是可区分的，所以在关系模型中，选用候选码作为唯一性标识，那么就要求候选码中的属性即主属性不能重复且都不能取空值，否则就无从区分和标识元组及与其对应的实体，这与现实世界中的实体是可区分的事实相矛盾。

例如，学生关系中的候选码为“学号”要唯一且不能为空，否则就不能唯一的确定每一个元组；选课关系中“学号 + 课程号”组合也必须唯一，并且二者都不能为空。

2.2.2 参照完整性

实体完整性约束主要考虑一个关系内部的制约，而参照完整性约束规则考虑不同关系之间或同一关系的不同元组之间的制约。

规则 2.2 参照完整性规则 若属性(或属性组)F 是基本关系 R 的外码，它与被参照的基本关系 S 的主码 Ks 相对应(基本关系 R 和 S 不一定是不同的关系)，则对于 R 中每个元组在 F 上的值必须为：

- 或者取空值(F 的每个属性值均为空值)
- 或者等于 S 中某个元组的主码值

这条规则实质上就是“不允许引用一个不存在的实体”。在这个规则定义中，R 为“参照关系”，S 为“被参照关系”，即关系 R 中属性(组)的取值必须是关系 S 中 Ks 列存在的值。

假设教学管理信息系统的数据库有四个关系：

学生(学号，姓名，性别，专业号，年龄，班长)

课程(课程号，课程名，学分，先修课)

选课(学号，课程号，成绩)

专业(专业号，专业名，申办时间)

该数据库中，存在着关系内部和关系之间的制约联系。

1. 关系之间的联系

在这四个关系中，存在着关系与关系之间的制约，例如，表 2-7 学生关系中的“专业号”引用了表 2-5 专业关系中的“专业号”，这里学生关系中的“专业号”可以取专业关系中确实存在的专业号，或者取空值，代表该学生目前的专业号未知。

再如，表 2-8 选课关系中的“学号”和“课程号”分别引用了表 2-7 学生关系的主码“学号”和表 2-6 课程关系的主码“课程号”，即选课关系中的“学号”的值必须是学生关系中确实存在的学号，同理，选课关系中的“课程号”的值也必须是课程关系中确实存在的课程号，但这里因为“学号＋课程号”是所在关系的主码，所以不能取空值。

表 2-5　专业关系

专业号	专业名	申报时间
01	计算机科学与技术	2002
02	软件工程	2003
03	网络工程	2005
04	物联网工程	2011

表 2-6　课程关系

课程号	课程名	学分	先修课
01	数据库原理	4	02
02	数据结构	4	04
03	编译原理	4	02
04	Pascal	2	

表 2-7　学生关系

学号	姓名	性别	专业号	年龄	班长
801	张三	女	01	19	802
802	李四	男	01	20	
803	王五	男	01	20	802
804	赵六	女	02	20	805
805	钱七	男	02	19	

表 2-8 选课关系

学号	课程号	成绩
801	04	92
802	03	78
801	02	85
802	03	82
802	04	90
805	04	88

2.关系内部的联系

参照完整性规则不仅存在于不同的关系之间，在同一个关系内部的不同属性间也可能存在这种参照关系。例如，在表 2-6 课程关系中，“先修课”代表的是该条记录所代表的课程的先修课程号，它引用了本关系中“课程号”属性，即先修课必须是本关系表中确实存在的课程号，这里先修课也可以取空值，代表该课程无先修课或不知道。同理，表 2-7 学生关系中的“班长”引用的也是所在关系的“学号”字段。

注意：外码并不一定要与被参照关系中的主码同名，但必须来自同一个域。但在实际应用中，因为二者位于不同的关系中，一般取相同的名字。

2.2.3 用户自定义完整性

实体完整性和参照完整性是关系模型必须满足的完整性约束条件，被称作关系的两个不变性，应该由关系系统自动支持。除此之外，不同的关系数据库系统由于实际的需要，往往还需要一些特殊的约束条件，这就是用户自定义的完整性，它是用户为了满足现实世界中的实际需要，而自发定义的。

用户定义的完整性是针对某一具体关系数据库的约束条件，它反映了某一具体应用所涉及的数据必须满足的语义要求。系统应提供定义和检验这类完整性的机制，以便用统一的系统方法处理它们，不再由应用程序承担这项工作。例如，学生成绩应该取值在 0～100 之间，也可能是 0～150 之间，职工的工龄应小于法定的退休年龄，人的身高不能超过 3 米等。

为了维护数据库中数据的完整性，在对关系数据库执行插入、删除和修改操作时，就要检查是否满足上述 3 类完整性规则。

2.3 关系操作

关系操作是关系数据模型的第二个重要的要素，但关系模型并未在关系数据库管理系统语言中给出具体的语法要求，即不同的关系数据库管理系统可以定义和开发不同的语言来实现这些操作。

2.3.1 基本关系操作

关系操作的特点是集合操作方式，即操作的对象和结果都是集合，相对于非关系操作的“一次一记录(Record-at-a-Time)”的方式，关系操作具有“一次一集合(Set-at-a-Time)”的显著特征。

关系操作一般可分为查询和更新两大类。查询(Query)操作用于对关系数据进行各种检索;更新操作用于对关系数据进行插入(Insert)、删除(Delete)和修改(Update)等。需要说明的是,应用更新操作时,不应该破坏在关系数据库模式上指定的完整性约束。

由上述分析可知,关系数据库管理系统一般向用户提供了四种基本的数据操纵功能:

1.数据查询

通过数据查询,用户可以查找出自己想要的数据。简单数据查询仅仅查询一个关系内的数据;复杂数据查询要查询来自两个或多个关系的数据。

数据查询可分解为三种基本的操作:

① 一个关系内属性的指定(列的选择);

② 一个关系内元组的指定(行的选择);

③ 两个或多个关系的合并。

数据查询执行的算法如下:

(1)如果查询来自一个关系 R,则直接执行步骤(2);如果查询来自两个或者多个关系,则首先执行③(如果是多于两个的关系,可能要多次执行③),直至将两个或多个关系合并成一个关系 R;

(2)从关系 R 中检索出满足条件①②的数据。

注意:在步骤(2)中先检索满足条件①还是条件②的数据,涉及查询优化的问题,将在 2.5 节中进行讨论。

2.数据插入

用于在指定关系中插入一个或多个元组。该操作不需要定位,只包括一个基本操作,即关系元组的插入操作。

3.数据删除

用于将指定关系内的指定元组删除。该操作包括两个基本操作:先选择后删除,即先横向定位选择满足条件的元组,然后对所选择的元组执行删除操作。

4.数据修改

用于修改指定关系内指定的元组与属性值。该操作包括两个基本操作:先删除后插入,即先删除要修改的元组,再将修改后的元组插入。

上述四类数据操作的对象都是关系,查询是关系操作中最主要的部分,数据查询中的三种基本操作可以分别通过投影(Project)、选择(Select)和连接(Join)、除(Divide)、并(Union)、交(Intersection)、差(Except)和笛卡尔积等来完成。其中选择、投影、并、差、笛卡尔积是 5 种基本操作,其他操作都可以用这 5 个基本操作来定义和导出。

2.3.2　关系数据语言的分类

早期的关系操作通常通过代数方式或逻辑方式表示,分别为关系代数(Relational Algebra)和关系演算(Relational Calculus)。关系代数使用集合代数运算来表达查询要求,关系演算使用数理逻辑中的谓词演算来表达查询要求。在关系演算中,又可按谓词变元的基本对象为元组变量还是域变量分为元组关系演算和域关系演算两种。

关系代数、元组关系演算和域关系演算实质上都是抽象的查询语言,在表达能力上是完全等价的,这些抽象的语言与具体的数据库管理系统中实现的实际语言不完全相同,实际的查询语言除了提供关系代数或关系演算的功能外,还提供了许多附加功能,如:算术运算、聚集函数等。

除关系代数和关系演算语言之外,关系数据库标准语言 SQL(Structural Query Language,结构化查询语言)是介于关系代数和关系演算之间的一种语言,如图 2-1 所示列出了关系数据语言的分类。SQL 不仅具有丰富的查询功能,而且具有数据定义和数据控制功能,这些功能被集成到一个语言系统中,只要用 SQL 就可以实现数据库生命周期中的全部活动。

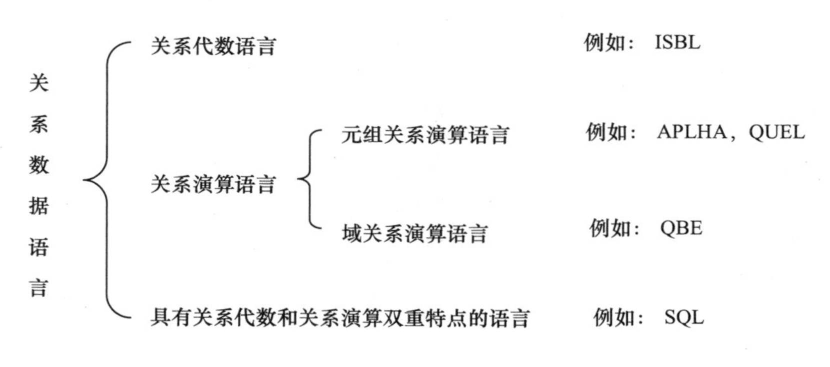

图 2-1 关系数据语言

关系数据库语言是一种高度非过程化的语言,用户不必请求数据库管理员来为其建立特定的存取路径,存取路径的选择由 DBMS 的优化机制来完成,用户不必告诉系统怎么做,只需要告诉系统做什么,系统就可以完成数据操作并返回结果给用户。此外,关系数据库管理系统中研究和开发了查询优化方法,系统可以自动选择较优的存取路径,提高查询效率。

2.4 关系代数

关系代数是一种抽象的查询语言,是关系数据库操纵语言的一种传统表达方式,它是由关系的运算来表达查询的。它是处理关系数据库的重要数学基础之一,许多著名的关系数据库语言(如 SQL 等)都是基于关系代数开发的。

任何一种运算都是将一定的运算符作用于一定的运算对象上,得到预期的运算结果。所以,运算对象、运算符和运算结果是运算的三大要素。在关系代数中,其运算对象和结果都是关系,用户对关系数据的操作都是通过关系代数表达式描述的,任何一个关系代数表达式都由运算符和作为运算分量的关系构成的。关系代数用到的运算符主要包括四类:

- 传统的集合运算符：并(∪)、差(—)、交(∩)、笛卡尔积(×)
- 专门的关系运算符：选择(σ)、投影(Π)、连接(∞)和除(÷)运算
- 逻辑运算符：与(∧)、或(∨)、非(¬)
- 算术比较运算符：大于(>)、大于等于(≥)、小于(<)、小于等于(≤)、等于(=)、不等于(≠)

其中算术比较运算符和逻辑运算符是用来辅助专门的关系运算符进行操作的，所以，关系代数的运算按照运算符的不同可将关系代数的运算分为传统的集合运算和专门的关系运算，其中前者是将关系看成元组的集合，其运算是从"行"的角度进行的，它包括并、交、差和广义的笛卡尔集等运算；而后者不仅涉及"行"，还涉及"列"，这种运算是为数据库的应用而引进的特殊运算，它包括选择、投影、连接和除法等运算。

2.4.1　传统的集合运算

传统的集合运算包括关系的并、交、差和广义的笛卡尔积。这四种运算都是二目运算，即是在两个关系中进行的，但并非任意的两个关系都可以进行这种集合运算。对于两个关系 R 和 S，除笛卡尔积运算外，并、交、差等集合运算需要满足如下两个条件才可以进行相应的运算：

- 具有相同的度 n(即两个关系都有 n 个属性)
- R 中的第 i 个属性和 S 中的第 i 个属性必须来自同一个域，即相应的属性取自同一个域

一般来说，称满足这两个条件的关系 R 和 S 是相容(或同构)的。也就是说，关系 R 和 S 相容是对其进行并、交、差集合运算的前提条件。

另外，t 是元组变量，t∈R 表示 t 是 R 的一个元组。

假设给定两个关系 R 和 S，分别表示学生参加学校课外活动社团的英语角和舞蹈室的学生信息，如表 2-9 和表 2-10 所示。

表 2-9　(关系 R)英语角

姓名	系	性别
陈燕飞	计算机	男
翟灵	艺术	女
赵思	外语	女

表 2-10　(关系 S)舞蹈室

姓名	系	性别
王铭	计算科学	男
翟灵	艺术	女
孙森茂	数学	男
陈燕飞	计算机	男

1. 并运算(Union)

并运算是指将 R 与 S 合并为一个关系，并且删去重复元组。关系 R 和 S 的并记为 R∪S。形式定义如下：

$$R \cup S = \{t \mid t \in R \vee t \in S\}$$

其中 t 是元组变量，其结果仍然是一个 n 目关系，由分别属于 R 或 S 的元组组成。

那么 R∪S 的结果为：参加了英语角或舞蹈室的学生的集合，如表 2-11 所示。

表 2-11 R∪S

姓名	系	性别
陈燕飞	计算机	男
翟灵	艺术	女
赵思	外语	女
王铭	计算科学	男
孙森茂	数学	男

在关系数据库中，并运算可用于完成元组的插入操作。

2. 差运算(Difference)

差运算是指从 R 中删去与 S 中相同的元组，组成一个新的关系。关系 R 和 S 的差记为 R—S，形式定义如下：

$R-S=\{t \mid t\in R \wedge t\notin S\}$

其中 t 是元组变量，其结果仍然是一个 n 目关系，由属于 R 但不属于 S 的所有元组组成。

在所给定的两个关系中，R—S 的结果为：参加了英语角而没有参加舞蹈室的学生集合，如表 2-12 所示。

表 2-12 R—S

姓名	系	性别
赵思	外语	女

在关系数据库中，差运算可用于完成对元组的删除操作。

3. 交运算(Intersection)

所谓交运算是指在 R 中找出与 S 中相同的元组组成一个新的关系。关系 R 和 S 的交记为 R∩S，形式定义如下：

$R\cap S=\{t \mid t\in R \wedge t\in S\}$

其中 t 是元组变量，其结果还是一个 n 目关系，由既属于 R 又属于 S 的元组组成。

R∩S 的结果为：既参加了英语角又参加了舞蹈室的学生集合，如表 2-13 所示。

表 2-13 R∩S

姓名	系	性别
陈燕飞	计算机	男
翟灵	艺术	女

两个关系的交运算也可以用差来表示，即 $R\cap S=R-(R-S)$。

4. 广义笛卡尔积运算(Extended Cartesian Product)

因为操作对象是元组而非元素，故在这里应称之为广义的笛卡尔积。R 与 S 的广义笛卡尔积是用 R 中的每个元组与 S 中每个元组两两相结合组成的一个新的元组，所有这些元组的集合组成新的关系。新关系的度为 R 与 S 的度之和，元组数为 R 与 S 元组数的乘积。

设有关系 R 和 S，它们分别是 r 目和 s 目关系，并且分别有 p 和 q 个元组。关系 R、S 经广义笛卡尔积运算的结果 T 是一个(r+s)目关系，共有 p×q 个元组。每个元组的前 r 列是关系 R 的一个元组，后 s 列是关系 S 的一个元组。关系 R 与 S 的广义笛卡尔积运算用 R×S 表示，形式定义如下：

$$R\times S=\{\widehat{t_r t_s}\mid t_r\in R\wedge t_s\in S\}$$

则给定示例中 R×S 的结果为：R 中的每一个元组都与 S 中的每一个元组组成一个新的元组的集合，其结果共有 3×4＝12 个元组，如表 2-14 所示。

表 2-14　R×S

姓名	系	性别	姓名	系	性别
陈燕飞	计算机	男	王铭	计算科学	男
陈燕飞	计算机	男	翟灵	艺术	女
陈燕飞	计算机	男	孙森茂	数学	男
陈燕飞	计算机	男	陈燕飞	计算机	男
翟灵	艺术	女	王铭	计算科学	男
翟灵	艺术	女	翟灵	艺术	女
翟灵	艺术	女	孙森茂	数学	男
翟灵	艺术	女	陈燕飞	计算机	男
赵思	外语	女	王铭	计算科学	男
赵思	外语	女	翟灵	艺术	女
赵思	外语	女	孙森茂	数学	男
赵思	外语	女	陈燕飞	计算机	男

广义的笛卡尔积运算可用于两个关系的连接操作。

2.4.2　专门的关系运算

由于传统的集合操作，只是从行的角度进行，而要实现关系数据库更加灵活多样的检索操作，还要从列的角度进行操纵，故而必须引入专门的关系运算，主要为选择、投影、连接、自然连接、除等运算。

为了对这些操作进行说明，假设有教学管理信息系统数据库，该数据库包括有学生关系 Student、课程关系 Course 和选课关系 SC(此处仅涉及用到的关系)。

(1)学生关系

Student(Sno, Sname, Ssex, Sage, Smajor, Shometown)，其中 Sno 表示学号，Sname 表示学生姓名，Ssex 表示性别，Sage 表示年龄，Smajor 表示专业，Shometown 表示籍贯；

(2)课程关系

Course(Cno, Cname, Cpno, Ccredit)，其中 Cno 表示课程号，Cname 表示课程名，Cpno 表示先修课程号，Ccredit 表示学分；

(3)选课关系

SC(Sno,Cno,Grade),其中 Sno 表示学号,Cno 表示课程号,Grade 表示成绩。

三个关系所对应的实例,如表 2-15、表 2-16 和表 2-17 所示。

表 2-15 学生 Student 表

Sno	Sname	Ssex	Sage	Smajor	Shometown
20160101	徐成波	男	20	计算机科学与技术	广东广州
20160102	黄晓君	女	18	计算机科学与技术	湖南衡阳
20160103	林宇珊	女	19	计算机科学与技术	河南新乡
20160104	张茜	女	18	计算机科学与技术	广东中山
20160201	黄晓君	男	21	软件工程	河北保定
20160202	陈金燕	女	19	软件工程	江苏徐州
20160203	张顺峰	男	22	软件工程	河南洛阳
20160204	洪铭勇	男	20	软件工程	河北邯郸
20160301	朱伟东	男	19	网络工程	山东青岛
20160302	叶剑峰	男	20	网络工程	陕西西安
20160303	林宇珊	女	21	网络工程	湖北襄阳
20160304	吴妍娴	女	20	网络工程	浙江诸暨

表 2-16 课程 Course 表

Cno	Cname	Cpno	Ccredit
1001	高等数学		9.0
1002	C 语言程序设计		3.5
1003	数据结构	1002	4.0
1004	操作系统	1003	4.0
1005	数据库原理及应用	1003	3.5
1006	信息管理系统	1005	3.0
1007	面向对象与程序设计	1002	3.5
1008	数据挖掘	1006	3.0

表 2-17 选课 SC 表

Sno	Cno	Grade
20160101	1001	92
20160101	1002	98
20160101	1003	88
20160101	1004	98
20160101	1005	76

续表 2-17

Sno	Cno	Grade
20160101	1006	89
20160101	1007	86
20160101	1008	90
20160102	1005	80
20160201	1005	90
20160203	1003	89
20160204	1005	96
20160303	1001	88
20160303	1002	86
20160303	1003	68
20160303	1004	98
20160303	1005	84
20160303	1006	73

1. 选择(Selection)

选择运算是从关系 R 中选择出满足给定条件 F 的元组组成一个新的关系，其中 F 表示选择条件，其基本形式是 $X\theta Y$。F 中的运算对象是常量、元组分量(属性名或列的序号)或简单函数，运算符有算术比较运算符($<$，$\leqslant$，$>$，$\geqslant$，$=$，$\neq$，这些符号也称为 θ 符)和逻辑运算符($\wedge$，$\vee$，$\neg$)。选择运算的结果也是一个关系，具有和 R 相同的表头，它的主体由那些令 F 条件为 TRUE 的元组构成。

选择运算是单目运算，是从行的角度出发进行的运算，提供了一种从水平方向构造一个新关系的手段，如图 2-2 所示。

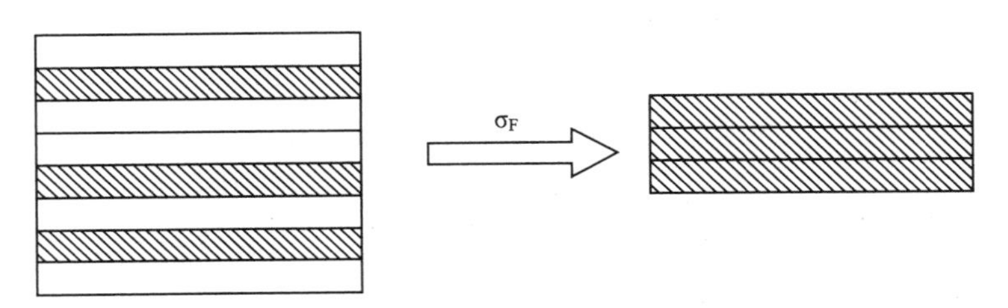

图 2-2　选择运算示意图

关系 R 关于条件 F 的选择运算用 $\sigma_F(R)$表示，形式定义如下：

$$\sigma_F(R) = \{t \mid t \in R \wedge F(t) = \text{'true'}\}$$

其中，σ 为选择运算符，$\sigma_F(R)$表示从 R 中挑选满足条件 F 的元组所构成的关系。

【例 2-1】　从 Student 关系中查询女同学的情况。

分析：该操作要进行的操作对象为 Student 表，选择的条件是 Ssex =“女”，用关系代数表示为：

$\sigma_{Ssex="女"}$(Student)　或　$\sigma_{3="女"}$(Student)

其中 Ssex 的属性序号是 3,故两种方法均可表达查询的要求。操作结果如表 2-18 所示。

表 2-18　选择 Student 表结果 1

Sno	Sname	Ssex	Sage	Smajor	Shometown
20160102	黄晓君	女	18	计算机科学与技术	湖南衡阳
20160103	林宇珊	女	19	计算机科学与技术	河南新乡
20160104	张茜	女	18	计算机科学与技术	广东中山
20160202	陈金燕	女	19	软件工程	江苏徐州
20160303	林宇珊	女	21	网络工程	湖北襄阳
20160304	吴妍娴	女	20	网络工程	浙江诸暨

【例 2-2】 从 Student 关系中选择年龄在 19 岁及其以下的软件工程专业的学生。

分析:该操作要进行的操作对象是 Student,选择的条件是 Sage<=19,且 Smajor="软件工程",用关系代数表示为:

$\sigma_{Sage<=19 \wedge Smajor>"软件工程"}$(Student)

操作结果如表 2-19 所示。

表 2-19　选择 Student 表结果 2

Sno	Sname	Ssex	Sage	Smajor	Shometown
20160202	陈金燕	女	19	软件工程	江苏徐州

2. 投影(Projection)

在介绍投影运算的形式化定义之前,首先引入两个记号:

(1)设有关系模式 $R(A_1,A_2,\cdots,A_n)$,它的一个关系设为 R,$t \in R$ 表示 t 是 R 的一个元组,$t[A_i]$表示元组 t 中属性 A_i的一个分量;

(2)若 $A=\{A_{i_1},A_{i_2},\cdots,A_{i_k}\}$,其中 $A_{i_1},A_{i_2},\cdots,A_{i_k}$ 是 $A_1,A_2,\cdots,A_n$ 中的一部分,则 A 称为属性列或属性组。$\overline{A}$ 则表示 R 的所有属性组$\{A_1,A_2,\cdots,A_n\}$中去掉$\{A_{i_1},A_{i_2},\cdots,A_{i_k}\}$后剩余的属性组。$t[A]=(t[A_{i_1}],t[A_{i_2}],\cdots,t[A_{i_k}])$表示元组 t 在属性列 A 上诸分量的集合。

选择运算是从行的角度出发进行的运算,而投影操作则是从列的角度进行的运算,如图2-3所示。

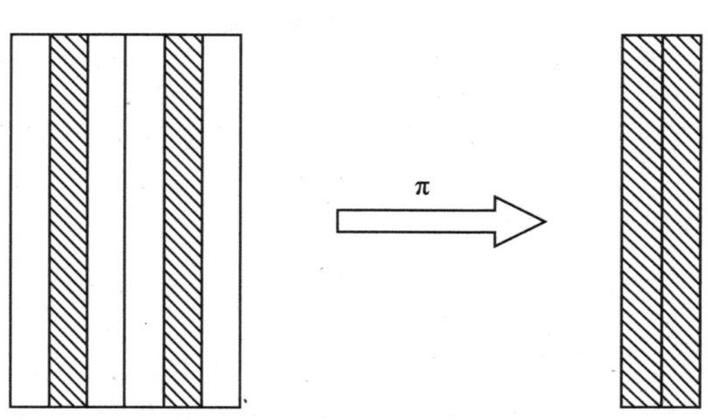

图 2-3　投影运算示意图

关系 R 上的投影操作是从 R 中选择若干属性列组成新的关系，该操作也是一个单目操作，形式化定义为：

$\Pi_A(R)=\{t[A] \mid t \in R\}$

其中 A 为 R 中的属性列，t[A]表示元组 t 在属性列 A 上诸分量的集合。

投影操作能有效地产生给定关系的垂直子集，该子集是由除去不包含在指定列的属性，且消除由此产生的重复（子）元组而得到的。投影运算提供了一种从垂直方向构造一个新关系的手段。

【例 2-3】 查询全部课程的课程名和学分。

分析：该操作要进行的操作对象为课程 Course 关系，所关心的属性只有 Cname、Ccredit，用关系代数表示为：

$\Pi_{Cname,Ccredit}(Course)$　或　$\Pi_{2,4}(Course)$

操作结果如表 2-20 所示。

表 2-20　Course 表投影结果

Cname	Ccredit
高等数学	9.0
C 语言程序设计	3.5
数据结构	4.0
操作系统	4.0
数据库原理及应用	3.5
信息管理系统	3.0
面向对象与程序设计	3.5
数据挖掘	3.0

【例 2-4】 查询学校现有哪些专业。

$\Pi_{Smajor}(Student)$

操作结果如表 2-21 所示。

表 2-21　Student 表投影结果

Smajor
计算机科学与技术
软件工程
网络工程

通过上述几个例子可以发现，执行投影操作时，除去不包含在指定列的属性外，还要删除掉由此所产生的重复行（元组）。

3. 连接（Join）

连接操作是一个双目运算，是从两个关系的笛卡尔积中选取属性组满足一定条件的元组组成一个新的关系。

在介绍连接操作之前，首先引入一个记号：

（1）对于给定两个关系 R 和 S，R 为 n 目关系，S 为 m 目关系，$t_r \in R$，$t_s \in S$，$\widehat{t_r t_s}$称为元组的连接或者连串。它是一个 n+m 列的元组，前 n 个分量为 R 中的一个 n 元组，后 m 个分量为 S 中的一个 m 元组。

假设有两个关系 R 和 S，R 和 S 的连接是指在 R 与 S 的笛卡尔积中，选取 R 中的属性组 A 的值与 S 中的属性组 B 的值满足比较关系θ的元组，组成一个新的关系。连接操作也称为θ连接，记作

$$R \underset{A\theta B}{\bowtie} S = \{\widehat{t_r t_s} \mid t_r \in R \wedge t_s \in S \wedge t_r[A]\theta t_s[B]\}$$

其中 A 和 B 分别为 R 和 S 上度数相等且具有可比性的属性组。θ是比较运算符，因此，也称连接操作为θ连接。

一般来说，连接操作可分为θ连接，等值连接和自然连接。对于θ连接而言，当θ为“=”的连接运算称为等值连接(Equijion)，等值连接是要从 R 和 S 的广义笛卡尔积中选取 A、B 属性值相等的那些元组，可记为：

$$R \underset{A=B}{\bowtie} S = \{\widehat{t_r t_s} \mid t_r \in R \wedge t_s \in S \wedge t_r[A] = t_s[B]\}$$

而自然连接又是一种特殊的等值连接，它要求两个关系中进行比较的分量必须是相同的属性组，并且要去掉重复的属性列。若关系 R 和 S 具有相同的属性组 B，则自然连接可记为：

$$R \bowtie S = \{\widehat{t_r t_s} \mid t_r \in R \wedge t_s \in S \wedge t_r[B] = t_s[B]\}$$

一般的连接运算是从行的角度进行运算，如图 2-4 所示，但自然连接还需要去掉重复的属性列，所以是同时从行和列的角度进行运算。

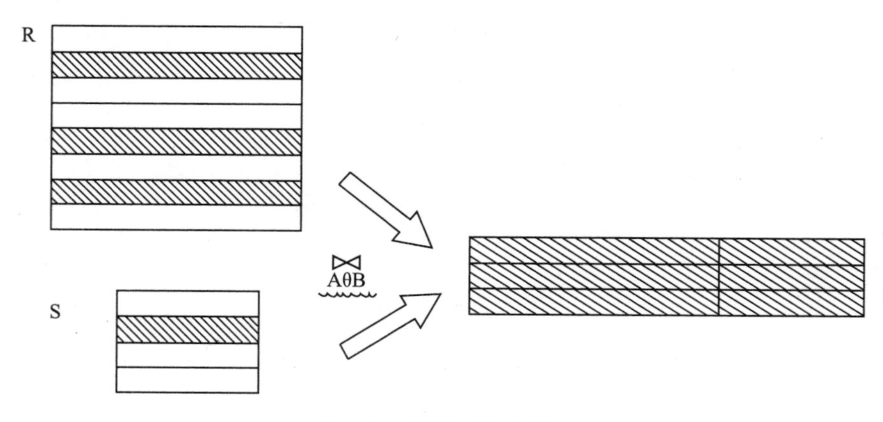

图 2-4 连接运算示意图

【例 2-5】 假设有两个关系 R、S 分别如表 2-22(1)和表 2-22(2)所示，求：

（1）$R \underset{R_C > S_D}{\bowtie} S$

(2) $R \underset{R_C=S_C}{\bowtie} S$

(3) $R \bowtie S$

表 2-22　两个关系表

(1)R

A	B	C
a_1	b_1	8
a_1	b_2	5
a_2	b_1	6
a_2	b_3	3
a_2	b_4	10

(2)S

B	C	D
b_1	5	6
b_1	8	8
b_2	5	18
b_4	16	9
b_3	3	5

解：首先求解 R×S 结果。

(1) $R \underset{R_C>S_D}{\bowtie} S$

是要从 R 和 S 的笛卡尔积结果中，找出满足 $R_C>S_D$ 的元组组成一个新的关系，其操作结果如表 2-23(1)所示。

(2) $R \underset{R_C=S_C}{\bowtie} S$

是要从 R 和 S 的笛卡尔积结果中，找出满足 $R_C=S_C$ 的元组组成一个新的关系，其操作结果如表 2-23(2)所示。

(3) $R \bowtie S$

是要从 R 和 S 的笛卡尔积结果中，找出满足 $R_{B,C}=S_{B,C}$ 的元组组成一个新的关系，其操作结果如表 2-23(3)所示。

表 2-23　连接操作结果

(1) $R \underset{R_C>S_D}{\bowtie} S$

A	R_B	R_C	S_B	S_C	D
a_1	b_1	8	b_1	5	6
a_1	b_1	8	b_3	3	5
a_2	b_1	6	b_3	3	5
a_2	b_4	10	b_1	5	6
a_2	b_4	10	b_1	8	8
a_2	b_4	10	b_4	16	9
a_2	b_4	10	b_3	3	5

(2) $R \underset{R_C=S_C}{\bowtie} S$

A	R_B	R_C	S_B	S_C	D
a_1	b_1	8	b_1	8	8
a_1	b_2	5	b_1	5	6
a_1	b_2	5	b_2	5	18
a_2	b_3	3	b_3	3	5

$R \bowtie S$

A	B	C	D
a_1	b_1	8	8
a_1	b_2	5	18
a_2	b_3	3	5

通过上面的介绍可以看出，自然连接是一种特殊的等值连接，二者区别如下：①自然连接一定是等值连接，但等值连接不一定是自然连接；②等值连接要求有值相等的属性列，但不一定具有相同的属性名，而自然连接要求相等属性值的属性名必须相同；③等值连接不做投影运算，而自然连接要把重复的属性列去掉。

【例 2-6】 查询学生选修课程的信息，包括学生的学号、姓名、性别、课程名、学分和成绩。

分析：该操作的属性列涉及关系 Student，Course 和 SC，所关心的属性为 Sno、Sname、Ssex、Cname、Ccredit 和 Grade，用关系代数表示为：

$$\Pi_{Sno,Sname,Ssex,Cname,Ccredi,Grade}(Student \bowtie Course \bowtie SC)$$

操作结果如表 2-24 所示。

表 2-24 连接操作运算结果

Sno	Sname	Ssex	Cname	Ccredit	Grade
20160101	徐成波	男	高等数学	9.0	92
20160101	徐成波	男	C 语言程序设计	3.5	98
20160101	徐成波	男	数据结构	4.0	88
20160101	徐成波	男	操作系统	4.0	98
20160101	徐成波	男	数据库原理及应用	3.5	76
20160101	徐成波	男	信息管理系统	3.0	89
20160101	徐成波	男	面向对象与程序设计	3.5	86
20160101	徐成波	男	数据挖掘	3.0	90
20160102	黄晓君	女	数据库原理及应用	3.5	80
20160201	黄晓君	男	数据库原理及应用	3.5	90
20160203	张顺峰	男	数据结构	4.0	89
20160204	洪铭勇	男	数据库原理及应用	3.5	96
20160303	林宇珊	女	高等数学	9.0	88
20160303	林宇珊	女	C 语言程序设计	3.5	86
20160303	林宇珊	女	数据结构	4.0	68
20160303	林宇珊	女	操作系统	4.0	98
20160303	林宇珊	女	数据库原理及应用	3.5	84
20160303	林宇珊	女	信息管理系统	3.0	73

除了这三种连接操作外，连接操作还有外连接（Outer Join）操作，包括左外连接和右外连接，有兴趣的读者可以参考数据库原理相关教材。

4. 除（Division）

除运算是二目运算，在学习除运算操作之前，首先看一下象集的概念。

给定一个关系 R(X，Y)，X 和 Y 为属性组。当 t[X] = x 时，x 在 R 中的象集（Images Set）为：

$$Y_x = \{t[Y] \mid t \in R, t[X] = x\}$$

它表示 R 中属性组 X 上值为 x 的诸元组在 Y 上分量的集合。

【例 2-7】 在如表 2-25 所示的关系 R 中，在 X 属性列的所有取值为 x_1、x_2、x_3，则三个不同取值在关系 R 中象集是什么？

表 2-25　关系 R

X	Y
x_1	Y_1
x_1	Y_2
x_1	Y_3
x_2	Y_2
x_2	Y_3
x_3	Y_1
x_3	Y_3

经分析可知，当 $X=x_1$ 时，R 在 Z 上可能取值为 Y_1，Y_2 和 Y_3，因此有 x_1 的象集为 $\{Y_1, Y_2, Y_3\}$，即

$$Y_{x_1}=\{Y_1, Y_2, Y_3\}$$

同理有：

$$Y_{x_2}=\{Y_2, Y_3\}$$
$$Y_{x_3}=\{Y_1, Y_3\}$$

除运算有时也被称为商运算，其运算结果也是一个关系，该关系的属性由 R 中那些不出现在 S 中的属性组成，其元组则是 S 中所有元组在 R 中对应值相同的那些元组值。即 R 除 S 的含义是指 R 中找出包含所有 S 的那些元组，且结果为 R 属性去掉 S 属性，并去掉重复元组。R 除 S 一般表示为 R/S 或 R÷S。

给定关系 R(X,Y) 和 S(Y,Z)，其中 X,Y,Z 为属性组。两个关系中必须有相同的属性组 Y 是进行除法运算的前提，R 中的 Y 与 S 中的 Y 可以有不同的属性名，但必须出自相同的域。R 与 S 的除运算得到一个新的关系 P(X)，记为：

$$R \div S = \{t_r[X] \mid t_r \in R \wedge \Pi_Y(S) \subseteq Y_x\}$$

其中 Y_x 为 x 在 R 中的象集，$x = t_r[X]$。

除法运算同时从关系的行和列的角度进行运算，如图 2-5 所示。适合于求解包含“全部”之类的短语的查询。

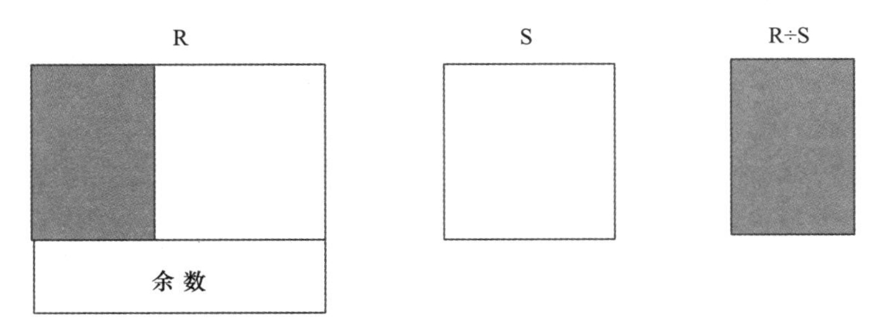

图 2-5　除法运算示意图

【例 2-8】 如表 2-26 给出了学生选课的情况,表 2-26(1)S_C 给出了学生选修课程的情况,表 2-26(2)C 列出了所有的课程号,试找出修读了全部课程的学生的学号。

对这个问题可用除法解决,即 S_C ÷ C,结果如表 2-26(3)所示。

分析过程:对于关系 S_C,Sno 可以取三个值{S1,S2,S3},其中

S1 的象集为 { C1,C2,C3}

S2 的象集为 { C2,C3}

S3 的象集为 { C2}

C 在 Cno 上的投影为{ C1,C2,C3},只有 S1 的象集包含了 C 在 Cno 属性组上的投影,所以 R ÷ S ={S1}

所以,学号为 S1 的学生修读了全部课程{C1,C2,C3}

表 2-26 学生选修课程情况

(1)S_C

Sno	Cno
S1	C1
S1	C2
S1	C3
S2	C2
S2	C3
S3	C2

(2)C

Cno
C1
C2
C3

(3)S_C ÷ C

Sno
S1

【例 2-9】 设关系 R、S 分别为表 2-27 中的(1)和(2),则 R ÷ S 的结果为表 2-27 (3)。

分析过程:在关系 R 中,A 可以取三个值{a1,a2,a3}

a1 的象集为 {(b1,3),(b2,8),(b3,15)}

a2 的象集为 {(b1,3),(b3,15)}

a3 的象集为 {(b3,15)}

S 在(B,C)上的投影为{(b1,3),(b2,8),(b3,15)}

只有 a1 的象集包含了 S 在(B,C)属性组上的投影,所以 R ÷ S ={a1}。

表 2-27 除法运算

(1)R

A	B	C
a_1	b_1	3
a_1	b_2	8
a_2	b_3	15
a_2	b_1	3
a_1	b_3	15
a_3	b_3	15

(2)S

B	C	D
b_1	3	3
b_2	8	
b_3	15	2

(3)R ÷ S

A
a_1

除法运算除了解决“全部”之类的问题，还可以解决类似“至少”之类的问题。

在例 2-8 中，若找出至少选修了 C2 和 C3 课程的学生的学号，则：

假设有中间关系 C-Temp 如表 2-28 所示，则至少选修了 C2 和 C3 课程的学生的学号为 S_C ÷ C-Temp。

由例 2-8 中分析可知，C-Temp 在 Cno 上的投影为{ C2，C3}，其中 S1 和 S2 的象集包含了 C-Temp 在 Cno 属性组上的投影，所以 S_C ÷ C-Temp ={S1，S2} 。

表 2-28　C-Temp 表

Cno
C2
C3

以上介绍了关系代数中几种比较常见并且比较重要的运算和操作，在这些运算中，并、差、笛卡尔积、选择和投影运算是关系代数的五种基本运算，除选择和投影运算为单目运算外，其他均为双目运算，并且参加运算的两个关系 R、S 必须满足相容的条件。

关系代数语言中比较典型的例子是查询语言 ISBL（Information System Base Language）。ISBL 语言由 IBM United Kingdom 研究中心研制，用于 PRTV（Peterlee Relational Test Vehicle）实验系统。

2.4.3　关系代数综合举例

下面以表 2-15 至表 2-17 所示的 Student、Course 和 SC 关系为例，给出一些关系代数运算的综合例子。

【例 2-10】　查询计算机科学与技术专业选修了 1002 号课程的学生的姓名和成绩。

$$\Pi_{Sname,Grade}(\sigma_{Cno="1002" \wedge Smajor="计算机科学与技术"}(Student \bowtie SC))$$

【例 2-11】　查询选修了学分在 3 分及以上的课程的学生的学号、姓名及所选修课程的课程名和成绩。

$$\Pi_{Sno,Sname,Cname,Grade}(\sigma_{Credit>=3}(Student \bowtie SC \bowtie Course))$$

【例 2-12】　查询选修了全部课程的学生的学号和姓名。

$$(\Pi_{Sno,Cno}(SC) \div \Pi_{Cno}(Course)) \bowtie \Pi_{Sno,Sname}(Student)$$

分析：类似的题目可以在本题基础上进行修改，比如可以查询至少选修了哪些课程的学生，则只需要更改除数的相关内容即可。

【例 2-13】　查询选修了其直接先行课为 1001 号课程的学生姓名。

$$\Pi_{Sname}(\sigma_{Cpno='1001'}(Course \bowtie SC \bowtie Student))$$

或

$$\Pi_{Sname}(\Pi_{Sno}(\sigma_{Cpno='1001'}(Course) \bowtie SC) \bowtie \Pi_{Sno,Sname}(Student))$$

或

$$\Pi_{Sname}(\sigma_{Cpno='1001'}(Course)\bowtie SC)\bowtie \Pi_{Sno,Sname}(Student))$$

2.5 查询优化

通过例 2-13 可以看出，对于一个给定的查询问题，会有多种等价的实现方法。那么，系统应该选择哪一种查询方式，哪种方法省时间、省空间、效率高呢？换句话说，哪种查询方法是最优的呢？这就是查询优化要讨论的问题。查询优化在关系数据库系统中有着非常重要的地位，是影响 RDBMS 整体性能的关键因素。关系数据库系统和非过程化的 SQL 语言能够取得巨大的成功，关键是得益于查询优化技术的发展。

2.5.1 查询优化简述

对于同一个查询语句，可以用不同的关系代数表达，但是几种表达的效率却可能相差很大，如在例 2-13 中，三个关系代数表达式是等价的，但执行的效率却不同。由于笛卡尔积运算的运算量大且产生的中间结果多，所以越早进行投影和选择运算，越能减少笛卡尔积运算所产生的中间结果，从而提高查询的效率。在例 2-13 中，其运算涉及三个关系的自然连接问题，第二种表达方法先做了选择和投影运算，再做自然连接，从而可以减少做笛卡尔积所产生的中间结果，所以第二种表达方法的效率高于第一种表达；而第三种表达对前两个关系做了连接后又做了相应的投影处理，再与第三个关系做连接，更进一步地减少了中间结果，与第二种表达方法相比，效率更高。

从上述分析可以看出，选择不同的关系代数运算顺序，就会得到不同的查询效率，因此，需要变换规则对关系代数表达式进行等价变换，从而将同一查询请求转换为效率更高的关系代数表达式。

2.5.2 关系代数表达式的等价变换

两个关系代数表达式等价是指二者运算所得到的结果是一样的。两个关系代数表达式 E_1 和 E_2 的等价记作 $E_1 \equiv E_2$。

常用的等价变化规则主要涉及连接运算、笛卡尔积运算、投影运算以及关系的并、交、差运算等，涉及到的规则是数学中所熟悉的交换律、结合律和分配律等。其常用规则如下：

(1)连接和笛卡尔积的交换律

设 E_1 和 E_2 是两个关系代数表达式，F 是既涉及 E_1 中属性又涉及 E_2 中属性的限制条件，即 F 是连接的条件，则有(不考虑属性间顺序)：

$E_1 \underset{F}{\bowtie} E_2 \equiv E_2 \underset{F}{\bowtie} E_1$

$E_1 \bowtie E_2 \equiv E_2 \underset{F}{\bowtie} E_1$

$E_1 \times E_2 \equiv E_2 \times E_1$

(2)连接和笛卡尔积的结合律

设 E_1、E_2 和 E_3 是关系代数表达式，并且 F_1 和 F_2 是限定条件，F_1 只涉及 E_1 和 E_2 的属性，F_2

只涉及 E_2 和 E_3 的属性，则有：

$$(E_1 \underset{F_1}{\bowtie} E_2) \underset{F_2}{\bowtie} E_3 \equiv E_1 \underset{F_1}{\bowtie} (E_2 \underset{F_2}{\bowtie} E_3)$$

$$(E_1 \bowtie E_2) \bowtie E_3 \equiv E_1 \bowtie (E_2 \bowtie E_3)$$

$$(E_1 \times E_2) \times E_3 \equiv E_1 \times (E_2 \times E_3)$$

(3)投影的串接定律

设 E 是关系代数表达式，$A_i(i=1,2,\cdots,n)$，$B_j(j=1,2,\cdots,m)$ 是 E 中的属性名或属性组，且 $\{A_1,A_2,\cdots,A_n\}$ 是 $\{B_1,B_2,\cdots,B_m\}$ 的子集，则有

$$\Pi_{A_1,A_2,\cdots,A_n}(\Pi_{B_1,B_2,\cdots,B_m}(E)) \equiv \Pi_{A_1,A_2,\cdots,A_n}(E)$$

(4)选择的串接定律

设 E 是关系代数表达式，F_1，F_2 是进行选择的条件表达式，则有

$$\sigma_{F_1}(\sigma_{F_2}(E)) \equiv \sigma_{F_1 \wedge F_2}(E)$$

也就是说两个选择可以合并为一个一次查找所有条件的选择。

(5)选择和投影的交换律

设 E 是关系代数表达式，F 是选择表达式，且 F 仅仅涉及属性 $A_1,A_2,\cdots,A_n$，则有

$$\Pi_{A_1 \cdots A_n}(\sigma_F(E)) \equiv \sigma_F(\Pi_{A_1 \cdots A_n}(E))$$

如果条件 F 中涉及不在 $A_1,A_2,\cdots,A_n$ 中出现的 $B_1,B_2,\cdots,B_m$，则有更一般的规则

$$\Pi_{A_1 \cdots A_n}(\sigma_F(E)) \equiv \Pi_{A_1 \cdots A_n}(\sigma_F(\Pi_{A_1 \cdots A_n,B_1 \cdots B_m}(E)))$$

(6)选择对笛卡尔积的交换律

设 E_1 和 E_2 是关系代数表达式，F 是选择表达式，且 F 所涉及的属性都在 E_1 中，则有

$$\sigma_F(E_1 \times E_2) \equiv \sigma_F(E_1) \times E_2$$

推广到一般，如果 $F = F_1 \wedge F_2$，且 F_1 只涉及 E_1 中的属性，F_2 只涉及 E_2 的属性，则由上面的(1)、(4)、(6)可得

$$\sigma_F(E_1 \times E_2) \equiv \sigma_{F_1}(E_1) \times \sigma_{F_2}(E_2)$$

更加一般的情况，如果 F_1 只涉及 E_1 中的属性，而 F_2 涉及 E_1 和 E_2 两者的属性，则仍有

$$\sigma_F(E_1 \times E_2) \equiv \sigma_{F_2}((\sigma_{F_1}(E_1) \times E_2)$$

这种变换可以使部分选择在笛卡尔积运算前做。

(7)选择对并运算的分配律

设 E_1 和 E_2 是关系代数表达式，且 E_1 与 E_2 具有相同的属性名，或者二者表达的关系具有对应性，则有

$$\sigma_F(E_1 \cup E_2) \equiv \sigma_F(E_1) \cup \sigma_F(E_2)$$

(8)选择对差运算的分配律

本规则也要求所涉及的 E_1 与 E_2 具有相同的属性名或者二者的属性有对应性，有

$\sigma_F(E_1 - E_2) \equiv \sigma_F(E_1) - \sigma_F(E_2)$

(9)选择对自然连接的分配律

对于关系代数表达式 E_1 和 E_2，如果 F 只涉及二者的公共属性，则选择对自然连接的分配律成立

$\sigma_F(E_1 \bowtie E_2) \equiv \sigma_F(E_1) \bowtie \sigma_F(E_2)$

(10)投影对笛卡尔积的分配律

对于关系代数表达式 E_1 和 E_2，如果 L_1 是 E_1 的属性集，而且 L_2 是 E_2 的属性集，那么下式成立

$\Pi_{L_1 \cup L_2}(E_1 \times E_2) \equiv \Pi_{L_1}(E_1) \times \Pi_{L_2}(E_2)$

(11)投影对并的分配律

本规则要求所涉及的 E_1 与 E_2 具有相同的属性名或者二者的属性有对应性，L 为二者的共同属性，则有

$\Pi_L(E_1 \cup E_2) \equiv \Pi_L(E_1) \cup \Pi_L(E_2)$

(12)选择与连接操作的结合律

设 E_1 和 E_2 是关系代数表达式，根据 F 连接的定义，下式成立：

$\sigma_F(E_1 \times E_2) \equiv E_1 \underset{F}{\bowtie} E_2$

$\sigma_{F_1}(E_1 \underset{F_2}{\bowtie} E_2) \equiv E_1 \underset{F_1 \wedge F_2}{\bowtie} E_2$

(13)并和交的交换律

$E_1 \cup E_2 \equiv E_2 \cup E_1$

$E_1 \cap E_2 \equiv E_2 \cap E_2$

(14)并和交的结合律

$(E_1 \cup E_2) \cup E_3 \equiv E_1 \cup (E_2 \cup E_3)$

$(E_1 \cap E_2) \cap E_3 \equiv E_1 \cap (E_2 \cap E_3)$

2.5.3 查询优化的一般准则

通过例 2-13 可以看出，如何安排选择、投影和连接的顺序是一个很重要的问题。目前，很多关系数据库系统都是采用启发式规则对关系代数的表达式进行优化，这种策略主要讨论的是如何安排操作的顺序，使查询的效率更高，虽然不能保证最优，但在多数情况下能使表达式的查询效率尽可能的高。

在关系代数表达式中，最花费时间和空间的操作是笛卡尔积和连接操作，正如之前所讨论的，应该尽可能早的执行选择和投影操作，从而减少笛卡尔积操作所带来的中间结果多的问

题，因此引出了三条启发式规则：

(1)在关系代数表达式中尽可能早地执行选择操作，且优先应用单项的选择；

(2)在关系代数表达式中尽可能早地执行投影操作，且优先应用单项的投影；

(3)合并笛卡尔积和其后的选择操作，使之成为一个连接运算，连接特别是等值连接运算要比同样关系上的笛卡尔积节约很多时间。

2.5.4　关系代数表达式的优化算法

关系代数的优化是由 DBMS 的 DML 编译器完成的。对一个关系代数表达式进行语法分析，可以得到一棵语法树，叶子是关系，非叶子结点是关系代数操作。利用前面的等价变换规则和启发式规则可以对关系代数表达式进行优化。

【算法 2-1】：关系代数表达式的优化。

输入：一个关系代数表达式的语法树。

输出：计算表达式的一个优化序列。

方法：

(1)用等价变换规则(4)(选择的串接定律)，把每个形为 $\sigma_{F_1 \wedge F_2 \wedge \cdots \wedge F_n}(E)$ 的子表达式转换为串接形式：$\sigma_{F_1}(\cdots\sigma_{F_n}(E)\cdots)$。

(2)对每个选择操作，使用规则(4)～(9)，尽可能把选择操作移到树的叶端，即尽可能早的执行选择操作。

(3)对每个投影操作，使用规则(3)，(10)，(11)和(5)，尽可能把投影操作移到树的叶端。规则(3)可能使得某些投影操作消失，规则(5)可能会把一个投影分成两个投影操作，其中一个将靠近叶端。如果一个投影是针对被投影的表达式的全部属性，则可消去该投影操作。

(4)使用规则(3)～(5)，把选择和投影合并成单个选择、单个投影或一个选择后跟一个投影。使多个选择、投影能同时执行或在一次扫描中同时完成。

(5)将上述步骤得到的语法树的内接点分组。每个二元运算($\times$，$\cup$，$\bowtie$，$-$)结点与其直接祖先(不超过其他的二元运算结点)的一元运算结点(σ 或 Π)分为一组。如果它的子孙结点直到叶子都是一元运算符，则也将其并入该组。但如果二元运算是笛卡尔积，而且后面不是与它组合成等值连接的选择时，则不能将选择和这个二元运算组成同一组。

(6)生成一个程序，每一组结点的计算是程序中的一步，各步的顺序是任意的，只要保证任何一组不会在它的子孙组前面计算。

【例 2-14】　在表 2-15、表 2-16 和表 2-17 中所给出的教学管理信息系统数据库中，查询不及格学生的姓名和课程名，以督促学生尽快完成学业。

先写出其关系代数表达式：

$\Pi_{Sname,Cname}(\sigma_{Grade<60}(Student \bowtie SC \bowtie Course))$

由所写出的关系代数表达式，画出其关系代数语法树，如图 2-6 所示。

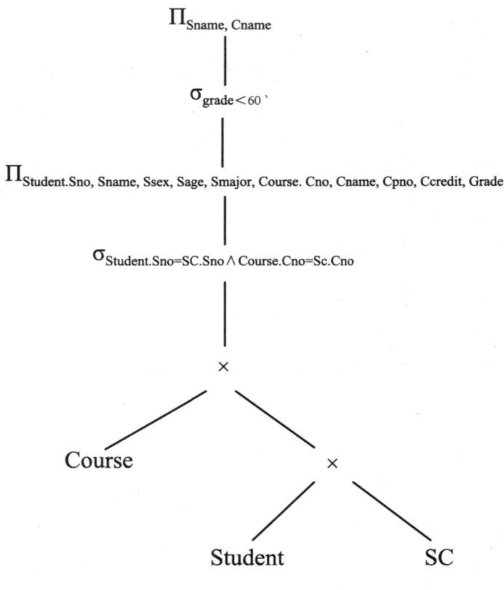

图 2-6 原始查询语法树

下面用优化算法对语法树进行优化：

步骤 1：由规则(4)，即选择的串接定律，把相与的选择条件分解为两个独立的选择条件。

$\sigma_{Student.Sno=SC.Sno \wedge Course.Cno=SC.Cno} \equiv \sigma_{Student.Sno=SC.Sno}$ 和 $\sigma_{Course.Cno=SC.Cno}$

那么此时该查询中共有三个选择操作。

步骤 2：经过使用等价变换规则(4)～(8)，将三个选择操作尽可能的向叶端靠拢。根据规则(6)可将选择条件 $\sigma_{Student.Sno=SC.Sno}$ 移动到下面的笛卡尔积的上方，再根据规则(5)可以把 $\sigma_{Grade<60}$ 移动到 SC 的上方；再由投影的串接定律可知 $\Pi_{Sname, Cname}(\Pi_{Student.Sno, Sname, Ssex, Sage, Smajor, Course.Cno, Cname, Cpno, Ccredit, Grade}(\cdots)) \equiv \Pi_{Sname, Cname}(\cdots)$，故可得到中间的语法树，如图 2-7 所示。

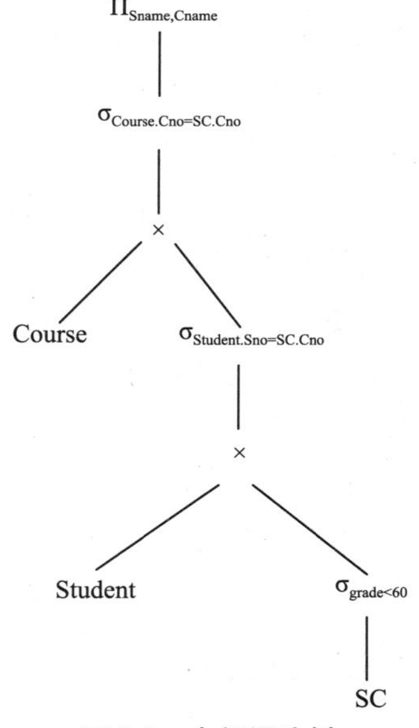

图 2-7 中间语法树

步骤3:根据规则(5)(选择和投影的交换律),对如下表达式进行变换:

$\Pi_{Sname, Cname}(\sigma_{Course.Cno=SC.Cno}(\cdots)) \equiv$

$\Pi_{Sname, Cname}(\sigma_{Course.Cno=SC.Cno}(\Pi_{Sname, Cname, Course.Cno, SC.Cno}(\cdots)))$

利用该规则的结果是在原有的投影和选择之后串接一个新的投影,而新投影的属性包含后续投影和后续选择的属性。再把投影 $\Pi_{Sname, Cname, Course.Cno, SC.Cno}$ 分解为两个独立的部分 $\Pi_{Cname, Course.Cno}$ 和 $\Pi_{Sname, SC.Cno}$,根据规则(10)(投影对笛卡尔积的分配律),分别对相关的部分作投影,则原始的关系代数表达式可以等价转换为

$\Pi_{Sname, Cname}(\sigma_{Course.Cno=SC.Cno}(\Pi_{Cname, Course.Cno}(Course) \times$

$\Pi_{Sname, SC.Cno}(\sigma_{Student.Sno=SC.Sno}(Student \times \sigma_{Grade<60}(SC)))))$

同理,利用规则(5)可得

$\Pi_{Sname, SC.Cno}(\sigma_{Student.Sno=SC.Sno}(\cdots)) \equiv \Pi_{Sname, SC.Cno}(\sigma_{Student.Sno=SC.Sno}(\Pi_{Sname, SC.Cno, Student.Sno, SC.Sno}(\cdots)))$

再根据规则(10),对相关表达式做进一步的分解并与相关的部分结合,则有:

$\Pi_{Sname, SC.Cno}(\sigma_{Student.Sno=SC.Sno}(Student \times \sigma_{Grade<60}(SC))) \equiv$

$\Pi_{Sname, SC.Cno}(\sigma_{Student.Sno=SC.Sno}(\Pi_{Sname, Student.Sno}(Student) \times (\Pi_{SC.Cno, SC.Sno}(\sigma_{Grade<60}(SC)))))$

在本步骤中,添加相应的投影运算是为了在做笛卡尔积之前,把每个关系无关的属性完全删除。

步骤4:根据步骤3中所分析画出相应的优化语法树如图2-8所示,继而得到优化的查询

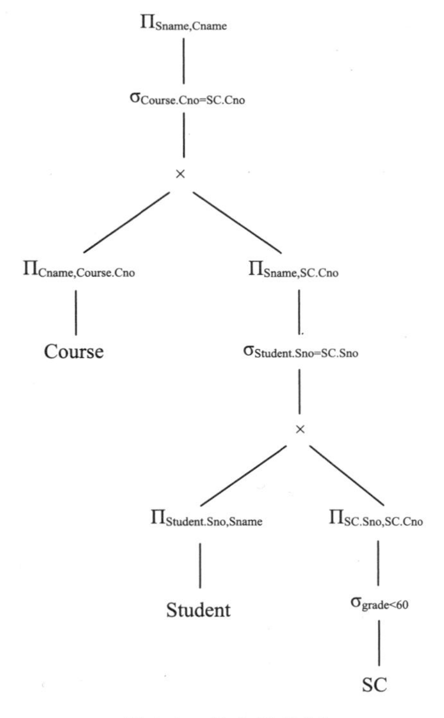

图2-8　优化语法树

表达式如下：

$\Pi_{Sname,Cname}(\sigma_{Course.Cno=SC.Cno}(\Pi_{Cname,Course.Cno}(Course)\times\Pi_{Sname,SC.Cno}(\sigma_{Student.Sno=SC.Sno}(\Pi_{Student.Sno,Sname}(Student)\times(\Pi_{SC.Sno,SC.Cno}(\sigma_{Grade<60}(SC)))))))$

按照习惯，更趋向于将符合要求的笛卡尔积写成自然连接的形式，则该查询的优化表达式为：

$\Pi_{Sname,Cname}(\Pi_{Cname,Course.Cno}(Course)\bowtie\Pi_{Sname,SC.Cno}(\Pi_{Student.Sno,Sname}(Student)\bowtie\Pi_{SC.Sno,SC.Cno}(\sigma_{Grade<60}(SC))))$

对于关系代数表达式的优化，除了按照常规的算法进行语法树的优化外，还可以按照优化的本质直接对其进行优化，其原则就是：在执行连接运算之前尽可能把用不到的行和属性列去掉。在例2-14中，按照优化算法先将Student与SC连接然后再与Course进行连接，下面将按照优化的本质即连接运算之前尽可能把用不到的行和属性列去掉的原则先将Course与SC建立连接然后再与Student进行连接。简单分析如下：

首先将Course与SC建立连接，建立连接之前先把无关的行和列消除掉，则有：

$\Pi_{Cname,Course.Cno}(Course)\bowtie\Pi_{SC.Sno,SC.Sno}(\sigma_{Grade<60}(SC))$

然后将刚才运算得到的结果与Student建立连接，同样建立连接之前先把无关的行与列去掉，则可得到：

$\Pi_{Cname,SC.Sno}(\Pi_{Cname,Course.Cno}(Course))\bowtie\Pi_{SC.Sno,SC.Cno}(\sigma_{Grade<60}(SC))\bowtie\Pi_{Student.Sno,Sname}(Student)$

最后，将连接运算得到的结果进行最后的投影运算，则可得到最终优化后的表达式为：

$\Pi_{Sname,Cname}(\Pi_{Cname,SC.Sno}(\Pi_{Cname,Course.Cno}(Course)\bowtie\Pi_{SC.Sno,SC.Cno}(\sigma_{Grade<60}(SC))\bowtie\Pi_{Student.Sno,Sname}(Student)))$

读者可以试着按照优化的本质自行验证，若同例2-14中一样，首先Student与SC建立连接，再与Course关系建立连接，那么按照优化的本质进行优化与前面优化算法得到的结果是否一样呢？

2.6 关系演算

关系演算是以数理逻辑中的谓词演算为基础的，是另一种表达关系数据查询的方式。根据谓词变元的不同，关系演算分为元组关系演算和域关系演算两种，本节将对这两种关系演算方式作简单介绍。

2.6.1 元组关系演算

在元组关系演算系统中，称$\{t \mid R(t)\}$为元组演算表达式，其中t是元组变量，R(t)为元组关系演算公式，简称公式。

对于关系模型的数据库系统，一般需要提供五种基本操作：元组插入、元组删除、元组指定、属性指定和关系合并，它们对应于关系代数中的五种运算：并、差、选择、投影和笛卡尔积。这五种运算都可以用关系演算表达式来表示。

设r目关系R和s目关系S的谓词分别为R(u)和S(v)，用它们表示并、差、选择、投影和笛卡尔积如下：

(1)并

$R \cup S = \{t \mid R(t) \vee S(t)\}$

(2)差

$R - S = \{t \mid R(t) \wedge \neg S(t)\}$

(3)笛卡尔积

$R \times S = \{t^{(r+s)} \mid (\exists u^{(r)})(\exists v^{(s)})(R(u) \wedge S(v) \wedge t[1] = u[1] \wedge \cdots \wedge t[r] = u[r] \wedge t[r+1] = v[1] \wedge \cdots \wedge t[r+s] = v[s])\}$

(4)选择

$\sigma_F(R) = \{t \mid R(t) \wedge F'\}$

其中F′是条件表达式F在谓词演算中的表示形式。

(5)投影

$\Pi_{i_1, i_2, \ldots, i_k}(R) = \{t^{(k)} \mid (\exists u)(R(u) \wedge t[1] = u[i_1] \wedge \cdots t[k] = u[i_k])\}$

其中$t^{(k)}$表示元组t有k个分量，而t[i]表示元组t的第i个分量，u[j]表示元组u的第j个分量。

由此可见，关系数据查询也可以用谓词演算公式来表示。当然，这里的谓词演算仅是一般谓词演算的特殊情况，即谓词仅仅表示关系，所以，称之为关系演算。

【例2-15】 设有关系模式Student(<u>Sno</u>,Sname,Ssex,Sage,Smajor)，试用元组关系演算来表达下述查询。

(1)列出软件工程专业的所有学生

$S_{计算机} = \{t \mid Student(t) \wedge t[5] = '软件工程'\}$

(2)列出所有小于18岁的学生

$S_{出生年月} = \{t \mid Student(t) \wedge t[4] < 80\}$

以上是对元组关系演算表达式的简单介绍，一种典型的元组关系演算语言是E.F.Codd提出的ALPHA语言。尽管这个语言并未实际实现，然而，世界上的第一个关系数据库管理系统INGRES所使用的QUEL语言，正是参照了ALPHA语言研制的，二者十分类似。

ALPHA语言主要有GET、PUT、HOLD、UPDATE、DELETE、DROP六条语句，在这些语句中，检索操作用GET语句实现，HOLD和UPDATE语句结合实现修改操作，插入操作用PUT语句实现，用HOLD和DELETE语句实现删除操作。语句的基本格式为：

操作语句　工作空间名(表达式)：操作条件

其中工作空间是指内存空间，可以用一个字母表示，通常用W表示。表达式用于指定语句的操作对象，它可以是关系名或(和)属性名，一条语句可以同时对多个关系或多个属性进行操作。操作条件是一个逻辑表达式，只有满足此条件的元组才能操作，操作条件可以为空。除此之外，还可以在基本格式的基础上加上排序要求及定额等。

【例 2-16】 查询所有学生的数据。

GET　W(Student)

本例中操作条件为空，表示没有限定条件。

【例 2-17】 查询所有网络工程专业的学生学号、姓名和年龄，并按照年龄降序排列。

GET　W(Student.Sno,Student.Sname,Student.Sage):
　　Student.Smajor='网络工程' DOWN Student.Sage

对于检索操作，除了简单的检索操作外，元组关系演算语言 ALPHA 还可以实现使用元组变量的检索、用存在量词的检索，带有多个关系的表达式的检索、两种量词的检索、使用聚集函数的检索等。除此之外，ALPHA 语言还可以实现对关系模型的修改，插入和删除操作，有兴趣的读者可以参考数据库原理相关书籍学习。

2.6.2 域关系演算

域关系演算表达式的定义类似于元组演算表达式的定义，所不同的是域关系演算是以元组变量的分量即域变量作为谓词变元的基本对象。域演算表达式的一般形式为：

$\{t_1,t_2,\cdots,t_k \mid P(t_1,t_2,\cdots,t_k)\}$

其中 $t_1,t_2,\cdots,t_k$ 分别是元组变量 t 的各个分量的域变量，P 是域演算公式。

域关系演算语言的典型代表是 1975 年由 IBM 公司约克城高级研究试验室的 M. M. Zloof 提出的 QBE 语言，该语言于 1978 年在 IBM370 上实现，其操作环境也是关系数据库管理系统。

QBE(Query By Example，即通过例子查询)是一种高度非过程化的基于屏幕表格的查询语言，用户在终端屏幕编辑程序，以填写表格的方式构造查询要求，查询的结果也是通过表格进行显示。此外，对于多条件的查询要求，该语言还具有查询顺序自由的特点，即用户可以按照随意的顺序组织查询要求。

【例 2-18】 在教学管理信息系统数据库中，从学生表中查询出所有 18 岁的女同学的姓名。

操作步骤为：

(1)用户提出要求。

(2)屏幕显示空白表格：

(3)用户在最左边一列输入要操作的关系名 Student：

Student				

(4)系统显示该关系的属性名：

Student	Sno	Sname	Ssex	Sage	Smajor

(5)用户在上面构造查询要求：

Student	Sno	Sname	Ssex	Sage	Smajor
		P.刘晨	女	18	

上表中“刘晨”是示例元素，即域变量，QBE 要求示例元素一定要加上下划线，示例元素是这个域中的一个值，而不必是查询结果中的元素。P.是操作符，表示打印(Print)，实际上是显示。“女”和“18”是查询条件不用加下划线，在查询条件中可以使用比较运算符＞，≥，＜，≤，=和≠，其中“=”可以省略，本例中就省略了“=”。

(6)屏幕显示查询结果：

Student	Sno	Sname	Ssex	Sage	Smajor
		黄晓君	女	18	
		张茜	女	18	

上表中根据查询要求显示，显示出了18岁女同学的姓名。

QBE 语言除了进行简单查询外，还可以进行条件查询、使用聚集函数，并可对查询结果进行排序。QBE 语言还可以进行关系数据模型的其他操作，如修改、插入和删除等更新操作。对于这些内容，这里不再详细介绍，有兴趣的读者可以参考数据库原理相关书籍学习。

2.6.3　安全性与等价性

并、差、交、笛卡尔积、投影和选择是关系代数最基本的操作，并构成了关系代数运算的最小完备集。可以证明，在这个基础上，关系代数、安全的元组关系运算、安全的域关系演算在关系的表达和操作能力上是等价的，它们之间可以相互转换。

在安全的前提下，经过进一步分析之后，人们已经证明如下三个重要的结论：

(1)若 E 是一个由五种基本关系代数运算经过有限次组合而成的关系代数表达式，则必定存在与之等价的安全的元组演算表达式。

(2)对于每一个安全的元组关系演算表达式，都存在与之等价的安全的域关系演算表达式。

(3)对于每个安全的域关系演算表达式，都存在与之等价的关系代数表达式。

按照上述三个结论，则可得到关系代数、元组关系演算和域关系演算的等价性。对于这三种运算，相应的关系查询语言也已经研制出来，它们的典型代表是 ISBL 语言、QUEL 语言和 QBE 语言。

除此之外，还有一种介于关系代数和元组演算之间的关系查询语言 SQL，SQL 语言现已成为关系数据库的标准语言，本书将在第3章详细介绍。

本章小结

1. 关系

关系模型的三要素包括：数据结构、数据操作和完整性约束。

首先，关系的数据结构就是“关系”，从用户的角度来看，就是一张二维表；然后，关系操作主要包括对关系的查询、修改、插入和删除四类，那么实现的方式主要包括关系代数、关系演算以及第3章的关系数据库标准语言SQL；此外，关系模型必须遵循实体完整性规则、参照完整性规则和用户自定义的完整性规则。

本章第一节首先从域和笛卡尔积的概念引出关系的概念，继而对关系中码的运算进行探讨，最后对关系以及关系数据库中型和值的概念进行了区分。

关系运算理论是关系数据库查询语言的理论基础。只有掌握了关系运算理论，才能深刻理解查询语言的本质和熟练使用查询语言。

2. 关系的完整性约束

关系的完整性约束包括实体完整性、参照完整性和用户自定义的完整性。实体完整性主要描述的问题为：现实世界中的每一个实体都是可区分的，并由实体完整性规则来对其进行约束，即关系的主属性必须唯一且不能为空。参照完整性主要是描述现实世界中实体集之间以及实体集内部的联系，并由参照完整性规则来实现。而用户自定义完整性是由用户根据自己领域的实际特点来定义的一些约束。

3. 关系代数

关系代数是本章的重点，也是本课程的重点。主要包括传统的并、交、差和笛卡尔积运算以及专门的选择、投影、连接、自然连接、除法等关系运算。在这些运算中，基本的关系运算包括并、差、投影、选择和广义的笛卡尔积五种，在此基础上可以推导出其他的运算，其中选择、投影和连接运算是关系代数的重点。

4. 查询优化

查询优化是指系统对关系代数表达式要进行优化组合，以提高系统效率。本章介绍了关系代数表达式的若干变换规则和优化的一般策略，然后提出了一个查询优化的算法以及简便的优化处理方法。

5. 关系演算

关系演算是基于谓词演算的关系运算，理论性比较强。本书对这部分内容没有详细介绍，只结合简单的查询实例进行了介绍。

需要说明的是，关系代数、安全的元组关系运算、安全的域关系演算在关系的表达和操作能力上是等价的，它们之间可以相互转换。

习题 2

2.1 试述关系模型的三个组成部分。

2.2 一个关系模式能否没有关键字？为什么？

2.3 关系模型的完整性规则有哪几类？

2.4 试述关系模型的完整性规则，在参照完整性中，为什么外码的值也可以为空？什么情况下才可以为空？

2.5 举例说明等值连接和自然连接的区别和联系。

2.6 设有关系 R、S 和 T，如表 2-29(a)、表 2-29(b)和表 2-29(c)所示：

表 2-29(a)关系 R

A	B	C
a	b	c
b	b	c
c	a	b
a	d	e
d	a	c
e	a	d
b	d	e
d	b	e
e	b	d

表 2-29(b)关系 S

A	D	E
b	a	c
d	a	e
c	d	e
d	c	e
e	c	d

表 2-29(c)关系 T

B	C
b	c
d	e

计算：(1)$\Pi_{3,2}(S)$　(2)$\sigma_{B='b' \text{ and } C="c"}(R)$　(3)$R \bowtie S$

(4)$\Pi_{A,B,C,D}(R \bowtie S)$　(5)$R \div T$

2.7 设有三个关系

S(SNO,SNAME,AGE,SEX,SDEPT)

SC(SNO,CNO,GRADE)

C(CNO,CNAME,TNAME)

试用关系代数语言完成下列查询：

(1)LIU 老师所教授课程的课程号、课程名；

(2)检索年龄大于 23 岁的男学生的学号和姓名；

(3)检索学号为 S3 的学生所学课程的课程名与任课老师名；

(4)检索至少选修了 LIU 老师所教授课程中一门课的女学生姓名；

(5)检索 WANG 同学不学的课程的课程号；

(6)检索全部学生都选修的课程的课程号和课程名；

(7)检索选修课程包含 LIU 老师所有教授课程的学生学号；

2.8 设有一个 SPJ 数据库，包括 S,P,J,SPJ 四个关系模式：

S(SNO,SNAME,STATUS,SCITY)；

P(PNO,PNAME,COLOR,WEIGHT)；

J(JNO,JNANE,JCITY)；

SPJ(SNO,PNO,JNO,QTY)。

其中:供应商表S由供应商代码(SNO)、供应商姓名(SNAME)、供应商状态(STATUS)、供应商所在城市(SCITY)组成;零件表P由零件代码(PNO)、零件名(PNAME)、颜色(COLOR)、重量(WEIGHT)组成;工程项目表J由工程项目代码(JNO)、工程项目名(JNAME)、工程项目所在城市(JCITY)组成;供应情况表SPJ由供应商代码(SNO)、零件代码(PNO)、工程项目代码(JNO)、供应数量组成(QTY)组成,表示某供应商供应某种零件给某工程项目的数量为QTY。现有具体数据如表2-30所示,a、b、c、d分别代表S表、P表、J表和SPJ表。

表2-30(a) S表

SNO	SNAME	STATUS	SCITY
S1	精益	20	天津
S2	盛锡	1	北京
S3	东方红	30	北京
S4	金叶	10	天津
S5	为民	30	上海

表2-30(b) P表

PNO	PNAME	COLOR	WEIGHT
P1	螺母	红	20
P2	螺栓	绿	12
P3	螺丝刀	蓝	17
P4	螺丝刀	红	14
P5	凸轮	蓝	40
P6	齿轮	红	23

表2-30(c) J表

JNO	JNAME	JCITY
J1	三建	北京
J2	一汽	长春
J3	造船厂	北京
J4	机车厂	天津
J5	半导体厂	上海

表2-30(d) SPJ表

SNO	PNO	JNO	QTY
S1	P1	J1	200
S1	P1	J3	120
S1	P1	J4	700
S1	P2	J2	400
S2	P3	J1	400
S2	P3	J2	200
S2	P3	J4	500
S2	P3	J5	400
S2	P5	J1	600
S2	P5	J2	400
S3	P1	J1	200
S3	P3	J1	200
S4	P5	J1	100
S4	P6	J3	300
S4	P6	J4	200
S5	P2	J4	100
S5	P3	J1	200
S5	P6	J2	200
S5	P6	J4	500

试用关系代数完成如下查询:

(1)求供应工程J1零件的供应商号码SNO;

(2)求供应工程J1零件P1的供应商号码SNO;

(3)求供应工程J1零件为红色的供应商号码SNO;

(4)求没有使用天津供应商生产的红色零件的工程号JNO;

(5)求至少用了供应商S1所供应的全部零件的工程号JNO。

2.9 在2.7中的三个关系中,检索成绩在90分以上的学生的学号、姓名、课程名及任课教师姓名。

(1)写出该查询的关系代数表达式。

(2)首先画出(1)查询所对应的初始语法树，然后使用本章中介绍的优化算法，对初始语法树进行优化，并画出优化后的语法树，最后写出该查询优化的关系代数表达式。

(3)使用优化本质对(1)所写的关系代数表达式进行优化，并给出优化后的表达式。

第3章　关系数据库标准语言SQL

本章导读

本章主要是讨论具有关系代数和关系演算二者优点的关系数据库标准语言SQL。SQL是国际化标准组织通过的关系数据库的标准语言，目前，几乎所有的关系数据库如Oracle、SQL Server、My SQL、Access等都支持标准语言SQL。它是实现数据库操作的一个最常用的途径，即使是在应用程序中，对数据库的操作也是通过嵌入到语句中的SQL语句完成的。因此，学好SQL语言是学好该课程的前提，也是本书的重点。本章的内容是在基于对关系数据库操纵的基础上进行的，即对数据的定义、检索、更新和控制四个方面。通过本章的学习，读者要牢固掌握SQL，达到举一反三的目的，同时通过实践，体会面向过程的语言和SQL的区别，体会关系数据库系统为数据库应用系统的开发提供良好环境，减轻用户负担，提高用户效率的原因。并且在使用具体的SQL时，能有意识地和关系代数、关系演算等语言进行比较，了解他们各自的特点。

学习目标

本章重点掌握SQL数据定义、数据查询、数据更新、视图的操作，其中数据的嵌套查询是本章难点。

3.1　SQL概述

SQL(Structured Query Language)是关系数据库的标准语言，它是介于关系代数和关系演算之间的一种语言。目前，几乎所有的关系数据库管理系统都支持SQL，该语言是一种综合性的数据库语言，可以实现对数据的定义、检索、操纵、控制和事务管理等功能。

3.1.1　SQL的产生与发展

1970年，美国E.F.Codd在*Communications of the ACM*(June 1970)发表论文“大型共享数据银行中数据的关系模型(A Relational Model of Data for Large Shared Databanks)”，开创了关系方法和关系数据理论的研究，从而奠定了关系数据库研究与发展的基础。1972年IBM公司开始研制实验型关系数据库管理系统System R项目，并且为其配置了SQUARE(Specifying Queries As Relational Expression)查询语言，其特征是使用了较多的数学符号。1974年，Boyce和Chamberlin在SQUARE语言的基础上进行了改进，产生了SEQL(Structured English Query Language)语言,并且采用英语单词表示操作和结构化语法规则,使得相应的操作表示与英语语句相似,受到用户的欢迎。1975—1979年,IBM公司San Jose Research Laboratory研制成功了著名的关系数据库管理实验系统System R,实现了SQUARE,并且将SQUARE简写为SQL。

由于SQL简单易学,使用方便,同时它也是一个综合的、功能极强的语言,所以很快被计算机工业界所接受,被数据库厂商所采用,经过各个公司的不断修改、扩充和完善,SQL在业界通用。1986年10月,经美国国家标准局(American National Standard Insitute,简称ANSI)的数据库委员会X3H2批准,SQL被作为关系数据库语言的美国标准,同年公布了标准SQL文本(简称SQL-86)。1987年6月,国际标准化组织(International Organization for Standardization简称ISO)也通过了这一标准。随着数据库技术的不断发展,SQL标准也被不断的丰富和发展。ANSI在1989年10月又颁布了增强完整性特征的SQL-89标准;1992年,增加了SQL调用接口和永久存储模块,发布了SQL-92标准(被称为"SQL 2");1999年,扩展了类型系统以支持扩展的标量类型、明晰类型以及复杂类型,增加了宿主和对象语言绑定、外部数据管理,发布了SQL-99(被称为"SQL 3")。在1999年,命名有了变化,以"SQL:年份"命名,例如"SQL-99"的新名称为"SQL:1999"。在2003年,发布了对象模型和XML模型,标志着从传统的关系模型到非关系模型的第二次扩充,形成了标准SQL:2003。通常每3年左右修订一次,在2006年、2008年和2011年的SQL标准分别有一些修改和补充,发布了SQL:2006、SQL:2008和SQL:2011,Wikipedia网站(https://en.wikipedia.org/wiki/SQL)详细介绍SQL发展和内容,有兴趣的读者可以查阅。现在SQL已经成为一个标准,"SQL"不再局限为结构化查询语言。

目前,没有一个关系数据库系统能够支持SQL标准的所有概念和特性,本书不是介绍完整的、最新版的SQL标准,而是以SQL-92为基础,引入SQL:1999和SQL:2003标准的部分概念,较为系统地介绍SQL的基本概念和基本功能。在具体使用关系数据库产品时,请查阅其产品说明中介绍的SQL内容。

3.1.2 SQL的特点

虽然SQL经常称为结构化查询语言,但它不同于一般程序设计语言侧重的数据计算和处理,它偏向于批量数据的操纵和管理。在关系代数和关系演算的理论基础上,SQL实现了基于关系模式的数据定义(Data Definition)、数据查询(Data Query)、数据操纵(Data Manipulation)和数据控制(Data Control)的集成,功能强大,简单易学。SQL主要有以下6个特点。

1. 一体化

SQL语言风格统一,可以完成关系数据库活动的全部工作,包括创建数据库、定义关系模式、数据查询、更新和安全控制以及数据库的维护等工作。在层次模型和网状模型的非关系数据模型的数据库中,其数据语言分为模式数据定义语言(Schema Data Definition Language,模式DDL)、外模式数据定义语言(Subschema Data Definition Language,外模式DDL)、数据操纵语言(Data Manipulation Language,DML)和数据存储有关的描述语言(Data Storage Description Language,DSDL),分别用于定义模式、外模式、内模式和进行数据的存取与处置,不同的工作,使用不同的语言,而且工作之间的衔接非常麻烦。SQL语言把数据定义、数据操纵、数据控制的功能一体化,为数据库系统的开发提供了良好的环境,而且数据库系统投入运行后的维护也简单，即使满足新的需要的数据重组织，也不需要停止现有数据库的运行，从而使数据库系统具有良好的可扩展性。

2. 高度非过程化

使用SQL语言访问数据库时，仅仅需要使用SQL语言描述“做什么”，即可提交给DBMS，由DBMS自动完成相应任务。不像非关系数据模型的数据操纵语言是“面向过程”的，用户不但要知道“做什么”，而且还要知道“怎样做”，需要用户知道数据的类型、存取位置，如何进行存取路径选择？具体处理操作过程更需要用户通过编程语言实现。而基于SQL的关系数据库系统的开发，免除了用户描述操作过程的麻烦，这样用户更能集中精力考虑要“做什么”和期望得到的结果，而且关系数据库中文件存取路径对用户来说是透明的，有利于提高数据的物理独立性。

3. 面向集合的操作方式

在非关系数据模型中，采用基本数据类型或基于结构体的记录来管理数据，需要一个记录一个记录地处理操作的数据，而且还需要知道数据存储的文件和物理结构，数据库系统开发和维护的操作过程非常冗长复杂。而SQL语言采用的是面向集合(Data Set)的操作方式，且操作对象和操作结果都是元组的集合，特别适合于批量数据的处理，不需要数据物理结构的细节。

4. 统一的语法结构提供两种使用方式

SQL可用于所有用户，通过自含式语言和嵌入式语言两种方式对数据库进行访问，前者是用户直接通过管理工具输入SQL命令，后者是将SQL语句嵌入到高级语言（如C，C++，VB，VC++，ASP.NET，Java等）程序中。这两种方式使用的是统一的语法结构。

5. 语言简洁，易学易用

SQL语言不但功能强大，而且设计构思巧妙，语言结构简洁易懂，易学易用。SQL完成核心功能只用了9个动词：

(1)数据定义

定义、删除和修改数据库中的对象，例如数据库、关系表、视图等。涉及3个动词，即CREATE（创建）、DROP（移除）和ALTER（修改）；

(2)数据查询

实现查询满足某条件的数据，数据查询是数据库中使用最多的操作，使用关键词SELECT（查询）；

(3)数据操纵

实现关系表中记录的增加、删除和修改，完成数据库的更新功能，涉及3个动词，即INSERT（插入）、UPDATE（更新）和DELETE（删除）；

(4)数据控制

控制用户对数据库的操作权限管理，使用GRANT（授权）和REVOKE（取消授权）。

3.1.3 SQL体系结构

关系数据库分为外模式、模式和内模式三级模式结构。SQL语言也支持关系数据库三级模式结构，利用SQL语言可以实现对三级模式的定义、修改和数据的操纵功能，并在此基础上形成了SQL体系结构,只是术语与传统关系模型术语不同,其中外模式对应于视图(View),模式对应于基本表(Base Table),内模式对应于存储文件(Stored File),如图3-1所示。

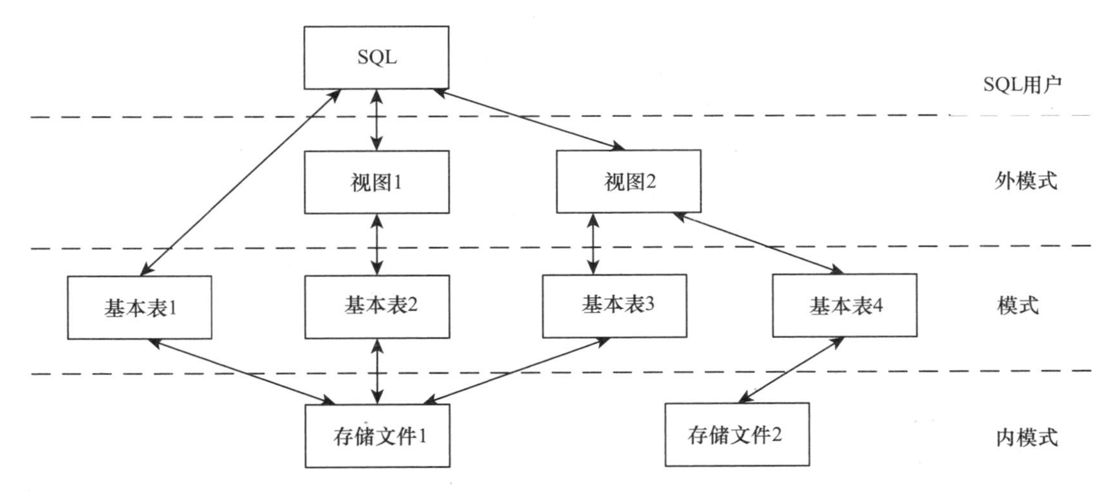

图3-1 SQL体系结构

SQL体系结构主要包括内容如下:

(1)模式是逻辑结构,它是由若干基本表组成,一个数据库系统的模式只有一个。基本表是本身独立存在的表,在SQL中一个关系对应一个基本表。一个基本表存储在一个物理文件中,也可以多个基本表存储在一个文件中;一个表可以带有若干索引,索引也存放在存储文件中。

(2)内模式是物理结构,它由若干存储文件组成,文件可以分组管理,一个数据库系统的内模式只有一个。存储文件是基本表存储在永久存储结构的信息。用户可以根据应用环境选择存储结构和存取方法,但是物理结构以及存储细节对用户是透明的。

(3)外模式是由视图组成,外模式也称为子模式,它是根据不同应用的需求获得模式的一部分,这样外模式可以有多个。视图是从一个或者几个基本表导出的表,在SQL中视图也是一个关系,它是一个虚表,它本身并不独立存储在数据库中,数据库中只在数据字典中存放对视图的定义而不存放该视图中的数据,需要读取视图中数据时,再从相应的表中读取。

(4)SQL用户可以是应用程序,也可以是终端用户。用户可以用SQL语言对视图和基本表进行查询。在用户眼中,视图和基本表都是关系。

3.2 数据定义

SQL语言的数据定义功能包括定义基本表、定义视图和定义索引,这里的定义实质上还包括对数据结构的定义、修改和删除。基本表和视图都是表,但基本表是实际存储在数据库中的表,视图是虚表,它是从基本表或其他视图中导出的表。

由于视图是基于基本表的虚表,索引又是依附于基本表的,大多数RDBMS支持的SQL语言,通常没有提供对视图和索引定义的修改操作,用户如果想修改这些对象的定义,只能先将其删除，然后再重建，但有些新的关系数据库管理系统软件提供了 SQL 语言修改视图的功能。

本节主要讲解对基本表和索引的定义，对于视图的定义将在 3.5 节中进行介绍。

3.2.1 创建、修改和删除基本表

1. 定义基本表

数据库的基本表的定义就是创建基本表，应该考虑基本表所对应关系模式的属性(列)名、存放数据的类型、宽度、小数位、主键和外键设置等，本质为定义基本表的结构。使用 CREATE TABLE 语句定义基本表，其 SQL 语法格式为：

CREATE **TABLE** ＜基本表名＞
(＜列名 1＞ ＜数据类型＞ [列级完整性约束条件],
＜列名 2＞ ＜数据类型＞ [列级完整性约束条件],
…
[＜表级完整性约束条件＞])

说明：

(1)＜基本表名＞是所要定义的基本表的名称，数据库表名为标示符，如果包含空格则需要用单引号括起来，同时一个数据库中不允许有两个表同名。

(2)一个表可以由一个或若干个属性(列)组成，列之间没有顺序，但是一个表中不能有相同的列名。

(3)定义表的各个属性(列)时需要指明其数据类型及长度，表 3-1 列出了主要数据类型，需要说明的是，不同的 RDBMS 中支持的数据类型不完全相同。一个属性选用哪种数据类型要根据实际情况来决定，一般从取值范围和要做哪些运算两个方面来考虑，例如学生的年龄属性，可以选择数据类型 char(2)，但考虑到学生的年龄有增加的操作，因此要采用整数作为其类型。

表 3-1 SQL2 提供的主要数据类型

类型	数据类型举例及缩写	说明
Character	CHAR(n) VARCHAR(n)	CHAR 数据类型可以存储字符集中的任意字符组合，具有固定的字符长度。VARCHAR(可变长度)数据类型允许字符长度变化，能够自动删除后继的空格。
Numeric	INT SMALLINT NUMERICA(p [,d)] DECIMAL(p [,d)] FLOAT[(n)] REAL DOUBLE PRECISION	INT 和 SMALLINT 分别表示整型和短整型；NUMERICA(p [,d)]和 DECIMAL(p [,d)]表示定点数，由 p 位数字(不包括符号、小数点)组成，小数后面有 d 位数字；FLOAT[(n)]表示浮点数，精度至少为 n 位数字；REAL 和 DOUBLE PRECISION 分别表示取决于机器精度的浮点数和双精度浮点数。
Boolean	BOOLEAN	BOOLEAN 数据类型存储 TRUE、FALSE 或 UNKNOWN

续表 3-1

类型	数据类型举例及缩写	说明
Temporal	DATE TIME TIMESTAMP INTERVAL	这些数据类型存储日期时间值。DATE 和 TIME 分别存储日期和时间。TIMESTAMP 类型存储按机器当前运行时间计算出来的值。INTERVAL 指定一个时间间隔，它是一个相对值，用于增加或减少一个日期、时间或时间戳类型数据的绝对值。
Bit string	BIT(n) BITVARYING(n)	这两种数据类型可以存储二进制和十六进制数据，BIT 数据类型长度固定，而 BITVARYING 数据类型具有可变长度
Binary	Binary large objects (BLOB)	BLOB 数据类型以十六进制格式存储二进制字符串的值

(4)完整性约束条件，分为列级别的完整性约束和表级别的完整性约束。如果完整性约束条件涉及到该表的多个属性列，则必须定义在表级别上，否则既可以定义在列级别上也可以定义在表级上。在关系模型中，完整性约束包括实体完整性、参照完整性和用户定义完整性，这三种完整性约束条件都可以在表的定义中给出。其中，实体完整性定义表的主码(Primary Key)，属于列级别的完整性，也可以定义在表级；参照完整性定义外码(Foreign Key)，属于表级别的完整性约束，只能定义在表级；用户定义完整性，根据具体应用对关系模式提出要求：主要包括对数据类型、数据格式、取值范围、空值约束(NOT NULL)、唯一性约束(UNIQUE)等，一般定义在列级，当然也可以定义在表级。这些完整性约束条件和表结构一起被存入系统的数据字典中，当用户操作表中数据时，由 DBMS 自动检查该操作是否违背了这些完整性约束条件。

在教学管理信息系统的数据库中，其中有三个表分别为 Student 表、Course 表及 CS 表，通过 SQL 语句创建，下面分别通过几个例子加以说明。

【例 3-1】 建立一个学生 Student 表。

```
CREATE TABLE Student
  (Sno        char(8)   PRIMARY KEY,
   Sname      varchar(10)  NOT NULL,
   Ssex       char(2)   NOT NULL  DEFAULT('女'),
   Sage       smallint,
   Smajor     varchar(20),
   Shometown  varchar(24) )
```

执行 SQL 语句后，在指定的数据库中建立 Student 表。表 Student 由 6 个属性列组成，学号 Sno 是主码，姓名(Sname)和性别(Ssex)有列级的约束条件不能为空，在性别(Ssex)属性列，附加了第二个约束——其默认值为“女”。在本例中，均是列级别的完整性约束条件，当然也可以放在表级别的约束条件处。

【例 3-2】 建立一个课程 Course 表。

```
CREATE TABLE Course
  (Cno        char(4)  PRIMARY KEY,
   Cname      varchar(20)  NOT NULL,
   Cpno       char(4),
   Ccredit    real,
   FOREIGN  KEY (Cpno)  REFERENCES Course(Cno) )
```

执行 SQL 语句后，在指定的数据库中建立 Course 表，该表由 4 个属性列组成，课程号(Cno)是主码，课程名不能为空。在本例中，不仅有列级别的完整性约束条件，还有表级别的约束条件，即先修课程号只能是本表 Course 中出现过的课程号，为此需要采用外码约束，这也说明了外码也可以参照本表中的主码列。

【例 3-3】 建立一个选修课“SC”表。

```
CREATE TABLE SC
  (Sno        char(8)  NOT NULL,
   Cno        char(4)  NOT NULL,
   Grade      mallint,
   PRIMARY  KEY (Sno,Cno),
   FOREIGN  KEY (Sno)  REFERENCES Student (Sno),
   FOREIGN  KEY (Cno)  REFERENCES Course(Cno) )
```

执行 SQL 语句后，在指定的数据库中建立 CS 表，该表由 3 个属性列组成，学号(Sno)和课程号 Cno 的组合键是主码，这样必须作为表级别的完整性定义主码。最下面的两句是对外键的定义，即 CS 表中 Sno 和 Cno 属性列分别参照了 Student 表和 Course 表中的 Sno 和 Cno。当然，外码的定义中也可以将 REFERENCES Student(Sno)和 REFERENCES Course(Cno)分别置放在 CS 表的学号 Sno 和课程号 Cno 的属性列的后面，即：

```
CREATE TABLE CS
  (Sno        char(8)  NOT NULL  REFERENCES Student (Sno),
   Cno        char(4)  NOT NULL  REFERENCES Course (Cno),
   Grade      smallint,
   PRIMARY  KEY (Sno,Cno) )
```

通过以上三个例子，可以发现：

(1)主码的定义

对主码的定义可以有两种方法，分别为：

- 在列出关系模式的属性时，在属性及其类型后加上保留字 PRIMARY KEY，表示该属性为主码属性，此时是作为列级的完整性约束；
- 在列出关系模式的所有属性后，再附加一个声明：PRIMARY KEY (＜属性 1＞[,＜属性 2＞,…])，此时是作为表级的完整性约束。

一个关系可能有多个候选码，但在定义基本表时只能定义一个主码。一个关系的主码由一个或几个属性构成，当主码由一个属性列组成时，可以采用上述两种方法定义，但是如果主码由多个属性构成时，则必须采用第二种方法。

(2)外码的定义

外码的定义是建立参照完整性的约束，它是关系模式的另一种重要约束。其格式为：REFERENCES ＜表名＞ ＜属性＞，对外码的定义同样也有两种方式，既可以定义在列级又可以定义在表级。

(3)关于缺省值

可以在定义属性时增加保留字 DEFAULT 和一个合适的值为属性列指定默认值，例如：

```
Sage SMALLINT DEFAULT 18
```

2. 修改基本表

随着数据和应用环境的变化，有时需要修改已经建立好的基本表，如：增加列、增加新的完整性约束条件、修改原有的列定义或删除已有的完整性约束条件等。SQL 语言用 ALTER TABLE 语句修改基本表，其 SQL 语法格式为：

```
ALTER TABLE ＜表名＞
  [ADD      ＜新列名＞＜ 数据类型＞[完整性约束]]
  [DROP     COLUMN ＜列名＞[RESTRICT | CASCADE]]
  [ALTER    COLUMN ＜列名＞＜新数据类型＞]
```

ALTER TABLE 允许对表进行修改操作。允许用户添加、删除列或约束条件。此处，CASCADE 方式表示，在基本表中删除该列时，所有引用到此列的视图和约束也要一起被自动删除，而 RESTRICT 方式表示，在没有视图或约束引用到该属性列时，才能在基本表中删除该列，否则拒绝删除操作。

【例 3-4】 在 Student 表中增加"总学分 TotalCredit"属性，类型为 INT 型。

```
ALTERTABLE Student ADD TotalCredit INT
```

需要说明的是，新增加的列不能定义为"NOT NULL"。基本表在增加一列后，原有元组在新增加的列上的值都被定义为空值(NULL)。

【例 3-5】 在 Student 表中删除"籍贯 Shometown"属性。

```
ALTER TABLE Student DROP COLUMN Shometown;
```

【例 3-6】 在 Student 表中将"总学分 TotalCredit"属性改为 REAL 型。

```
ALTER TABLE Student Alter COLUMN TotalCredit REAL
```

【例 3-7】 在 Student 表中将"籍贯 Shometown"属性的字符长度改为 30。

```
ALTER TABLE Student Alter COLUMN Shometown CHAR(30)
```

修改原有的列定义时需要慎重，很可能会破坏不满足条件的数据，比如修改 Student 中属性籍贯 Shometown 的字符串长度由 24 变为 18，表中超过 18 长度的字符串都会被截取，丢失信息。

3. 删除基本表

删除基本表可以使用 DROP　TABLE 语句实现，其格式为：

DROP TABLE 表名 ［**RESTRICT** | **CASCADE**］

需要注意的是，一旦对一个基本表执行了删除操作，该表中所有的数据以及该表上索引也就丢失了；虽然建立该表上的视图不会随之删除，系统将继续保留其定义，但是已经无法使用。所以对于删除表的操作，用户一定要慎用。

【例 3-8】 删除 SC 表。

```
DROP TABLE SC
```

前面曾经提到过，不同的数据库产品对于 SQL 语言的支持会有所不同，SQL99 有 RESTRICT 和 CASCADE 选项，含义与前面相同。目前居于主流的 Oacle 9i 数据库只有 CASCADE 选项，而 SQL Server 数据库这两个选项都没有。

3.2.2 创建和删除索引

建立索引是加快查询速度的有效手段。索引实际上是根据关系（表）中某些字段的值建立一棵树型结构的文件。索引文件中存储的是按照某些字段的值排列的一组记录号，每个记录号指向一个待处理的记录，所以，索引实际上可以理解为根据某些字段的值进行逻辑排序的一组指针。在日常生活中，经常会遇到索引，如图书目录、词典索引等，通过索引可以大大提高查询的速度，但索引的功能仅限于查询时起作用。

目前，很多 DBMS 直接使用主键的概念建立主索引，方法是建立基本表时直接定义主键，即建立了主索引，一个表只能有一个主索引，同时用户还可以建立其他索引，不同的 DBMS 略有区别，如：VFP 有主索引、候选索引、普通索引和唯一索引四种类型的索引；ACCESS 中有重复索引和非重复索引；SQL Server 中则是聚簇索引、非聚簇索引和其他索引，其他索引包括唯一索引、视图索引、全文索引、XML 索引等。

SQL 语言支持用户根据应用环境的需要，在基本表上建立一个或多个索引，以提供多种存取路径，加快查找速度。一般来说，只有数据库管理员 DBA 和表的属主才能进行索引的创建和删除。

1. *建立索引*

创建索引可以用“CREATE INDEX”语句实现，其格式为：

CREATE ［UNIQUE］［CLUSTERED］ **INDEX** ＜索引名＞ ON ＜表名＞（＜列名＞［＜次序＞］［，＜列名＞［＜次序＞］］…）；

其中：＜表名＞是指要建立索引的基本表的名字，＜索引名＞是用户自己为建立的索引起的名字。索引可以建立在该表的一列或多列上，各列名之间用逗号分隔，这种由两列或多列属性组成的索引，称为复合索引（Composite Index）。每个列名后面还可以指定＜次序＞，即索引值的排列次序，可选 ASC（升序）或 DESC（降序），缺省值为 ASC。

【例 3-9】 为 Student、Course 和 SC 表建立索引。

```
CREATE  INDEX  STU_IDX_SNO  ON  Student (Sno);
CREATE  INDEX  COU_IDX_CNO  ON  Course (Cno);
CREATE  INDEX  SC_IDX_SNO_CNO  ON  SC (Sno, Cno);
```

2. 删除索引

删除索引使用的语句是 DROP INDEX，其格式为：

DROP　INDEX＜索引名＞；

DROP INDEX 命令可以删除当前数据库内的一个或几个索引，有时需要添加表名作为索引名的前缀，中间通过“.”来连接。当一个索引被删除后，该索引原来占有的存储空间就会被收回。但是，DROP INDEX 不会影响 PRIMARY KEY 和 UNIQUE 约束条件，这些约束条件删除必须用 ALTER TABLE DROP 命令来完成。

【例 3-10】 删除 SC 表中在学号 Sno 和课程号 Cno 上建立的索引 SC_IDX_SNO_CNO。

```
DROP INDEX SC.SC_IDX_SNO_CNO
```

需要说明的是，DBMS 一般会自动建立 PRIMARY KEY 和 UNIQUE 列上的索引。此外，系统在存取数据时会自动选择合适的索引作为存取路径，用户不必也不能显式地选择索引。

虽然采用了索引技术可以提高数据查询的速度，但另一方面，增加了数据插入、删除和修改的复杂性以及维护索引的时间开销。过多的索引文件还会占用一定的文件目录和存储空间，从而使系统负担加重。根据实际需要，有时可以删除一些不必要的索引。因此，是否使用索引，对哪些属性建立索引，数据库设计人员必须全面考虑，权衡折中。下面给出几点使用索引的技巧：

(1)对于记录少的表使用索引，其性能不会有任何提高。

(2)索引列中有较多的不同的数据和空值时，会大大提高索引的性能。

(3)当查询要返回的数据很少时，索引可以优化查询(比较好的情况是少于全部数据的 25%)，相反，如果要返回的数据很多，索引会加大系统开销。

(4)索引可以提高数据的返回速度，但是它使得数据的更新操作变慢，因此不要对经常需要更新或修改的字段创建索引，更新索引的开销会降低期望获得的性能。

(5)索引会占用数据库的空间，因此在设计数据库的可用空间时要考虑索引所占用的空间。

(6)不要将索引与表存储在同一个驱动器上，分开存储会避免访问的冲突从而使结果返回得更快。

3.3 数据查询

建立数据库的目的就是为了对数据库进行操作，以便能够从中提取有用的信息。从本节开始将介绍对数据库的操作，其中数据库查询是数据操作中的核心操作，SQL 提供了 SELECT 语句对数据库进行查询操作。

3.3.1 数据查询语句

SELECT 语句的标准语法是：

SELECT [ALL|DISTINCT] ＜目标表列名或列表达式＞ [,＜目标表列名或列表达式

>]…

FROM <表名或视图名>[,<表名或视图名>]…

[WHERE <行条件表达式>]

[GROUP BY <列名>[HAVING <组条件表达式>]]

[ORDER BY <列名>[ASC|DESC]];

SELECT 语句基本语义为：计算 WHERE 子句中的行条件表达式，从 FROM 子句指定的基本表或视图中找出满足条件的元组，并按 SELECT 子句中指出的目标属性列，选出元组中的分量形成结果表。

如果有 GROUP BY 子句选项，则将结果按<列名>的值进行分组，该属性值相等的元组为一个组，每组产生结果表中的一个记录，通常会在每组中使用聚集函数。如果 GROUP BY 子句带有 HAVING 短语，则结果只有满足指定条件的组。

ORDER BY 子句是将查询的结果进行排序显示，ASC 表示升序，DESC 表示降序，默认为 ASC 升序排列。

可选项[ALL | DISTINCT]的含义是，如果没有指定 DISTINCT 短语，则缺省为 ALL，即保留结果中取值重复的行，相反，如果指定了 DISTINCT 短语，则可消除重复的行。

实际上，语句中的 SELECT 子句的功能类似于关系代数中的投影运算，而 WHERE 子句的功能类似于关系代数中的选择运算。进行数据库查询时，并非上述语句中的每个子句都会用到，最简单的情况下，查询只需要一个 SELECT 和一个 FROM 子句。

把第 2 章的数据顺序地输入到数据库中(课程 Course 表的 Cno 字段数据采用 1 - n 的编码)，使用最为简单的 SELECT 语句把所有的数据呈现出来，为后面的查询做准备。

【例 3-11】 在 Student 表中查询所有学生信息。

SELECT *

FROM Student

SELECT 后面的"*"代表数据查询结果中包括 Student 表中所有的数据，执行结果如图 3-2 所示，图中表头各项的英文单词为 Student 表中列名，列的顺序与定义 Student 表时列顺序相同。

	Sno	Sname	Ssex	Sage	Smajor	Shometown
1	20160101	徐成波	男	20	计算机科学与技术	广东广州
2	20160102	黄晓君	女	18	计算机科学与技术	湖南衡阳
3	20160103	林宇珊	女	19	计算机科学与技术	河南新乡
4	20160104	张茜	女	18	计算机科学与技术	广东中山
5	20160201	黄晓君	男	21	软件工程	河北保定
6	20160202	陈金燕	女	19	软件工程	江苏徐州
7	20160203	张顺峰	男	22	软件工程	河南洛阳
8	20160204	洪铭勇	男	20	软件工程	河北邯郸
9	20160301	朱伟东	男	19	网络工程	山东青岛
10	20160302	叶剑峰	男	20	网络工程	陕西西安
11	20160303	林宇珊	女	21	网络工程	湖北襄阳
12	20160304	吴妍娴	女	20	网络工程	浙江诸暨

图 3-2 查询 Student 表所有数据的结果集

【例 3-12】　在 Course 表中增加“课程号:9;课程名:软件工程;先修课程号:6;学分:2.5”新记录后,再在 Course 表中查询所有课程信息。

```
SELECT   *
FROM Course
```

执行 SQL 语句的结果如图 3-3 所示。

	Cno	Cname	Cpno	Ccredit
1	1	高等数学	NULL	11
2	2	C语言程序设计	NULL	3.5
3	3	数据结构	2	4
4	4	操作系统	3	4
5	5	数据库原理及应用	3	3.5
6	6	信息管理系统	5	3
7	7	面向对象与程序设计	2	3.5
8	8	数据挖掘	6	3
9	9	软件工程	6	2.5

图 3-3　查询 Course 表所有数据的结果集

【例 3-13】　在 SC 表中查询出所有选课信息。

```
SELECT   *
FROM SC
```

执行 SQL 语句的结果如图 3-4 所示。

	Sno	Cno	Grade
1	20160101	1	92
2	20160101	2	98
3	20160101	3	88
4	20160101	4	98
5	20160101	5	76
6	20160101	6	89
7	20160101	7	86
8	20160101	8	90
9	20160102	5	80
10	20160201	5	90
11	20160203	3	89
12	20160204	5	96
13	20160303	1	88
14	20160303	2	86
15	20160303	3	68
16	20160303	4	98
17	20160303	5	84
18	20160303	6	73

图 3-4　查询 SC 表所有数据的结果集

下面将查询分为单表查询、连接查询和嵌套查询，并对该教学管理系统进行举例说明，通过这些例子大家可以看出查询语句的丰富功能和灵活的使用方式。

3.3.2 单表查询

单表查询是最简单的 SQL 查询，是指只涉及一个表的查询，可分为以下几种操作：

(1)选择表中的若干列(关系代数中的投影运算)；

(2)选择表中的若干元组(关系代数中的选择运算)；

(3)使用聚集函数；

(4)GROUP BY 子句；

(5)ORDER BY 子句。

1.选择表中的若干列

选择表中的若干列对应于关系代数中的投影运算，在 SQL 中利用 SELECT 子句来指定要投影的属性列。SELECT 子句既可以指定表中所有的属性列，也可以指定个别读者感兴趣的属性列，还可以通过对列值进行算术运算得到表中不存在的信息。

(1)选择一个表中的指定列

使用 SELECT 子句选择一个表中的某些列，各列名之间用逗号分隔。

【例 3-14】 在 Student 表中查询出所有学生的姓名(Sname)、专业(Smajor)和籍贯(Shometown)。

```
SELECT   Sname,Smajor,Shometown
FROM     Student;
```

(2)查询全部列

使用 SELECT 子句选择一个表中的所有列，各列名之间用逗号分隔。

【例 3-15】 在 Student 表中找出所有学生信息。

```
SELECT   Sno,Sname,Ssex,Sage,Smajor,Shometown
FROM     Student;
```

使用 SELECT 子句查询一个表中的所有属性列且与表结构中的顺序相同时，可以使用通配符“*”代替所有列。因此，如果要查询某个表的所有属性列，其查询语句有两种写法，一种是在 SELECT 子句中列出所有的属性列，一种是在 SELECT 子句中直接使用“*”代替所有的属性列。但是，第二种用法前提是，用户所需要属性列的顺序与数据库中的存储顺序相同。

(3)查询经过计算的值

使用 SELECT 进行查询时，不仅可以直接以列的原始值作为结果，而且还可以将对列值进行计算后所得的值作为查询结果，即在 SELECT 子句中可以使用表达式作为属性列。

【例 3-16】 查询表 Student 中所有学生的姓名和出生日期。

由于表 Student 中没有出生日期属性，所以不能直接列出出生日期，但是 SELECT 子句中可以出现算术表达式，从而可以查询经过计算的值。

```
SELECT   Sname,YEAR(GETDATE())-Sage
FROM     Student;
```

SELECT 语句中使用了两个日期函数，第一个为 GETDATE 函数获得当前系统的日期和时间，YEAR 是返回当前系统日期中的年份的整数，再减去年龄就是该同学的出生日期了，SQL 语句的执行结果为图 3-5(1)所示，图中的第二列没有名字，因为它是通过表达式计算出来的，用户看了之后不易理解，可以通过 AS 关键字，为结果集添加列的别名，以替换在结果中列出的默认列标题。修改例 3-16 的 SQL 语句，为每个列添加一个中文的别名：

```
SELECT   Sname AS '姓名',YEAR(GETDATE())-Sage AS '出生日期'
FROM    Student;
```

SQL 语句的执行结果为图 3-5(2)所示。

	Sname	(无列名)
1	徐成波	1997
2	黄晓君	1999
3	林宇珊	1998
4	张茜	1999
5	黄晓君	1996
6	陈金燕	1998
7	张顺峰	1995
8	洪铭勇	1997
9	朱伟东	1998
10	叶剑峰	1997
11	林宇珊	1996
12	吴妍娴	1997

(1)

	姓名	出生日期
1	徐成波	1997
2	黄晓君	1999
3	林宇珊	1998
4	张茜	1999
5	黄晓君	1996
6	陈金燕	1998
7	张顺峰	1995
8	洪铭勇	1997
9	朱伟东	1998
10	叶剑峰	1997
11	林宇珊	1996
12	吴妍娴	1997

(2)

图 3-5　查询学生的姓名和出生日期

SELECT 子句中除了使用算术表达式外，还可以是字符串常量、函数以及列别名，从而大大增强 SQL 查询的功能。

2. 选择表中的若干元组

选择表中的若干元组对应于关系代数中的选择运算。

(1)消除结果集中的重复行

在关系数据库中，不允许出现完全相同的两个元组，但是当我们只选择表中的某些列时，就可能会出现重复的行。

【例 3-17】 从 Student 表中找出所有学生的姓名。

```
SELECT   Sname
FROM   Student;
```

在第 2 章的 Student 表中，有两个黄晓君和两个林宇珊，则上述查询中就出现了“重号”，即黄晓君和林宇珊两个名字都出现了 2 次，在 SELECT 子句中用 DISTINCT 关键字可以消除结果集中的重复行，下述语句去掉了查询结果中重复的元组。

```
SELECT   DISTINCT   Sname
FROM   Student;
```

(2)查询满足条件的元组

在 SQL 中,查询满足条件的元组利用 WHERE 子句实现。WHERE 子句常用的查询条件如表 3-2 所示。

表 3-2 常用的查询条件

查询条件	谓 词
比较	=,<>,>,<,>=,<=,!=,!>,!<;NOT+比较运算符
算术运算	+,-,*,/
确定范围	BETWEEN AND, NOT BETWEEN AND
确定集合	IN, NOT IN
字符匹配	LIKE, NOT LIKE
空值	IS NULL, IS NOT NULL
多重条件	AND, OR,NOT

下面,分别针对以上列出的查询条件,给出查询的实例:

①比较运算

在表 3-2 中列出了一般的比较运算符,那么比较常用的运算符有:=(等于)、<>或!=(不等于)、>(大于)、<(小于)、>=(大于等于)、<=(小于等于)。

【例 3-18】 查询 Course 表中学分超过 4 的课程号和课程名称。

```
SELECT *
FROM Course
WHERE Ccredit >=4
```

执行 SQL 语句结果如下所示:

	Cno	Cname	Cpno	Ccredit
1	1	高等数学	NULL	11
2	3	数据结构	2	4
3	4	操作系统	3	4

②指定范围

用于确定范围的关键字有 BETWEEN…AND…和 NOT BETWEEN…AND…,用来查找属性值在(或不在)指定范围内的元组,其中 BETWEEN 后的是范围的下限(即低值),AND 后的是范围的上限(即高值)。

【例 3-19】 查询 Student 表中,学生的年龄介于 19~21 岁之间(包括 19 和 21),显示这些学生的学号、姓名、专业和籍贯信息。

```
SELECT  Sno,Sname,Smajor,Shometown
FROM  Student
WHERE  Sage BETWEEN 19 AND 21;
```

执行 SQL 语句结果如下所示:

	Sno	Sname	Smajor	Shometown
1	20160101	徐成波	计算机科学与技术	广东广州
2	20160103	林宇珊	计算机科学与技术	河南新乡
3	20160201	黄晓君	软件工程	河北保定
4	20160202	陈金燕	软件工程	江苏徐州
5	20160204	洪铭勇	软件工程	河北邯郸
6	20160301	朱伟东	网络工程	山东青岛
7	20160302	叶剑峰	网络工程	陕西西安
8	20160303	林宇珊	网络工程	湖北襄阳
9	20160304	吴妍娴	网络工程	浙江诸暨

相反的，如果要查询年龄不在19～21之间的学生信息，则可用NOT BETWEEN…AND…来表达：

```
SELECT   Sno,Sname,Smajor,Shometown
FROM   Student
WHERE   Sage NOT BETWEEN 19 AND 21;
```

③确定集合

谓词IN可以用来查找属性值属于指定集合的元组，值表中列出所有可能的值，当IN前面的表达式与值表中的任何一个值匹配时，则返回TRUE，否则返回FALSE。

【例3-20】 查询Student表中专业为"网络工程"、"软件工程"的学生学号和姓名。

```
SELECT   Sno,Sname
FROM   Student
WHERE   Smajor IN ('网络工程', '软件工程');
```

执行SQL语句结果如下所示：

	Sno	Sname
1	20160201	黄晓君
2	20160202	陈金燕
3	20160203	张顺峰
4	20160204	洪铭勇
5	20160301	朱伟东
6	20160302	叶剑峰
7	20160303	林宇珊
8	20160304	吴妍娴

相反的，与IN相对的谓词是NOT IN，用于查找属性值不属于指定集合的元组。如：查询除"网络工程"、"软件工程"之外的所有专业的学生信息：

```
SELECT *
FROM   Student
WHERE   Smajor NOT IN ('网络工程','软件工程');
```

④字符匹配

谓词 LIKE 可以用来进行字符串的匹配。其一般语法格式如下：

[NOT] LIKE '<匹配串>' [ESCAPE '<换码字符>']

其含义是查找指定的属性列值与<匹配串>相匹配的行。<匹配串>可以是一个完整的字符串，也可以含有通配符“%”和“_”。“%”代表任意长度(包括 0)的字符串，“_”代表任意单个字符，ESCAPE 表示转义符。

LIKE 匹配中使用通配符的查询又称模糊查询。

【例 3-21】 查询 Student 表中工程相关专业的学生的学号、姓名、专业和籍贯。

```
SELECT Sno,Sname,Smajor,Shometown
FROM   Student
WHERE   Smajor LIKE '%工程'
```

LIKE 的匹配字符串为'%工程'，表示以“工程”结束的专业名，则执行 SQL 语句结果如下所示：

	Sno	Sname	Smajor	Shometown
1	20160201	黄晓君	软件工程	河北保定
2	20160202	陈金燕	软件工程	江苏徐州
3	20160203	张顺峰	软件工程	河南洛阳
4	20160204	洪铭勇	软件工程	河北邯郸
5	20160301	朱伟东	网络工程	山东青岛
6	20160302	叶剑峰	网络工程	陕西西安
7	20160303	林宇珊	网络工程	湖北襄阳
8	20160304	吴妍娴	网络工程	浙江诸暨

注意：如果 LIKE 后面的匹配串中不含有通配符，则可以用等号(=)代替 LIKE 谓词，可以用不等于(<>或!=)运算符代替 NOT LIKE 谓词。

【例 3-22】 查询 Student 表中所有姓张的学生的学号、姓名、专业和籍贯。

```
SELECT Sno,Sname,Smajor,Shometown
FROM   Student
WHERE   Sname LIKE '张%'
```

则执行 SQL 语句结果如下所示：

	Sno	Sname	Smajor	Shometown
1	20160104	张茜	计算机科学与技术	广东中山
2	20160203	张顺峰	软件工程	河南洛阳

【例 3-23】 查询 Student 表中名字中第二字为“晓”字的学生的学号、姓名、专业和籍贯。

```
SELECT Sno,Sname,Smajor,Shometown
FROM   Student
WHERE Sname LIKE '_晓%'
```

则执行 SQL 语句结果如下所示：

	Sno	Sname	Smajor	Shometown
1	20160102	黄晓君	计算机科学与技术	湖南衡阳
2	20160201	黄晓君	软件工程	河北保定

如果用户要查询的匹配字符串本身就含有“%”或“_”,则要使用转义符(ESCAPE)'\',对通配符进行转义。转义符 ESCAPE 指出其后的每个字符均作为实际的字符对待,而不再作为通配符。

⑤空值

当需要判定一个表达式的值是否为空值时,使用 IS NULL 关键字。

【例 3-24】 查询 Course 表中没有先修课的课程号、课程名和学分等详细信息。

```
SELECT Cno,Cname,Ccredit
FROM   Course
WHERE Cpno is NULL
```

则执行 SQL 语句结果如下所示：

	Cno	Cname	Ccredit
1	1	高等数学	11
2	2	C语言程序设计	3.5

注意:此处“IS”不能用等号(“=”)代替。

⑥多重条件查询

逻辑运算符 AND 与 OR 可以用来连接多个查询条件,且前者的优先级高于后者,必要时可以通过括号改变优先级。

【例 3-25】 查询年龄为 18 或 20 岁的学生的学号、姓名、性别和专业等信息。

```
SELECT Sno,Sname,Ssex,Smajor
FROM   Student
WHERE Sage = 18 OR Sage = 20
```

则执行 SQL 语句结果如下所示：

	Sno	Sname	Ssex	Smajor
1	20160101	徐成波	男	计算机科学与技术
2	20160102	黄晓君	女	计算机科学与技术
3	20160104	张茜	女	计算机科学与技术
4	20160204	洪铭勇	男	软件工程
5	20160302	叶剑峰	男	网络工程
6	20160304	吴妍娴	女	网络工程

3.使用聚集函数

在检索数据时，经常需要对结果进行计算和统计。为了进一步方便用户，增强检索功能，SQL 提供了许多聚集函数，经常使用的主要包括以下三类：

(1)COUNT 用于统计组中满足条件的值或元组的个数：

COUNT([DISTINCT|ALL] *)统计元组个数
COUNT([DISTINCT|ALL] <列名>) 统计一列中值的个数

(2)SUM 和 AVG 分别用于求表达式中所有值项的总和与平均值：

SUM([DISTINCT|ALL] <列名>) 计算一列值的总和(此列必须是数值型)
AVG([DISTINCT|ALL] <列名>) 计算一列值的平均值(此列必须是数值型)

(3)MAX 和 MIN 分别用于求表达式中所有值项的最大值和最小值：

MAX([DISTINCT|ALL] <列名>) 求一列值中的最大值
MIN([DISTINCT|ALL] <列名>) 求一列值中的最小值

在这些聚集函数中，如果指定 DISTINCT 短语，则表示在计算时要取消指定列中的重复值；反之，如果不指定 DISTINCT 短语或指定 ALL 短语(缺省为 ALL)，则表示不取消重复值。

【例 3-26】 查询学生的总人数。

```
SELECT COUNT( * ) AS  '总人数'
FROM Student
```

在该查询中，除了计算出 Student 表中的总人数，还使用 AS 关键字为查询结果指定了新列名“总人数”。

【例 3-27】 查询选修了课程的学生数。

```
SELECT COUNT(DISTINCT Sno) AS '选修了课程的学生数'
FROM SC
```

【例 3-28】 查询课程总学分数。

```
SELECT SUM(Ccredit) AS '课程总学分数'
FROM  Course
```

【例 3-29】 查询计算机科学与技术和网络工程专业中年龄最小的、最大的值、平均年龄值。

```
SELECT MAX(Sage) AS '最大年龄',MIN(Sage) AS '最小年龄',AVG(Sage) AS '平均年龄'
FROM    Student
WHERE   Smajor = '计算机科学与技术' OR Smajor = '网络工程'
```

4.GROUP BY 子句

GROUP BY 子句可用于将查询结果的各行按某一列或多列值进行分组,值相等的为一组。对查询结果分组的主要目的是为了细化聚集函数的作用对象。如果未对查询结果分组,聚集函数将作用于整个查询结果,即整个查询结果只有一个函数值,而使用 GROUP BY 子句进行分组后,聚集函数将作用于每一个组,即每一组都对应一个聚集统计值。

需要说明的是:使用 GROUP BY 子句后,SELECT 子句中的列表只能是 GROUP BY 子句中指定的列或聚集函数中统计的列,否则系统会报错。

【例 3-30】 查询 Student 表中各个专业的学生数。

```
SELECT Smajor,COUNT(Sno) AS '学生数'
FROM    Student
GROUP BY Smajor
```

则执行 SQL 语句结果如下所示:

	Smajor	学生数
1	计算机科学与技术	4
2	软件工程	4
3	网络工程	4

该语句对 Student 表按专业名的取值进行分组,所有具有相同专业名的元组为一组,然后对每一组用聚集函数 COUNT 求得该组的学生人数,查询中 COUNT(Sno)也可以换成 COUNT(*)。

如果分组后还需要按一定的条件对这些组进行筛选,最终只输出满足指定条件的组,则可以使用 HAVING 短语来指定筛选条件。

【例 3-31】 查询 Student 表中,女生人数不超过 2 人的专业名及其具体女生人数。

```
SELECT Smajor,count(*)AS '女生人数'
FROM    Student
WHERE Ssex = '女'
GROUP BY Smajor HAVING COUNT(*)<=2
```

则执行 SQL 语句结果如下所示:

	Smajor	女生人数
1	软件工程	1
2	网络工程	2

该例中的查询首先从 Student 表中查出所有性别为“女”的元组，然后再按照专业名进行分组，用聚集函数 COUNT(在本例中，COUNT(*)也可以表述为 COUNT(Sno))对每一组计数并使用 HAVING 短语对结果进行限制，HAVING 短语指定选择组的条件，只有满足条件(即元组个数＜=2)的组才会被选出来。

在 SELECT 查询语句中，WHERE 子句与 HAVING 短语的根本区别在于其作用对象不同。如果 WHERE 子句与 GROUP BY…HAVING 子句同时出现，则其作用及执行顺序为：WHERE 子句作用于基本表或视图，用于筛选 FROM 指定的数据对象；GROUP BY 用于对 WHERE 限制的结果进行分组；HAVING 短语则是对 GROUP BY 后的分组数据进行过滤，从中选择满足条件的组。

5.ORDER BY 子句

如果没有指定查询结果的显示顺序，DBMS 将按其最方便的顺序(通常是元组在表中的先后顺序)输出查询结果。但在实际的应用中，用户经常要对查询的结果排序输出，ORDER BY 子句可用于对查询结果按照一个或多个属性列进行升序(ASC)或降序(DESC)排列，缺省值为升序排列。

【例 3-32】 查询 Course 表中课程，并按照学分进行由高向低排列。

```
SELECT   *
FROM    Course
ORDER BY Ccredit DESC
```

则执行 SQL 语句结果如下所示：

	Cno	Cname	Cpno	Ccredit
1	1	高等数学	NULL	11
2	3	数据结构	2	4
3	4	操作系统	3	4
4	5	数据库原理及应用	3	3.5
5	2	C语言程序设计	NULL	3.5
6	7	面向对象与程序设计	2	3.5
7	8	数据挖掘	6	3
8	6	信息管理系统	5	3
9	9	软件工程	6	2.5

【例 3-33】 查询 Student 表中所有学生的信息，查询结果按专业名降序排列，同一个专业的学生按照年龄升序排列。

```
SELECT *
FROM Student
ORDER BY Smajor DESC,Sage
```

说明：使用 ORDER BY 子句对查询结果进行排序，当排序列含空值时，如果按升序排列，排序列为空值的元组最先显示；如果按照降序排列，则排序列为空值的元组最后显示。

3.3.3　连接查询

上节是针对单个表的查询，若一个查询同时涉及两个以上的表，则称之为连接查询。连接运算可能发生在两个表之间，也可能发生在多个表之间。连接查询根据连接的对象和方法的不同，可以包含以下几个方面的内容：

(1)等值连接和非等值连接查询；

(2)自身连接查询；

(3)外连接查询；

(4)复合条件连接查询；

(5)集合运算查询。

1.等值与非等值连接查询

WHERE 子句中用来连接两个表的条件称为连接条件或连接谓词，其一般格式为：

[<表名 1>.]<列名 1> <比较运算符> [<表名 2>.]<列名 2>

这里列名 1 和列名 2 是可以比较的两个属性；比较运算符主要有：=、>、<、>=、<=、<>(或!=)等；比较运算符为 = 时，称为等值连接；若在 SELECT 子句的目标列中去除相同的字段名，则为自然连接。其他的比较运算符称为非等值连接。

此外，连接谓词还可以使用下面形式：

[<表名 1>.]<列名 1> BETWEEN [<表名 2>.]<列名 2> AND [<表名 2>.]<列名 3>

说明：连接谓词中的列名称为连接字段。连接条件中的各连接字段类型必须是可比较的，但列名字不必相同。例如，可以都是字符型，或都是日期型；也可以一个是整型，另一个是实型，整型和实型都是数值型，因此是可比较的。但若一个是字符型，另一个是整数型就不允许了，因为它们是不可比较的类型。

【例 3-34】　查询网络工程专业的每个学生的基本信息及选课情况。

在学生-课程管理系统中，学生的基本信息存放在“Student”表中，学生的选课情况存放在“SC”表中，因此该查询实际上同时涉及“Student”和“SC”两个表中的数据。而这两个表之间的联系是通过两个表的共有属性“学号(Sno)”实现的。完成本查询的 SQL 语句为：

```
SELECT Student.*,SC.*
FROM Student,SC
WHERE Student.Smajor='网络工程' AND Student.Sno=SC.Sno
```

则执行 SQL 语句结果如下所示：

	Sno	Sname	Ssex	Sage	Smajor	Shometown	Sno	Cno	Grade
1	20160303	林宇珊	女	21	网络工程	湖北襄阳	20160303	1	88
2	20160303	林宇珊	女	21	网络工程	湖北襄阳	20160303	2	86
3	20160303	林宇珊	女	21	网络工程	湖北襄阳	20160303	3	68
4	20160303	林宇珊	女	21	网络工程	湖北襄阳	20160303	4	98
5	20160303	林宇珊	女	21	网络工程	湖北襄阳	20160303	5	84
6	20160303	林宇珊	女	21	网络工程	湖北襄阳	20160303	6	73

该查询是等值连接查询，相同的属性列 Sno 出现了两次。其执行的过程是：首先在 Student 表中找到第一个元组，然后从头开始顺序扫描或按索引扫描表 SC，查找 SC 表中 Sno 与 Student 表中第一个元组的 Sno 相等的元组，每找到一个元组，就将 Student 表中的第一个元组与该元组拼接起来，形成结果表中的一个元组。当 SC 表全部扫描完毕后，再到表 Student 中找第二个元组，然后再从头开始顺序扫描或按索引扫描 SC 表，查找满足连接条件的元组，每找到一个元组，就将 Student 表中的第二个元组与该元组拼接起来，形成结果表中一个元组。重复上述操作，直到 Student 表全部元组都处理完毕为止。

需要说明的是，如果一个相同的属性名属于两个或多个表，那么在使用时一定要在列名前加前缀“表名”，否则系统无法判断。如例 3.34 中，两个表中都有属性列“学号(Sno)”，那么当查询语句中出现“Sno”字段时，一定要注明“表名”前缀。

【例 3-35】 查询网络工程专业的每个学生的基本信息及选课情况，去掉重复的 SC.Sno 列。

```
SELECT Student.Sno,Sname,Ssex,Sage,Smajor,Shometown,Cno,Grade
FROM   Student,SC
WHERE Student.Smajor = '网络工程' AND Student.Sno = SC.Sno
```

则执行 SQL 语句结果如下所示：

	Sno	Sname	Ssex	Sage	Smajor	Shometown	Cno	Grade
1	20160303	林宇珊	女	21	网络工程	湖北襄阳	1	88
2	20160303	林宇珊	女	21	网络工程	湖北襄阳	2	86
3	20160303	林宇珊	女	21	网络工程	湖北襄阳	3	68
4	20160303	林宇珊	女	21	网络工程	湖北襄阳	4	98
5	20160303	林宇珊	女	21	网络工程	湖北襄阳	5	84
6	20160303	林宇珊	女	21	网络工程	湖北襄阳	6	73

在该查询中，由于姓名(Sname)、性别(Ssex)、年龄(Sage)、专业(Smajor)、籍贯(Shometown)、课程号(Cno)和成绩(Grade)等属性列在两表中是唯一的，因此引用时可以去掉表名前缀，而学号(Sno)在两个表都出现了，因此引用时必须加上表名前缀。该查询的执行结果不会再出现选课表的学号(Sno)属性列。

2. 自身连接

自身连接是连接查询的一个特例，也就是将一个表与它自身进行连接，又称为自连接。一般来说，如果要在一个表中查找具有相同列值的行可使用自身连接，使用自身连接时，需要为表指定两个别名，且对所有的引用均要用到别名限定。

【例 3-36】　查找所有课程的先修课程，并显示课程名、学分和先修课程名。

```
SELECT C1.Cname AS '课程名',C1.Ccredit AS '学分',C2.Cname AS '先修课程名'
FROM Course AS C1,Course AS C2
WHERE C1.Cpno = C2.Cno
```

则执行 SQL 语句结果如下所示：

	课程名	学分	先修课程名
1	数据结构	4	C语言程序设计
2	操作系统	4	数据结构
3	数据库原理及应用	3.5	数据结构
4	信息管理系统	3	数据库原理及应用
5	面向对象与程序设计	3.5	C语言程序设计
6	数据挖掘	3	信息管理系统
7	软件工程	2.5	信息管理系统

3. 外连接

在连接操作中，只有满足连接条件的元组才能作为结果输出，如例 3.34 和例 3.35 的结果表中没有网络工程专业中 20160301、20160302 和 20160304 三位学生的信息，原因在于他们没有选课，在选课表 SC 中没有相应的元组，从而造成这两位学生的信息被舍弃了。但是，有时可能需要以学生表 Student 为主体列出每个学生的基本情况及其选课情况，若某个学生没有选课，则只输出其基本信息，其选课信息为空值即可，这时就需要使用外连接(Outer Join)。外连接分为左外连接和右外连接。左外连接是列出连接语句左边关系中所有的元组，如果连接语句右边关系中没有与之相匹配的元组，则在相应的属性上填空值(NULL)，而右外连接是列出右边关系中所有的元组，连接语句左边关系中没有与之相匹配的元组，则在相应的属性上填空值(NULL)。

【例 3-37】　查询网络工程专业的所有学生的信息及其选课情况，如果学生没有选课则列出其基本信息。

```
SELECT Student.Sno,Sname,Ssex,Sage,Smajor,Shometown,Cno,Grade
FROM Student LEFT JOIN SC ON(Student.Sno = SC.Sno)
WHERE Student.Smajor = '网络工程'
```

则执行 SQL 语句结果如下所示：

	Sno	Sname	Ssex	Sage	Smajor	Shometown	Cno	Grade
1	20160301	朱伟东	男	19	网络工程	山东青岛	NULL	NULL
2	20160302	叶剑峰	男	20	网络工程	陕西西安	NULL	NULL
3	20160303	林宇珊	女	21	网络工程	湖北襄阳	1	88
4	20160303	林宇珊	女	21	网络工程	湖北襄阳	2	86
5	20160303	林宇珊	女	21	网络工程	湖北襄阳	3	68
6	20160303	林宇珊	女	21	网络工程	湖北襄阳	4	98
7	20160303	林宇珊	女	21	网络工程	湖北襄阳	5	84
8	20160303	林宇珊	女	21	网络工程	湖北襄阳	6	73
9	20160304	吴妍娴	女	20	网络工程	浙江诸暨	NULL	NULL

在该例中，属于左外连接，列出了连接语句左边关系 Student 中的所有元组，若该学生没有选课，则 SC 表中相应字段赋值为 NULL；同样可以用 RIGHT JOIN 表示右外连接。

【例 3-38】 查询开课的课程情况，没有开课的只显示课程名和学分，课程编号为空。

```
SELECT DISTINCT SC.Cno,Course.Cname,Course.Ccredit
FROM   SC Right JOIN Course ON (SC.Cno = Course.Cno)
```

则执行 SQL 语句结果如下所示：

	Cno	Cname	Ccredit
1	NULL	软件工程	2.5
2	1	高等数学	11
3	2	C语言程序设计	3.5
4	3	数据结构	4
5	4	操作系统	4
6	5	数据库原理及应用	3.5
7	6	信息管理系统	3
8	7	面向对象与程序设计	3.5
9	8	数据挖掘	3

在该例中，属于右外连接，列出了连接语句右边关系 Course 中的所有元组，若该课程没有被选修，则 SC 表中相应字段赋值为 NULL。

4. 集合运算

在连接查询中，还有一种比较特殊的查询，即集合查询。众所周知，简单查询的结果是元组的集合，那么多个简单查询的结果就可以进行集合的操作，在关系代数中，对于集合的基本操作主要包括并、交、差等运算，在 SQL 语言中，也提供了相应的运算符，分别为 UNION（∪）、INTERSECT（∩）、EXCEPT(-)。

需要注意的是：

(1)参加集合操作的各查询结果的列数必须相同，对应项的数据类型也必须相同；

(2)不同的 DBMS，所支持的集合操作也不尽相同，如在 ACCESS、SQL Server 2000 数据库中仅支持并运算，SQL Server 2014 支持这三种集合运算。

【例 3-39】 查询软件工程和网络工程两个专业的学生情况。

```
(SELECT *
FROM Student
WHERE Smajor = '网络工程')
UNION
(SELECT *
FROM Student
WHERE Smajor = '软件工程')
```

则执行 SQL 语句结果如下所示：

	Sno	Sname	Ssex	Sage	Smajor	Shometown
1	20160301	朱伟东	男	19	网络工程	山东青岛
2	20160302	叶剑峰	男	20	网络工程	陕西西安
3	20160303	林宇珊	女	21	网络工程	湖北襄阳
4	20160304	吴妍娴	女	20	网络工程	浙江诸暨
5	20160201	黄晓君	男	21	软件工程	河北保定
6	20160202	陈金燕	女	19	软件工程	江苏徐州
7	20160203	张顺峰	男	22	软件工程	河南洛阳
8	20160204	洪铭勇	男	20	软件工程	河北邯郸

【例 3-40】 查询同时选修了“高等数学”和“数据库原理及应用”课程的学生的学号、姓名、专业等基本信息。

```
(SELECT Student.Sno,Sname,Smajor
FROM Student,Course,SC
WHERE Student.Sno=SC.Sno And Course.Cno=SC.Cno AND Cname='高等数学')
INTERSECT
(SELECT Student.Sno,Sname,Smajor
FROM Student,Course,SC
WHERE Student.Sno=SC.Sno And Course.Cno=SC.Cno AND Cname='数据库原理及应用')
```

则执行 SQL 语句结果如下所示：

	Sno	Sname	Smajor
1	20160101	徐成波	计算机科学与技术
2	20160303	林宇珊	网络工程

【例 3-41】 查询选修“数据库原理及应用”课程，但没有选修“数据结构”的学生的学号、姓名、专业等基本信息。

```
(SELECT Student.Sno,Sname,Smajor
FROM Student,Course,SC
WHERE Student.Sno=SC.Sno And Course.Cno=SC.Cno AND Cname='数据库原理及应用')
EXCEPT
(SELECT Student.Sno,Sname,Smajor
FROM Student,Course,SC
WHERE Student.Sno=SC.Sno And Course.Cno=SC.Cno AND Cname='数据结构')
```

则执行 SQL 语句结果如下所示：

	Sno	Sname	Smajor
1	20160102	黄晓君	计算机科学与技术
2	20160201	黄晓君	软件工程
3	20160204	洪铭勇	软件工程

当然,对于以上集合查询也可以用其他的 SELECT 语句实现,如例 3-39 可以表述为:

```
SELECT *
FROM Student
WHERE Smajor = '网络工程' OR Smajor = '软件工程'
```

3.3.4 嵌套查询

在 SQL 语言中,一个 SELECT-FROM-WHERE 语句称为一个查询块,在 WHERE 子句或 HAVING 短语所表示的条件中,可以使用一个查询块作为条件的一部分,这种将一个查询块嵌套在另一个查询块的 WHERE 子句或 HAVING 短语条件中的查询称为嵌套查询。例如查询已选修课程的学生名和专业名:

```
SELECT Sname,Smajor
FROM Student
WHERE Sno IN
  (     SELECT Sno
        FROM SC )
```

说明:在上例中,内层查询块"SELECT Sno FROM SC"是嵌套在外层查询块"SELECT Sname, Smajor FROM Student WHERE Sno IN"的 WHERE 条件中的。外层查询又称为父查询或主查询,内层查询块又称为子查询。SQL 语言允许多层嵌套查询,即一个子查询中还可以嵌套其他子查询,用来表示复杂的查询。嵌套查询可以用一系列简单查询构成复杂的查询,明显地增强了 SQL 的查询能力。以层层嵌套的方式来构造程序正是 SQL 中"结构化"的含义所在。

需要特别指出的是,子查询的 SELECT 语句中不能使用 ORDER BY 子句,ORDER BY 子句永远只能对最终查询结果排序。

嵌套查询的一般求解方法是由里向外处理。即每个子查询在其上一级查询处理之前求解,子查询的结果用于建立其父查询的查找条件。嵌套查询主要包括以下几类:

(1)带有 IN 谓词的子查询;

(2)带有比较运算符的子查询(子查询一定要跟在比较符之后);

(3)带有 ANY 或 ALL 谓词的子查询(使用 ANY 和 ALL 时必须同时使用比较运算符);

(4)带有 EXISTS 谓词的子查询(查询结果不返回任何数据,只产生逻辑"真"或"假")。

1. 带有 IN 谓词的子查询

带有 IN 谓词的子查询是指父查询与子查询之间用 IN 进行连接,用于判断某个属性列值是否在子查询的结果中。在嵌套查询中,由于子查询的结果往往是一个集合,所以谓词 IN 是嵌套查询中最经常使用的谓词。

【例 3-42】 查询选修了"数据结构"课程的学生的学号、姓名和专业。

查询选修"数据结构"课程的学生信息,首先确定"数据结构"的课程号,然后再查找选修该课程的学生学号,最后确定学号所对应的学生信息。所以可以先分步完成此查询,然后再构造嵌套查询。

(1)确定“数据结构”课程号

```
SELECT Cno
FROM Course
WHERE Cname = '数据结构'
```

查询结果为:3

(2)查找所有选修课程号为“3”的学生学号

```
SELECT Sno
FROM SC
WHERE Cno IN (3)
```

查询结果为:“20160101”、“20160203”、“20160303”。

(3)查询学号为“20160101”、“20160203”、“20160303”的学生信息

```
SELECT Sno, Sname, Smajor
FROM Student
WHERE Sno IN('20160101','20160203','20160303')
```

查询结果为:

	Sno	Sname	Smajor
1	20160101	徐成波	计算机科学与技术
2	20160203	张顺峰	软件工程
3	20160303	林宇珊	网络工程

将(1)嵌入到(2)的条件中,再将(2)嵌入(3)的条件中,构造嵌套查询的形式,表示为:

```
SELECT Sno, Sname, Smajor
FROM Student
WHERE Sno IN
      (  SELECT Sno
         FROM SC
         WHERE Cno IN
           (  SELECT Cno
              FROM Course
              WHERE Cname = '数据结构' )
      )
```

该查询还可以用连接查询来实现:

```
SELECT Student.Sno, Sname, Smajor
FROM Student, SC, Course
WHERE  Student.Sno = SC.Sno AND SC.Cno = Course.Cno AND Course.Cname = 数据结构'
```

IN 谓词用于判断某个属性列值是否在子查询的结果中，同样道理，NOT IN 则可以用来判断某个属性列是否不在子查询的结果中。

【例 3-43】 查询“计算机科学与技术”专业中没有选修“数据库原理及应用”课程的学生的学号、姓名。

```
SELECT Sno,Sname,Smajor
FROM Student
WHERE Smajor='计算机科学与技术' AND Sno NOT IN
    ( SELECT Sno
      FROM SC
      WHERE Cno IN
          ( SELECT Cno
            FROM Course
            WHERE Cname='数据库原理及应用' )
    )
```

查询结果为：

	Sno	Sname	Smajor
1	20160103	林宇珊	计算机科学与技术
2	20160104	张茜	计算机科学与技术

该查询用连接查询的形式表示为：

```
SELECT Sno,Sname,Smajor
FROM Student
WHERE  Smajor='计算机科学与技术'
EXCEPT
SELECT Student.Sno,Sname,Smajor
FROM Student,SC,Course
WHERE  Student.Sno=SC.Sno AND SC.Cno=Course.Cno AND Course.Cname=
'数据库原理及应用'
```

在例 3-42 和例 3-43 中，嵌套查询都可以用连接运算来代替，但并非所有的嵌套查询均可以用连接运算来表示，那么对于可以用连接运算代替的嵌套查询，读者可以根据具体的情况及其相应优化策略来决定选择使用哪种查询方式。

此外，读者通过观察可以发现，在例 3-42 和例 3-43 中，子查询的查询条件不依赖于父查询，此类子查询被称为不相关子查询，是较简单的一类子查询。其求解法符合一般规律，从里向外，逐层进行。如果子查询的查询条件依赖于父查询，即为相关子查询，其求解算法如下：

（1）首先取外层查询中表的第一个元组，根据它与内层查询相关的属性值处理内层查询，若 WHERE 子句返回值为真，则取此元组放入结果表；

（2）然后再取外层表的下一个元组；

(3)重复这一过程，直至外层表全部检查完为止。

对于不相关子查询的实例，将在其他形式的子查询中进行讲解。

2. 带有比较运算符的子查询

使用带有比较运算符的子查询时，子查询一定要在比较运算符之后，常用的比较运算符有：=、>、<、>=、<=、<>或!=等。有如下两种情况可以使用比较运算符：

(1)当用户可以确定内层查询返回的是单值时，则可以使用带有比较运算符的子查询。在例 3-42 中，"数据结构"的课程号是唯一的，子查询返回值为单值，故父查询中的 IN 谓词也可以用比较运算符"="代替，例 3-42 即表示为：

```
SELECT Sno,Sname,Smajor
FROM Student
WHERE Sno IN
      (  SELECT Sno
         FROM SC
         WHERE Cno=
         (  SELECT Cno
            FROM Course
            WHERE Cname='数据结构' )
      )
```

【例 3-44】 查询超过平均年龄的学生的学号、姓名、年龄和专业。

```
SELECT Sno,Sname,Sage,Smajor
FROM Student
WHERE Sage >
   (SELECT AVG(Sage)
     FROM Student  )
```

该例中，使用了比较运算符">"。通过观察，读者可以发现该查询来自同一个表 Student，子查询获得全部学生的平均年龄，父查询超过平均年龄的学生信息。

(2)当内层查询返回值的个数为多值时，则比较运算符要与 ANY(等价 SOME)或 ALL 谓词配合使用。此类情况将在第三种嵌套查询带有 ANY 或 ALL 谓词的子查询中进行讲解。

3. 带有 ANY 或 ALL 谓词的子查询

ANY 或 ALL 谓词适用于返回多值的子查询，必须同时使用比较运算符。其语义如表 3-3 所示。

表 3-3　比较运算符

运算符	ANY	ALL
>	大于子查询结果中的某个值	大于子查询结果中的所有值
<	小于子查询结果中的某个值	小于子查询结果中的所有值
>=	大于等于子查询结果中的某个值	大于等于子查询结果中的所有值

续表 3-3

运算符	ANY	ALL
<=	小于等于子查询结果中的某个值	小于等于子查询结果中的所有值
=	等于子查询结果中的某个值	通常没有实际意义
!= 或<>	不等于子查询结果中的某个值	不等于子查询结果中的任何一个值

【例 3-45】 查询其他专业中比所有"计算机科学与技术"专业的学生年龄都大的学生的信息。

```
SELECT *
FROM Student
WHERE Smajor<>'计算机科学与技术' AND Sage>ALL
  (SELECT Sage
   FROM Student
   WHERE Smajor='计算机科学与技术' )
```

该查询的含义是:其他专业的学生的年龄要比"计算机科学与技术"专业中的所有学生的出生年份都大,就满足条件,也就是说,如果其他专业的某个学生比"计算机科学与技术"专业的学生出生年份最大的还要大就满足选择条件,因此该查询也可以用聚集函数 MAX 实现。

```
SELECT *
FROM Student
WHERE Smajor<>'计算机科学与技术' AND Sage >
  (SELECT MAX(Sage)
   FROM Student
   WHERE Smajor='计算机科学与技术' )
```

事实上,用聚集函数实现子查询通常比直接用 ANY 或 ALL 查询效率要高,因为前者通常能够减少比较次数。ANY、ALL 与聚集函数的对应关系如表 3-4 所示。

表 3-4 ANY、ALL 谓词与集函数及 IN 谓词的等价转换关系

	=	<>或!=	<	<=	>	>=
ANY	IN	—	<MAX	<=MAX	>MIN	>=MIN
ALL	—	NOT IN	<MIN	<MIN	>MAX	>MAX

在表 3-4 中,可以看出<ANY 等价于<MAX,>ALL 等价于>MAX,>ANY 等价于>MIN,=ANY 等价于 IN 谓词等。

【例 3-46】 查询其他专业比"软件工程"专业的某个学生年龄大的学生的信息。

```
SELECT *
FROM Student
WHERE Smajor<>'软件工程' AND Sage > any
  (SELECT Sage
   FROM Student
   WHERE Smajor = '软件工程' )
```

该查询等价于：

```
SELECT *
FROM Student
WHERE Smajor<>'软件工程' AND Sage >
  (SELECT MIN(Sage)
   FROM Student
     WHERE Smajor = '软件工程' )
```

4. 带有 EXISTS 谓词的子查询

EXISTS 谓词代表存在量词。带有 EXISTS 谓词的子查询不返回任何数据，只产生逻辑“真”或逻辑“假”。使用 EXISTS 谓词后，若内层查询结果非空，则外层的 WHERE 子句返回 TRUE，相反，若内层查询结果为空，则外层的 WHERE 子句返回 FALSE。

【例 3-47】 查询选修了“操作系统”的学生的学号、姓名、专业。

思路分析：该查询涉及 Student、Course 和 SC 关系。在 Student 中依次取每个元组的“学号”Sno 值，用该值去检查 SC 和 Course 关系，看该学生是否选修了 Cname 为“操作系统”的课程。

```
SELECT Sno, Sname, Smajor
FROM Student
WHERE EXISTS
  (SELECT *
   FROM SC, Course
   WHERE SC. Cno = Course. Cno AND
         Cname = '操作系统'   AND   Sno = Student. Sno )
```

通过上面的思路分析以及所给定的查询语句可知，该例中子查询的查询条件依赖于父查询，因此该查询属于相关子查询，故其执行过程遵守相关子查询的执行算法，但是读者通过分析可以发现，对于外层查询而言，每次取一个元组的“学号”值后，子查询只要执行到了有结果值满足查询条件，则会停止执行子查询，返回逻辑假值给父查询，然后继续取外层查询的第二个元组……

该例中的查询也可以用连接运算来实现，表示如下：

```
SELECT Student. Sno, Sname, Smajor
FROM Student, SC, Course
WHERE  Student. Sno = SC. Sno AND SC. Cno = Course. Cno AND Course. Cname = '操作系统'
```

与 EXISTS 谓词相对应的是 NOT EXISTS 谓词，使用 NOT EXISTS 谓词，若内层查询结果为空，则外层的 WHERE 子句返回 TRUE，相反的，若内层查询结果非空，则外层的 WHERE 子句返回 FALSE。

【例 3-48】 查询没有选修“操作系统”的学生的学号、姓名、专业。

```
SELECT Sno,Sname,Smajor
FROM Student
WHERE NOT  EXISTS
(SELECT *
FROM SC,Course
WHERE SC.Cno=Course.Cno AND
        Cname='操作系统'   AND   Sno = Student.Sno )
```

此例用连接运算很难实现。对于不同的查询语句之间的替换，一般遵循如下原则：

(1)一些带 EXISTS 或 NOT EXISTS 谓词的子查询不能被其他形式的子查询等价替换，但有时可以用连接运算替换；

(2)所有带 IN 谓词、比较运算符、ANY 和 ALL 谓词的子查询都能用带 EXISTS 谓词的子查询等价替换。

因此，对于前面例 3-42 中查询选修了“数据结构”课程的学生的学号、姓名和专业。除了可以用 IN 谓词、比较运算符“=”和连接运算描述外，还可以使用 EXISTS 谓词：

```
SELECT Sno,Sname,Smajor
FROM Student
WHERE EXISTS
    (  SELECT *
       FROM SC
       WHERE Student.Sno=SC.Sno AND EXISTS
         (  SELECT *
            FROM Course
            WHERE SC.Cno=Course.Cno AND Cname='数据结构' )
    )
```

由于带 EXISTS 谓词的相关子查询只关心内层查询是否有返回值，并不需要查具体的值，因此在子查询执行过程中，只要有值返回即跳出本次循环，故其效率并不一定低于其他形式的查询。

EXISTS/NOT EXISTS 谓词除了代表存在量词∃外，还可以实现全称量词(For all)和逻辑蕴函。在 SQL 语言中，没有全称量词和逻辑蕴函，但可以将其转换为带有存在量词的谓词。

(1)用 EXISTS/NOT EXISTS 实现全称量词

存在量词与全称量词的等价转换为：

$(\forall x)P \equiv \neg(\exists x(\neg P))$

【例 3-49】 查询选修了全部课程的学生的姓名(Sname)、专业名(Smajor)。

思路分析：该查询的含义是，查询这样的学生，没有一门课是他没有选的。其 SQL 语句为：

```
SELECT Sname,Smajor
FROM    Student
WHERE   NOT EXISTS
        (SELECT   *
        FROM    Course
        WHERE   NOT EXISTS
            (SELECT   *
             FORM    SC
             WHERE Sno = Student.Sno AND Cno = Course.Cno))
```

(2)用 EXISTS/NOT EXISTS 实现逻辑蕴函

利用谓词演算将逻辑蕴函谓词等价转换为：

$p \rightarrow q \equiv \neg p \vee q$

【例 3-50】 查询至少选修了学号为 20160201 的学生所选修的全部课程的学生的学号(Sno)。

思路分析：该查询的含义是，查询学号为 x 的学生，对于所有的课程，只要 20160201 的学生选修了 y，则 x 也选修了 y。

对于课程 y，用 p 表示谓词“学生 20160201 选修了课程 y”，用 q 表示谓词“学生 x 选修了课程 y”，则上述查询可以表述为：

$(\forall y)\ p \rightarrow q$

根据存在量词和全称量词之间的等价变换及谓词演算可得：

$$
\begin{aligned}
(\forall y)p \rightarrow q &\equiv \neg(\exists y\ (\neg(p \rightarrow q\ ))\\
&\equiv \neg(\exists y\ (\neg(\neg p \vee\ q)\ ))\\
&\equiv \neg\exists y(p \wedge \neg q)
\end{aligned}
$$

变换后语义：不存在这样的课程 y，学生 20160201 选修了，而学生 x 没有选。用 NOT EXISTS 谓词表示为：

```
SELECT DISTINCT Sno
FROM   SC SC1
WHERE NOT EXISTS
        (SELECT   *
         FROM    SC SC2
         WHERE Sno = '20160201'   AND   NOT EXISTS
                (SELECT *
                FROM SC SC3
WHERE SC3.Sno = SC1.Sno AND SC3.Cno = SC2.Cno));
```

3.4　数据更新

SQL 中常用的数据更新操作也称为数据操作或数据操纵，包括插入数据、删除数据和修改数据三个方面的功能，这些功能均可以用 SQL 语言来实现。

3.4.1　插入数据

创建了基本表，通过 SQL 语言的 INSERT 语句实现插入一个或多个记录。

1.插入单个元组

使用 INSERT 语句实现插入单个元组的基本格式为：

```
INSERT
INTO　＜表名＞　[(＜属性列 1＞[,＜属性列 2＞…])
VALUES　(＜常量 1＞[,＜常量 2＞]…);
```

说明：

(1)该语句的功能是将新元组插入指定表中。

(2)若 INTO 子句中表名后有各属性列选项，则插入的新元组的属性列 1 的值为常量 1，属性列 2 的值为常量 2，…。如果某些属性列在 INTO 子句中没有出现，则新记录在这些列上将取空值。但必须注意的是，在表定义时说明了 NOT NULL 的属性列不能取空值，否则会出错。

(3)若属性列表和常量值表的顺序与表结构中的顺序相同，且给所有的属性列都指定值，则可以省略属性列表。

(4)VALUES 子句提供的值，不管是值的个数还是值的类型必须与 INTO 子句匹配，否则系统会报错。

【例 3-51】　将一个新学生记录(Sno:20160305;Sname:夏雨;Ssex:男;Sage:20;Smajor:网络工程;Shometown:广东阳江)插入 Student 表中。

```
INSERT
INTO　Student(Sno,Smajor,Shometown,Sname,Ssex,Sage)
VALUES('20160305','网络工程','广东阳江','夏雨','男',18);
```

该例中，属性列表的顺序与表结构中的顺序不一致，因此不能省略 INTO 子句中的属性列表，但是如果该例表示为：

```
INSERT
INTO　Student(Sno,Sname,Ssex,Sage,Smajor,Shometown)
VALUES('20160305','夏雨','男',18,'网络工程','广东阳江');
```

此时，属性列表的顺序与表结构中顺序相同，且为每个属性列都指定了值，此时可省略属性列表，表示为：

```
INSERT
INTO  Student
VALUES ('20160305','夏雨','男',18,'网络工程','广东阳江');
```

【例 3-52】 插入课程(Cno:'9',Cname:'软件工程',Cpno:'6')。

```
INSERT
INTO  Course(Cno,Cname,Cpno)
VALUES ('9','软件工程','6');
```

暂时输入"软件工程"课程的学分。根据前面创建 Course 基本表时 Ccredit 属性的说明，在表中该值为 NULL。如果按照基本表定义的列属性插入部分值，也可以省略属性名称，但是省略的属性值必须在定义列表的后面，前面有列属性值不输入，则对应位置写值 NULL，该例也可以表示为：

```
INSERT
INTO  Course
VALUES ('9','软件工程','6');
```

【例 3-53】 插入课程(Cno:'10',Cname:'线性代数', 无先修课程,Ccredit:1.5)。

```
INSERT
INTO  Course(Cno,Cname,Cpno,Ccredit)
VALUES ('10','线性代数',NULL,1.5);
```

"线性代数"课程没有先修课程，则对应的 VALUES 的值为 NULL。如果按照基本表定义的列属性插入，也可以省略属性名称，本例也可以表示为：

```
INSERT
INTO  Course
VALUES ('10','线性代数',NULL,1.5);
```

2. 插入子查询结果

插入数据时，除了插入单个元组外，还可以将子查询嵌套在 INSERT 语句中，从而插入子查询的结果。插入子查询结果的 INSERT 语句的格式为：

```
INSERT
INTO <表名> [(<属性列 1>[,<属性列 2>…)]
子查询;
```

该语句中，子查询用以生成要插入的数据，整个语句的功能是批量插入，一次将子查询的结果全部插入指定表中。子查询中 SELECT 子句目标列不管是值的个数还是值的类型必须与 INTO 子句匹配。

【例 3-54】 新建一个学生表 Stud(学号 no:char(8),姓名 name:char(10),专业 major:varchar(20)),把 Student 表相应列的数据放到 Stud 表中。

首先新建一张表，存放各专业的名称及学生信息。

```
CREATE TABLE Stud
  (  no    char(8)   PRIMARY KEY,
     name      char(10)   NOT NULL,
     major       varchar(20) )
```

然后求得各专业的学生信息并插入新建的表中。

```
INSERT
INTO Stud(no,name,major)
  SELECT Sno,Sname,Smajor
  FROM Student
```

注意:DBMS 在执行插入语句时会检查所插元组是否破坏表上已定义的完整性规则,包括实体完整性、参照完整性和用户定义的完整性。

3.4.2 修改数据

修改操作又称为更新操作,SQL 语句的一般格式为:

UPDATE ＜表名＞
SET ＜列名＞=＜表达式＞[,＜列名＞=＜表达式＞]…
[WHERE ＜条件＞];

该语句的功能是修改指定表中满足 WHERE 子句条件的元组。其中 SET 子句用于指定修改方式、要修改的列和修改后的取值,即用＜表达式＞的值取代相应的属性列值。WHERE 子句指定要修改的元组,如果省略 WHERE 子句,则表示要修改表中的所有元组。

注意:DBMS 在执行修改语句时会检查所修改元组是否破坏表上已定义的完整性规则,包括实体完整性(一些 DBMS 规定主码不允许修改)、参照完整性和用户定义的完整性。

更新包括如下几种操作:

1.更新表中全部数据

【例 3-55】 将 SC 中学生成绩都清为 0。

```
UPDATE   SC
SET   Grade=0
```

2.更新表中某些元组的数据

【例 3-56】 将 Course 表中课程号 Cno 值为'1'的学分 Ccredit 值提高 1 分。

```
UPDATE Course
SET   Ccredit=Ccredit+1
WHERE Cno='1'
```

3.带子查询的修改

【例 3-57】 将 SC 表中“计算机科学与技术”专业的所有的学生成绩增加 2 分。

```
UPDATE  SC
SET  Grade = Grade + 2
WHERE  Sno IN
        (SELECT Sno
        FROM  Student
        WHERE Smajor = '计算机科学与技术');
```

3.4.3 删除数据

删除语句的一般格式为：

DELETE
FROM <表名>
[WHERE <条件>];

该语句的功能是删除指定表中满足 WHERE 子句条件的元组，如果 WHERE 子句缺省，表示要删除表中的全部元组，但表的定义仍在数据字典中，即 DELETE 语句删除的是数据库表中的数据，而不是表的定义，注意与 DROP 语句的区别。

删除包括如下几种操作：

1. 删除某个(某些)元组的值

【例 3-58】 在 Course 表中删除课程号 Cno 为 10 的课程。

```
DELETE
FROM  Course
WHERE Cno = '10';
```

2. 删除全部元组的值

【例 3-59】 清空成绩表 SC。

```
DELETE
FROM  SC;
```

3. 带子查询的删除语句

【例 3-60】 在 SC 表中删除“计算机科学与技术”专业的所有学生的选课信息。

```
DELETE
FROM  SC
WHERE Sno in
    (  SELECT  Sno
    FROM  Student
    WHERE Smajor = '计算机科学与技术'  )
```

DBMS 在执行删除语句时，会检查所删元组是否破坏表上已定义的参照完整性规则，检查是否不允许删除或是需要级联删除。

3.5 视图

视图是关系数据库系统提供给用户以多种角度观察数据库中数据的重要机制和形式，视图是原始数据库数据的一种变换，是查看表中数据的另外一种方式。实际上视图是一种虚表，它是从一个或几个基本表(或视图)导出的表。视图是一种数据对象，当视图创建后，系统将视图的定义放到数据字典中，而并不直接存储用户所见视图对应的数据，这些数据仍存放在导出视图的基本表中。因此如果基本表中的数据发生变化，那么从视图查询的数据也随之发生改变，因此有这样一个说法，视图就像一个移动的窗口，透过它可以看到数据库中用户关心的数据及其变化。

一个用户可以定义若干个视图，因此，用户的外模式就由若干基本表和若干视图组成。视图一旦被定义，就可以像基本表一样，可以对其查询和删除，在某些情况下还可以对其修改。

3.5.1 定义视图

在设计好数据库的全局逻辑结构后，根据局部应用的需求，设计局部应用的数据库逻辑结构，即设计符合局部用户需求的用户视图。定义数据库视图时要使用更加符合用户系统的数据名称，为不同的数据定义不同的视图，以保证系统的安全。

在 SQL 语言中，定义视图的基本语句为：

```
CREATE  VIEW ＜ 视图名＞[(＜列名 1＞[,＜列名 2＞]…)]
[WITH ENCRYPTION];
AS  ＜子查询＞
[WITH CHECK OPTION];
```

该语句中，子查询可以是任意 SELECT 语句，可以来自一个表，也可以来自多个表，还可以来自一个或多个视图。若视图的列名与子查询子句里的所有列名完全相同，则列名可以省略。如果包含了常数、聚集函数、列表达式，则视图需要指定全部属性列。一般来说，SELECT 语句中不允许含有 ORDER BY 子句，如果需要排序，可以视图定义后，在视图查询时进行排序。

WITH ENCRYPTION 选项表明是创建加密视图。WITH CHECK OPTION 选项指出在视图上进行 UPDATE、INSERT、DELETE 操作时要符合子查询中条件表达式所指定的限制条件。

【例 3-61】 建立"网络工程"专业的学生选课信息视图 NW_VIEW，包括学生的学号、姓名、课程号、成绩，且要保证对该视图进行修改和插入操作时都是"网络工程"专业的学生。

```
CREATE VIEW NW_VIEW
AS SELECT Student.Sno,Sname,SC.Cno,Grade
FROM  Student,SC
WHERE Student.Sno = SC.Sno AND Smajor = '网络工程'
WITH CHECK OPTION;
```

【例 3-62】 创建一个视图 CS_VIEW_20160303，该视图中定义的是学号为"20160303"学

生的选课信息。

分析,该例可以直接对表进行查询建立视图,也可以对视图进行查询建立视图。

```
CREATE VIEW CS_VIEW_20160303
AS SELECT *
FROM NW_VIEW
WHERE Sno = '20160303'
```

定义基本表时,为了减少数据库中的冗余数据,表中只存放基本数据,由基本数据经过各种计算派生出的数据一般是不存储的。由于视图中的数据并不实际存储,所以定义视图时可以根据应用的需要,设置一些派生属性列。这些派生属性由于在基本表中并不实际存在,所以有时也称他们为虚拟列。带虚拟列的视图称为带表达式的视图。

【例 3-63】 定义学生选修总学分的视图 Total_Credit,包括该学生的学号和总学分。

```
CREATE VIEW Total_Credit (Vno, VCredit)
AS SELECT Student.Sno,SUM(Course.Ccredit)
FROM Student,SC,Course
WHERE Student.Sno = SC.Sno AND SC.Cno = Course.Cno
GROUP BY Student.Sno
```

3.5.2 查询视图

视图定义后,用户就可以像查询基本表一样查询视图了。DBMS 在执行对视图的查询时,首先进行有效性检查,检查查询涉及的表、视图等是否在数据库中存在,如果存在,则从数据字典中取出查询涉及的视图的定义,把定义中的子查询和用户对视图的查询结合起来,转换成等价的对基本表的查询,然后再执行转换以后的查询。将对视图的查询转换为对基本表的查询的过程称为视图的消解(View Resolution)。

【例 3-64】 查询“计算机科学与技术”和“软件工程”两个专业的所有学生的学号、姓名、专业、总学分。

```
SELECT Vno,Sname,Smajor,Vcredit
FROM Student,Total_Credit
WHERE Smajor IN ('计算机科学与技术','软件工程') and Sno = Vno
```

DBMS 在执行此查询时,首先进行有效性检查,然后从数据字典中取出 Total_Credit 视图的定义,再与 Student 基本表的连接查询进行合并消解,转换为对基本表 Student、Course 和 CS 的查询。

一般来说,DBMS 都可以将对视图的查询正确转换为对基本表的查询,但是,当对有些视图进行查询时,可能会出现语法错误。例如,当视图定义中出现了聚集函数所生成的属性列时,如果对该视图进行有条件限制的查询,应该直接对基本表进行查询。

3.5.3 更新视图

更新视图包括插入(INSERT)、删除(DELETE)和修改(UPDATE)三类操作,对视图的更新最终要转换为对基本表的更新。但并非所有的视图都是可更新的。那么到底什么样的视图是可更新的？若一个视图是从单个基本表导出的，并且只是去掉了某些行和列（不包括关键字），如视图 CS_VIEW，称这类视图为行列子集视图，一般来说，行列子集视图是允许更新的，且为了防止不合法的更新，在定义视图时要加上 WITH CHECK OPTION。此外，还有其他一些视图也是允许更新的，但是确切的那些视图在 SQL Server 2014 中对视图的更新有如下限制：

（1）若视图的属性来自属性表达式或常数，则不允许对视图执行 INSERT 和 UPDATE 操作，但允许执行 DELETE 操作。

（2）若视图的属性来自聚集函数，则不允许对此视图更新。

（3）若视图定义中有 GROUP BY 子句或 DISTINCT 任选项，则不允许对此视图更新。

（4）若视图定义中有嵌套查询，并且嵌套查询的 FROM 子句涉及导出该视图的基本表，则不允许对此视图更新。

（5）若视图由两个以上的基本表导出，则不允许对此视图更新。

（6）如果在一个不允许更新的视图上再定义一个视图，这种二次视图是不允许更新的。

【例 3-65】 将视图 NW_VIEW 中学号“20160303”和课程号“6”的成绩修改为 91。

```
UPDATE  NW_VIEW
SET Grade = 91
WHERE Sno = '20160303' AND Cno = '6'
```

该例中更新语句是可以执行的，且执行时也是转换为对基本表的更新。但是对于视图 CS_VIEW_20160303 和 Total_Credit 的更新是不允许的。

3.5.4 视图的修改

视图修改的 SQL 语句格式为：

```
ALTER  VIEW <视图名>
[WITH ENCRYPTION];
AS  <子查询>
[WITH CHECK OPTION];
```

如果原来的视图定义中使用了 WITH ENCRYPTION 或 WITH CHECK OPTION 选项，则只有在 ALTER VIEW 中也包含这些选项时，这些选项才能有效。修改视图并不会影响相关对象，除非对视图定义的更改使得该相关对象不再有效。

3.5.5 视图的删除

删除视图是从系统目录中删除视图的定义和有关视图的其他信息，还将删除视图的所有权限，所以在删除视图之前一定要慎重考虑。

删除视图的 SQL 语句格式为：

```
DROP  VIEW  <视图名>
```

一个视图被删除后，由该视图导出的其他视图定义仍然在数据字典中，但都已失效，如果用户使用这些失效的视图会出现错误,用户应该使用 DROP VIEW 语句将这些失效的视图逐一删除。

3.5.6 视图的作用

视图的作用类似于筛选,定义视图的筛选可来自当前或其他数据库的一个或多个表或其他视图。分布式查询也可用于定义使用多个异类源数据的视图。视图通常用于集中、简化和自定义每个用户对数据库的不同认识。视图可用作安全机制,其方法是允许用户通过视图访问数据,而不授权用户直接访问视图基本表的权限。视图可用于提供向后兼容接口来模拟曾经存在当其架构已更改的表。

合理的使用视图有如下几个优点:

1.视图能够简化用户操作

在使用数据库的过程中,可能有部分数据是用户感兴趣的数据,而且此数据要经过多次投影和连接操作才可获得,视图机制正好适应了用户的需要,用户所做的只是对一个虚表的简单查询,而这个虚表是如何得来的、数据库是如何实现该查询的,用户不必关心,从而视图能够简化复杂查询机构。

2.视图在一定程度上保证了数据的逻辑独立性

在第 1 章中曾经介绍过,数据的逻辑独立性是指用户的应用程序与数据的逻辑结构是相互独立的,即数据的逻辑结构改变了,用户程序也可以不变。因为视图来自于基本表,因此如果基本表的结构发生了改变,则只需要修改定义视图的子查询,一般不需要修改基于视图的操作或应用程序,从而在一定程度上保证了数据的逻辑独立性。

3.在一定程度上提高数据的安全性

有了视图机制,就可以为不同的用户定义不同的视图,把数据对象限制在一定的范围内,也就是说,不同的用户只能看到与自己有关的数据,使机密数据不会出现在不应看到这些数据的用户视图上,这样视图机制自动提供了对数据的安全保护功能。例如在 Student 表的基础上建立几个视图,分别包括各个专业的学生数据,这样就可以把学生的数据按照专业限制在不同的范围内,只有计算机科学与技术专业的老师才可以查看本专业的学生,而无权去查看其他专业的学生信息。视图机制是为数据提供安全保护的一种方法。

4.便于数据管理和共享

用户可集中注重于所负责的特定业务数据和感兴趣的特定数据。灵活运用视图,便于组织数据导出和对数据的管理与传输,视图将数据库设计的复杂性与用户分开,简化用户权限管理,为向其他应用程序输出重新组织数据提供方便。视图仅仅在数据字典中存储视图的定义,所有的数据仍然在基本表中,这样各用户不必都定义和存储自己的数据,共享基本表中的数据即可,数据只需要存储一次,也便于数据的更新、保持数据的一致性。

5.提供多种视角看待数据

视图能够使用户以多种角度看待同一数据。视图机制可使不同岗位、不同职责、不同需求的用户,按照自己的方式看待数据。

本章小结

关系数据库 SQL 语言包括数据定义、数据查询、数据更新和数据控制四个部分。本章就是以 SQL 语言的这四个部分为主线进行介绍的。总体来说本章的知识点可以分为四个部分。

1.数据定义

SQL 语言的数据定义功能包括定义表、定义视图和定义索引，基本表和视图都是表，但基本表是实际存储在数据库中的表，视图是虚表，它是从基本表或其他视图中导出的表。本部分主要讲的是对基本表的建立、修改和删除，以及对索引的建立和删除。建立基本表主要使用的语句是 CREATE TABLE，而修改基本表的语句是 ALTER TABLE，删除基本表的语句是 DROP TABLE。

2.数据查询

数据查询是本章的重点，也是本课程的重点，包括单表查询、连接查询和嵌套查询。而连接查询和嵌套查询既是重点也是学习的难点，二者皆可来自多张表，可表达出复杂的 SQL 语句，这些需要读者在具体的使用中去慢慢体会。SELECT 语句是 SQL 的核心语句，其语句的各个部分丰富多彩，不管是复杂的嵌套查询还是来自多张表的连接查询都是对该语句的扩展，其一般格式为：

SELECT [ALL|DISTINCT] <目标列表达式> [,<目标列表达式>] …
FROM <表名或视图名>[,<表名或视图名>] …
[**WHERE** <条件表达式>]
[**GROUP BY** <列名 1> [**HAVING** <条件表达式>]]
[**ORDER BY**<列名 2> [ASC|DESC]];

所有的查询语句不外乎是对以上种种情况的扩展，读者在学习和使用中，会发现 SQL 语句的博大精深。

3.数据更新

关系数据库的数据更新包括插入、删除和修改三个方面的功能，这些功能均可以用 SQL 语言中 INSERT 语句、DELETE 语句和 UPDATE 语句来实现。

4.视图

视图是一种虚表，是从一个或几个基本表(或视图)导出的表，数据库中只存放视图的定义而不存放视图的数据，这些数据仍存放在导出视图的基本表中。对视图的操作同样也包括定义、查询、更新和删除。对视图定义时的子查询可以是任意 SELECT 语句，可以来自一个表，也可以来自多个表，还可以来自一个或多个视图；对视图的查询可以像对基本表的操作一样；对视图的更新包括插入(INSERT)、删除(DELETE)和修改(UPDATE)三类操作，对视图的更新最终要转换为对基本表的更新，需要注意的是并非所有的视图都是可更新的；删除视图所使用的语句仍为 DROP 语句。

习题3

3.1 试述SQL语言的特点。

3.2 试述SQL体系结构和关系数据库模式之间的关系。

3.3 SQL是如何实现实体完整性、参照完整性和用户定义完整性的?

3.4 设有两个基本表R(A,B,C)和S(A,B,C)试用SQL查询语句表达下列关系代数表达式:

(1)R∩S (2)R－S (3)R∪S (4)R×S

3.5 用SQL语句建立习题2,2.8中的四个表,

S(SNO,SNAME,STATUS,SCITY);
P(PNO,PNAME,COLOR,WEIGHT);
J(JNO,JNANE,JCITY);
SPJ(SNO ,PNO ,JNO,QTY)。

其中在SPJ表中,SNO、PNO和JNO是外键分别参照S、P、J中的相应字段。

3.6 针对上题中四个表,用SQL语句完成下述操作。

(1)找出天津市供应商的姓名和状态。
(2)找出所有零件的名称、颜色和重量。
(3)找出使用供应商S1所供零件的工程号码。
(4)找出工程项目J2使用的各种零件名称及其数量。
(5)找出上海厂商供应的所有零件号码。
(6)找出使用上海产的零件的工程名称。
(7)找出没有使用天津产零件的工程号码。
(8)把全部红色零件的颜色改成蓝色。
(9)将由供应商S5供给工程代码为J4的零件P6改为由S3供应,并作其他必要的修改。
(10)从供应商关系中删除S2的记录,并从供应零件关系中删除相应的记录。
(11)请将(S2,J6,P4,500)插入供应情况表。

3.7 对于教学数据库的三个基本表:

S(S#,SNAME,AGE ,SEX)
SC(S# ,C#,GRADE)
C(C# ,CNAME,TEACHAR)

试用SQL语句表达下列查询:

(1)查询“刘某”老师所授课程的课程号和课程名。
(2)查询年龄大于23岁的男同学的学号和姓名。
(3)查询学号为S3学生所学课程的课程号、课程名和任课教师名。
(4)查询“张小飞”没有选修的课程号和课程名。
(5)查询至少选修了3门课程的学生的学号和姓名。
(6)查询全部学生都选修了的课程编号和课程名称。
(7)在SC中删除尚无成绩的选课元组。

(8)把“高等数学”课的所有不及格成绩都改为60。

(9)把低于总平均成绩的女同学的成绩提高5%。

(10)向C中插入元组(‘C8’,‘VC++’,‘王昆’)。

3.8 什么是基本表？什么是视图？两者的区别和联系是什么？

3.9 试述视图的优点。

3.10 哪类视图是可更新的？哪类视图是不可更新的？并举例说明。

3.11 请为三建工程项目建立一个供应情况的视图，包括供应商代码(SNO)、零件代码(PNO)、供应数量(QTY)。针对该视图完成下列查询：

(1)找出三建工程项目使用的各种零件代码及其数量；

(2)找出供应商S1的供应情况。

第4章　数据库的安全性与完整性

本章导读

本章主要介绍数据库的安全性和完整性。安全性主要是从数据库的安全管理角度出发，介绍数据库安全性控制采取的一系列措施，并以 SQL Server 2014 为例，讲述该环境下对安全性的控制。数据库的完整性，主要从完整性的定义、完整性约束条件的类型和完整性控制机制几个方面加以介绍，同时本章还根据 SQL Server 2014 的特点，用 SQL 及 T-SQL 描述了授权、角色、建立视图、约束、规则及触发器等相关内容。

学习目标

掌握数据库的安全性和完整性的基本概念。了解安全性和完整性控制的基本措施，结合 SQL Server 2014 的环境，掌握用 SQL 及 T-SQL 实现安全性和完整性控制语句的语法。

随着计算机的普及，数据库的使用也越来越广泛。为了适应和满足数据共享的环境和要求，DBMS 要对数据库进行保护，保证整个系统的正常运转，防止数据意外丢失、被窃取和不一致数据产生，以及当数据库遭受破坏后能迅速地恢复正常。通常 DBMS 对数据库的保护是从安全性控制、完整性控制、并发控制和数据库的备份与恢复等四个方面实现的，本章主要讲述的是数据库的安全性和完整性控制。

数据库的安全性就是要保证数据库中数据的安全，防止未授权用户访问及修改数据库中的数据，确保数据的机密性和完整性。在大多数数据库管理系统中，主要是通过许可证来保证数据库的安全性。完整性是数据库的一个重要特征，它是保证数据库中的数据切实有效、防止出现错误，它是实现商业规则的一种重要机制。在数据库中，区别所保存的数据是无用的垃圾还是有价值的信息，主要是看数据库的完整性是否健全。总而言之，安全性的防范对象是非法用户和非法操作，完整性的防范对象是不合法的语义数据。当然，安全性和完整性是密切相关的。

当今数据库管理系统日臻完善，数据保护功能日益强大，但毕竟还只是局部解决数据库保护问题。经验证明，数据库遭受损坏的大量起因来自数据库管理不善，或人为的破坏与损害，往往不是单纯依靠数据库技术所能解决的。

4.1 数据库的安全性控制

4.1.1 数据库安全性的含义

数据库的安全性就是保护数据库以防止不合法的使用所造成的数据泄露、更改或者破坏。

安全性问题是计算机系统中普遍存在的一个问题。而在数据库系统中显得尤为突出。原因在于数据库系统中大量数据集中存放，而且为许多最终用户直接共享。数据库系统建立在操作系统之上，而操作系统是计算机系统的核心，因此数据库系统的安全性与计算机系统的安全性息息相关。

在一般计算机系统中，安全措施是一级一级层层设置的，图 4-1 是常见的计算机系统安全模型。

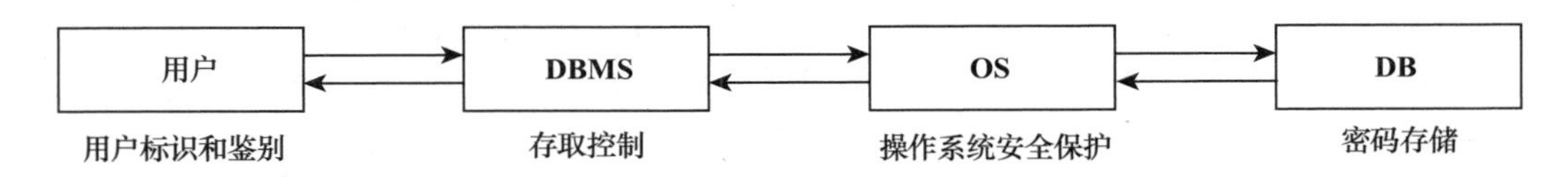

图 4-1 计算机系统的安全模型

在图 4-1 所示的安全模型中，用户要求进入计算机系统时，系统首先根据用户输入的用户标识进行身份鉴别，如果是合法身份的用户，则允许进入计算机系统；对于已经进入系统的用户，DBMS 还需要进行存取控制，保证用户进行合法的数据库操作。操作系统一般也有自己的安全保护措施。重要的数据存储到数据库，还可以以密码形式存放，比如银行账户信息。对于操作系统这一个级别的安全保护可以参考操作系统书籍，这里不再详述。

本章将从数据库管理系统安全性控制的一般方法及具体到 SQL Server 2014 环境中分别介绍数据库系统的安全控制技术。

4.1.2 安全性控制的一般方法

1. 用户标识与鉴别

用户标识与鉴别(Identification and Authentication)是数据库管理系统提供的最外层安全保护措施。当用户进入数据库系统时，需要提供用户的标识，系统根据标识鉴别此用户是不是合法用户。对于合法的用户，系统进一步开放数据库的访问权限，否则将拒绝非法用户对数据库的任何操作。用户标识与鉴别的方法比较多，常用的就是以下几种：

(1)输入用户名标识合法身份

系统内部记录着所有合法用户的标识。系统对输入的用户名与合法用户名对照，鉴别此用户是否为合法用户。若是，则可以进入下一步的核实；若不是，则不能使用数据库系统。

(2)回答用户口令标识身份

为了进一步核实用户，系统要求用户输入口令(Password)，口令正确才能进入系统。为了保密起见，口令由合法用户自己定义并可以随时变更。为防止口令被人窃取，用户在输入口令时，不把口令的内容显示在屏幕上，而用字符“*”替代其内容。

(3)通过回答随机数的运算结果标识合法身份

通过用户账号和口令来鉴定用户身份的合法性，这种方法简单易行，但容易被非法用户窃取或暴力破解。所以可以选择更复杂一些的方式，例如进入数据库管理系统时，系统提供一个随机数，用户根据预先约定的计算过程或计算函数进行计算，并将计算结果输给数据库系统。系统根据用户计算结果判定用户是否合法。

(4)通过个人特征鉴别标识合法身份

系统采用生物识别技术进行用户身份鉴别，利用人体固有指纹、脸象、虹膜等特性，或者笔迹、声音、步态等行为特征进行个人身份的鉴定。这种方式安全，不易被窃取，目前也逐渐被使用。

2. 存取控制

数据库安全性核心是 DBMS 的存取控制机制。存取控制是确保授权的用户按照其权限访问数据库，未被授权的人员无法访问数据库的安全机制。

(1)用户分类

对于一个数据库，不同的用户有不同的访问要求和使用权限。一般可以将数据库的用户分为四类：系统用户(DBA)、数据库对象的属主(Owner)、一般数据库用户和公共用户。

①系统用户拥有支配整个数据库资源的特权，对数据库拥有最大的特权，因而也对数据库负有特别的责任。通常只有数据库管理员才有这种特权。DBA 特权命令包括给各个独立的账户、用户或者用户组授予权限和回收权限，以及把某个适当的安全分类级别指派给某个用户账户。

②数据库对象的属主是数据库的创建者，他除了一般数据库用户拥有的权限外，还可以授予或收回其他用户对其所创建的数据库的存取权。

③一般数据库用户就是通过授权可对数据库进行操作的用户。

④公共用户是为了方便共享数据操作而设置的，它代表全体数据库用户，如果把某个数据对象的某项操作授权给公共用户，则每一个合法的数据库用户都能进行该项数据操作。

注意：在 SQL Server 2014 中，公共用户 Public 其实对应的是一个公共角色，而所有用户都是该角色的成员，所以只要将某一权限授予此角色，则所有用户将拥有该权限。

(2)存取控制机制主要包括两部分

①定义用户权限

用户权限是指用户对于数据对象能够执行的操作种类。要进行用户权限定义，这包括系统必须提供有关用户定义权限的语言(DCL，数据控制语言)；具有授权资格的用户使用 DCL 描述授权决定，并把授权决定告诉 DBMS，经过编译后存放在数据字典中。

②系统权限检查

每当用户发出存取数据库的操作请求后，DBMS 首先查找数据字典，进行合法权限检查，如果用户的操作请求没有超出其数据操作权限，则准予执行其数据操作；否则，拒绝其执行此操作。

(3)存取机制

定义用户权限和合法权限检查机制一起组成了数据库管理系统的存取控制子系统。存取机制主要包括两种：自主存取控制(Discretionary Access Control，DAC)和强制存取控制(Mandatory Access Control，MAC)。这两类方法的简单定义为：

①自主存取控制

在自主存取控制(DAC)方法中,用户对于不同的对象有不同的存取权限;不同的用户对同一对象的存取权限也不同;用户也可以将自己拥有的权限传授给其他用户。一般采用(用户、对象、权限)的三元组标识。

②强制存取控制

在强制存取控制(MAC)中,每一个数据对象被标以一定的密级;每一个用户也被授予某个级别的访问许可证;对于任意一个对象,只有具有合法许可证的用户才可以存取。与自主存取控制相比,强制存取控制比较严格。

当前的 DBMS 一般都支持 DAC,有些大型的 DBMS 还支持 MAC。基于 SQL 的自主存取的控制方法将在 4.1.3 中结合 SQL Server 2014 的环境介绍,关于强制存取控制本书将不做介绍,有兴趣的读者可参照相关数据库原理及应用书籍。

3. 视图机制

视图技术是当前数据库技术中保持数据库安全性的重要手段之一。通过为不同的用户定义不同的视图,可以将要保密的数据对无权存取的用户隐藏起来,从而自动地给数据提供一定程度的安全保护。例如,给某用户定义了一个只读视图,并且这个视图的数据来源于关系 R,则此用户只能读 R 中的部分信息,数据库中一切其他信息对他都是隐藏的。

【例 4-1】 允许一个用户查询学生表 Student 的记录,但是只允许他查询“计算机科学与技术”专业学生的情况。

```
CREATE VIEW Student_SUBJECT
AS   SELECT Sno,Sname,Ssex,Sage,Smajor
     FROM   Student
     WHERE Smajor = '计算机科学与技术'
```

使用视图 Student_SUBJECT 的用户看到的只是基本表 Student 的一个“水平子集”,或称行子集。

4. 数据加密

对于高度敏感数据,例如,财务数据、军事数据、国家机密,除了以上安全性措施外,还可以采用数据加密技术。数据加密技术是防止数据库中数据在存储或者传输中被截获的有效手段。加密的基本思想是根据一定的算法将明文(原始数据)变换成不可直接识别的密文,从而使得截获的人无法获知数据的内容。这样可以保证只有掌握了密钥(Encryption Key)的用户才能获得完整的数据。

数据加密的主要方法有两种:

(1)替换方法

使用密钥将明文中的每一个字符转换为密文中的字符。

(2)置换方法

将明文的字符按不同的顺序重新排列。

单独使用这两种方法的任意一种都是不够安全的。但是将这两种方法结合起来就能达到相当高的安全程度。例如,美国国家数据加密标准 DES(Data Encryption Standard)是一种将两种方法结合的对称加密技术。它把待加密的明文分割成大小为 64 位的块,每一个块用 64

位的密钥 K 进行迭代加密。一个块先用初始置换方法加密,再连续进行 16 次复杂的替换,最后再对其施行初始置换的逆,但是,其中第 i 步的替换并不是直接利用原始的密钥 K,而是用由 K 和 i 计算得到的密钥 K_i。DES 加密算法很可能是使用最广泛的秘钥系统。为了进一步提高安全性,DES 的常见变体是三重 DES,使用 168 位密钥对文本进行三次加密。

数据加密和解密是比较费时的操作,而且数据加密与解密程序会占用大量的系统资源,增加了系统的开销,降低了数据库的性能。因此,在一般数据库系统中,数据加密作为可选的功能,允许用户自由选择,只有对那些保密要求特别高的数据库,才值得采用此方法。

5. 跟踪审计

任何安全性措施不可能是完美无缺的,蓄意盗窃、破坏数据的人总是想方设法企图打破这些控制。跟踪审计(Audit Trial)是一种监视措施,数据库运行中,DBMS 跟踪用户对一些敏感数据的存取活动,把用户对数据库的操作自动记录下来放入审计日志(Audit Log)中,有许多 DBMS 的跟踪审计记录文件与系统的运行日志合在一起。系统能利用这些审计跟踪的信息,可以重现导致数据库现状的一系列事件,以找出非法存取数据的人。一旦发现有窃取数据的企图,有的 DBMS 会实时发出警报信息,多数 DBMS 虽无警报功能,也可在事后根据记录进行分析,从中发现危及安全的行为,找出原因,追究其法律责任,系统也可以进一步采取安全防范措施。

跟踪审计的记录一般包括以下内容:请求(源文本)、操作类型(如修改、查询等)、操作终端标识与操作者标识、操作日期和时间、操作所涉及的对象(表、视图、记录、属性等)、数据的前映象和后映象。DBMS 提供相应的语句供施加和撤销跟踪审计之用。

审计通常是很费时间和空间的,所以 DBMS 往往将其作为可选的特性功能,允许 DBA 和数据的拥有者选择。数据库审计对于被多个事务和用户更新的敏感型数据库是非常重要的。一般用于安全性要求较高的部门。

最后,需要说明的是,尽管数据库系统提供了上面提到的很多保护措施,但事实上,没有哪一种措施是绝对可靠的。安全性保护措施越复杂、越全面,系统的开销就越大,用户的使用也会变得越困难,因此,在设计数据库系统安全性保护时,应权衡选用安全性措施。例如,Oracle 数据库系统的安全性措施主要有三种:用户标识与鉴别、存取控制和审计。

6. 统计数据库的安全

统计数据库是一种特殊类型的数据库,它和一般的数据库相比,有很多共同点,但是也有许多独特之处。和一般的数据库一样,在统计数据库里可以存放许多信息,其中包括机密的信息。在一般的数据库中,只要不违反数据库的安全保密要求,用户就可以通过询问得到某一个记录的信息。而统计数据库,它回答给用户的只能是统计信息。如国家的人口统计数据库、水利统计数据库、经济统计数据库等。统计数据库存储了大量敏感的数据,但只给用户提供这些原始数据的统计数据(如平均值、总计等),而不允许用户查看单个的原始数据。也就是,统计数据库只允许用户使用聚集函数如 COUNT、SUM、AVERAGE 等进行查询。虽然用户只能获取统计信息,但用户可以通过多次使用统计查询,推断出个别的原始数据值。这个漏洞是统计数据库的一个特殊安全性问题,称为可信信息的推断演绎。

用户使用合法的统计查询可以推断出他不应了解的数据。例如,一个学生想要知道另一个学生 A 的成绩,他可以通过查询包含 A 在内的一些学生的平均成绩,然后对于上述学生集合 P,他可用自己的学号取代 A 后得到集合 P '的平均成绩。通过这样两次查询得到的平均成绩的差和自己的成绩,就可以推断出学生 A 的成绩。

为了堵塞这类漏洞,必须对统计数据库的访问进行推断控制。现在常用的方法有数据扰动、查询控制和历史相关控制等。虽然这些方法都获得了应用,取得了很好的效果,但是迄今为止,统计数据库的安全问题尚未彻底解决。

4.1.3 SQL Server 2014 的数据库安全性控制

SQL Server 2014 中,用户先以某种服务器身份验证模式登录进入 SQL Server 实例,然后再通过 SQL Server 安全机制控制对 SQL Server 2014 数据库及其对象的操作。

1. 身份验证模式

SQL Server 支持两类登录名:

- Windows 授权用户:来自于 Windows 的用户或组的用户,由 Windows 操作系统用户验证。
- SQL Server 授权用户:来自非 Windows 的用户,它是由 SQL Server 自身负责身份验证的登录名,故将这类用户称为 SQL Server 用户。

根据不同的登录名类型,SQL Server 2014 相应地提供了两种身份验证模式:Windows 身份验证模式和混合验证模式。设置身份验证模式的方法有两种,一种是在安装 SQL Server 环境时设置;另一种是以系统管理员身份连接到 SSMS(SQL Server Management Studio)时设置。

在 SSMS 中设置身份验证模式的步骤如下:

(1)以系统管理员身份连接到 SSMS,在要设置身份验证模式的 SQL Server 实例上右击鼠标,然后从弹出的菜单中选择“属性”命令,弹出“服务器属性”窗口,再选择“安全性”选项,如图 4-2 所示。

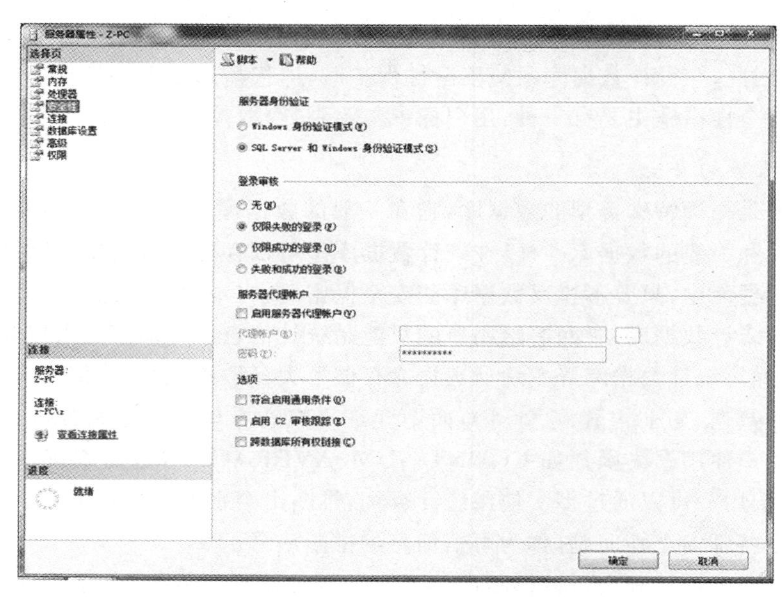

图 4-2 “安全性”选项卡

(2)在如图 4-2 所示窗口的“服务器身份验证”部分，可以设置该实例的身份验证模式。

- Windows 身份验证模式：仅允许 Windows 身份的用户连接到该 SQL Server 实例。
- SQL Server 和 Windows 身份验证模式：即混合身份验证模式，同时允许 Windows 身份的用户和 SQL Server 用户连接到 SQL 实例。

注意：在设置完身份验证模式之后，必须重新启动 SQL Server 服务才能使设置生效。

2.登录名

对于 SQL Server 数据库服务器，支持两种类型的登录名，分别是 Windows 用户和 SQL Server 授权用户；那么建立这两种登录名也是有两种方法：一种是通过 SQL Server 自身的 SSMS 工具完成，另一种是通过 T-SQL 语句实现。下面将分别介绍这些实现方法。

(1)用 SSMS 工具建立 Windows 身份验证的登录账户

创建 Windows 身份验证模式的登录账户实质上是将 Windows 用户映射到 SQL Server 数据库服务器中，使之能连接到 SQL Server 实例上。

为了演示使用 SSMS 建立 Windows 身份验证的登录账户，本例假设已在计算机“Z-PC”中建立了一个 Windows 用户，名为“Win-U1”。

使用 SSMS 建立 Windows 身份验证的登录账户的步骤如下：

①以系统管理员身份登录 SSMS，选择实例下的“安全性”下的“登录名”，右键并选择“新建登录名”，进入“登录名-新建”对话框，如图 4-3 所示。

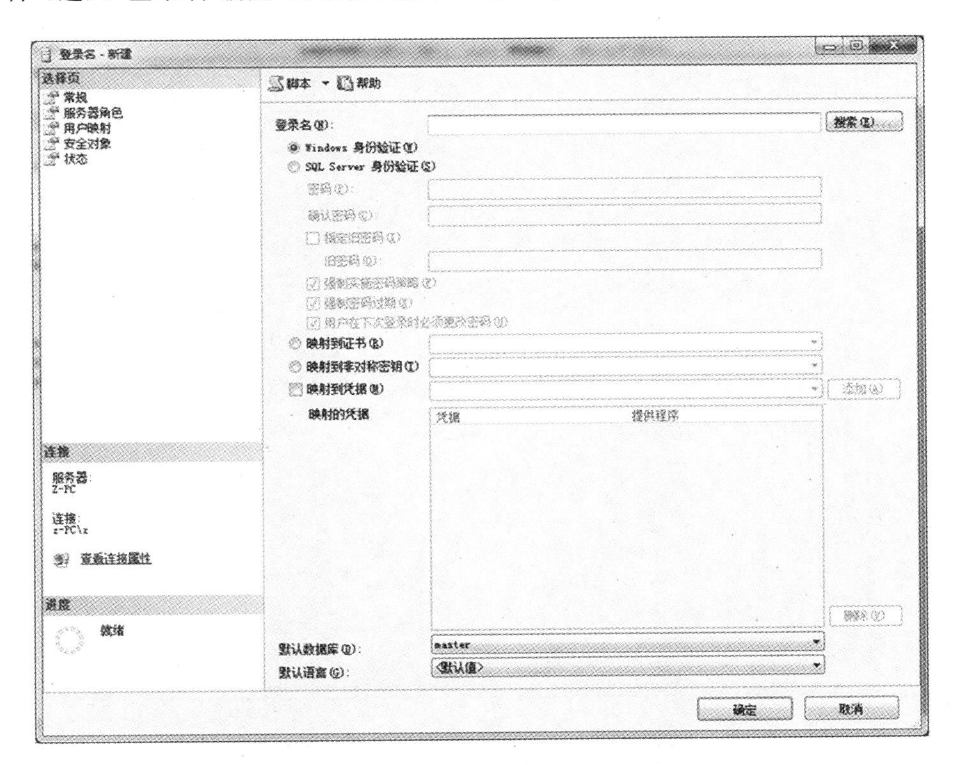

图 4-3　“登录名-新建”窗口

②在图 4-3 所示窗口上点击“搜索”按钮，弹出如图 4-4 所示的“选择用户或组”窗口。

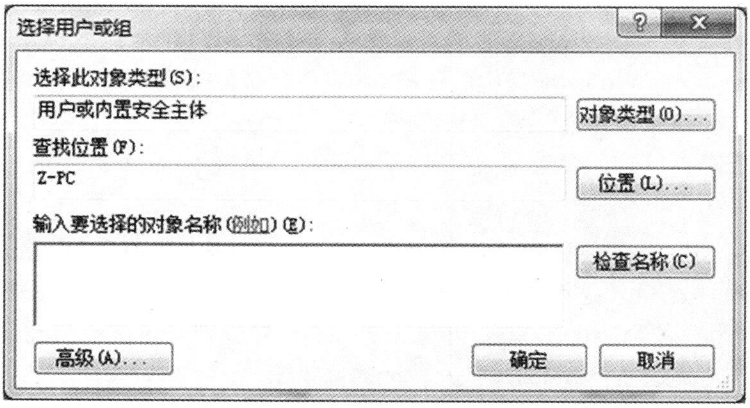

图 4-4 “选择用户或组”窗口

③在图 4-4 所示窗口上单击“高级”按钮，弹出如图 4-5 所示窗口。

图 4-5 “选择用户或组”的高级选项窗口

④在图 4-5 所示窗口上单击“立即查找”按钮后，下面部分的“名称”列表框中将会列出查找的结果，包括全部可用的 Windows 用户和组。在这里可以选择组，也可以选择用户。如果

选择一个组，表示该 Windows 组中的所有用户都可以登录到 SQL Server，且每个用户都会对应到 SQL Server 的一个登录账户上。这里选择已有的 Windows 用户“Win-U1”，然后单击“确定”按钮，则返回到“选择用户和组”窗口，如图 4-6 所示。

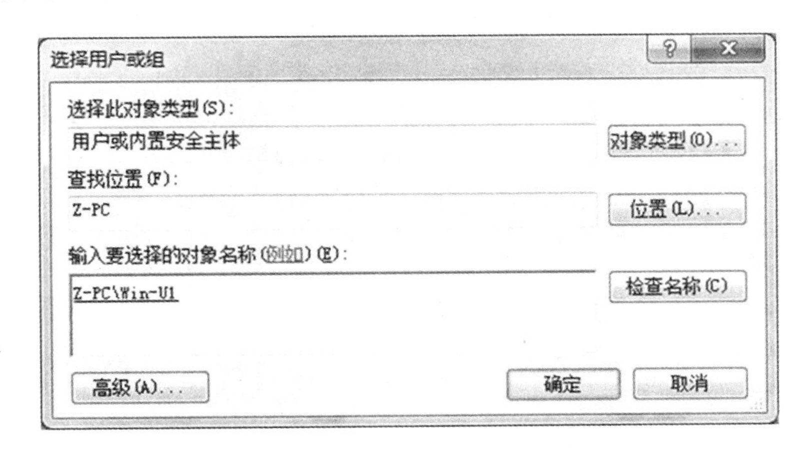

图 4-6　选择好登录名后的窗口

⑤在图 4-6 中，单击“确定”按钮，则返回至图 4-3 所示的新建登录窗口，此时 Win-U1 会显示在“登录名”框中，单击“确定”按钮，即可完成对登录账户的创建。

(2)用 SSMS 工具建立 SQL Server 身份验证的登录账户

在建立基于 SQL Server 身份验证的登录账户之前，必须保证 SQL Server 实例支持的是混合身份验证模式。在如图 4-3 所示的窗口中，在“登录名”文本框中输入 SQL-U1，在身份验证模式部分选择“SQL Server 身份验证”选项，选中该选项后，“密码”、“确认密码”等选项都成为可用状态。在“密码”和“确认密码”文本框输入该登录账户的密码，并去掉“强制实施密码策略”复选框，然后单击“确定”按钮，则完成对登录账户的建立。

其中“强制实施密码策略”选项表示对该登录名强制实施密码策略，若选中该选项则会强制用户密码具有一定的复杂性，学习时为了简化，一般去掉该选项，但在实际系统中强烈推荐该选项，以提高系统安全。“默认数据库”选项，则指定该登录名连接到 DBMS 时访问的数据库。

(3)用 T-SQL 语句建立登录账户

使用 T-SQL 创建登录账户的简单语句为：CREATE LOGIN login-name，后续还有很多参数。执行该语句需要相应的权限，该语句的具体使用可根据需要查看 SQL Server 自带的帮助文件。

(4)登录名的删除

登录名的删除同建立一样也是有两种方式：SSMS 和 T-SQL 语句。

通过 SSMS 工具删除登录名的操作很简单，只需要选中要删除的登录名右键删除即可，此处不再详述。而通过 T-SQL 语句删除登录名也同所有的数据库对象删除一样使用 DROP 语句即可，即 DROP LOGIN login_name。

3. 数据库用户

数据库用户是数据库级别上的主体，用户在使用登录账户登录数据库之后，该用户只能连接到数据库服务器上，并不具有访问任何用户数据库的权限。登录用户只有成为某个数据库的合法用户后，才能访问此数据库。

数据库用户一般来自于服务器上已有的登录账户，让登录账户成为数据库用户的操作称为“映射”。一个登录名可以被授权访问多个数据库，但一个登录名在每个数据库中只能映射一次，即一个登录名可对应多个用户，一个用户也可以被多个登录名使用。可以简单地把SQL Server想象成一栋大楼，里面的每个房间都是一个数据库，登录名只是进入大楼的钥匙，而用户名则是进入房间的钥匙，一个登录名可以有多个房间的钥匙，但一个登录名在一个房间只能拥有此房间的一把钥匙。管理数据库用户的过程实际上就是建立登录名与数据库用户之间的映射关系的过程。默认情况下，新建立的数据库只有一个用户：dbo，它是该数据库的拥有者。

(1)用SSMS工具建立数据库用户

让一个登录名可以访问某个数据库，实际就是将这个登录名映射为该数据库的合法用户。在SSMS工具中建立数据库用户的步骤为：

①以系统管理员身份连接到SSMS，在SSMS工具的“对象资源管理器”中，展开要建立数据库用户的数据库(假设这里我们展开教学管理信息系统)。

②展开“安全性”节点，在其下的“用户”节点上单击鼠标右键，在弹出的菜单上选择“新建用户”，则会弹出如图4-7所示的“数据库用户-新建”窗口。

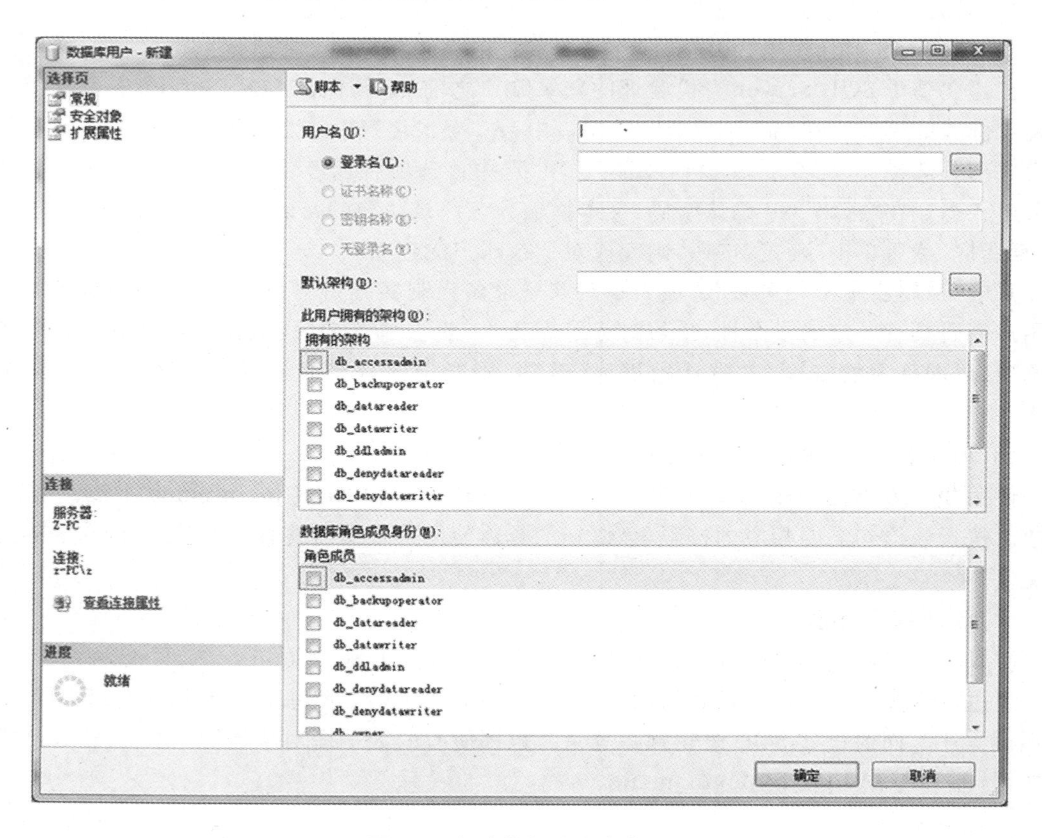

图4-7　新建数据库用户窗口

③在图 4-7 所示窗口中，在“用户名”文本框可以输入一个与登录名对应的数据库用户名；在“登录名”部分指定将要成为此数据库用户的登录名，可以通过单击“登录名”文本框右边的“…”按钮，来查找某个存在的登录名。

这里，“用户名”设为 DB-U1，然后单击“登录名”文本框右边的“…”按钮，弹出如图 4-8 所示的“选择登录名”窗口。

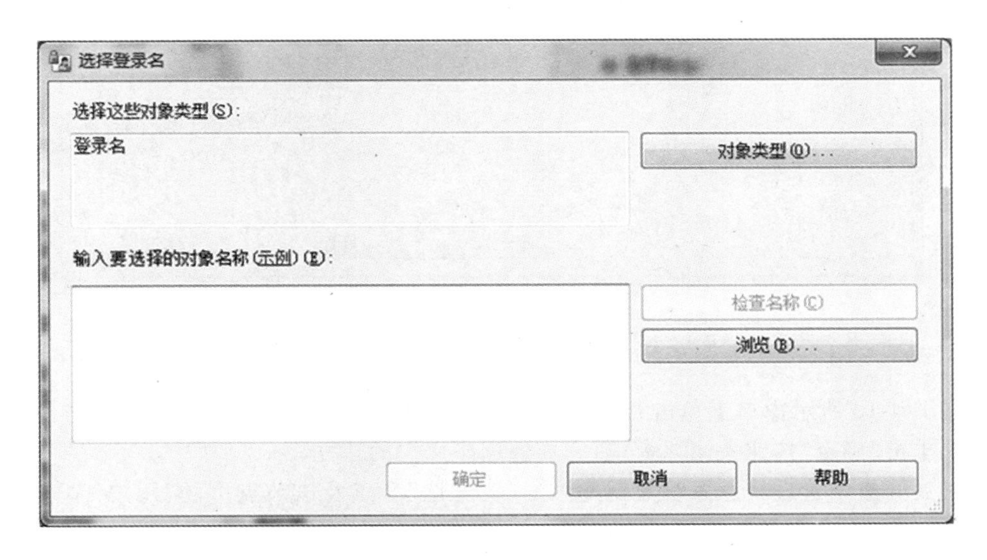

图 4-8　“选择登录名”窗口

④在图 4-8 所示的窗口中，单击“浏览”按钮，弹出如图 4-9 所示的“查找对象”窗口，这里选择 SQL-U1 复选框，表示该登录账户将成为“教学管理信息系统”数据库中的用户。单击“确定”按钮则会关闭“查找对象”窗口，回到“选择登录名”窗口，如图 4-10 所示。

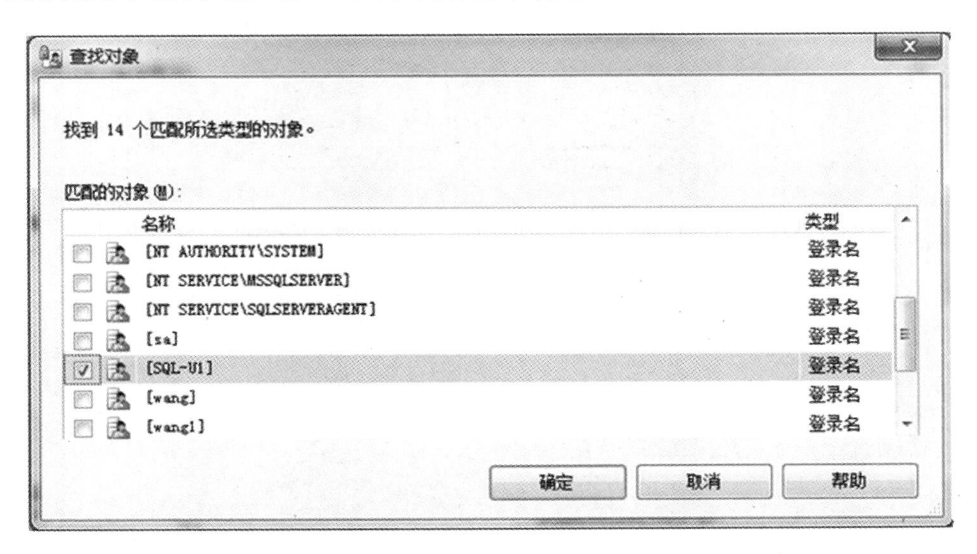

图 4-9　“查找对象”窗口

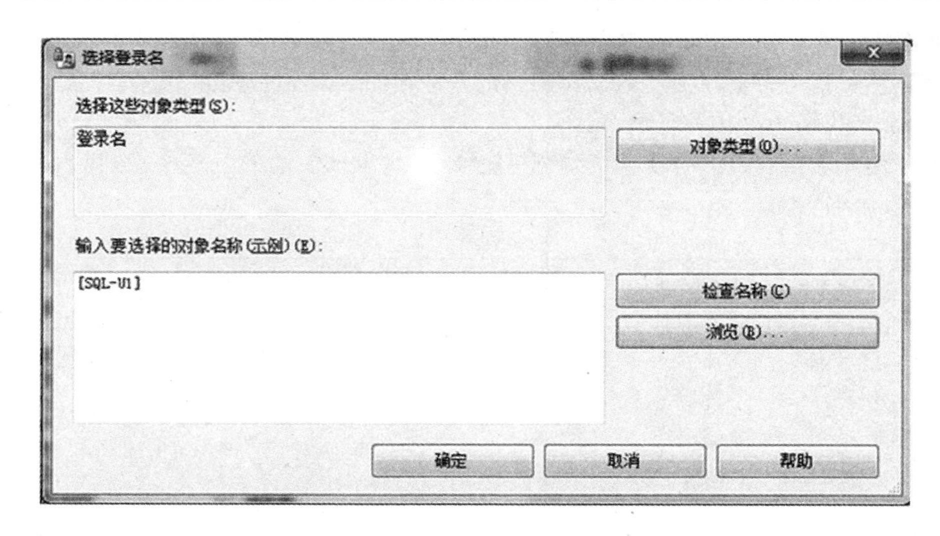

图 4-10　选择好登录名后的情形

⑤在图 4-10 所示窗口上单击“确定”按钮，关闭该窗口，回到新建数据库用户窗口，在该窗口上再次单击“确定”按钮关闭该窗口，完成数据库用户的建立。

此时展开教学管理信息系统数据库下的“安全性”节点及该节点下的“用户”节点，可以看到 DB-U1 已经存在于该数据库用户的列表中了。

另外，需要说明的是，对于用户和登录名关系的映射，也可以在新建登录名的时候完成，在如图 4-3 新建登录名的窗口中，左边选择页选择用户映射，则弹出如图 4-11 所示的窗口。

图 4-11　新建登录名时映射用户窗口

在如图 4-11 所示的窗口中，在“映射到此登录名的用户”处选择该登录名要映射的数据库，即可在新建登录名的同时完成与数据库用户的映射关系，从而在新建登录名的同时也新建了指定数据库的用户。

(2)用 T-SQL 语句建立数据库用户

建立数据库用户的 T-SQL 语句为 CREATE USER，其简化语法格式如下：

```
CREATE USER user_name [{FOR | FROM}]
  {
        LOGIN login_name
  }
```

其中各参数的说明如下：

- user_name：指定在此数据库中用于识别该用户的名称。
- LOGIN login_name：指定要映射为数据库用户的 SQL Server 登录名，其中 login_name 必须是服务器中有效的登录名。

注意：如果省略 FOR LOGIN，则新的数据库用户将被映射到同名的 SQL Server 登录名。

【例 4-2】 让 SQL-U2 登录名成为教学管理信息系统数据库中的用户，且用户名和登录名相同。

```
CREATE USER SQL-U2;
```

(3)数据库用户的删除

数据库用户的删除与登录名的删除一样也是有两种方式：SSMS 和 T-SQL 语句。

通过 SSMS 工具删除用户名的操作很简单，只需选中要删除的用户名右键删除即可，此处不再详述。而通过 T-SQL 语句删除登录名也同所有的数据库对象删除一样使用 DROP 语句，即 DROP USER user_name。

4. 角色

在 SQL Server 数据库中，可以将一组具有相同权限的用户组织在一起，这一组具有相同权限的用户称为角色，也可以把角色理解为一组权限的集合。角色类似于 Windows 账户管理中的一个用户组，可以包含多个用户。在实际工作中，有很多用户的权限是一样的，如果数据库管理员对每个用户分别授权，将是一件很大工作量的事情，但如果把具有相同权限的用户集中在角色中进行管理，将会大大减少管理员的工作量。

对于角色的权限管理，可以为有相同权限的一类用户建立一个角色，然后为角色授予合适的权限，当有人要具有相同的权限时，只需要将角色的权限授予该用户即可，而若要回收该用户的权限，则将其从该角色中删除即可。

在 SQL Server 中，角色分为系统预定义的固定角色和用户根据自己需要定义的用户角色，还有一种比较特殊的应用程序角色。系统角色又根据其作用范围的不同分为固定的服务器角色和固定的数据库角色，前者是为整个服务器设置的，后者是为具体的数据库设置的。

(1)固定的服务器角色

固定的服务器角色的作用域是服务器，独立于各个数据库，这些角色拥有完成特定服务器级管理活动的权限。用户不能添加、删除或更改固定的服务器角色。如果在 SQL Server 中创建一个登录名后，要赋予该登录账户管理服务器的权限，可将该登录账户添加到固定的服务器角色中，使其成为服务器角色中的成员。

SQL Server 支持的固定服务器角色可以通过 SSMS 查看。以系统管理员身份登录 SSMS，展开实例下的“安全性”下的“服务器角色”，如图 4-12 所示。

图 4-12 固定服务器角色

如图 4-12 中的服务器角色及其权限分析如下：

①bulkadmin：具有执行 BULK INSERT 语句的权限，但其成员必须对要插入的表有 INSERT 权限。BULK INSERT 语句的功能是以用户指定的格式复制一个数据文件至数据库表或视图。

②dbcreator：具有创建数据库的权限，其成员是数据库的创建者，可以创建、更改、删除或还原任何数据库。

③diskadmin：具有管理磁盘资源的权限。

④processadmin：具有管理全部的连接以及服务器状态的权限，其成员是进程管理员，可以终止 SQL Server 实例中运行的进程。

⑤securityadmin：具有管理服务器登录账户的权限，其成员是安全管理员，可以管理登录名及其属性，可以授予、拒绝、撤销服务器级和数据库级的权限，还可以重置 SQL Server 登录名的密码。

⑥serveradmin：具有全部配置服务器范围的权限，其成员是服务器管理员，具有对服务器进行设置关闭服务器的权限。

⑦setupadmin：具有更改任何链接服务器的权限，其成员是设置管理员，可以添加或删除

链接服务器，并执行某些系统存储过程。

⑧sysadmin：具有服务器及数据库上的全部操作权限，为最高管理角色，其成员是系统管理员，可以对 SQL Server 服务器进行所有的管理工作。

⑨public：其角色成员可以查看任何数据库，在服务器上创建的每个登录账户自动是 public 服务器角色的成员，注意不要对该角色进行任何授权。

对于固定服务器角色，用户只能将一个用户登录名添加为上述某个固定服务器角色的成员，不能自行定义服务器角色。为固定的服务器角色添加成员可以通过 SSMS 工具实现，也可以使用 T-SQL 语句实现。比如将 SQL-U1 登录名添加到固定服务器角色 sysadmin 的方法有三种。

方法一：

以系统管理员身份连接到 SSMS，在 SSMS 的对象资源管理器中，依次展开"安全性"→"登录名"节点，这里假定选择 SQL-U1，右键鼠标，在弹出的菜单上选择"属性"命令，弹出"登录属性-SQL-U1"窗口，如图 4-13 所示，再单击窗口中"选择页"中的"服务器角色"选项，在对应的窗口中，发现登录名默认是 public 角色的成员，再选中"sysadmin"，表示将当前登录名添加到该角色中。最后单击"确定"按钮，关闭登录属性窗口。

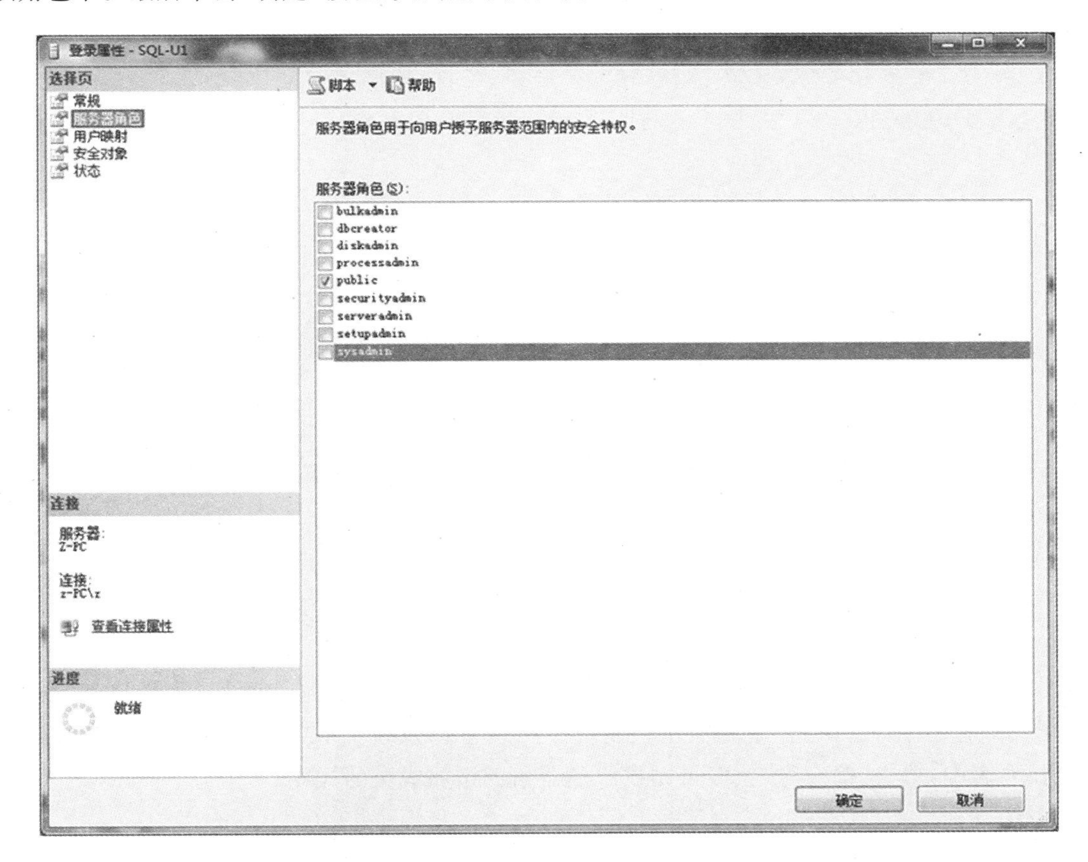

图 4-13　登录属性窗口

当然，此方法也可以在新建登录名的时候实施。

方法二：

①以系统管理身份连接到SSMS，在SSMS的对象资源管理器中，依次展开“安全性“→“服务器角色”节点，选中“sysadmin”角色右键鼠标，在弹出的菜单中选择“属性”，弹出如图4-14所示的“服务器角色属性-sysadmin”窗口。

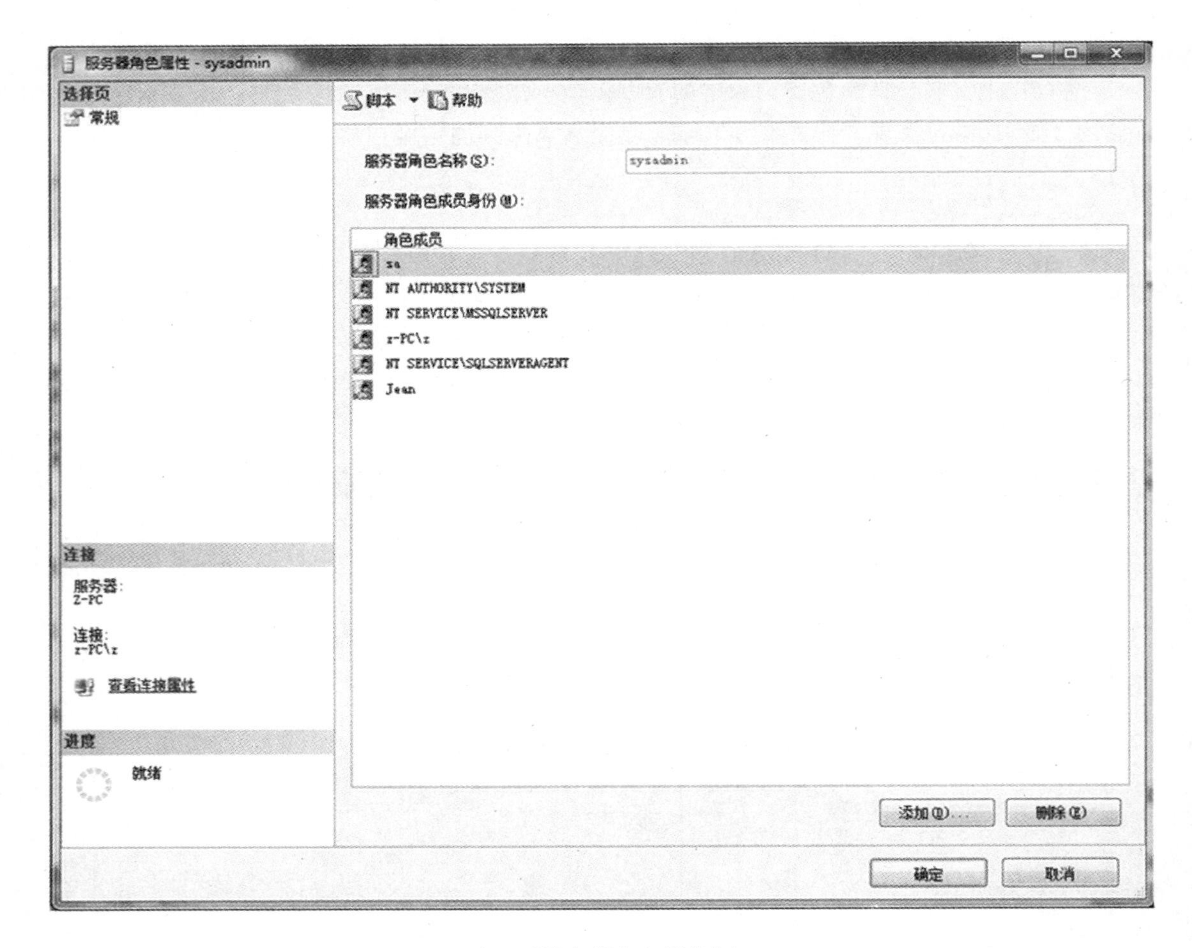

图4-14 “服务器角色属性”窗口

②在如图4-14中，单击“添加”按钮，弹出“选择登录名”窗口，单击其中的“浏览”按钮，弹出“查找对象”窗口。

③选定“查找对象”窗口中的“SQL-U1”选项，单击“确定”按钮，返回“选择登录名”窗口，再单击“确定”按钮，返回到“服务器角色属性”窗口，可以发现，“SQL-U1”已经存在于该角色的成员列表中，单击“确定”按钮即可完成服务器角色添加成员的操作。

方法三：

除了上述两种使用SSMS完成服务器角色成员的添加，还可以使用T-SQL语句完成。在SQL Server中，为固定服务器角色添加成员使用的是系统存储过程sp_addsrvrolemember，该存储过程的语法格式如下：

```
sp_addsrvrolemember [ @loginame = ] 'login'
                    ,[ @rolename = ] 'role'
```

其中各参数说明如下：

- [@loginame =] 'login'：要添加到固定服务器角色中的登录名。login 的数据类型为 sysname，无默认值。login 可以是 SQL Server 身份验证的登录名，也可以是 Windows 身份验证的登录名，且如果未向该 Windows 登录名授予对 SQL Server 的访问权限，则将被自动授予该访问权限。
- [@rolename =] 'role'：要添加到的固定服务器角色的名称，role 的数据类型为 sysname，默认值为 NULL，且必须为图 4-12 所示中的角色名。

该存储过程的返回值为 0 或 1，0 表示成功，1 表示失败。

注意：

①在将某登录名添加为固定服务器角色的成员后，该登录名将会得到与此固定服务器角色相关的权限。

②不能更改 sa 登录名的角色成员资格。

③不能更改任何登录名的 public 的角色成员身份。

④sp_addsrvrolemember 存储过程仅用于为固定服务器角色添加成员，若要为固定数据库角色或用户定义的角色添加成员则要使用后面所讲的 sp_addrolemember 存储过程。

⑤不能在用户定义的事务内执行 sp_addsrvrolemember 存储过程。

将 SQL-U1 添加成为 sysadmin 固定服务器角色成员的 T-SQL 语句为：

```
EXEC sp_addsrvrolemember 'SQL-U1','sysadmin'
```

同理，删除固定服务器角色成员的方法也是有三种，方法一中，只要在如图 4-13 所示的登录属性窗口中去除掉“sysadmin”的复选框，然后单击“确定”按钮即可。方法二中，只要在如图 4-14 所示的服务器角色属性窗口中，选中要删除的登录名，点击“删除”按钮，然后单击“确定”按钮即可。方法三中，则直接使用 sp_dropsrvrolemember 系统存储过程即可实现，如：

```
EXEC sp_dropsrvrolemember 'SQL-U1','sysadmin'
```

通过该语句即可从 sysadmin 角色中删除 SQL-U1 用户。

(2)固定的数据库角色

固定数据库角色定义在数据库级别上，它存在于每个数据库中，为管理数据库级别的权限提供了方便。与固定服务器角色一样，用户不能添加、删除或更改固定的数据库角色，但可以将数据库用户添加到固定的数据库角色中，使其成为固定的数据库角色中的成员。固定的数据库角色中成员来自于每个数据库中的用户。

SQL Server 支持的固定数据库角色可以通过 SSMS 查看。既然固定数据库角色是数据库级别的，所以查看也要选中某数据库，这里选定教学管理信息系统数据库，展开数据库下的“安全性”下的“角色”中的“数据库角色”，如图 4-15 所示。

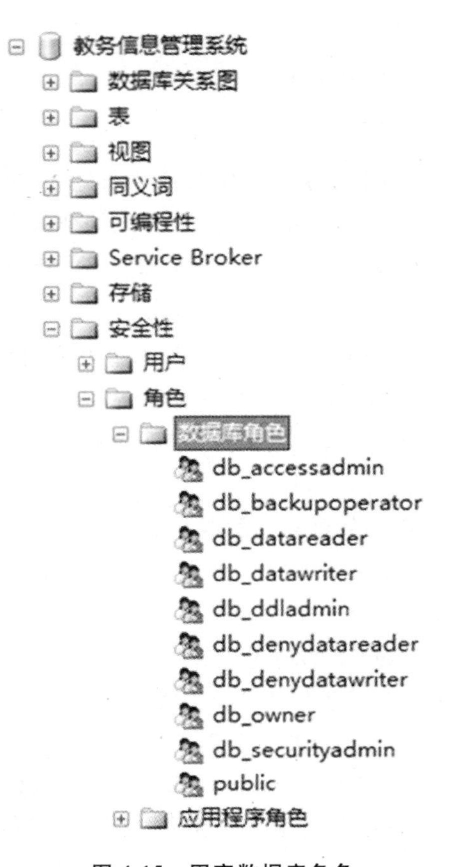

图 4-15 固定数据库角色

如图 4-15 中的数据库角色及其权限分析如下：

①db_accessadmin：数据库访问权限管理者，其成员具有添加、删除数据库使用者、数据库角色和组的权限。

②db_backupoperator：数据库备份操作员，其成员具有备份数据库、备份日志的权限。

③db_datareader：数据库数据读取者，其成员具有查询数据库中所有用户表数据的权限。

④db_datawriter：数据库数据写入者，其成员具有更改数据库中所有用户表数据的权限。

⑤db_ddladmin：数据库 DDL 管理员，其成员具有建立、修改和删除数据库对象的权限。

⑥db_denydatareader：数据库拒绝数据读取者，其成员不能读取数据库中任何表的内容。

⑦db_denydatawriter：数据库拒绝数据写入者，其成员不能对任何表进行增加、删除和修改操作。

⑧db_owner：数据库所有者，其成员具有数据库中的全部操作权限。

⑨db_securityadmin：数据库安全管理员，其成员可以管理数据库中的权限，如设置数据库表的增加、删除、修改和查询等存取权限。

⑩public：一个特殊的数据库角色，每个数据库用户都自动属于 public 数据库角色，用户可以为数据库 public 角色授予数据库中的操作权限，若想将某个权限授予所有用户，则将该

权限授予 public 角色即可。

固定数据库角色成员的来源是数据库中的用户，将数据库用户添加到固定数据库角色中可以通过 SSMS 工具实现，也可以通过 T-SQL 语句实现。同将登录名添加到固定服务器角色的方法一样，将数据库用户添加到固定数据库角色的方法也有三种，且操作的方法与前者类似，这里以将数据库用户 SQL-U2 添加为 db_datareader 角色成员为例简述将数据库用户添加为角色成员的三种方法。

方法一：

以系统管理身份连接到 SSMS，在 SSMS 的对象资源管理器中，依次展开“数据库”→“教学管理信息系统”→“安全性”→“用户”节点，这里选择数据库用户 SQL-U2，双击或单击鼠标右键选择“属性”命令，打开“数据库用户-SQL-U2”窗口，在该窗口中的“常规”选项页中的“数据库角色成员身份”栏，用户可以根据需要，选中数据库角色前的复选框，为数据库用户添加相应的数据库角色，这里复选框选择 db_datareader，最后单击“确定”按钮，即可将 SQL-U2 添加成为 db_datareader 的角色成员。同理，去除复选框里的“√”也可以将成员从角色中删除。

当然，此方法也可以在新建用户名时实施。

方法二：

以系统管理身份连接到 SSMS，在 SSMS 的对象资源管理器中，依次展开“数据库”→“教学管理信息系统”→“安全性”→“角色”→“数据库角色”节点，选中要添加成员的角色名，这里选择“db_datareader”，双击或单击鼠标右键选择“属性”命令，打开“数据库角色属性-db_datareader”窗口，在该窗口下的“角色成员”栏下可以看到该数据库角色的成员列表，若想将某一用户添加为该角色的成员，则需要单击“添加”按钮，后面的步骤同固定服务器角色添加成员，读者自己学习体会，此处不赘述。

方法三：

除了上述两种使用 SSMS 添加服务器角色成员的方法，还可以使用 T-SQL 语句完成。在 SQL Server 中，为固定数据库角色及后面所讲的自定义数据库角色添加成员使用的是系统存储过程 sp_addrolemember，该存储过程的语法格式如下：

```
sp_addrolemember [ @rolename = ] 'role'
    ,[ @mebername = ] security_account'
```

其中各参数说明如下：

- [@rolename =] 'role'：当前数据库中的数据库角色的名称，role 数据类型为 sysname，无默认值。
- [@membername =] 'security_account'：是添加到该角色的安全账户。security_account 数据类型为 sysname，无默认值。security_account 可以是数据库用户、数据库角色、Windows 登录或 Windows 组。

该存储过程的返回值为 0 或 1，0 表示成功，1 表示失败。

注意：

①只有 sysadmin 固定服务器角色和 db_owner 固定数据库角色中的成员才可以执行

sp_addrolemember，以将成员添加到数据库角色。

②使用 sp_addrolemember 添加到角色中的成员会继承该角色的权限。如果新成员是没有对应数据库用户的 Windows 级主体，则将创建数据库用户，但数据库用户可能不会完全映射到登录名，始终应检查登录名是否存在以及是否能访问数据库。

③可以将一个角色添加成为另一个角色的成员，但是角色不能将自身包含为成员，即角色不能循环添加，即使这种成员关系仅由一个或多个中间成员身份间接地体现，这种“循环”定义也无效。

④sp_addrolemember 不能向角色中添加固定数据库角色、固定服务器角色或 dbo。例如，不能将 db_owner 固定数据库角色添加成为用户定义的数据库角色的成员。

⑤不能在用户定义的事务中执行 sp_addrolemember。

⑥只能使用 sp_addrolemember 向数据库角色添加成员。若要向服务器角色添加成员，请使用 sp_addsrvrolemember。

将 SQL-U2 添加成为 db_datareader 固定服务器角色成员的语句为：

```
EXEC sp_addrolemember 'db_datareader','SQL-U2'
```

同理，删除固定数据库角色成员的方法也是有三种，方法一中，只要在用户的“数据库角色成员身份”栏勾选掉“db_datareader”的复选框，然后单击“确定”按钮即可。方法二中，只要在“数据库角色属性-db_datareader”窗口中的“角色成员”栏下删除相应的用户 SQL-U2 即可。方法三中则直接使用 sp_droprolemember 系统存储过程即可实现，如：

```
EXEC sp_droprolemember 'db_datareader','SQL-U2'
```

通过该语句即可从 db_datareader 角色中删除 SQL-U1 用户。

(3)用户定义的角色

固定数据库角色的权限是固定的，有时有些用户需要一些特定的权限，如数据库表的增加、删除、修改和执行权限等，固定数据库角色无法满足这些要求，SQL Server 2014 除了提供系统预定义的角色外，还提供了用户自己定义角色的功能。用户定义的角色属于数据库级别的角色，有了角色的使用，DBA 勿需直接管理每个具体的数据库用户的权限，而是将用户分成不同的组，每个组具有相同的操作权限，这些具有相同权限的组在数据库中被称为用户定义的角色。数据库管理员在管理用户时，只需要将数据库用户放到合适的角色即可，当组的职能发生变化时，只需要更改角色的权限，而不需要关心角色中的成员。用户定义的角色成员可以是数据库中的用户，也可以是用户定义的角色。

创建用户定义的角色，一般有两种方法，一种是通过 SSMS 工具，一种是通过 T-SQL 语句。

方法一：

①以系统管理身份连接到 SSMS，在 SSMS 的对象资源管理器中，依次展开“数据库”→“教学管理信息系统”→“安全性”→“角色”节点，右键“数据库角色”选择“新建数据库角色”菜单，打开“数据库角色-新建”窗口，如图 4-16 所示。

②如图 4-16 中，在“角色名称”文本框中输入角色的名字，这里输入 R1，“所有者”文本框可输入拥有该角色的用户名或数据库角色名，也可以通过单击右边的“…”按钮，在弹出的窗口

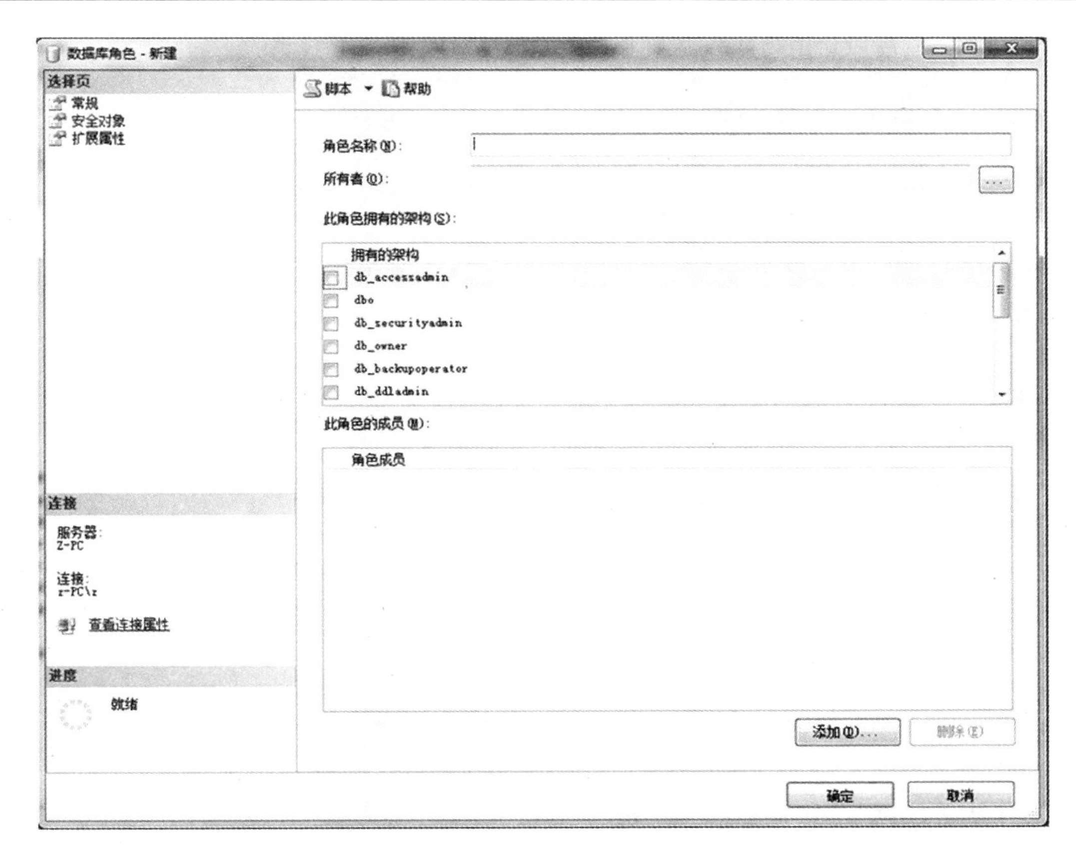

图 4-16　新建数据库角色

中选择指定，这里所有者默认为 dbo。可以通过单击“角色成员”栏下方的“添加”按钮，为该角色添加成员。最后单击该页面上“确定”按钮就可以完成对用户角色的创建。

方法二：

在 SQL Server 中也提供了 T-SQL 语言实现用户定义角色的创建，在 SQL Server 2005 及其以前的版本，是使用系统存储过程 sp_addrole 实现，后面的版本则可使用 CREATE ROLE 语句实现，其语法结构为：

CREATE ROLE role_name [AUTHORIZATION owner_name]

其中各参数说明如下：

- role_name：待创建角色的名称。
- AUTHORIZATION owner_name：将拥有新角色的数据库用户或角色。如果未指定用户，则执行 CREATE ROLE 的用户将拥有该角色。

创建角色后，为用户定义的角色添加成员的语句与为固定数据库角色添加成员的语句相同，即也使用存储过程 sp_addrolemember，同前面的固定角色一样，删除角色成员使用的存储过程也是 sp_droprolememeber，而删除角色所使用的 T-SQL 语句为 DROP ROLE。

【例 4-3】　在教学管理信息系统数据库中创建用户定义的角色 accounting，并指定 dbo 为该角色所有者，并为该角色添加用户 Jack(假定该用户已存在)。

```
USE 教学管理信息系统
GO
CREATE ROLE accounting AUTHORIZATION  dbo
GO
EXEC sp_addrolemember 'accounting','Jack'
```

【例 4-4】 删除数据库角色 accounting。

```
USE 教学管理信息系统
GO
EXEC sp_droprolemember 'accounting','Jack'
GO
DROP ROLE accounting
```

注意:

①除了将用户添加成为角色的成员,也可以将角色添加成为另外一个角色的成员。

②无法从数据库删除拥有安全对象的角色。若要删除拥有安全对象的数据库角色,必须首先转移这些安全对象的所有权,或从数据库删除它们。

③无法从数据库删除拥有成员的角色。若要删除有成员的角色,必须首先删除角色的成员。

④不能使用 DROP ROLE 删除固定数据库角色。

(4)应用程序角色

在 SQL Server 中,还有一类比较特殊的角色叫应用程序角色,跟前面谈到的角色不同,应用程序角色没有默认的角色成员,只能使应用程序用其自身的、类似用户的特权来运行。使用应用程序角色只允许通过特定应用程序连接的用户访问特定数据,而用户若仅使用 SQL Server 登录名和数据库账户将无法访问数据。

关于此类特殊角色,创建既可以通过 SSMS 工具实现,也可以通过系统存储过程 sp_setapprole 实现,有兴趣的读者可参照相关书籍及 SQL Server 的帮助文件进行阅读学习。

5.权限管理

数据库的权限指明了用户能够获得哪些数据库对象的使用权,以及用户能够对哪些对象执行何种操作。使用数据库的权限分为二类:访问数据特权和修改数据库模式的特权。

- 访问数据特权包括:读数据权限、插入数据权限、修改数据权限和删除数据权限。
- 修改数据库模式的特权包括:创建和删除索引的索引权限,创建新表的资源权限,允许修改表结构的修改权限,允许撤销关系表的撤销权限等。

在 SQL Server 中,对权限的管理主要包含如下 3 个内容:

- 授予权限:授予用户或角色具有某种操作权。
- 回收权限:收回(或撤销)曾经授予用户或角色的权限。
- 拒绝权限:拒绝某用户或角色具有某种操作权限。一旦拒绝了用户的某个操作权限,则用户从任何地方都不能获得该权限。

对权限的管理有两种不同的方法,一种是通过界面即 SSMS 实现,另一种是通过 SQL 语句实现。SQL 对自主存取控制提供了支持,其 DCL 主要是 GRANT(授权)语句和 REVOKE(收权)语句,SQL Server 中还添加了 DENY(拒绝)语句。

方法一：用 SSMS 工具实现对权限的管理

(1)授予数据库的权限(修改数据库模式特权)

假定这里要为教学管理信息系统数据库中的用户“zhao”授予“创建表”的权限。

在 SSMS 工具的“对象资源管理器”中，依次展开“数据库”→“教学管理信息系统”，右键单击鼠标，选择“属性”菜单项进入教学管理信息系统的菜单项，选择“权限”页，如图 4-17 所示。在“用户和角色”栏中选择需要授予权限的用户或角色，这里选择用户“zhao”，在窗口下方列出的权限列表中找到相应的权限，如“创建表”，在前面的复选框前打勾，单击“确定”按钮即可。

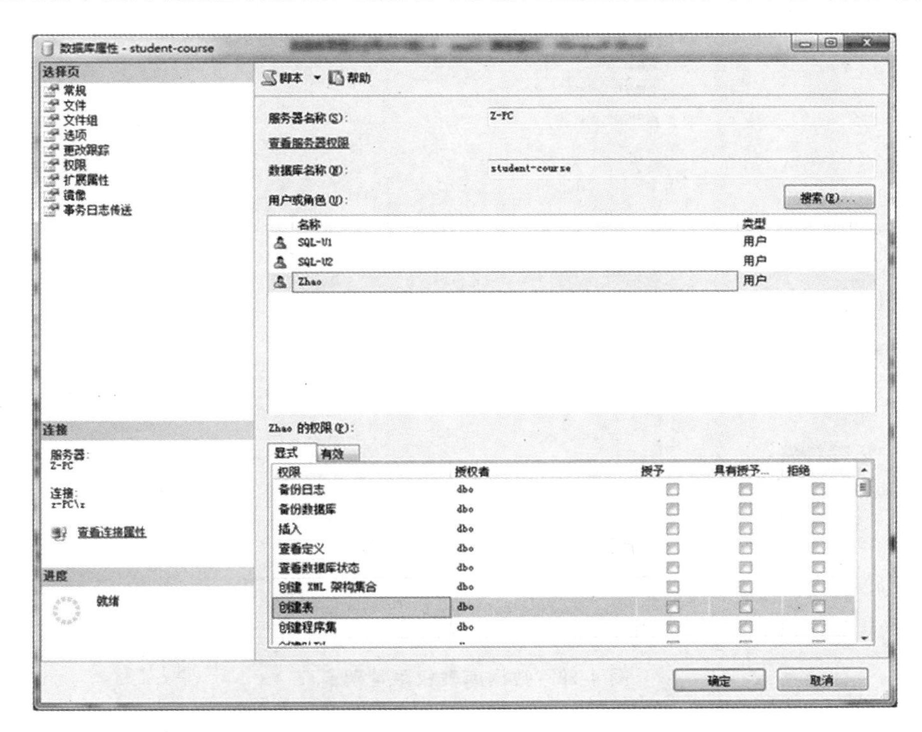

图 4-17　数据库权限管理窗口

在上述步骤中，需要说明的是：

①如果需要授予权限的用户或角色在列出的用户列表中不存在，则可以单击“搜索”按钮将该用户添加到列表中再选择。

②单击用户权限的“有效”选项卡则可以查看该用户在当前数据库中有哪些权限。

③在权限列表中：

- 选中“授予”对应的复选框表示授予该项选项；
- 选中“具有授予权”对应的复选框表示授权同时授予该权限的转授权，即该用户可以将其获得的权限授予其他人；
- 选中“拒绝”对应的复选框表示拒绝用户获得该权限。

④对于数据库权限的授予，还可以通过展开“数据库”→“教学管理信息系统”→“安全性”→“用户”，这里右键选择“zhao”用户，在弹出的窗口中选择“安全对象”页，然后单击“搜索”按钮找到对应的数据库和权限来实现。

(2)授予数据库对象上的权限(访问数据库特权)

假定这里要为教学管理信息系统数据库中的用户“zhao”授予对 Student 表的 SELECT 和 INSERT 的权限。

①在教学管理信息系统数据库下,右键单击“student”表,在弹出的菜单中选择“属性”进入 Student 表的属性窗口,选择“权限”选项页,如图 4-18 所示。

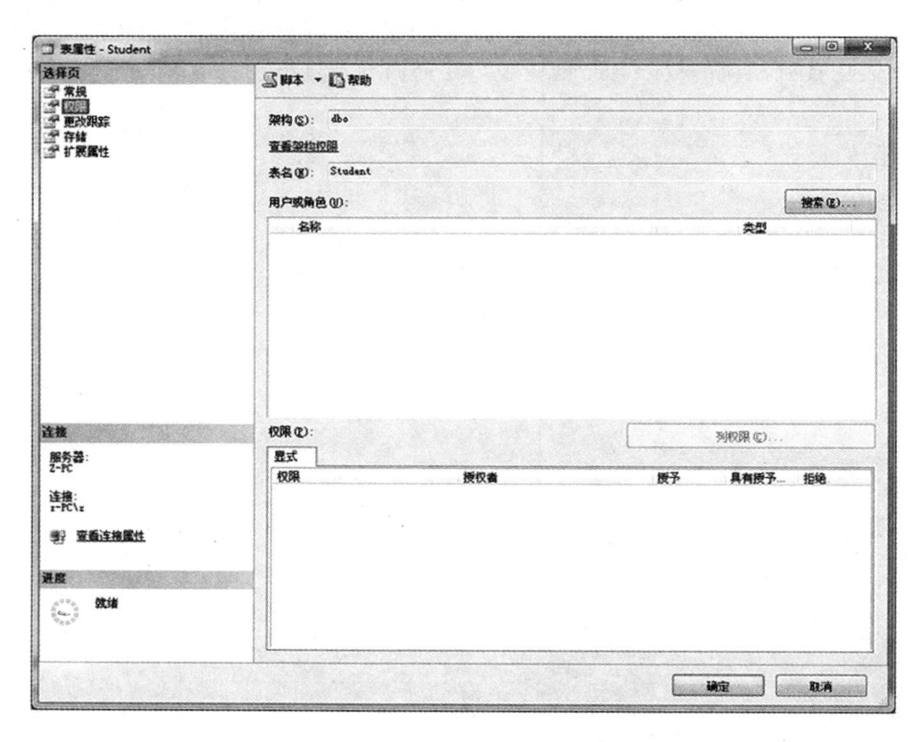

图 4-18 数据库表权限管理窗口

②如图 4-18 所示,单击“用户和角色”右边的“搜索”按钮,弹出如图 4-19 所示的“选择用户或角色”窗口,单击窗口中的“浏览”按钮,弹出如图 4-20 所示的“查找对象”窗口。

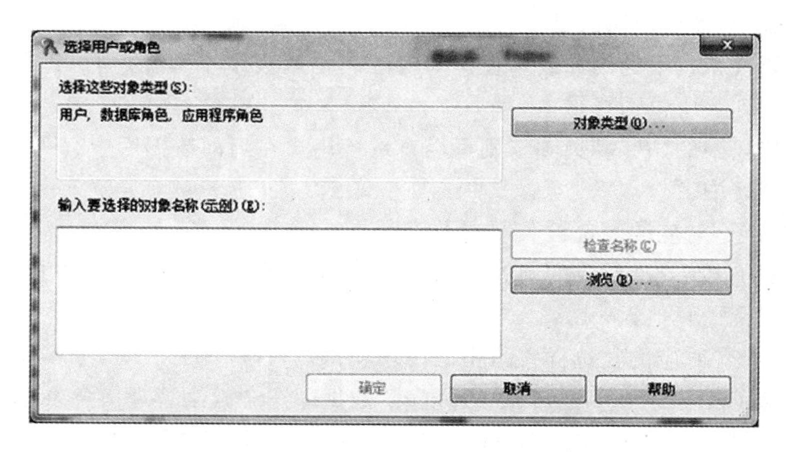

图 4-19 “选择用户或角色”窗口

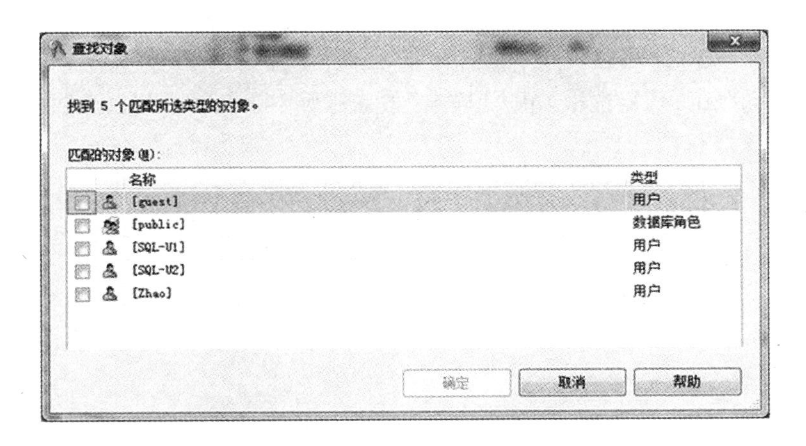

图 4-20　“查找对象”窗口

③在如图 4-20 所示窗口中，选中“zhao”用户前的复选框，单击“确定”按钮返回到“选择用户或角色”窗口，再单击“确定”按钮，返回到 Student 表的表属性窗口，如图 4-21 所示。

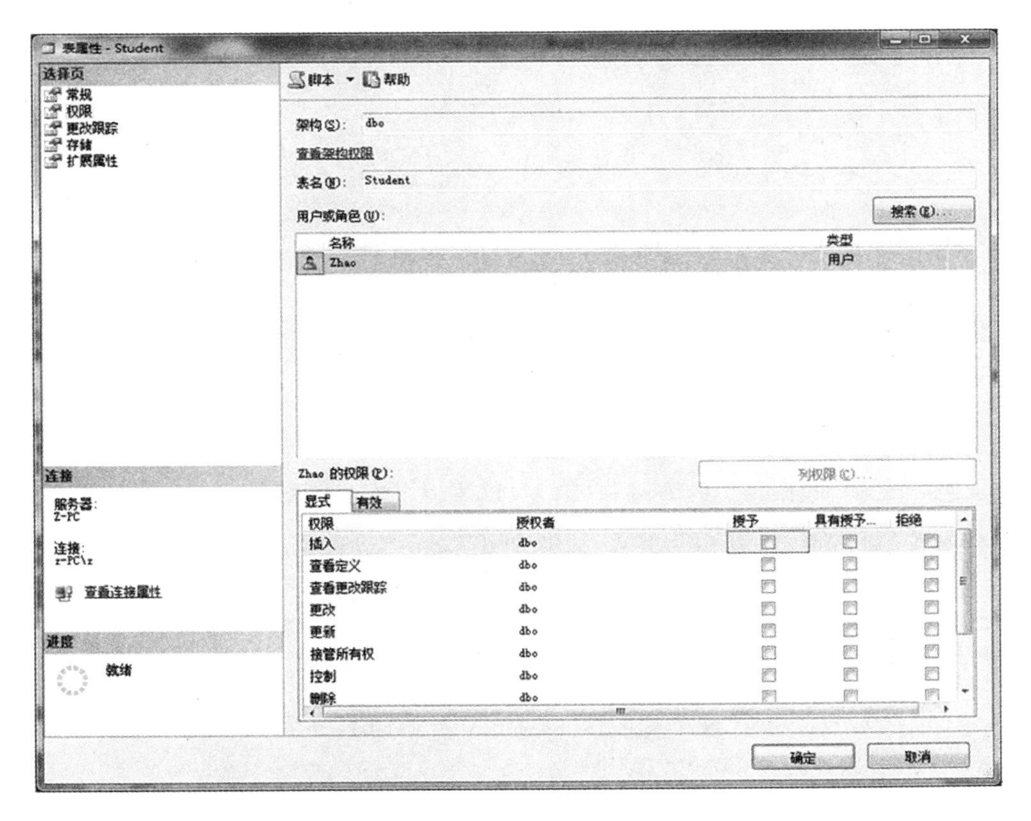

图 4-21　为 zhao 用户授予权限窗口

④在如图 4-21 中的“zhao 的权限”栏下方选中要授予权限前的复选框，如“插入”、“选择”。

⑤如果要授予用户在表的某些列上的权限,在选中“权限”列表下某操作权限时如“选择”,然后单击“列权限”按钮,弹出“列权限”对话框,如图4-22所示。这里选中“授予”列表下的“Sno”、“Sname”和“Sdept”复选框,单击“确定”按钮返回到“表属性”窗口,再单击“表属性”窗口的“确定”按钮完成权限的授予。

列权限

主体(P): SQL-U1
授权者(G): dbo
表名(N): dbo.Student
权限名称(M): 选择
列权限(C):

列名	授予	具有授予...	拒绝
Sage	☐	☐	☐
Sdept	☐	☐	☐
Sname	☐	☐	☐
Sno	☐	☐	☐
Ssex	☐	☐	☐

确定 取消 帮助

图4-22 “列权限”选择窗口

对用户授予权限后,则可以该用户的身份登录SQL Server,然后对数据库执行相关的操作,从而可以验证和测试已授予的权限。

方法二:用T-SQL语句实现对权限的管理

(1)授予权限

授予用户或角色权限使用的语句是GRANT,该语句基本格式为:

GRANT {ALL[PRIVILEGES]} | 权限 [(列[,…])] [,…]
[ON〈数据对象〉] TO〈被授权者〉
[WITH GRANT OPTION] [AS 主体]

其中各参数说明如下:

● ALL:表示授予所有可用的权限。ALL PRIVILEGES是SQL-92标准的用法,从SQL Server 2005版本开始,不推荐使用该选项。

● 权限:权限的名称。对于数据库,权限可以为BACKUP DATABASE、BACKUP LOG\CREATE DATABASE、CREATE DEFAULT、CREATE FUNCTION、CREATE PROCEDURE、CREATE RULE、CREATE TABLE或CREATE VIEW;对于表或视图等数据库中的对象,权限的取值可以为SELECT、INSERT、DELETE、UPDATE或REFERENCES;对于存储过程,权限的取值为EXECUTE;对于用户函数,权限可以为EXECUTE和

REFERENCES。

● WITH GRANT OPTION：表示允许被授权者在获得指定权限的同时还可以将此权限转授给其他用户或角色，该选项仅对数据库中的对象权限有效。

● AS 主体：指定一个主体，执行该授权操作的用户或角色从该主体获得授予该权限的权利。一般 AS 后面跟的是角色名，当前用户授予其他用户或角色的权限是从该主体即角色获得的。

注意：使用 GRANT 语句时有两个特殊的用户和角色，即 public 角色和 guest 用户。public 是一个特殊的保留字，代表该数据库系统的全体用户。对于大部分可以公开的数据，可以一次性地授权给 public，而不必对每个用户逐个授权。授予 guest 用户的权限可为所有在数据库中没有数据库用户账户的访客使用。

【例 4-5】 在教学管理信息系统数据库中，将表 Student 的 SELECT 操作权限授予所有的用户。

```
GRANT SELECT ON Student TO PUBLIC;
```

【例 4-6】 将表 Student 的学号、姓名字段的 UPDATE 权限授予给 zhao。

```
GRANT UPDATE(Sno,Sname)ON Student TO zhao;
```

【例 4-7】 将表 Student 中姓名和年龄的 INSERT 特权授予 zhang，并允许他将此特权转授给其他用户。

```
GRANT INSERT(Sname,Sage)ON Student TO zhang WITH GRANT OPTION;
```

【例 4-8】 权限综合练习

假设有用户 Jean、Jill 和 Jack 和角色 Accounting，用户 Jean 拥有表 Plan_Data。逐步进行如下操作：

①首先创建角色 Accounting，并将用户 Jill 添加成为 Accounting 的成员。

②Jean 将表 Plan_Data 的 SELECT 权限授予 Accounting 角色，并允许其成员转授。

③用户 Jill 将表 Plan_Data 上的 SELECT 权限授予用户 Jack，Jack 不是 Accounting 的成员。

分析：因为对表 Plan_Data 的 SELECT 以及转授的权限，是授予 Accounting 角色而不是显式地授予 Jill，所以不能因为已授予 Accounting 角色中成员该权限，而使 Jill 能够将该权限转授，Jill 必须用 AS 子句来获得 Accounting 角色的转授权限。

假设已存在登录名及用户 Jean、Jill 和 Jack。

```
/* DBA */
CREATE ROLE Accounting;
sp_addrolemember 'Accounting','Jill';
/* User Jean */
GRANT SELECT ON Plan_Data TO Accounting WITH GRANT OPTION
/* User Jill */
GRANT SELECT ON Plan_Data TO Jack AS Accounting
```

注意：上面所介绍的授权语句是满足 SQL Server 环境下的，对于数据库控制，基于 SQL 语句的自主存取控制跟上面所讲会有些许的不同。

(2)拒绝权限

使用 DENY 命令可以拒绝给当前数据库中的指定用户授予的权限，并防止用户通过其组或角色成员身份继承权限。DENY 语句的基本格式为：

DENY {ALL[PRIVILEGES]} | 权限 [(列 [,…])] [,…]
[ON〈数据对象〉] TO〈受权者〉
[CASCADE] [AS 主体]

上述语句中，CASCADE 表示拒绝授予指定用户或角色该权限，同时，对该用户或角色授予了该权限的所有其他主体，也拒绝授予该权限。当主体具有带 WITH GRANT OPTION 的权限时，CASCADE 为必选项。语句中其他参数与 GRANT 命令中的相同。

【例 4-9】 对于用户 zhao 和 zhang，不允许其创建表和视图。

DENY CREATE VIEW, CREATE TABLE TO zhao, zhang;

【例 4-10】 对于用户 li，wang，拒绝其对 Course 表的增删改的权限。

DENY INSERT, UPDATE, DELETE on Course to li, wang;

【例 4-11】 对于角色 R1 的所有角色成员拒绝 CREATE RULE 权限。

DENY CREATE RULE TO R1;

注意：假设有用户 huang 是 R1 的成员，并显示授予了 CREATE RULE 权限，但仍拒绝 huang 的 CREATE RULE 权限。

(3)回收权限

当用户将某些权限授给其他用户后，有时还需要把权限收回，回收权限需要使用 REVOKE语句。REVOKE 语句的语法格式为：

REVOKE [GRANT OPTION FOR]
{ALL[PRIVILEGES]} | 权限 [(列 [,…])] [,…]
[ON〈数据对象〉] TO | FROM〈受权者〉
[CASCADE] [AS 主体]

其中各参数需要说明的如下，其余同 GRANT 和 DENY。

- GRANT OPTION FOR：表示将撤销授予指定权限的能力。在使用 CASCADE 参数时，需要具备该功能。如果主体具有不带 GRANT 选项的指定权限，则将撤销该权限本身。
- REVOKE 只适用于当前数据库内的权限。
- REVOKE 只在指定的用户、组或角色上取消授予或拒绝的权限。例如，假定 huang 是角色 R1 的成员，如果回收了 R1 角色查询 SC 表的权限，且又显式授予 huang 查询 SC 表的权限，则 huang 仍能查询该表；若未显式授予 huang 查询 SC 表的权限，则取消 R1 角色权限的同时也将同时收回 huang 查询 SC 表的权限。

【例 4-12】 收回已授予 liu 的 CREATE TABLE 权限。

REVOKE CREATE TABLE FROM liu;

【例 4-13】 取消以前对 zhang 用户授予或拒绝的在 Student 表中姓名和年龄的 INSERT 特权。

REVOKE INSERT(Sname, Sage)ON Student FROM zhang;

6.数据库架构的定义和使用

在 SQL Server 2014 中，数据库架构(Schema)是一组数据库对象的集合，它被单个负责人

(可以是用户或角色)所拥有并构成唯一命名空间。可以将架构看成是对象的容器,数据库中的对象都属于某一个架构,架构的所有者可以访问架构中的对象,并且还可以授予其他用户访问该架构的权限。

架构在数据库中跟角色和用户并列存在,如图 4-23 所示为架构所处在位置及数据库已经存在的架构,对于架构的创建也同样有两种方式,可以通过 SSMS 实现,也可以通过 T-SQL 中 CREATE SCHEMA 语句实现。

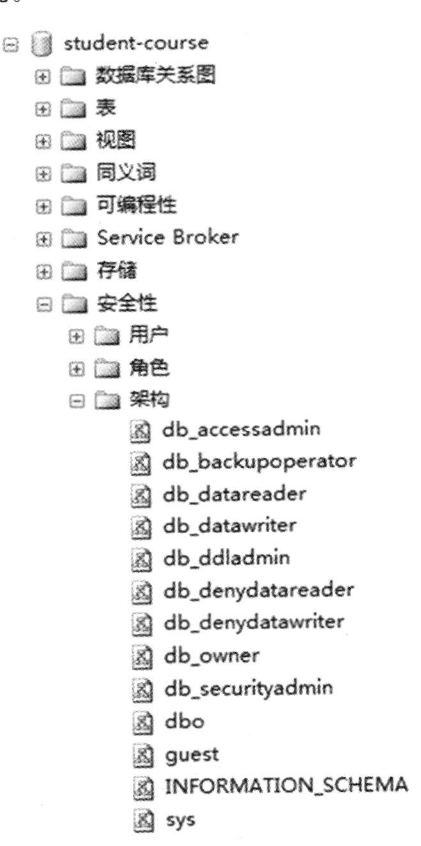

图 4-23　架构在数据库中的位置

4.2　数据库的完整性控制

数据库的完整性是指保护数据库中数据的正确性、有效性和相容性,即为了防止数据库中存在不符合语义的数据,防止错误信息的输入和输出。例如,学生的年龄是整数,取值范围应为 14～45;月份只能是 1～12 之间的正整数;一个人不能有两个身份证号;学生学的专业必须是学校已有的专业等。显然,维护数据库完整性非常重要,它保证了数据库中的信息能真实的反映现实世界。凡是已经失真的数据都可以说其完整性受到了破坏,这种情况下就不能再使用数据库,否则可能造成严重的后果。

数据库的完整性和安全性是数据库保护的两个不同的方面,前一节中所讲的安全性是指保护数据库以防止非法使用所造成的数据的泄露、更改或破坏,其防范对象是非法用户或合法用户的非法操作。而完整性是指防止合法用户使用数据库时向数据库中加入不符合语义的数据,其防范对象是不合语义的数据,但二者又是密切相关的。

完整性受破坏的常见原因如下:

(1)错误的数据

当录入数据时,输入了错误的数据。例如,在输入学生百分制成绩的时候,录入了大于100的值,或者是一个负数,这显然是一个错误的数据。如果数据库不加检查就接收输入数据,就会导致完整性受到破坏。

(2)错误的更新操作

在正常情况下,一个数据库事务确保把数据库从一个保持完整性的状态改变为另一个保持完整性的状态。但是,如果事务的更新操作有误,就可能破坏数据库的一致性和完整性。例如,从A的银行账户转账1000元给B账户,B账户增加了1000元,但是若A账户的余额没有修改,就会使得数据库的一致性遭到破坏。

(3)并发访问

多个事务同时并发的访问数据库,如不加妥善控制,就容易发生更新丢失、读脏数据,导致完整性遭破坏。

(4)各种硬件故障

在执行数据库更新操作的时候,如果发生系统的硬件故障,使得更新操作没有完全完成,就有可能使数据库留下不一致的数据。

(5)人为的破坏

上述原因中,并发控制、各种硬件故障的错误恢复方法,将在第5章详细介绍。防止人为破坏更依赖于数据库的安全性控制。其余部分就需要运用数据库的完整性约束,检查和处理错误数据的录入和更新操作。

4.2.1 DBMS对完整性的支持

为了维护数据库的完整性,数据库管理系统必须提供对完整性约束的支持。现代数据库管理系统一般都有完整性控制子系统,专门负责处理数据库的完整性语义约束的定义和检查,防止因错误的操作产生的不一致性。

完整性规则是数据库中数据必须满足的语义约束条件,所表达的是给定数据模型中数据以及数据之间联系所具有的制约与依存规则,用以保证数据库状态发生改变时,其数据的正确性、有效性和相容性。在关系模型中,其完整性主要包括实体完整性、参照完整性以及用户自定义的完整性,其中用户自定义完整性又包括行、列和关系上的约束。SQL标准使用了一系列的概念来描述其完整性;实体完整性一般通过PRIMARY KEY关键字实现,参照完整性一般通过FOREIGN KEY……REFERNCES来实现,而用户自定义的完整性一般可以通过NOT NULL约束、UNIQUE约束、CHECK约束、规则RULE和触发器实现。

对于完整性约束,当对数据库执行INSERT、UPDATE和DELETE语句时,数据库管理系统必须提供一定的机制进行检查,检查这些操作执行后是否会破坏数据库的完整性约束。数据库管理系统若发现有用户进行了违背完整性约束的操作,必须提供一定的处理方法,比如拒绝操作、级联操作等,以保证数据库的完整性,不需要用户编程实现这些语义的约束。

4.2.2　实体完整性

实体完整性是为了确保现实世界中的每个实体都是可区分的，体现在关系数据库中是要求任何一个关系中只能有一个主键，其值不能为空且唯一地标识对应的记录。SQL 在 CREATE TABLE 语句中提供了 PRIMARY KEY 子句创建主码列，实现关系的实体完整性。

一个表只能有一个 PRIMARY KEY 约束，而且 PRIMARY KEY 约束中的列不能取空值。当为表定义 PRIMARY KEY 约束时，SQL Server 2014 为主键创建唯一索引，实现主键数据的唯一性，在查询中，该索引可用来对数据进行快速访问。如果 PRIMARY KEY 约束是由多列组合定义的，则某一列的值可以重复，但 PRIMARY KEY 约束定义中所有列的组合值必须唯一。此外，对于单个属性构成的码，其 PRIMARY KEY 的位置可以定义在列级，也可以定义在表级；但对于多个属性构成的码，只能定义在表级。

【例 4-14】　在教学管理信息系统中，创建课程表 Course，并将 Cno 设置为码。

```
CREATE TABLE  Course
      (Cno      CHAR(4) PRIMARY KEY,    —主码定义在列级
       Cname    VARCHAR(20),
       Cpno     CHAR(4),
       Ccredit  SMALLINT
      );
```

或

```
CREATE TABLE  Course
    (Cno      CHAR(4),
     Cname    VARCHAR(20),
     Cpno     CHAR(4),
     Ccredit  SMALLINT,
     PRIMARY KEY (Cno)                 —主码定义在表级
    );
```

【例 4-15】　在教学管理信息系统中，创建选课表 SC，并将 Sno 和 Cno 属性组合设置为码。

```
CREATE TABLE SC
    (Sno      CHAR(8),
     Cno      CHAR(4),
     Grade    SMALLINT,
     PRIMARY KEY(Sno,Cno)              /* 主码只能定义在表级 */
     );
```

用 PRIMARY KEY 约束定义了关系的主码后，每当用户程序对基本表插入一条记录或对主码列进行更新操作时，关系数据库管理系统将按照实体完整性规则进行检查，即检查主码值是否唯一或主码的各个属性值是否为空，如果两个条件有一个不满足则将拒绝插入或修改。

检查记录中主码值是否唯一可以进行全表扫描，即扫描表中每一条记录的主码值与将插入记录或将修改的新主码值进行比较，判断二者是否相同，但全表扫描是十分耗时的，因此，关系数据库管理系统一般会在所创建的主键上自动建立索引，从而大大提高检查的效率。

4.2.3 参照完整性

参照完整性是关系数据库表中的另一种重要约束，又称为引用完整性。参照完整性保证参照表中的数据与被参照表中数据的一致性，通过定义参照表中的外码与被参照表中的主码之间的对应关系实现。

参照完整性在 CREATE TABLE 中用 FOREIGN KEY 短语定义外键列，用 REFERENCES 短语指明所定义的外码参照哪些表的主键列。

在 SQL 中，定义一个外部关键字一般有两种表达方法：

(1)列级定义法

在它的属性名和类型后面直接用"REFERENCES"说明它参照了某个被参照表的某些属性(必须是主关键字)，其格式为：

REFERENCES ＜表名＞(＜属性＞)

(2)表级定义法

在 CREATE TABLE 语句的属性列表后面增加一个或几个外部关键字说明，其格式为：

FOREIGN KEY(＜属性＞)REFERENCES ＜表名＞(＜属性＞)

其中，第一个"属性"是外键，第二个"属性"是被参照表中的主码属性。

【例 4-16】 在教学管理信息系统中，创建选课表 SC 时，除了将 Sno 和 Cno 属性组合设置为外码，同时设置 Sno 与 Cno 为 SC 表的外键，其取值分别参照引用 Student 表的主码和 Course 表的主码，则有：

```
DROP TABLE SC;
GO
CREATE TABLE SC
    (Sno   CHAR(8) REFERENCES Student(Sno),        /* 外码定义在列级 */
     Cno   CHAR(4),
     Grade   SMALLINT,
     PRIMARY KEY(Sno,Cno),                          /* 主码只能定义在表级 */
     FOREIGN KEY (Cno) REFERENCES Course(Cno) /* 外码定义在表级 */
    );
```

用 FOREIGN KEY 短语定义了关系的外码后，则对外键的取值就有了一定的限制。目前，许多关系数据库管理系统对于违反实体完整性和用户自定义完整性的操作一般是采用拒绝的方式进行处理，但对于违反参照完整性的操作，并不都是简单地拒绝执行，当参照完整性遭到破坏时，以被参照表 Course 和参照表 SC 为例，大约包括如下四种情况，DBMS 具体的处理如表 4-1 所示。

- 当 SC 表插入一个元组时，该元组中的 Cno 属性值在表 Course 中找不到一个元组，其

Cno 属性值与之相等。

- 当修改 SC 表中的一个元组时，修改后该元组的 Cno 属性值在表 Course 中找不到一个元组，其 Cno 属性值与之相等。
- 当从 Course 表中删除一个元组时，导致 SC 表某些元组的 Cno 属性值在表 Course 中找不到一个元组，其 Cno 属性值与之相等。
- 修改 Course 表中的一个元组的 Cno 属性值，导致 SC 表中某些元组的 Cno 属性值在 Course 表找不到一个元组，其 Cno 属性值与之相等。

表 4-1　可能破坏参照完整性的情况及 DBMS 对违约的处理

被参照表(例如 Course)	参照表(例如 SC)	违约处理
可能破坏参照完整性	插入元组	拒绝
可能破坏参照完整性	修改外码值	拒绝
删除元组	可能破坏参照完整性	拒绝/级连删除/设置为空值
修改主码值	可能破坏参照完整性	拒绝/级连修改/设置为空值

下面将结合参照完整性的取值规则及表 4-1 中所示的几种情况详细讨论实现参照完整性要考虑的几个问题。

1. 外码的取值规则

例 4-16 所创建的表 SC 中，学号 Sno 和课程号 Cno 是外键，其中 Sno 参照了表 Student 中主键 Sno，Cno 参照了表 Course 中主键 Cno，这里称 Student 和 Course 为被参照关系，SC 为参照关系。这里为了跟表 4-1 相对应，仅分析 SC 中 Cno 与 Course 关系中 Cno 的参照关系。

在第 2 章中所讲的参照完整性规则中规定：若属性 (或属性组)F 是基本关系 R 的外码，它与基本关系 S 的主码 Ks 相对应(基本关系 R 和 S 不一定是不同的关系)，则对于 R 中每个元组在 F 上的值必须为：

- 或者取空值(F 的每个属性值均为空值)
- 或者等于 S 中某个元组的主码值

本例中，对于 SC 表中的 Cno，按照参照完整性规则，其取值要么为空，要么为 Course 表中已存在的 Cno，但 Cno 同时又是 SC 表的主属性，故不可以取空值，只能取“Course. Cno”的值。

此外，参照关系和被参照关系可以是同一个关系，外键和被参照表的主键也可以不同名，比如在 Course 关系中：

Course(<u>Cno</u>, Cname, Cpno, Ccredit)

其中，Cno 为 Course 关系的主码，Cpno 为 Course 关系的外码，参照该表中的 Cno 属性值。当课程没有先修课程时，Cpno 可以取空值，如果课程有先修课程，则其取值必须为“Course. Cno”的值。

2. 参照表中插入元组

向 SC 表中插入元组时，若新插入元组的 Cno 取值在被参照表 Course. Cno 中不存在，则 DBMS 对于违约的处理是拒绝插入。当且仅当被参照关系中存在相应的元组，参照关系插入元组的外码与其主码值相同时，系统才执行插入操作，否则拒绝此操作。例如，若向 SC 表中增加一个元组('20152105','3008',90),而Course关系中尚没有Cno='3008'的课程,则拒绝向SC表插入该条记录。

3.参照表中修改外码值

当参照关系修改某元组中外码值,若修改后的外码值在被参照关系的主码值中存在,则允许修改,否则将拒绝修改。比如若修改SC表中某个元组的Cno值,由“3009”修改成“3308”,而“3308”在Course表中Cno列中不存在,则拒绝修改。

4.被参照表中删除一个元组

当在被参照表中删除一个元组时,如果参照关系的外码没有对应值,则可以顺利删除此元组。但是,如果参照关系存在若干元组,其外码值与被参照关系所删除元组的主码值相同,则可以有三种不同的策略,即拒绝(NO ACTION)删除、级联(CASCADE)删除和设置为空值(SET NULL),具体执行哪种策略又根据参照完整性的定义所决定。

(1)拒绝删除

该策略一般被设置为默认策略。仍以例4-16为例。要删除Course关系中Cno='3021'的元组,而SC关系中又有10个元组的Cno都等于'3021',系统将拒绝删除Course关系中Cno='3021'的元组。

(2)级联删除

将参照关系中所有外码值与被参照关系中要删除元组主码值相同的元组一起删除。例如,刚才所讲的例子中,若要删除Course关系中Cno='3021'的元组,首先将SC关系中10个Cno='3021'的元组删除。如果参照关系同时又是另外一个关系的被参照关系,则这种删除操作会继续级联删除下去。

(3)设置为空值

删除被参照关系的元组,并将参照关系中相应元组的外码值设置为空值。例如,若要删除Course表中Cno='2203'的元组,而在Course关系Cpno='2203'的元组有5个,则删除Cno='2203'的元组时,会将5个元组的Cpno的值设置为空值。当然,前提是外码值可以设为空值,在例4-16中,若要删除Course表中某个元组,显然不能将SC表中对应外码Cno的值置空。

5.被参照表中修改一个元组的主码

当修改被参考关系的主码时,还必须检查参照关系中,是否存在这样的元组,其外码值等于被参照关系要修改的主码值。如在Course表中,某一个记录的Cno的取值要由'2203'修改为'2303',而该关系中Cpno='2203'的记录有5条,这时与被参照表中删除一个元组类似,可以有三种不同的处理策略:

(1)拒绝修改;

(2)将表中的Cpno字段值与Cno字段值一起修改,即级联修改;

(3)将表中的Cpno字段值改为空值。

一般地,当对参照表和被参照表的操作违反了参照完整性时,系统选用默认策略,即拒绝执行。如果想让系统采用其他策略则必须在创建参照表时显式地加以说明,具体选择哪种策略,要根据应用环境的要求确定。

【例4-17】 在例4-16中,创建选课表SC,将Sno和Cno属性组合设置为主码,设置

Sno 与 Cno 为 SC 表的外键,其取值分别参照引用 Student 表的主码和 Course 表的主码,同时要求:

(1)当删除 Student 表中元组时,级联删除 SC 表中相应的元组;

(2)当更新 Student 表中的 Sno 时,级联更新 SC 表相应的元组;

(3)当删除 Course 表中的元组造成与 SC 表不一致时,拒绝删除;

(4)当更新 Course 表中 Cno 时,级联更新 SC 表中相应的元组。

```
DROP TABLE SC;
Go
CREATE TABLE SC
        (Sno    CHAR(8),
         Cno    CHAR(4),
         Grade  SMALLINT,
         PRIMARY KEY(Sno,Cno),                        /* 主码只能定义在表级 */
         FOREIGN KEY (Sno) REFERENCES Student(Sno)    /* 外码定义在表级 */
                   ON DELETE CASCADE        /* 级联删除 SC 表中相应的元组 */
                   ON UPDATE CASCADE,       /* 级联更新 SC 表中相应的元组 */
         FOREIGN KEY (Cno) REFERENCES Course(Cno)     /* 外码定义在表级 */
                   ON DELETE NO ACTION
                       /* 当删除 Course 表中的元组造成了与 SC 表不一致时拒绝删除 */
                   ON UPDATE CASCADE
                       /* 当更新 Course 表中的 Cno 时,级联更新 SC 表中相应的元组 */
        );
```

在参照完整性的定义中,外码值到底是否可以设置为空值?归根结底是由其所在关系决定的,外码所在表的定义中若允许其为空则可设置为空值,否则将不能采用设置为空值的策略。例 4-17 中,因为 Sno 和 Cno 既是外键码,又是主键码,故不可设置为空值。

4.2.4 用户自定义的完整性

用户自定义的完整性是为了满足某一个领域或者用户的需求而设定,又分为属性上的约束和元组上的约束,属性上的约束主要包括 NOT NULL 约束、UNIQUE 约束以及 CHECK 约束,元组上的约束可以通过 CHECK 约束实现。除此之外,还有关系与关系之间的约束可以通过触发器实现,SQL Server 2014 中还存在跟 CHECK 约束功能相似的规则。

1. 属性上的约束

在用户自定义完整性中,属性上的约束是指规定某个属性的值必须符合某种数据类型并且取自某个数据定义的域。例如下面的一些约束都是常见的:

- 长途电话号码格式为:999~9999999
- 学生的成绩需要大于等于 0 且小于等于 100
- 性别的取值只能为“男”或“女”

在 CREATE TABLE 中定义属性的同时,可以使用 CHECK 约束、NOT NULL 约束、

UNIQUE约束等实现属性上的约束。CHECK 约束实际上是字段输入时的验证规则，表示一个字段的输入内容必须满足 CHECK 约束的条件，若不满足，则数据无法正常输入。NOT NULL 约束表示列值的非空性，此列不允许为空；UNIQUE 约束表示列值唯一性。

【例 4-18】 定义院系表 DEPT 的同时，定义 Dname 字段取值唯一且不能为空。

```
CREATE  TABLE  DEPT
    (Dno        CHAR(4) PRIMARY KEY,
     Dname      VARCHAR(20) UNIQUE NOT NULL,
     Telephone  VARCHAR(11),
     Location   VARCHAR(10)
    )
```

注意：PRIMARY KEY 约束和 UNIQUE 约束都是标识列值唯一性的，即不允许对应的字段存在重复值，但是两者也有区别。一个数据表只能创建一个 PRIMARY KEY 约束，但是一个表可根据需要对不同的列创建若干个 UNIQUE 约束；PRIMARY KEY 字段的值不允许为 NULL，而 UNIQUE 字段的值可取 NULL；一般创建 PRIMARY KEY 约束时，系统会自动产生索引，索引的默认类型为簇索引。创建 UNIQUE 约束时，系统会自动产生一个 UNIQUE 索引，索引的默认类型为非簇索引。

【例 4-19】 定义表 Student 的同时，定义 Sname 字段的非空性和性别字段的约束条件。

```
CREATE  TABLE  Student
    (Sno      CHAR(8) PRIMARY KEY,
     Sname    CHAR(8) NOT NULL,
     Ssex     CHAR(2) CHECK(Ssex IN('男', '女')),
     Sage     SMALLINT,
     Sdeptno  CHAR(4) REFERNCES DEPT(Deptno)
    )
```

当往所定义的表中插入元组或更新属性的值时，RDBMS 将检查属性上的约束条件是否被满足，如果不满足则操作将被拒绝执行。

2.元组上的约束

属性上的约束定义的是某个属性值上的约束，而元组上约束设置的是不同属性之间取值的相互约束条件，元组上的约束可以用 CHECK 短语来实现。

【例 4-20】 创建 Student 表时，添加约束：当学生的性别是男时，其名字不能以 Ms. 打头。

```
CREATE TABLE Student
    (Sno      CHAR(8) PRIMARY KEY,
     Sname    CHAR(8) NOT NULL,
     Ssex     CHAR(2) CHECK(Ssex IN('男', '女')),
     Sage     SMALLINT,
     Sdeptno  CHAR(4) REFERNCES DEPT(Deptno),
     CHECK (Ssex = '女' OR Sname NOT LIKE 'Ms. %'))
    );
```

该例子中,独立的CHECK短语定义了元组中Sname和Ssex两个属性值之间的约束条件,其隐含的意思为:

- 所有性别为女性的元组都能通过该项检查,因为Ssex='女'成立;
- 当性别是男性时,要通过检查,则名字一定不能以Ms.打头。

当往所定义的表中插入元组或修改属性的值时,RDBMS将检查元组上的约束条件是否被满足,如果不满足则操作将被拒绝执行。

3. 完整性约束命名子句

在定义完整性约束时,可以在约束的前面加上CONSTRAINT子句,为约束条件命名,从而更加灵活的增加或删除一个完整性约束。

完整性约束命名子句的基本格式为:

CONSTRAINT <完整性约束条件名称> <完整性约束条件>

其中,完整性约束条件可以为NOT NULL、UNIQUE、CHECK短语、PRIMARY KEY、FOREIGN KEY等。事实上,这里仅仅是通过CONSTRAINT子句为所定义的约束取一个名字。

在例4-19中,若为各约束都加一个名字,则有:

```
CREATE  TABLE  Student
    (Sno        CHAR(8) CONSTRAINT StudentC1 PRIMARY KEY,
     Sname      CHAR(8) CONSTRAINT StudentC2 NOT NULL,
     Ssex       CHAR(2) CONSTRAINT StudentC3 CHECK(Ssex IN('男','女')),
     Sage       SMALLINT,
     Sdeptno    CHAR(4) CONSTRAINT StudentC4 REFERNCES DEPT(Deptno)
    );
```

注意:在SQL Server 2014中,StudentC2无效,即SQL Server不为NOT NULL约束创建约束名。

为各约束命名后,对约束的修改变得更加灵活,可以使用前面修改表结构的语句ALTER TABLE实现。对于一个表,可以修改的约束包括删除已有的约束和添加一个约束,对应语句的基本格式分别为:

- ALTER TABLE table-name DROP CONSTRAINT <完整性约束条件名称>
- ALTER TABLE table-name ADD CONSTRAINT <完整性约束条件名称> <完整性约束条件>

【例4-21】 在表Student中,删除外键约束。

ALTER TABLE Student DROP CONSTRAINT StudentC4;

【例4-22】 为Student表添加约束,年龄必须在14~45之间。

ALTER TABLE Student ADD CONSTRAINT StudentC5 CHECK(Sage between 14 and 45);

4.2.5 规则

规则是SQL Server中一组使用T-SQL语句组成的条件语句,规则提供了另外一种在数据库中实现用户自定义完整性的方法，规则的使用遵循先定义再绑定的原则。

1.规则的定义

在 SQL Server 2014 中，规则对象的定义可以使用 CREATE RULE 语句来实现。其语法格式为：

```
CREATE RULE rule-name
AS condition_expression
```

参数含义：参数 rule-name 为定义的新规则名，规则名必须符合标识符规则；参数 condition _expression 为规则的条件表达式，该条件表达式可为 WHERE 子句中任何有效的表达式，但规则表达式中不能包含列或其他的数据库对象，可以包含不引用数据库对象的内置函数。另外有几点需说明：

- 创建的规则对已经存放在数据库中的数据无效。
- 规则表达式的类型必须与列的数据类型兼容，且不能将规则绑定到 text、image 或 timestamp 列。
- 如果某列同时有默认值和规则两个约束与之关联，则默认值必须满足规则的定义，与规则冲突的默认值不能关联到列。

创建规则一般包括创建具有范围的规则、创建具有列表的规则和创建具有模式的规则。

【例 4-23】 创建一个规则，用以限制插入该规则被绑定到的列中的整数的范围在 1000 到 20000 之间。

```
CREATE RULE range_rule
AS   @range>= $1000 AND @range < $20000;
```

注意：在 T-SQL 中，定义变量时需要在变量前面加@标识符。

【例 4-24】 创建一个规则，用于将输入到该规则被绑定到的列中的实际值限制为只能是该规则中列出的值。

```
CREATE RULE list_rule
AS   @list IN ('1389','0736','0877');
```

【例 4-25】 创建一个遵循这种模式的规则：任意两个字符的后面跟一个连字符（-）和任意多个字符（或没有字符），并以 0 到 9 之间的整数结尾。

```
CREATE RULE pattern_rule
AS   @value LIKE '__-%[0-9]'
```

注意：在 T-SQL 中，任意一个字符为'_'，任意字符串为'%'。

2.规则对象的绑定

规则对象的绑定包括将规则对象绑定到列或用户自定义类型，使用的是系统存储过程 sp_bindrule，语法格式如下：

```
sp_bindrule [ @rulename = ] 'rule-name' ,[ @objname = ] 'object_name'
    [ ,[ @futureonly = ] 'futureonly_flag' ]
```

参数含义：

● 参数 rule-name 为 CREATE RULE 语句创建的规则名，要用单引号括起来。

● 参数 object_name 为绑定到规则的列或用户定义的数据类型，如果 object_name 采用“表名.字段名”格式，则认为绑定到表的列，否则绑定到用户定义的数据类型。

● 参数 futureonly_flag 当且仅当将规则绑定到用户定义的数据类型时才使用，如果 futureonly_flag 设置为 futureonly，用户定义数据类型的现有列不继承新规则。如果 futureonly_flag 为 NULL，当被绑定的数据类型当前无规则时，新规则将绑定到用户定义数据类型的每一列。

【例 4-26】 创建一个规则，并绑定到 DEPT 表的 Telephone 字段。

```
CREATE RULE  num_rule
AS @num  like '[1-3][1-3][1-9][1-9][1-9][1-9][0-9][0-9][0-9][0-9][0-9]'
GO
EXEC sp_bindrule 'num_rule','DEPT.Telephone'
```

该语句执行后，则 DEPT 表的 Telephone 字段就必须符合如下规则：第 1～2 位为 1～3 之间的任意整数，第 3～6 位为 1～9 之间的任意整数，第 7～11 位为 0～9 之间的任意整数。

3.规则对象的解绑

删除规则对象前，首先应使用系统存储过程 sp_unbindrule，解除被绑定对象与规则对象之间的绑定关系。解除绑定的语法格式为：

```
sp_unbindrule [ @ object_name = ] 'object_name'
    [,[ @futureonly = ] 'futureonly_flag' ]
```

参数含义：

● 参数 object_name 为指定解除规则的列或用户定义的数据类型，如果 object_name 采用“表名.字段名”形式，则 object_name 为表的列，否则为用户定义数据类型。

● 参数 futureonly_flag 仅用于用户定义的数据类型规则的绑定，如果 futureonly_flag 设置为 futureonly，规则仍对现有的属于该数据类型的列有效，即现有列不受影响。

【例 4-27】 取消别名数据类型 ssn 的规则绑定。

```
EXEC sp_unbindrule ssn
```

该语句执行后，将从属于该数据类型的现有列和将来的列取消规则绑定。

若要取消别名数据类型 ssn 的规则绑定，而不影响现有 ssn 列，则语句为：

```
EXEC sp_unbindrule 'ssn','futureonly'
```

4.规则对象的删除

在解除列或自定义类型与规则对象之间的绑定关系后，就可以删除规则对象了。删除规则的语法格式为：

```
DROP RULE {rule}[,…n]
```

参数含义:参数 rule 指定删除的规则名,可以包含规则所有者名;参数 n 表示可以指定多个规则同时删除。

【例 4-28】 解除 num_rule 规则对象与 DEPT 表的 Telephone 的绑定关系,然后删除规则对象 num_rule。

```
EXEC sp_unbindruleDEPT. Telephone
GO
DROP RULE num_rule
```

4.2.6 触发器

在 SQL 语法中,用户还可以通过触发器(Trigger)来实现其他完整性规则。触发器是一个被指定关联到一个表的数据对象,触发器就是一类靠事件驱动的特殊过程,一旦由某个用户定义,任何用户对该数据的增、删、改操作均由数据库服务器自动激活相应的触发器,在核心层进行集中的完整性控制。

一个触发器应包括下面两个功能:

①指明什么条件下触发器被执行;

②指明触发器执行什么动作。

触发器在 SQL 99 之后才写入 SQL 标准,但很多 RDBMS 很早就支持触发器,因此不同的关系数据库管理系统实现触发器的语法各不相同,也互不兼容。本节仅介绍 SQL Server 2014 环境下触发器的使用。

1. 触发器的类型

首先,跟 SQL Server 2014 的存储过程一样,触发器可以根据其创建语句分为 T-SQL 触发器和 CLR 触发器两种。前者由 T-SQL 语句直接创建,后者由程序集方法创建,这些程序集方法是在 Microsoft .NET Framework 公共语言运行时 (CLR) 中创建并上载到 SQL Server 实例的方法。本书所讨论的是基于 T-SQL 的触发器。

在 SQL Server 2014 中,按照触发事件的不同可以将触发器分为三大类:DML 触发器、DDL 触发器和登录触发器。

(1)DML 触发器

当数据库中发生数据操纵语言(DML)事件时将调用 DML 触发器。DML 事件是针对表或视图的 INSERT、UPDATE 或 DELETE 语句,因而 DML 触发器可分为 INSERT、UPDATE 和 DELETE 3 种类型。例如在教学管理信息系统中,DEPT 表中有 Sum_teacher 字段表示某一院系的教师人数,每当向 Teacher 表执行插入操作时,则会触发该表的 INSERT 触发器,使其同时修改 DEPT 中的 Sum_teacher 字段使其执行"+1"操作。再如前面所讲的 SC 与 Student 表的参照完整性,如果要删除某一个学生,则在 Student 表的 DELETE 触发器中同时删除 SC 表中所有该学生的选课记录。

根据触发器代码执行的时机,DML 触发器可以分为两种:AFTER 触发器和 INSTEAD OF 触发器。AFTER 触发器是在执行了 INSERT、UPDATE 和 DELETE 语句操作之后执行,只能在表上定义,不能在视图上定义。而 INSTEAD OF 触发器则代替激活触发器的

DML 操作执行，即原 INSERT、UPDATE 和 DELETE 操作不再执行，由触发器中代码代替其执行。INSTEAD OF 触发器可以定义在表或视图上。

(2)DDL 触发器

DDL 触发器用于响应各种数据定义语言（DDL）事件。这些事件主要对应于 SQL 中的 CREATE、ALTER 和 DROP 语句，以及执行类似 DDL 操作的某些系统存储过程。DDL 触发器的主要作用是执行管理操作，如审核系统、控制数据库操作等。通常情况下，DDL 触发器主要用于以下一些操作需求：防止对数据库架构进行某些修改，希望数据库中发生某些变化以利于相应数据库架构中的更改等。

DDL 触发器只在响应由 T-SQL 语言所指定 DDL 事件时才会触发。

(3)登录触发器

登录触发器是由登录（LOGON）事件而激活的触发器，与 SQL Server 实例建立用户会话时将引发此事件。登录触发器将在登录的身份验证阶段完成之后且用户会话实际建立之前激发。关于登录触发器，本书不做阐述，有兴趣的读者可参阅相关数据库书籍。

2. 创建和修改触发器

不管是 DML 触发器还是 DDL 触发器，创建的语句都是 CRAETE TRIGGER 语句，两者语法格式略有不同。

(1)创建 DML 触发器

语法格式：

```
CREATE TRIGGER [架构名.]＜触发器名＞ ON ＜表名|视图名＞
    [WITH ENCRYPTION]                          /*说明是否采用加密方式*/
    {FOR| AFTER|INSTEAD OF}                    /*定义触发器的类型*/
    { [ INSERT ] [,] [ UPDATE ] [,] [ DELETE ] }
    [ WITH APPEND ]
    [ NOT FOR REPLICATION ]
    AS
    {
        sql_statement                          /*T-SQL 语句序列*/
    }
```

上述定义中，方括号是可选项目，CREATE TRIGGER 语句建立一个新的触发器，触发事件为对基表或视图的更新操作，即插入、删除和修改。修改时可指明对哪些属性修改，若不指明则是对元组修改。各主要选项的说明如下：

- ON 子句指明触发事件是对哪个基表。对每个表名可建立多个触发器，但一个表名中各个＜触发器名＞必须唯一。
- 使用 WITH ENCRYPTION 选项可以对 CREATE TRIGGER 语句的文本进行加密。
- {FOR| AFTER|INSTEAD OF}表示可以在 FOR|AFTER 和 INSTEAD OF 二者之中任选一项，其中 AFTER 可以省略。
- AFTER 关键字用于说明触发器在指定操作都成功执行后触发，AFTER 是默认设置，不能在视图上定义 AFTER 触发器。

- INSTEAD OF 指定用触发器中的操作代替触发语句的操作，在表或视图上，每个 INSERT、UPDATE 和 DELETE 语句最多可以定义一个 INSTEAD OF 触发器。如果触发器表存在约束，则在 INSTEAD OF 触发器执行之后和 AFTER 触发器执行之前检查这些约束。如果违反了约束，则回滚 INSTEAD OF 触发器操作且不执行 AFTER 触发器，INSTEAD OF 触发器不能在 WITH CHECK OPTION 可更新视图上定义。
- {[INSERT][,][UPDATE][,][DELETE]}，指定激活触发器的语句的类型，必须至少指定一个选项。在触发器定义中，允许使用上述选项的任意顺序组合。INSERT 表示有新行插入表时激活触发器，UPDATE 表示更改某一行时激活触发器，DELETE 表示从表中删除某一行时激活触发器。
- WITH APPEND 选项指定应该再添加一个现有类型的触发器，该选项只有在仅指定了 FOR 关键字时才可以使用，将在后续版本中删除。

在 SQL Server 2014 中使用触发器，有两个比较特殊的表用于存放临时数据，分别是 inserted 表和 deleted 表。

①inserted 表：当向表中插入数据时，INSERT 触发器触发执行，新的记录插入到触发器表和 inserted 表中；

②deleted 表：用于保存已从表中删除的记录，当触发一个 DELETE 触发器时，被删除的记录存放到 deleted 逻辑表中。

修改一条记录等于插入一新记录，同时删除旧记录。当对定义了 UPDATE 触发器的表记录修改时，表中原记录移动到 DELETE 表中，修改过的新的记录插入到 inserted 表中。触发器可检查 deleted 表、inserted 表及被修改的表，但由于 inserted 表和 deleted 表都是临时表，它们在触发器被触发时创建，触发器执行完之后就消失了，所以只可以在触发器的语句中使用 SELECT 语句查询这两个表。

【例 4-29】 定义一个触发器，当删除课程表 COURSE 中某一门课程时，在学生选课记录表 SC 中的相应选课记录也全部被删除。

```
CREATE TRIGGER Delete_Course ON COURSE
For DELETE        /* 触发事件是 UPDATE */
AS
BEGIN
    Delete from SC
    where Cno in
      (select Cno from deleted);
END;
```

该触发器建立后，当执行如下操作时，将会顺带删除 SC 表中 Cno='3201'的所有被选课记录。

```
delete from COURSE where Cno='3201'
```

【例 4-30】 定义一个触发器，为教师表 TEACHER 定义完整性规则“教授的工资不得低于 4000 元，如果低于 4000 元，自动改为 4000 元”。

分析：本题的含义是在 TEACHER 表上建立触发器，当对该表执行 UPDATE 或 INSERT 操作时自动触发该触发器，保证教授的工资大于等于 4000。

```
CREATE TRIGGER Insert_Or_Update_Sal ON TEACHER
For INSERT,UPDATE/ * 触发事件是插入或更新操作 * /
AS          / * 定义触发动作体，是 T-SQL 过程块 * /
begin
        update TEACHER
        set Sal = 4000
        where Eno in
        (Select Eno from inserted where Job = '教授' AND Sal < 4000);
End
```

【例 4-31】 定义触发器，当教师表 TEACHER 的工资发生变化后就自动在工资变化表 Sal_log 中增加一条相应记录，包括修改记录的用户工号、新工资以及修改人和修改时间。

分析：TEACHER 表的工资发生变化，包括向表中插入记录及修改工资列的值。

首先建立工资变化表 Sal_log。

```
CREATE TABLE Sal_log
    (Eno        CHAR(4)   REFERENCES TEACHER(Eno),
     Sal        NUMERIC(7,2),
     Username   VARCHAR(12),
     Date       Datetime
    );
```

然后在 TEACHER 表上建立 INSERT 和 UPDATE 触发器，可以分开两个创建，也可以创建一个，这里选择创建两个触发器。

```
CREATE TRIGGER Insert_Sal ON TEACHER
For INSERT          / * 触发事件是 INSERT * /
AS
DECLARE
    @neweno numeric(5),
    @newsal numeric(5)
BEGIN
    select @neweno = eno, @newsal = sal from inserted;
    INSERT INTO Sal_log VALUES(
    @neweno, @newsal, CURRENT_USER, CURRENT_TIMESTAMP);
END;
/ * ............................................................ * /
CREATE TRIGGER Update_Sal ON TEACHER
For UPDATE        / * 触发事件是 UPDATE * /
```

```
AS
DECLARE
    @neweno numeric(5),
    @newsal numeric(5),
    @oldsal numeric(5)
BEGIN
    select @oldsal = sal from deleted;
    select @neweno = eno,@newsal = sal from inserted    ;
    IF (@newsal <> @oldsal)
    BEGIN
        INSERT INTO Sal_log VALUES(
          @neweno,@newsal,CURRENT_USER,CURRENT_TIMESTAMP);
    END;
END;
```

触发器建立后，请读者自行测试 Insert_Or_Update_Sal、Insert_Sal 和 Update_Sal 触发器的功能。

(2)创建 DDL 触发器

语法格式：

```
CREATE TRIGGER trigger_name
    ON { ALL SERVER | DATABASE }
    [ WITH ENCRYPTION ]
    { FOR | AFTER } { event_type | event_group } [ ,...n ]
    AS
    {
        sql_statement    /* T-SQL 语句序列 */
    }
```

各参数说明如下：

- ALL SERVER | DATABASE：ALL SERVER 关键字是指将当前 DDL 触发器的作用域应用于当前服务器。DATABASE 是指将当前 DDL 触发器的作用域应用于当前数据库。
- event_type：执行之后将导致触发 DDL 触发器的 T-SQL 语句事件的名称，如 DROP_TABLE、ALTER_TABLE、CREATE_DATABASE 等，当 ON 关键字后面指定 DATABASE 选项时使用该名称。
- event_group：预定义的 T-SQL 语句事件分组的名称，如 DDL_TABLE_EVENTS(CREATE TABLE，ALTER TABLE，DROP TABLE)、DDL_USER_EVENTS(CREATE USER，ALTER USER，DROP USER)等。ON 关键字后面为 ALL SERVER 选项时使用该名称。

其他选项与 DML 触发器相同，此处不赘述。

【例 4-32】 创建一个 DDL 触发器，禁止删除当前数据库中的任何表。

```
CREATE TRIGGER safety
ON DATABASE
AFTER DROP_TABLE
AS
BEGIN
    PRINT '不能删除数据库表！'
    ROLLBACK TRANSACTION
END
```

在当前数据库中，执行如下语句，读者自行观察语句是否执行成功？

```
DROP TABLE TEACHER;
```

触发器的修改的语法与创建基本相同，只需要将 CREATE 换成 ALTER 即可，但要注意，修改的触发器名称必须在当前数据库中存在。

3. 删除触发器

在 SQL 还可用 DROP TRIGGER 语句撤销一个触发器，其语法如下：

```
DROP TRIGGER <触发器名>
```

但只有该触发器拥有者或被授权者才能撤销。

对于触发器的使用，除了创建、修改和删除之外，还可以使用 DISABLE 和 ENABLE 语句使触发器无效或激活触发器，请读者参照 SQL Server 2014 的帮助文件自行学习，这里不再详述。此外，对于触发器的所有操作也可以通过 SSMS 工具实现，因操作较简单，本书也不再介绍，读者可自行探索学习。

本章小结

本章主要讨论了数据库安全性和完整性方面的知识。

数据库的安全性主要是指通过对数据库的存取控制，防止未授权使用的人员非法存取其不应存取的数据，防止数据泄密，防止数据被破坏。本书从 SQL Server 2014 出发，详细介绍了相关的安全性方面的知识，包括登录名、数据库用户、角色、权限、架构等几个方面，针对 SQL Server 2014 对安全性的支持进行了详细的阐述。

数据库的完整性是为了保证数据库中存储数据的正确性、准确性和有效性。完整性约束的种类有：实体完整性、参照完整性和用户自定义完整性。保持数据库的完整性的方法主要有：设置完整性约束，规则和使用触发器。

习题 4

4.1 什么是数据库的安全性和完整性？两者之间有什么联系和区别？

4.2 假设有如下两个关系模式：

Emp(Eno, Ename, Eage, Salary, Deptno)

Dept(Deptno,Dname,Phone,Loc)

现在有三个用户 U1,U2 和 U3。在 SQL Server 2014 环境下,请使用 SQL 的授权语句实现下列要求。

(1)U1 只能读 Emp 关系中除了 salary 以外的所有属性。

(2)U2 可以读、增、删 Dept 关系,并可以修改此关系的 Phone 属性。

(3)U3 可以读、增、Dept 关系,并可将这些权限转授给其他用户。

(4)所有用户可以读 Dept 关系。

4.3 试述实现数据库安全性控制的常用方法和技术。

4.4 在 SQL Server 2014 中,登录名与数据库用户是一个概念吗? 并请简要回答如何创建 Windows 身份验证模式和 SQL Server 身份验证模式的登录名?

4.5 服务器角色分为哪几类? 每一类有哪些权限?

4.6 固定服务器角色分为哪几类? 每一类有哪些操作权限?

4.7 数据库的完整性约束条件可分为哪几类?

4.8 请用 SQL 语句创建题目 4.2 中 Emp 和 Dept 关系,并有以下约束。

(1)Emp 的主键是 Eno,Dept 的主键是 Deptno。

(2)Emp 的外键是 Deptno,被参考的关系是 Dept。

(3)Emp 的 Eage 取值在 20～60 之间。

(4)Dept 的 Dname 值唯一且非空。

(5)Emp 的 Salary >1000。

4.9 在题目 4.2 中定义的 Emp 和 Dept 关系中(创建 Emp 和 Dept 表时,仅需满足 4.8 中的(1)(2)两条件),当插入或更新记录时,在 SQL Server 2014 中用触发器完成下列完整性约束。

(1)20≤Eage≤60;

(2)Salary≤10000;

(3)当插入或者修改一个职工记录的时候,如果工资低于 1000 元则自动改为 1000 元。

第 5 章　事务并发控制与恢复技术

本章导读

事务是数据库操作的基本逻辑单元，事务处理技术主要包括数据库并发控制技术和恢复技术。本章首先介绍了事务的基本概念和四个特性；然后讨论事务并发操作可能引起数据库的不一致性，继而引入数据库的并发控制技术。在并发控制技术中，介绍了并发调度的可串行化概念和封锁协议，提及了封锁可能带来的死锁问题、死锁检测和解决办法；最后对数据库可能出现的故障种类、备份策略和恢复技术进行了分析。

学习目标

本章重点掌握事务的概念和 ACID 特性，共享锁、排他锁、两段锁协议、备份和恢复技术。

5.1　事务

5.1.1　事务的定义

数据库事务(Database Transaction)，是指数据库执行的一系列操作，要么完全执行，要么完全不执行，它是一个不可分割的工作单位。一个事务执行后，要求数据库依然保持完整性、正确性和一致性。

例如用户在网上购物的一次交易操作，其付款过程可以看作是一个事务，这个事务至少包括以下几步数据库操作：

(1)更新用户所购商品的库存信息；

(2)与银行系统进行交互，完成付款，并保存客户付款信息；

(3)生成交易订单并且保存到数据库中；

(4)更新用户相关订单信息，例如已付款商品信息、待收货商品等。

正常情况下，这些操作将顺利进行，最终交易成功，与交易相关的所有数据库信息也成功更新。但是，如果在这一系列过程中任何一个环节出了差错，例如在更新商品库存信息时发生异常、该顾客银行账户存款不足、卖家没有正常发货等，都将导致交易失败。一旦交易失败，数据库中所有信息都必须保持交易前的状态不变，比如最后一步更新用户信息时失败而导致交易失败，那么必须保证这笔失败的交易不影响数据库的正确状态，即库存信息没有被更新、用户也没有付款，订单也没有生成。否则，数据库的信息将会一片混乱而不可预测。数据库事务正是用来保证这种情况下交易的平稳性和可预测性的技术。同时，事务也是并发控制技术和恢复技术的基本单元，因此我们先来了解一下事务的四个特性。

5.1.2 事务的 ACID 特性

为了保证数据库中的数据都是正确的，DBMS 需要保证数据库事务处在某种“正常”的状态。在数据库事务的处理过程中，事务的正常状态由 ACID 四个特性予以保证和维持。ACID 特性是指：原子性（Atomicity）、一致性（Consistency）、隔离性（Isolation）和持续性（Durability），这四个基本特性刻画出了事务的本质。

1. 原子性

事务的原子性指的是，事务中包含的操作序列作为数据库的逻辑工作单位，其对数据的修改操作要么全部执行，要么全部不执行。也就是说事务的操作序列或者完全应用到数据库，或者完全不影响数据库。

假如用户在一个事务内完成了对数据库的更新，这时所有的更新对外部世界必须是可持续的，或者完全没有更新。前者称事务已提交，后者称事务撤销（或流产）。DBMS 必须确保由成功提交的事务完成的所有操作在数据库内有完全的反映，而失败的事务，要撤销所有操作，对数据库完全没有影响。

本书以银行数据库系统为例来说明，如图 5-1 所示，事务 T_i 是从账户 A 取款 1000 元，如果在操作②A = A − 1000（账户 A 减少 1000 元）和操作③Write（A = 4000）（向账户 A 写入 4000）之间发生了故障，则将有可能造成用户取走了账户 A 中的 1000 元钱，而账户 A 的余额却没有改变，这就是破坏了事务原子性的结果。

语句执行序列	T_i
①	Read（A = 5000）
②	A = A − 1000
③	Write（A = 4000）

图 5-1 事务 T_i

2. 一致性

事务的一致性指的是在一个事务执行之前和执行之后数据库都必须处于一致性状态。假如数据库的状态满足所有的完整性约束，就说该数据库是一致的。

一致性处理数据库中对所有语义约束的保护。假如数据库的状态满足所有的完整性约束，就说该数据库是一致的。当数据库处于一致性状态 S1 时，对数据库执行一个事务，在事务执行期间假定数据库的状态可以是不一致的，当事务执行结束时，数据库转变为另一个一致性状态 S2。

对于图 5-1 中的事务 T_i 来说，一致性要求就是事务的执行不改变账户 A 和所取现金的金额总和，即操作②减去的现金数与操作③写入的账户余额的和必须是 5000。否则的话事务的执行，就会无端地增加或减少金额，造成账户错误。

单个事务的一致性是由对该事务进行编码的应用程序员的责任，在某些情况下利用 DBMS 中完整性约束(如触发器)的自动检查功能有助于一致性维护。

3. 隔离性

事务的隔离性指并发的事务是相互隔离的。即一个事务内部的操作和正在操作的数据必须封锁起来，不被其他企图进行修改的事务看到。

如图 5-2 所示，事务 T_i 是从账户 A 取出现金 1000 元，事务 T_j 是网上购物从账户 A 中消费 2000元。如果如图那样，事务 T_i 和事务 T_j 交叉执行，没有隔离，那么最后账户 A 中 3000 元是错误的，而实际上账户 A 购物消费和转账共计 3000 元，最终账户余额应该是 2000 元。因为没有事务隔离，使账户 A 凭空多了 1000 元，导致了数据库的不一致状态。

语句执行序列	T_i	T_j
①	Read(A = 5000)	
②		Read(A = 5000)
③	A = A - 1000	
④	Write(A = 4000)	
⑤		A = A - 2000
⑥		Write(A = 3000)

图 5-2　事务的相互影响

DBMS 可以在并发执行的事务间提供不同级别的隔离。隔离的级别和并发事务的吞吐量之间存在反比关系。较多事务的可隔离性可能会带来较高的冲突和较多的事务流产。流产的事务要消耗资源，这些资源必须要重新被访问。因此，确保高隔离级别的 DBMS 需要更多的开销。

4. 持久性

持久性意味着当系统或介质发生故障时，确保已提交事务的更新不能丢失。即一旦一个事务提交，DBMS 保证它对数据库中数据的改变应该是永久性的，耐得住任何系统故障。持久性通过数据库备份和恢复来保证。

5.1.3　在 SQL Server 2014 中实现事务管理

根据事务的设置、用途的不同，SQL Server 2014 将事务分为多种类型。

1. 根据系统的设置分类

根据系统的设置，SQL Server 2014 将事务分为两种类型：系统提供的事务和用户自定义的事务，分别简称为系统事务和用户定义事务。

(1)系统事务

系统提供的事务是指在执行某些语句时，一条语句就是一个事务。但要明确，一条语句的对象既可能是表中的一行数据，也可能是表中的多行数据，甚至是表中的全部数据。因此，只有一条语句构成的事务也可能包含了多行数据的处理。

系统提供的事务语句如下：

ALTER TABLE、CREATE、DELETE、DROP、FETCH、GRANT、INSERT、OPEN、REVOKE、SELECT、UPDATE、TRUNCATE TABLE

这些语句本身就构成了一个事务。比如：使用 CREATE TABLE 创建一个表。

```
CREATE TABLE Student
  ( Sno        char(8)   PRIMARY KEY,
    Sname      char(10)  NOT NULL,
    Ssex       char(2)   NOT NULL  DEFAULT('女'),
    Sage       smallint,
    Smajor     varchar(20),
    Shometown  varchar(24) )
```

这条语句由于没有使用条件限制，所以创建了包含 6 个列的表。要么创建全部成功，表被创建；要么全部列创建失败，表没生成。

(2)用户定义事务

在实际应用中，大多数的事务处理采用了用户定义的事务来处理。在开发应用程序时，可以使用 BEGIN TRANSACTION 语句来定义明确的用户定义的事务。在使用用户定义的事务时，一定要注意事务必须有明确的结束语句来结束。如果不使用明确的结束语句来结束，那么系统可能把从事务开始到用户关闭连接之间的全部操作都作为一个事务来对待。事务的结束可以使用两个语句中的一个：COMMIT 语句和 ROLLBACK 语句。COMMIT 语句是提交语句，将全部完成的语句明确地提交到数据库中。ROLLBACK 语句是取消语句，该语句将事务的操作全部取消，即表示事务操作失败。

①用户定义事务开始的语法

```
BEGIN TRAN[SACTION][transaction_name|@tran_name_variable]
```

②提交事务的语法

```
COMMIT [TRAN[SACTION][transaction_name|@tran_name_variable]]
```

如果执行没有遇到错误，使用 COMMIT TRANSACTION 成功地提交事务。该事务中的所有数据修改在数据库中都将永久有效。事务占用的资源将被释放。

③回滚事务的语法

```
ROLLBACK [TRAN[SACTION][transaction_name|@tran_name_variable]]
```

如果执行中遇到错误，将使用 ROLLBACK TRANSACTION 回滚遇到错误的事务。该事务修改的所有数据都返回到事务开始的状态，事务占用的资源也将被释放。

其中，BEGIN TRANSACTION 可以缩写为 BEGIN TRAN，COMMIT TRANSACTION 可以缩写为 COMMIT TRAN 或 COMMIT；ROLLBACK TRANSACTION 可以缩写为

ROLLBACK TRAN 或 ROLLBACK;

Transaction_name:指定事务的名称,只有前32个字符会被系统识别。

@tran_name_variable:用变量来指定事务的名称变量。只能声明为CHAR、VARCHAR、NCHAR或NVARCHAR类型。

2.根据运行模式分类

根据运行模式,SQL Server 2014将事务分为3种类型:显式事务、自动提交事务、隐式事务。

(1)显式事务

显式事务指可以显式地在其中定义事务的开始和结束的事务。事务以BEGIN TRANSACTION语句定义开始点;并以COMMIT TRANSACTION语句结束,说明事务已成功执行,或以ROLLBACK语句结束,说明事务执行期间遇到错误。这两个命令之间的所有语句被视为一体。

显式事务模式持续的时间只限于该事务的持续期。当事务结束时,连接将返回到启动显式事务前所处的事务模式,或者是隐式模式,或者是自动提交模式。

【例5-1】 使用显式事务模式进行表处理,观察语句执行过程和结果。

```
USE 教学管理信息系统
GO
BEGIN TRANSACTION   tran1                    —进入显式事务模式
    Insert into Student values('20160105','张育绍','男',20,'计算机科学与技术','广东梅州')
    Select * from Student where Sno='20160105'
    /*结果显示1行受影响,student表成功插入一条记录*/
ROLLBACK TRANSACTION tran1
GO
    Select 查询次数=1, * from Student
    —事务回滚,显示Sno='20160105'的记录没有插入
GO
BEGIN TRANSACTION tran2                      —进入显式事务模式
    Insert into Student values('20160105','张育绍','男',20,'计算机科学与技术','广东梅州')
    Select 查询次数=2, * from Student where Sno='20160105'
    /*结果显示1行受影响,Student表成功插入一条记录*/
COMMIT TRANSACTION tran2
GO
    Select 查询次数=3, * from Student
    —事务提交,显示sno='20160105'的记录插入成功
```

(2)自动提交事务

自动提交事务是指每条单独的语句都是一个事务,每个Transact-SQL语句在完成时,都被自动提交或回滚。自动提交事务是SQL Server数据库引擎默认的事务管理模式,当与SQL Server建立连接后,直接进入自动事务提交模式,直到使用BEGIN TRANSACTION语句开始下一个显式事务,或者使用SET IMPLICIT_TRANSACTIONS ON连接选项进入隐式事务模式为止。

【例 5-2】 使用自动提交事务模式进行表处理,观察语句执行过程和结果。

```
USE 教学管理信息系统
GO
    Select 查询次数=4, * from Student                —检查当前表中的结果
GO
    Insert into Student values('20160106','张沣逸','男',20,'电子信息技术','广东佛山')
    Insert into Student values('20160106','刘思慧','女',19,'计算机科学与技术','湖南湘潭')
GO
    —(1 行受影响)
    —消息 2627,级别 14,状态 1,第 3 行
    —违反了 PRIMARY KEY 约束'PK__student__76CBA758'。不能在对象'dbo.student'
     中插入重复键。
    —语句已终止。
GO
    Select 查询次数=5, * from Student                —显示只有第一条记录被插入
GO
```

注意:SQL Server 使用自动提交事务时,每一个语句本身是一个事务。如果这个语句产生了错误,它的事务会自动回滚。如果这个语句成功执行没产生错误,它的事务会自动提交。因此,第一个语句被提交,而第二个错误的语句会回滚。

(3)隐式事务

隐式事务指在前一个事务完成时新事务隐式启动,但每个事务仍以 COMMIT 或 ROLLBACK 语句显式完成。在提交或回滚后,SQL Server 自动准备开始下一个事务。当执行下面任意一个语句时,SQL Server 就重新启动一个事务。这些语句是:所有 CREATE 语句、ALTER TABLE、所有 DROP 语句、TRUNCATE TABLE、GRANT、REVOKE、INSERT、UPDATE、DELETE、SELECT、OPEN、FETCH。

通过 SET IMPLICIT_TRANSACTIONS ON 语句,将隐式事务模式设置打开。下一个语句自动启动一个新事务。当该事务完成时,再下一个 Transact-SQL 语句又将启动一个新事务。需要关闭隐式事务模式时,执行 SET IMPLICIT_TRANSACTIONS OFF 语句即可。

【例 5-3】 使用隐式事务模式进行表处理,观察语句执行过程和结果。

```
USE 教学管理信息系统
GO
SET IMPLICIT_TRANSACTIONS ON          —进入隐式事务模式
    Insert into Student values('20160107','刘思慧','女',19,'计算机科学与技术','湖南湘潭')
    Select 查询次数=6, * from Student        —显示学号'20160107'学生记录被插入
ROLLBACK
GO
    Select 查询次数=7, * from Student        —因为执行了回滚,插入的'20160107'记录
                                              被撤销
```

SET IMPLICIT_TRANSACTIONS ON　　　—隐式事务模式结束

注意:SQL Server 使用隐式事务时,要特别小心。由于没有显示地通过 BEGIN TRANSACTION 定义事务的开始,很容易在事务结束处漏掉提交或回滚。这样会导致事务长期运行,当连接关闭时,可能产生不必要的回滚。

5.2　并发控制技术

在单处理机系统中,事务的并行执行实际上是这些并行事务的并行操作轮流交叉运行,这种并行执行方式称为交叉并发方式(Interleaved Concurrency)。虽然单处理机系统中的并行事务并没有真正地并行运行,但是减少了处理机的空闲时间,提高了系统的效率。在多处理机系统中,每个处理机可以运行一个事务,多个处理机可以同时运行多个事务,实现多个事务真正的并行运行。这种并行执行方式称为同时并发方式(Simultaneous Concurrency)。本章讨论的数据库系统并发控制技术是以单处理机系统为基础的。这些理论可以推广到多处理机的情况。

多个事务并发执行时,系统通过并发控制机制来保证数据库的一致性不被破坏。这是通过并发控制管理器中的事务调度来实现的。那么什么是事务调度呢?事务调度是指多个事务中所有指令的执行序列。一组事务的一个调度必须保证:

(1)包含这组事务的全部指令;

(2)必须保持这些指令在各自事务中的出现顺序。

调度的目的就是用于确定那些可以保证数据库一致性的所有事务的全部指令的执行序列。调度分为两种:分别是串行调度和并发调度。

1. 串行调度

串行调度由来自各个事务的指令序列组成,其中属于同一事务的指令在调度中紧挨在一起,各事务依次执行,如图5-3(a)所示。对于有n个事务的事务组,总有n! 个可能的串行调度方案。

2. 并发调度

并发调度由来自各个事务的全部指令组成,虽然属于不同事务的指令在调度中交叉在一起,但仍然保持在各自事务中的先后顺序,如图5-3(b)所示。

语句执行序列	T_i	T_j
①	Read(A=5000)	
②	A=A-1000	
③	Write(A=4000)	
④		Read(A=5000)
⑤		A=A-2000
⑥		Write(A=3000)

图5-3(a)　串行调度示例

语句执行序列	T_i	T_j
①	Read(A=5000)	
②		Read(A=5000)
③		A=A-2000
④	A=A-1000	
⑤	Write(A=4000)	
⑥		Write(A=3000)

图5-3(b)　并发调度示例

数据库是一个共享资源，可以供多个用户使用。允许多个用户同时使用的数据库系统称为多用户数据库系统。例如飞机订票数据库系统、银行数据库系统等都是多用户数据库系统，在这样的系统中，在同一时刻并行运行的事务数目可达数百个。如果采用串行调度，这样执行虽然简单，但效率很低，没有充分利用计算机的磁盘 I/O 和 CPU 的特性。以下理由足以使我们考虑事务的并发调度：

(1)提高系统的吞吐量

一个事务由很多步骤组成，每个步骤可能需要不同的资源，有时需要 CPU，有时需要存取数据库，有时需要 I/O，有时需要通信。这些计算机的操作有些可以同时进行，利用并行性能够并发地执行多个事务。如果事务只是串行执行，则许多系统资源将处于空闲状态。因此，为了充分利用系统资源发挥数据库共享资源的特点，应该允许多个事务并行地执行。

(2)减少事务的平均响应时间

系统中运行着各种各样的事务，一些较长，一些较短。如果事务串行执行，那么存在短事务不得不等待它前面的长事务漫长执行，从而导致难以预测的时间延迟。如果事务并发执行，则可以减少事务平均响应时间。

多个事务并发执行，就会产生多个事务同时存取同一数据的情况，若不加控制就可能会破坏数据库的一致性，或存取到不正确的数据。所以，数据库管理系统必须提供并发控制机制。并发控制机制是衡量一个数据库管理系统性能的重要标志之一。

5.2.1　并发调度引发的问题

事务是并发控制的基本单位，保证事务 ACID 特性是事务处理的重要任务，而事务 ACID 特性可能遭到破坏的原因之一是多个事务对数据库的并发操作造成的，DBMS 需要对并发操作进行正确调度。

并发操作允许多个事务同时对数据库进行操作，如果不加以控制，肯定会引发数据不一致的问题，通常将引发的数据不一致问题分为丢失更新、读"脏"数据和不可重复读 3 类。银行数据库系统、飞机和火车票订票系统等都是多个事务并发执行的典型事例。本书仍然以银行数据库系统为例加以说明。

1. *丢失更新*(Lost Update)

在银行数据库系统中，可能有如下事务的操作序列，如图 5-4(a)所示。

T_i	T_j	T_i	T_j	T_i	T_j
①Read(A=5000)		①Read(A=5000)		①Read(A=5000)	
②	Read(A=5000)	②A=A−1000		②	Read(A=5000)
③A=A−1000		Write(A=4000)		③	A=A−2000
Write(A=4000)		③	Read(A=4000)		Write(R=3000)
④	A=A−2000	④ROLLBACK		④Read(A=3000)	
	Write(A=3000)	A 恢复为 5000			
(a)丢失更新		(b)读"脏"数据		(c)不可重复读	

图 5-4　并发导致的数据不一致性

(1)事务 T_i读取 A 账户余额 A = 5000 元;

(2)事务 T_j想在网上购物,读取 A 账户余额 A = 5000 元;

(3)事务 T_i由于需要取走了 1000 元,则系统修改 A 账户余额 A = A - 1000 = 5000 - 1000 = 4000,并将 4000 元写回 A 账户中;

(4)事务 T_j网上购物转账支取 2000 元,则系统修改 A 账户余额 A = A - 2000 = 5000 - 2000 = 3000,并将 3000 元写回 A 账户中。

两个事务共花费了 3000 元,A 账户余额应该是 2000 元,但是数据库中的 A 账户余额却是 3000 元。在该例中,事务 T_j对数据库的更新破坏了事务 T_i提交的更新结果,导致事务 T_i对数据库的更新丢失,这就是所谓的丢失更新。

2. 读"脏"数据(Dirty Read)

在银行数据库系统中,上述事务也可能按照如下序列执行,如图 5-4(b)所示。

(1)事务 T_i读取 A 账户余额 A = 5000 元;

(2)事务 T_i由于需要取走了 1000 元,则系统修改 A 账户余额 A = A - 1000 = 5000 - 1000 = 4000,并将 4000 元写回 A 账户中,此时取款的事务还未提交;

(3)事务 T_j由于某种需要,读取 A 账户余额为 4000 元;

(4)因为某种原因,事务 T_i的操作要撤销,此时对事务 T_i执行 ROLLBACK 操作,A 账户余额恢复为 A = 5000 元。

此时,数据库中 A 账户的余额为 5000 元,但是事务 T_j读取的 A 账户余额却是 4000 元,该数据与数据库中的数据不一致,这种不一致或不存在的数据通常被称为"脏"数据。

3. 不可重复读(Non-Repeatable Read)

在银行数据库系统中,也可能有如下事务的操作序列,如图 5-4(c)所示。

(1)事务 T_i读取 A 账户余额 A = 5000 元;

(2)事务 T_j想在网上购物,读取 A 账户余额 5000 元;

(3)事务 T_j网上购物转账支取 2000 元,则系统修改 A 账户余额 A = A - 2000 = 5000 - 2000 = 3000,并将 3000 元写回 A 账户中;

(4)事务 T_i再次读取 A 账户余额进行验证时发现前后两次取值发生了变化,无法读取前一次的值。

类似这种一个事务两次取值不同的情况称之为不可重复读。不可重复读一般包括如下三种情况:

(1)事务 T_i读取某一数据后,事务 T_j对其做了修改,当事务 T_i再次读取该数据时,得到的是与前一次不同的值,如图 5-4(c)所示就是这种情况;

(2)当事务 T_i按照一定条件从数据库中读取某些记录后,事务 T_j删除了其中的某些纪录,结果当事务 T_i再次按照同样条件读取该数据时,发现某些纪录已经不存在了;

(3)当事务 T_i按照一定条件从数据库中读取某些记录后,事务 T_j插入了一些记录,结果当事务 T_i再次按照同样条件读取该数据时,发现多出了某些数据。

从事务的 ACID 性质考虑,产生上述三个问题的原因在于并发操作破坏了事务的隔离性,即一个事务对某数据库的操作尚未完成,而另一个事务就开始了对同一部分数据的操作,从而违反了数据的隔离性,造成数据的不一致性。并发控制的任务就是要用正确的调度方式控制并发的事务正确地执行,使多个事务互不干扰,以避免造成数据库中的数据不一致。计算机系统对并发事务中并发操作的调度是随机的,而不同的调度可能会产生不同的结果,那么哪个结果是正确的,哪个是错误的呢?

如果一个事务运行过程中没有其他事务同时运行,也就是说它没有受到其他事务的干扰,那么就可以认为该事务的运行结果是正确的或者预期的。因此将所有事务串行起来的调度策略一定是正确的调度策略。虽然以不同的顺序串行执行事务可能会产生不同的结果,但由于不会将数据库置于不一致状态,所以都是正确的。

多个事务的并发执行的正确性则不一样,当且仅当并发事务的结果与按某一次序串行地执行它们时的结果相同,我们称这种调度策略为可串行化(Serializable)的调度。可串行化(Serializability)是并发事务正确性的准则。按这个准则规定,一个给定的并发调度,当且仅当它是可串行化的,才认为是正确调度。

为了保证并发操作的正确性,DBMS的并发控制机制必须提供一定的手段来保证调度是可串行化的。从理论上讲,在某一事务执行时禁止其他事务执行的调度策略一定是可串行化的调度,这也是最简单的调度策略,但这种方法实际上是不可取的,这使用户不能充分共享数据库资源。目前DBMS普遍采用封锁方法实现并发操作调度的可串行性,从而保证调度的正确性,下一节将讨论该技术。

5.2.2 封锁及封锁粒度

封锁是实现并发控制的一个非常重要的技术。所谓封锁就是事务T在对某个数据对象(例如表、记录等)操作之前,先向系统发出请求,对其加锁。锁是一个与数据项相关的变量,对可能应用于该数据项上的操作而言,锁描述了该数据项的状态。通常,在数据库中的每个数据项都有一个锁。锁的作用是使并发事务对数据库中数据项的访问能够同步,加锁后的事务T对该数据对象有了一定的控制,在事务T释放它的锁之前,其他的事务不能更新此数据对象。锁是防止其他事务访问指定的资源控制、实现并发控制的一种手段。

数据库引擎使用不同的锁模式来锁定资源,这些锁模式确定了并发事务访问资源的方式。主要包括4种锁模式:共享锁、排他锁、更新锁、意向锁。

1. 共享锁

共享锁称为S锁,又称为读锁。若事务T对数据对象A加上S锁,则事务T可以读A但不能修改A,其他事务只能再对A加S锁,而不能加其他锁,直到T释放A上的S锁。这就保证了其他事务可以读A,但在T释放A上的S锁之前不能对A做任何修改。共享锁的实质是保证多个事务可以同时读数据A。当使用共享锁锁定资源时,不允许修改数据的事务访问数据,读完数据之后,立即释放所占用的资源。例如,使用SELECT语句访问数据时,系统自动对所访问的数据使用共享锁锁定。

2. 排他锁

排他锁称为X锁,又称为写锁。若事务T对数据对象A加上X锁,则只允许T读取和修改A,不允许其他任何事务再对A进行加锁和操作,直至T释放A上的锁,从而保证在事务T释放A的锁之前,其他的事务不能再读取和修改数据对象A,在这种意义下,这样的锁是排他的。就是在同一时间内只允许一个事务访问一种资源,其他事务都不能在有排他锁的资源上访问。在有排他锁的资源上，不能放置共享锁，也就是说，不允许可以产生共享锁的事务访问这些资源。只有当产生排他锁的事务结束之后，排他锁锁定的资源才能被其他事务使用。例如，使用 INSERT、UPDATE、DELETE 语句时，系统自动在所修改的事务上放置排他锁。

3. 更新锁

更新锁也称为 U 锁，可以防止常见的死锁。一般更新模式由一个事务组成，此事务读取数据，获取资源的共享锁，然后修改数据，此时要求锁转换为排他锁。如果两个事务获取了资源上的共享模式锁，然后试图同时更新数据，则一个事务尝试将锁转换为排他锁。共享模式到排他锁的转换必须等待一段时间，因为一个事务的排他锁与其他事务的共享锁不兼容，发生锁等待。第二个事务试图获取排他锁以进行更新。由于两个事务都要转换为排他锁，并且每个事务都等待另一个事务释放共享锁，因此发生死锁。

若要避免这种潜在的死锁问题，请使用更新锁。一次只有一个事务可以获得资源的更新锁，如果事务修改资源，则更新锁转换为排他锁，否则将更新锁转换为共享锁。

4. 意向锁

数据库引擎使用意向锁来保护共享锁或排他锁放置在锁层次结构的底层资源上。之所以命名为意向锁，是因为在较低级别锁前可获取它们，因此，会通知将意向锁放置在较低级别上。意向锁有两种用途：

防止其他事务以会使较低级别的锁无效的方式修改较高级别资源。

提高数据库引擎在较高的粒度级别检测锁冲突的效率。

意向锁又分为意向共享锁(IS)、意向排他锁(IX)以及意向排他共享锁(SIX)。意向共享锁表示读低层次资源的事务的意向，把共享锁放在这些单个的资源上。意向排他锁表示修改低层次的事务的意向，把排他锁放在这些单个资源上。意向排他锁包括意向共享锁，它是意向共享锁的超集。使用意向排他的共享锁表示允许并行读取顶层资源的事务的意向，并且修改一些低层次的资源，把意向排他锁放在这些单个资源上。

共享锁、排他锁、意向共享锁、意向排他锁以及意向排他共享锁的控制方式可以用表 5-1 所示的相容矩阵来表示。

在表 5-1 中，Y = YES，表示相容的请求；N = NO，表示不相容的请求。在该封锁矩阵中，最左边的一列表示事务 T_i 对数据对象已拥有锁的类型，最上面一行表示另一事务 T_j 对同一数据对象发出的封锁请求。T_j 的封锁请求能否被满足用矩阵中的 Y 和 N 表示，Y 表示事务 T_j 的封锁要求与 T_i 已持有的锁相容，封锁请求可以满足。N 表示 T_j 的封锁请求与 T_i 已持有的锁冲突，T_j 的请求被拒绝。

表 5-1 封锁类型的相容矩阵

T_j / T_i	IS	IX	S	SIX	X	—
IS	Y	Y	Y	Y	N	Y
IX	Y	Y	N	N	N	Y
S	Y	N	Y	N	N	Y
SIX	Y	N	N	N	N	Y
X	N	N	N	N	N	Y
—	Y	Y	Y	Y	Y	Y

封锁对象可以是这样一些逻辑单元:属性值、属性值的集合、元组、关系、索引项、整个索引直至整个数据库;也可以是这样一些物理单元:页(数据页或索引页)、块等。对于封锁对象的大小称为封锁粒度(Granularity)。SQL Server 能够锁定的资源粒度有:

(1)RID:行标识符,锁定表中单行数据。

(2)键值:具有索引的行数据。

(3)页面:一个数据页面或索引页面。

(4)区域:一组连续的 8 个数据页面或索引页面。

(5)表:整个表,包括其所有的数据和索引。

(6)数据库:一个完整的数据库。

可以根据事务所执行的任务来灵活选择所锁定的资源粒度。

封锁粒度与系统的并发度和并发控制的开销密切相关。直观地看,封锁的粒度越大,数据库所能够封锁的数据单元就越少,并发度就越小,系统开销也越小;反之,封锁的粒度越小,并发度较高,但系统开销也就越大。

例如,若封锁粒度是数据页,事务 T_1 需要修改元组 L_1,则 T_1 必须对包含 L_1 的整个数据页 A 加锁。如果 T_1 对 A 加锁后事务 T_2 要修改 A 中元组 L_2,则 T_2 被迫等待,直到 T_1 释放 A。如果封锁粒度是元组,则 T_1 和 T_2 可以同时对 L_1 和 L_2 加锁,不需要互相等待,提高了系统的并行度。又如,事务 T 需要读取整个表,若封锁粒度是元组,T 必须对表中的每一个元组加锁,显然开销极大。

因此,如果在一个系统中同时支持多种封锁粒度供不同的事务选择是比较理想的,这种封锁方法称为多粒度封锁(Multiple Granularity Locking)。选择封锁粒度时应该同时考虑封锁开销和并发度两个因素,适当选择封锁粒度以求得最优的效果。一般说来,需要处理大量元组的事务可以以关系为封锁粒度;需要处理多个关系的大量元组的事务可以以数据库为封锁粒度;而对于一个处理少量元组的用户事务,以元组为封锁粒度就比较合适了。

5.2.3 封锁协议

在运用封锁方法,对数据对象加锁时,还需要约定一些规则,例如何时申请加锁、申请锁的类型、持锁时间、何时释放封锁等,我们称这些规则为封锁协议(Locking Protocol)。对封锁方式规定不同的规则,就形成了各种不同的封锁协议,不同的封锁协议又可以防止不同的错误发生。并发操作的不正确调度可能会带来丢失修改、不可重复读和读“脏”数据等不一致问题,接下来介绍的三级封锁协议分别在不同程度上解决了这些问题,为并发操作的正确调度提供一定的保证。不同级别的封锁协议所能达到的系统一致性级别是不同的。

1. 一级封锁协议

一级封锁协议是:事务 T 在修改数据 A 之前,必须先对其加 X 锁,直到事务结束才释放。事务结束包括正常结束(COMMIT)和非正常结束(ROLLBACK)。

一级封锁协议可防止“丢失修改”所产生的数据不一致性的问题,并保证事务 T 是可恢复的。如图 5-5(a)使用一级封锁协议解决了图 5-5(a)中的丢失更新问题。

在图 5-5(a)中,事务 T_i 在读 A 进行修改之前先对 A 加 X 锁,当 T_j 再请求对 A 加 X 锁时被拒绝,直到 T_i 释放对 A 所加的锁,T_j 获得对 A 的 X 锁,此时,T_j 读取的 A 的值已经是 T_i 更新过的值 4000,再按此新的 A 值进行运算,并将结果值 A = 2000 送回到磁盘,从而避免了丢失

T_i的更新，保持了数据的一致性。

T_i	T_j	T_i	T_j	T_i	T_j
①Xlock A		①Xlock A		①Slock A	
Read(A=5000)		Read(A=5000)		Read(A=5000)	
②	Xlock A	②A=A-1000		②	Xlock A
③A=A-1000	等待	Write(A=4000)		③	等待
Write(A=4000)	等待	③	Slock A	④Read(A=5000)	等待
Unlock A	等待	④ROLLBACK	等待	Unlock A	等待
④	获得 Xlock A	A 恢复为 5000	等待	⑤	获得 Xlock A
	Read(A=4000)	Unlock A	等待		Read(A=5000)
	A=A-2000	⑤	获得 Slock A		A=A-2000
	Write(A=2000)		Read(A=5000)		Write(A=3000)
	Unlock A		Unlock A		

(a)没有丢失更新　　(b)不读“脏”数据　　(c)可重复读

图 5-5 使用封锁机制解决三种数据不一致性的示例

在一级封锁协议中，如果仅仅是读数据而不对其进行修改，是不需要加锁的，所以它不能保证可重复读和不读“脏”数据。

2. 二级封锁协议

一级封锁协议仅在修改数据 A 之前对其加锁，因此，二级封锁协议在一级封锁协议的基础上，加上了事务 T 在读取数据 A 之前必须先对其加 S 锁，读完后即可释放 S 锁。

二级封锁协议除防止了丢失更新，还可进一步防止读“脏”数据。在图 5-5(b)使用二级封锁协议解决了图 5-5(b)中的读“脏”数据问题。

在图 5-5(b)中，事务 T_i在对 A 进行修改之前，先对 A 加 X 锁，修改其值后写回数据库。这时 T_j请求在 A 上加 S 锁，因 T_i已在 A 上加了 X 锁，T_j只能等待。因某种原因，T_i对数据库的操作被撤销，A 恢复为原值 5000，T_i释放 A 上的 X 锁后 T_j获得 A 上的 S 锁，读 A=5000，从而避免了 T_j读“脏”脏”数据的问题。

在二级封锁协议中，对数据进行读写操作前加 X 锁，防止了丢失修改的问题，对数据进行读操作前加 S 锁，防止了读“脏数据”的问题，但由于读完数据后即可释放 S 锁，所以它不能保证可重复读。

3. 三级封锁协议

并发操作所带来的三种数据不一致性问题，通过一级封锁协议和二级封锁协议已分别解决了丢失修改和读“脏数据”的问题。如果要解决不可重复读的问题则需要三级封锁协议。

三级封锁协议是：在一级封锁协议的基础上加上事务 T 在读取数据 A 之前必须先对其加 S 锁，直到事务结束才释放。

三级封锁协议可进一步防止不可重复读的问题。如图 5-5(c)使用三级封锁协议解决了图 5-5(c)中不可重复读的问题。

在图 5-5(c)中，事务 T_i 在读 A 之前，先对 A 加 S 锁，则其他事务只能对 A 加 S 锁而不能加 X 锁，即其他事务只能读取而不能修改 A。因此当 T_j为修改 A 而申请对 A 加 X 锁时被拒绝，只能等待一直到 T_i 释放 A 上的 S 锁。T_i 只有在读操作完结之后才会释放对 A 的 S 锁，因此不管读几次，每次的结果都不会变，即是可重复读的。

5.2.4 两段锁协议

三级封锁协议可以防止并发执行中出现的三类问题，但是，并不能保证并发执行一定是可串行化的，要保证并发事务是可串行化的，则必须对封锁机制加入其他的规则。目前，DBMS 普遍采取两段锁协议（Two-Phase Locking Protocol，简称 2PL 协议）实现并发调度的可串行化。协议是所有事务都必须遵守的规定，是对事务可能执行的基本操作次序的一种限制。

所谓的两段锁协议就是保证并发调度可串行性的封锁协议，所有事务必须分两个阶段对数据项加锁和解锁。第一阶段是获得封锁，也称为扩展阶段。在这阶段，事务可以申请获得任何数据项上的任何类型的锁，但是不能释放任何锁。第二阶段是释放封锁，也称为收缩阶段。在这阶段，事务可以释放任何数据项上的任何类型的琐，但是不能再申请任何琐。

（1）获取封锁，在这个阶段，事务可以获得任何数据项上任何类型的锁；

（2）释放封锁，在这个阶段，事务可以释放任何数据项上任何类型的锁，一旦释放一个锁以后，事务不再申请和获得任何其他封锁。

例如，下面两个事务 T_1，T_2：

T_1：lock（A） lock（B） lock（C） unlock（B） unlock（C） unlock（A）

T_2：lock（A） unlock（A） lock（B） lock（C） unlock（C） unlock（B）

T_1 遵守两段锁协议，T_2 不遵守两段锁协议。也就是说，如果一个事务所有的加锁操作都放在第一个解锁操作之前，那么就说该事物遵守两段锁协议。

需要说明的是，事务遵守两段锁协议是可串行化调度的充分条件，而不是必要条件。也就是说，若并发事务都遵守两段锁协议，则对这些事务的任何并发调度策略都是可串行化的；若对并发事务的一个调度是可串行化的，不一定所有事务都符合两段锁协议。

【例 5-4】 有两个事务 T_1 和 T_2，所包含的操作如表 5-2 所示。

在表 5-2 中的两个事务，假设有初值 A = 10，B = 50，按照 $T_1 \rightarrow T_2$ 的串行结果是 A = 60，B = 110，按照 $T_2 \rightarrow T_1$ 的方式串行的结果是 A = 70，B = 60。也就是说只要执行的结果是这两个中的一个就是正确的调度。

表 5-2 串行执行

T_1	T_2
Slock B	Slock A
Read(B)	Read(A)
Unlock B	Unlock A
Xlock A	Xlock B
Read(A)	Read(B)
A: = A + B	B: = A + B
Write(A)	Write(B)
Ulock A	Ulock B

我们采用两段锁协议对该并发事务进行调度，如表 5-3 所示。

表 5-3　遵守两段锁协议的并发执行

T_1	T_2
Slock B	
Read(B)	
Xlock A	
	Slock A
	等待
Ulock B	等待
Read(A)	等待
A: = A + B	等待
Write(A)	等待
Ulock A	等待
	Read(A)
	Xlock B
	Unlock A
	Read(B)
	B: = A + B
	Write(B)
	Ulock B

在表 5-3 中，两个事务 T_1 和 T_2 均遵守两段锁协议，其执行结果为 A = 60，B = 110，跟按照 $T_1 \rightarrow T_2$ 顺序的串行执行的结果相同，因此对这两个事务的并发调度是可串行化的，是正确的。

三级封锁协议可以预防并发操作中引发的三种问题，两段锁协议可以保证并发事务的可串行化，但封锁技术本身也会带来一些新的问题，如表 5-4 所示，事务 T_1 要对数据对象 A 加 X 锁，因为遵守两段锁协议的事务 T_2 还要进行加锁操作，因而 T_1 不能释放对数据对象 B 所加的 S 锁，事务 T_1 只能等待事务 T_2 释放对数据 A 所加的 S 锁，但这时，事务 T_2 又需要对数据对象 B 加 X 锁，但因为事务 T_1 申请对 A 加 X 锁的时间要早，因此 T_2 只能等待 T_1 获得锁并释放后才能对 A 加 X 锁，这样就陷入了无限等待的状态。因此，遵守两段锁协议的事务可能发生死锁。

表 5-4　遵守两段锁协议的事务可能发生死锁

T_1	T_2
Slock B	
Read(B)	
	Slock A
	Read(A)
Xlock A	
等待	Xlock A
等待	等待

5.2.5 活锁和死锁

和操作系统一样，封锁的方法可能引起活锁和死锁。

1. 活锁

如果事务 T_1 封锁了数据 R，事务 T_2 又请求封锁 R，于是 T_2 等待。T_3 也请求封锁 R，当 T_1 释放了 R 上的封锁之后系统首先批准了 T_3 的请求，T_2 仍然等待。然后 T_4 又请求封锁 R，当 T_3 释放了 R 上的封锁之后系统又批准了 T_4 的请求……T_2 在不断重复尝试获取封锁数据 R，可能需永远等待，这就是活锁的情形。

活锁指的是事务没有被阻塞，由于某些条件没有满足，导致一直重复尝试，失败，尝试，失败。避免活锁的简单方法是采用先来先服务的策略。当多个事务请求封锁同一数据对象时，封锁子系统按请求封锁的先后次序对事务排队，数据对象上的锁一旦释放就批准申请队列中第一个事务获得锁。

2. 死锁

如果事务 T_1 封锁了数据 R_1，T_2 封锁了数据 R_2，然后 T_1 又请求封锁 R_2，因 T_2 已封锁了 R_2，于是 T_1 等待 T_2 释放 R_2 上的锁。接着 T_2 又申请封锁 R_1，因 T1 已封锁了 R_1，T_2 也只能等待 T_1 释放 R_1 上的锁。这样就出现了 T_1 在等待 T_2，而 T_2 又在等待 T_1 的局面，T_1 和 T_2 两个事务永远不能结束，形成死锁，如上小节的例子所示。

目前在数据库中解决死锁问题主要有两类方法，一类方法是死锁预防，即采取一定措施来预防死锁的发生；另一类方法是死锁检测，即允许发生死锁，采用一定手段定期诊断系统中有无死锁，若有则解除之。

(1)死锁预防

在数据库中，产生死锁的原因是两个或多个事务都已封锁了一些数据对象，然后又都请求对已经被其他事务封锁的数据对象进行加锁，从而出现死等待。防止死锁的发生其实就是要破坏产生死锁的条件，通常有两种方法：

①一次封锁法

一次封锁法要求每个事务必须一次将所有要使用的数据全部加锁，否则就不能继续执行。对一个事务而言，要么获得所需的全部锁，要么一个锁也不占有。这样一个事务不会既等待其他事务，又被其他事务等待，从而有效地防止死锁的发生。

但一次封锁也存在问题。一次封锁要求对要用到的全部数据加锁，而每个事务执行之前无法精确确定需要封锁哪些数据，势必扩大了封锁的范围，从而降低了系统的并发度。

②顺序封锁法

顺序封锁法是预先对数据对象规定一个封锁顺序，所有事务都按这个顺序实行封锁。比如可规定只有请求低序号数据对象的锁的事务等待占有高序号数据对象的锁的事务，而不能反向等待，从而避免死锁。

顺序封锁法可以有效地防止死锁，但也同样存在问题。第一，数据库系统中封锁的数据对象极多，并且随数据的插入、删除等操作而不断地变化，要维护这样的资源的封锁顺序非常困难，成本很高。第二，事务的封锁请求可以随着事务的执行而动态地决定，很难事先确定每一个事务要封锁哪些对象，因此也就很难按规定的顺序去施加封锁。

可见，在操作系统中广为采用的预防死锁的策略并不很适合数据库的特点，因此DBMS在解决死锁的问题上可以修改封锁协议的方法，也可以采用诊断并解除死锁的方法。

(2)死锁的诊断与解除

在数据库系统中，解决死锁的问题普遍采用诊断并解除死锁的方法。方法一般包括超时法或事务等待图法。

①超时法

对每个锁设置一个时限，当一个事务对该锁的等待时间超过了所设置的时限，则认为发生死锁，此时调用解锁程序，以解除死锁。超时法的道理简单，但是实现却有很大的困难，因为时限多长较难确定。如果时限设得太小，死锁的误判会增加。例如，原本不是死锁，只是由于某些原因如系统负荷太重、通信受阻等导致事务等待超时而被误判为死锁；如果时限设得太大，则死锁发生后不能及时发现。

②等待图法

事务等待图是一个有向图 G=(T,U)。T为结点的集合，每个结点表示正运行的事务；U为边的集合，每条边表示事务等待的情况。若 T_1 等待 T_2，则 T_1，T_2 之间划一条有向边，从 T_1 指向 T_2。事务等待图动态地反映了所有事务的等待情况。并发控制子系统周期性地(比如每隔1 min)检测事务等待图，如果发现图中存在回路，则表示系统中出现了死锁。

DBMS的并发控制子系统一旦检测到系统中存在死锁，就要设法解除。SQL Server通过自动选择可以打破死锁的线程(死锁牺牲品)来结束死锁。SQL Server回滚作为牺牲品的事务，通知线程的应用程序(通过返回1205号错误信息)，取消线程的当前请求，然后允许不间断线程的事务继续进行。

SQL Server通常选择允许撤销时花费最少的事务的线程作为死锁牺牲品。另外，用户可以使用SET语句将会话的DEADLOCK_PRIORITY设置为LOW。DEADLOCK_PRIORITY选项控制在死锁情况下如何衡量会话的重要性。如果会话的设置为LOW，则当会话陷入死锁情况时将成为首选牺牲品。

5.3 数据库的恢复技术

尽管数据库系统中采取了各种保护措施来防止数据库的安全性和完整性被破坏，保证并发事务的正确执行，但是计算机同其他任何设备一样，都有可能发生故障。故障的原因有多种多样，包括硬件的故障、软件的错误、操作员的失误、灾难故障以及人为的恶意破坏等，这些故障轻则造成运行事务的非正常中断，影响数据库中数据的正确性，重则破坏数据库，使数据库中全部或部分数据丢失。因此，数据库系统必须采取必要的措施，把数据库从错误状态恢复到某一已知的正确状态的功能，这就是数据库的恢复。数据库恢复技术对系统的可靠程度起着决定性作用，而且对系统的运行效率也有很大影响，是衡量系统性能优劣的重要指标。

5.3.1 数据库故障分类

数据库故障是指导致数据库值出现错误描述状态的情况。数据库系统中可能发生的故障种类很多，大致可以分为如下几类。

1. 事务内部故障

事务内部故障分为预期故障和非预期故障。

预期故障是可以预见的，可以通过事务程序本身发现的错误。如，在银行转账事务中，当把一笔金额从A账户转给B账户时，如果A账户的金额不足，则不能进行转账，否则可以进行转账。这个对金额的判断就可以在事务的程序代码中进行。如果发现不能转账的情况，对事务则进行ROLLBACK回滚操作，恢复到转账前的正确状态即可。这种事务内部的故障就是可预期的，由事务程序判断处理。

事务内部故障更多是非预期的，是不能由程序处理的。如运算溢出、并发事务发生死锁而撤销事务、违反了某些完整性限制或系统调度上的需要而终止某些事务等。我们后面讨论的事务故障均指这类非预见性故障。

发生事务故障时，事务没有达到预期的终点而夭折，它可能使数据库处于不一致的状态，系统在不影响其他事务运行的情况下，要强行回滚该事务，即撤销该事务已对数据库做的任何更改，使得该事务好像根本没有运行过一样。这类恢复操作称作事务撤销，一般是由系统直接对该事务执行UNDO处理。

2. 系统故障

系统故障是指引起系统停止运转、要求重新启动的故障。造成系统故障的原因很多，比如硬件故障（如CPU故障）、软件故障（如操作系统故障）、突然断电等。这样的故障会影响正在运行的所有事务，并且主存内容全部丢失，但不破坏数据库。这时可能发生两种情况：第一种是一些未完成事务的结果可能已经送入物理数据库中，从而造成数据库可能处于不一致状态；另一种是有些已经提交的事务有一部分结果还保留在缓冲区中，尚未写入物理数据库中，这样的故障会丢失这些事务对数据的修改，也使数据库处于不一致状态。因此，系统必须重新启动，DBMS的恢复子系统需要将这些事务对数据库的所有修改进行处理，把数据库恢复到正确的状态，从而保证数据库中数据的一致性。

恢复子系统对数据的处理，根据以上两种不同的故障，处理方式也有区别。第一种，系统故障导致所有正在运行的事务都以非正常方式中止，造成数据库处于不一致状态的情况，恢复子系统在系统重新启动时，对未完成的事务作UNDO处理，即让所有非正常终止的事务回滚，强行撤销所有未完成的事务，把数据库恢复到正确状态。另外一种情况，已提交事务的结果部分仍留在内存工作区尚未写入数据库中，也会造成数据库不一致，这种情况，在系统重启时，恢复子系统的处理是对已提交事务但更新还留在缓冲区的事务进行REDO处理，即子系统除撤销所有未完成事务外，还需对所有已提交的事务重做，以将数据库真正恢复到一致状态。

3. 介质故障

介质故障又称硬故障，是指外存故障，诸如磁盘损坏、磁头碰撞、瞬时强磁场干扰等磁盘故障，发生介质故障后，磁盘上的物理数据和日志文件都被破坏。这类故障发生的可能性比前两类小得多，但破坏性最大，属于灾难性故障。恢复方法就是重装数据库系统，然后重做已完成的事务。

4. 计算机病毒

计算机病毒是一种人为的故障或者破坏，病毒程序不同于其他程序，它可以繁殖并传播，并造成对计算机系统包括数据库系统的危害。计算机病毒的种类很多，不同病毒有不同特征。有的计算机病毒传播很快，一旦侵入系统就马上摧毁系统；有的病毒有较长潜伏期，计算机感染数天或数月后才开始发病；有的只对特定的某些程序或数据感兴趣。计算机病毒已成为计算机系统的主要威胁，自然也是数据库的主要威胁。为此计算机安全工作者已研制了许多预防病毒的“疫苗”，但是至今还没有一种使计算机“终生”免疫的“疫苗”。

5.3.2　数据库恢复的主要技术

要使数据库在发生故障后能够恢复，必须建立冗余数据，在故障发生后利用这些冗余数据实施数据库恢复。因此，恢复技术涉及的两个关键问题是：第一，如何建立冗余数据；第二，如何利用这些冗余数据实施数据库恢复。如何建立冗余数据，即如何进行数据备份。备份数据库常用的技术是数据转储和建立日志文件。在一个数据库系统中，这两种方法一般是同时使用的。

1. 数据转储

数据转储是数据库恢复中采用的基本技术。所谓数据转储，是指由 DBA（数据库管理员）定期的将整个数据库中的内容复制到另一个存储设备或另一个磁盘上去，这些转储的副本称为后备副本或后援副本。一旦系统发生介质故障，数据库遭到破坏时，就可以将最近的后备副本装入，将数据库恢复起来。很显然，用这种技术，数据库只能恢复到最近转储时的状态，从最近转储点至故障期间的所有对数据库的更新将会丢失，必须重新运行这期间的全部的更新事务。如图 5-6 所示描述了这一过程。

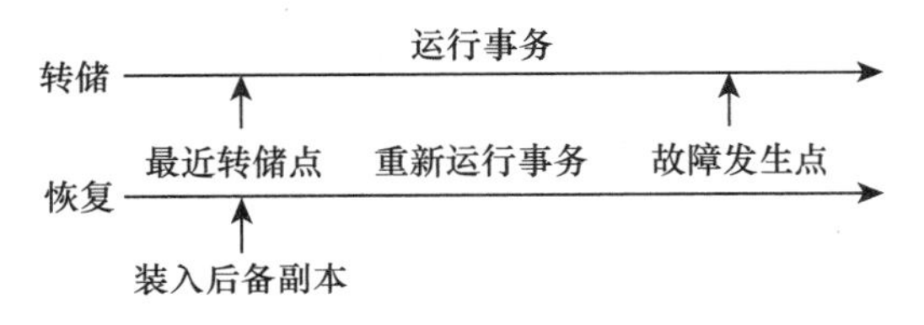

图 5-6　转储和恢复

由于数据库的数据量一般比较大，转储一次后备副本十分耗费时间和资源，并且转储期间一般不允许对数据库进行操作，因此转储操作不能频繁进行，DBA 应该根据数据库的使用情况确定一个适当的转储周期，比如可以在周末或夜间进行。

（1）从转储的运行状态上，可分为静态转储和动态转储

静态转储是在系统中无运行事务时进行的转储操作。即转储操作开始的时候，数据库处于一致性状态，而转储期间不允许（或不存在）对数据库的任何存取、修改操作，即转储事务不可与应用事务并发执行。静态转储执行比较简单，但转储必须等待正运行的用户事务结束才能进行，同样，新的事务必须等待转储结束才能执行。显然，静态转储能保证副本与数据库的一致性，但常常降低数据库的可用性，且效率比较低。

动态转储是指转储期间允许对数据库进行存取或修改。动态转储克服了静态转储的缺点，转储事务和用户事务可以并发执行，但容易带来动态过程中的数据的不一致性。因此必须把转储期间各事务对数据库的修改活动登记下来，建立日志文件，后备副本加上日志文件就可以将数据库恢复到某一时刻的正确状态。

(2)从转储的进行方式上,又可分为海量转储和增量转储

海量转储是指每次转储全部的数据库内容。但转储周期愈长,丢失的数据也愈多,如果只转储更新过的数据,则转储的数据量显著减少,转储时间减少,转储周期可以缩短,从而可以减少丢失的数据,这种转储称为增量转储。从数据库恢复角度看,使用海量转储得到的后备副本进行恢复会更方便;但从工作量角度看,如果数据库很大,事务处理又十分繁琐时,则增量转储方式更实用更有效。一般来讲,在实际的应用中,可以将海量转储和增量转储结合起来使用,例如,每周进行一次海量转储,每天晚上进行一次增量转储。

数据转储的这两种方式分别可以在两种状态下进行,因此数据转储的方法可以分为以下四类:动态海量转储、动态增量转储、静态海量转储和静态增量转储。如表 5-5 所示。

表 5-5 数据转储分类

转储方式	转储状态	
	动态转储	静态转储
海量转储	动态海量转储	静态海量转储
增量转储	动态增量转储	静态增量转储

2. 登记日志文件

日志文件是用来记录事务对数据库的更新操作的文件。其格式主要有两种:以记录为单位的日志格式和以数据块为单位的日志格式。

(1)日志记录

以记录为单位的日志格式称为日志记录,日志记录中的基本内容为:各个事务的开始标记(Begin Transaction)、各个事务的结束标记(Commit 或 Rollback)和各个事务的所有更新操作。具体来说,每个日志记录的格式为:

(事务标识,操作类型,操作对象,前像,后像)

其中,事务标识用以表示是哪个事务,操作类型用以表示是插入、删除或修改操作,操作对象用以记录内部标识,前像指更新前数据的旧值,后像指更新后数据的新值。需要说明的是:如果操作类型为插入操作,则前像为空值,如果操作类型为删除操作,则后像为空值。

举例说明日志文件记录,对于下面每次操作,在日志文件中写一个记录:

①事务 T 开始,日志记录为(T,start, , ,)

②事务 T 修改对象 A,日志记录为(T,update,A,前像,后像)

③事务 T 插入对象 A,日志记录为(T,insert,A, ,后像)

④事务 T 删除对象 A,日志记录为(T,delete,A,前像,)

⑤事务 T 提交,日志记录为(T,commit, , ,)

⑥事务 T 回滚,日志记录为(T,rollback, , ,)

(2)日志文件

以数据块为单位的日志文件,只要某个数据块中存在数据更新,就需要将整个数据库更新前和更新后的内容放入到日志文件中,也正因为如此,则操作的类型和操作对象等信息就不必放入日志记录中。

日志文件在数据库恢复中起着举足轻重的作用,数据库中发生了以下的故障后,恢复时都

要用到日志文件：

①当数据库发生的是事务故障和系统故障时，直接根据日志文件对相应的数据库操作进行 UNDO 和 REDO 操作即可；

②当发生介质故障时，如果采用的是动态转储方式，则必须建立日志文件，将后备副本和日志文件结合起来才能有效恢复数据库；

③当发生介质故障时，如果采用的是静态转储方式，也可以建立日志文件。如图 5-7 中所示，当数据库毁坏后，可以将最近一次转储的后备副本重新装入，然后利用日志文件，对未提交的事务用前像撤销(Undo)，对已提交的事务，但结果还没有从内存工作区写入数据库中的事务用后像重做(Redo)。这样就可以使数据库恢复到故障前发生时刻的正确状态。

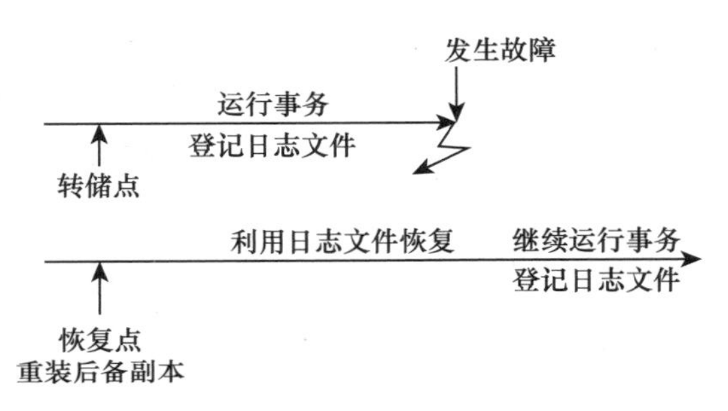

图 5-7　使用后备副本和日志文件恢复数据库

为了保证数据库恢复的正确性，登记日志文件时要遵守下面两条原则：

①登记的次序必须严格按照并发事务执行的时间次序；

②必须先写日志文件，后写数据库，并且日志文件不能和数据库放在同一磁盘上，要经常把它复制到其他存储介质上。

把数据的更改写入数据库和把表示这个更改的日志记录写到日志文件中是两个不同的操作。如果先把数据的更改先写入数据库，而更改的日志记录没被登记入日志文件，当两个操作中间发生了故障，以后就无法恢复这个修改，数据库则无法恢复到正确的一致性状态。如果先写日志，后写数据库，按日志文件恢复时只不过多执行一次不必要的 UNDO 操作，并不影响数据库的正确性。所以需保证“先写日志文件”的原则。

5.3.3　数据库的恢复策略

不同的故障其恢复策略和方法也不一样。

1. 事务故障的恢复

事务故障一定是在事务正常结束提交前发生的，因此，当发生事务故障后，应该撤销(UNDO)该事务对数据库的一切更新。基于事务故障的恢复是由系统自动完成的，对用户透明。具体的步骤如下：

(1)反向扫描日志文件，查找该事务的更新操作。

(2)对查到更新操作的事务执行逆操作。即查到更新操作后，将日志记录中“更新前的值”写入数据库，要根据更新的类型进行相应的处理，若是 UPDATE 操作，则将日志文件“前像”写入数据库；若是 INSERT 操作，则将数据对象删去；若是 DELETE 操作，则做插入操作，插入数据对象的值为日志记录中“前像”。

(3)继续反向扫描日志文件,找出其他的更新操作,并做同样处理。直至读到该事务的Start标记为止。

2.系统故障的恢复

系统故障会使内存数据丢失,这样会使已提交的事务对数据库的更新还留在工作区而未写入数据库,也可能会使未完成的事务对数据库的更新已写入数据库。所以,恢复子系统需要对所有已提交的事务进行重做即执行REDO操作,而对未提交的事务必须撤销所有对数据库的更新,即执行UNDO操作。恢复是在系统重新启动时恢复子系统自动完成的,无须用户干预。具体处理步骤如下:

(1)从头扫描日志文件,找出在故障发生前已提交的事务(即已有BEGIN TRANSACTION和COMMIT记录的事务),将其记入重做(REDO)队列。同时找出尚未完成的事务(即只有BEGIN TRANSACTION记录,而无COMMIT或ROLLBACK记录的事务),将其记入撤销(UNDO)队列。

(2)对重做队列中的每个事务进行REDO操作,即正向扫描日志文件,依据登入日志文件中次序,重新执行登记的操作。

(3)对撤销队列中每个事务进行撤销(UNDO)操作,即反向扫描日志文件,依据登入日志文件中相反次序,对每个更新操作执行逆操作,根据执行的更新操作的类型执行相关操作,若是UPDATE操作,则将日志文件“前像”写入数据库;若是INSERT操作,则将数据对象删去;若是DELETE操作,则做插入操作,插入数据对象的值为日志记录中“前像”,从而恢复数据库的原状。

在上述步骤(1)中,对日志文件的扫描是从头开始的,扫描所有的日志记录,再重做所有日志记录中的操作,其结果是:扫描所有的日志文件需要耗费大量的时间,重做的操作中很多是不必要的,因此,为了减少系统故障恢复时扫描日志记录的数目以及重做已提交事务的工作量,又发展了一种称为检查点的恢复技术。该技术是在日志文件中增加了一类新的记录,即检查点(Checkpoint)记录。检查点记录的内容包括:

(1) 建立检查点时刻正在执行的事务清单;

(2) 这些事务最近一个日志记录的地址。

在系统运行过程中,DBMS按一定的间隔在日志文件中设置一个检查点。设置检查点时要执行下列动作:

(1) 把仍保留在日志缓冲区中的内容写到日志文件中;

(2) 在日志文件中写一个“检查点记录”;

(3) 把数据库缓冲区的内容写到数据库;

(4) 把日志文件中检查点记录的地址写到“重新启动文件”中。

系统故障要求系统进行重启,那么在系统重新启动时,恢复子系统先从“重新启动文件”中获得检查点记录的地址,再从日志文件中找到该检查点记录的内容,就能决定哪些事务需要重做,哪些事务需要撤销。从而大大减少系统扫描日志文件和进行重做的工作量。

3.介质故障的恢复

发生介质故障后,磁盘上的数据都可能被破坏。这时,恢复的方法是利用后备副本重装数据库，然后重做转储点之后已提交的事务。具体措施如下：

(1) 检查磁盘的毁坏程度，必要时更换磁盘；

(2) 然后修复系统(包括操作系统和 DBMS)，重新启动系统；

(3) 重新装入最近的后备副本，使数据库恢复到最近一次转储时的一致性状态；

(4) 重新装入有关的日志文件副本，对日志记录中转储点之后的已提交的事务进行 REDO 操作，将数据库恢复到故障前某一时刻的一致状态。

5.3.4　SQL Server 2014 的数据库备份和恢复

前面小节对数据库的备份和恢复机制进行了介绍，本节主要介绍在 SQL Server 环境下如何实现数据库的备份和恢复。

SQL Server 支持四种备份类型：完全备份、差异备份、事务日志备份、文件和文件组备份。这里主要介绍前 3 种备份方式。

1. 完全备份

完全备份是将数据库中的全部信息进行备份，它是恢复的基线。在进行完全备份时，不但备份数据库的数据文件、日志文件，还备份文件的存储位置信息以及数据库中的全部对象。完全备份需要消耗较多的时间和系统资源，一般可以几天或几周进行一次。恢复日志备份和差异备份时都依赖完全数据库备份。

【例 5-4】　完全备份教学管理信息系统数据库

方法一：使用 SQL 语句

```
BACKUP DATABASE 教学管理信息系统
TO 教学管理信息系统_FULL
WITH INIT
```

提示：教学管理信息系统_FULL 是备份设备，进行备份时，首先必须要创建用来存储备份的备份设备，备份设备可以是磁盘、磁带或命名管道。创建备份设备后才能通过对象资源管理器、备份向导或 SQL 命令进行备份。使用 WITH INIT 选项覆盖上一次备份，使用 WITH NOINIT 选项保留以前的备份，每次追加新的备份。恢复数据库的时候可以恢复备份中的任何一次备份。

方法二：使用对象资源管理器

操作步骤如下：

(1)右键单击对象资源管理器的“教学管理信息系统”节点，在出现的快捷菜单上选择“任务”→“备份”，出现备份数据库对话框，如图 5-8 所示。

(2)在“数据库”框内，选择需备份的数据库，默认是选定数据库。

(3)备份类型选择“完全”，默认是“完全”。

(4)选择“备份集过期时间”，默认 0 天，指永不过期。

(5)在“目标”→“备份到”选项下，点击“添加”按钮，可以添加备份的文件路径，也可以添加创建的备份设备，如图 5-9 所示。(在 SQL Server 2014 的“对象资源管理器”→“服务器对象”下有“备份设备”，可以创建备份设备，此处不再详述操作过程，读者可参考其他资料)。

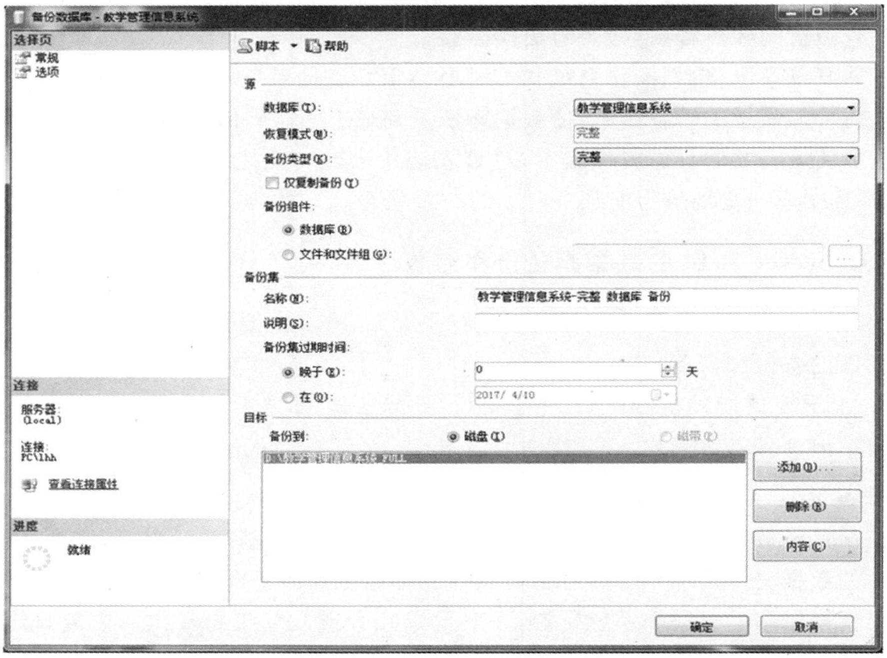

图 5-8 完全数据库备份

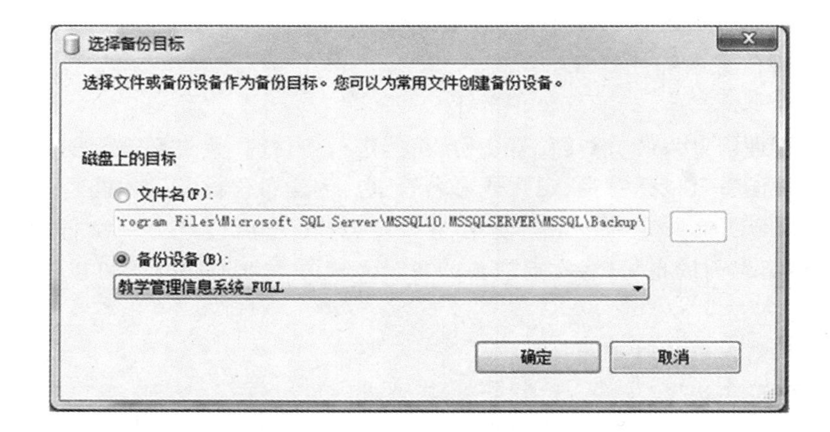

图 5-9 选择备份目标

2. 差异备份

差异备份是备份从最近的完全备份之后数据库的全部变化内容。它以完全备份为基准点，备份完全备份之后变化了的数据文件、日志文件和其他被修改的内容。差异备份比完全备份需要的时间短。

【例 5-5】 差异备份教学管理信息系统数据库。

方法一：使用 SQL 语句

```
BACKUP DATABASE 教学管理信息系统
TO 教学管理信息系统_DIFFER
WITH DIFFERENTIAL
```

提示：教学管理信息系统_DIFFER 是备份设备。WITH DIFFERENTIAL 参数选项为差异备份。

方法二：使用对象资源管理器

操作步骤跟"完全备份"是差不多的，只在"备份类型"上选择"差异"。

3. 事务日志备份

事务日志备份是对上次备份(可以是完全备份、差异备份和日志备份)之后到当前备份时间所记录的日志内容进行备份。应该经常创建事务日志备份，减少丢失数据的危险。可以使用事务日志备份将数据库恢复到特定的即时点。如果希望备份事务日志，则必须设置数据库的"恢复模型"为"完全"或"大容量日志记录"模式。系统出现故障，首先恢复完全数据库备份，再恢复日志备份。

【例 5-6】 事务日志备份教学管理信息系统数据库。

方法一：使用 SQL 语句

```
BACKUP LOG 教学管理信息系统
TO 教学管理信息系统_LOG
WITH INIT
```

提示：教学管理信息系统_LOG 是备份设备。

方法二：使用对象资源管理器

操作步骤跟"完全备份"是差不多的，只在"备份类型"上选择"事务日志"。

随着数据库使用时间的推移，事务日志中记录的内容会越来越多，导致整个磁盘空间被逐步占用。如果从来没有从事务日志中删除日志记录，日志有可能会填满磁盘上的所有空间。在默认情况下，事务日志备份完成后要截断日志。截断日志指的是定期清除日志记录中不需要或不活动记录的操作，以便减小日志大小。

日志活动部分是在任何时间恢复数据库都需要的日志部分，日志活动部分起点处的记录由最小恢复日志序号(MinLSN)标识。在简单还原模式中，不维护事务日志序列，因此，MinLSN 之前的所有日志记录可以随时被截断；在完全还原模式和有日志记录的大容量还原模式中，需维护事务日志备份序列，因此 MinLSN 之前的日志部分直到复制某个日志备份时才能被截断。

数据库日志文件是数据库的必要组成部分，绝不允许直接删除日志文件。要减小数据库日志文件的大小，应该通过以下几个步骤完成。

(1)修改数据库还原模式为简单模式。

(2)使用截断事务日志语句"BACKUP LOG{数据库名|@数据库变量名}WITH NO_LOG"。

(3)使用收缩事务日志语句"DBCC SHRINKFILE(日志文件逻辑名，收缩后文件大小)"。

【例 5-7】 截断"教学管理信息系统"事务日志，收缩事务日志为 1 MB。

```
USE 教学管理信息系统
ALTER DATABASE 教学管理信息系统 SET RECOVERY SIMPLE
```

BACKUP LOG 教学管理信息系统 WITH NO_LOG
DBCC SHRINKFILE(教学管理信息系统_LOG,1MB)

以上三种备份方式可以不同组合以符合各种应用需要,还需要适合的备份策略。

(1)完全备份策略

当对数据修改不是很频繁,而且允许一定量的数据丢失时,可以选择完全备份策略。例如图5-10所示,一个数据库在每周三和周六的凌晨1:00进行一次完全备份,假设在周三上午10:00数据库系统出现故障,那只需将数据库恢复到最近一次完全备份,即周三凌晨1:00时的状态。

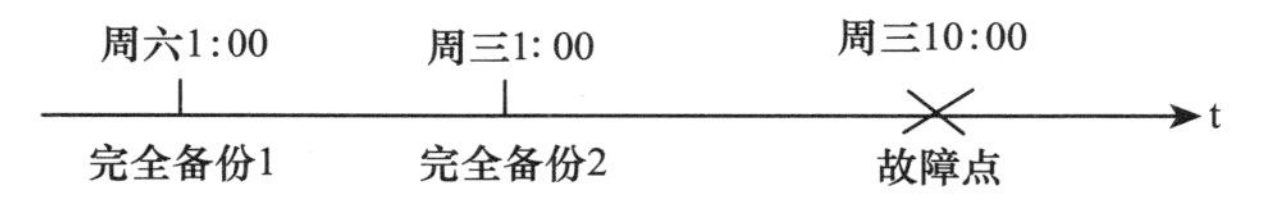

图 5-10 完全备份策略示意图

(2)完全备份加事务日志备份

如果用户不允许丢失太多的数据库,而且又不希望经常耗费过多时间和资源进行完全备份,这时可在两次完全备份中间进行多次事务日志备份,即完全备份加事务日志备份策略。例如图5-11所示,一个数据库在每周三和周六的凌晨1:00进行一次完全备份,然后在每天18:00进行一次事务日志备份。这个策略恢复起来还是比较耗时的。因为,在利用事务日志备份进行恢复时,系统是将事务日志记录的操作重做一遍的。

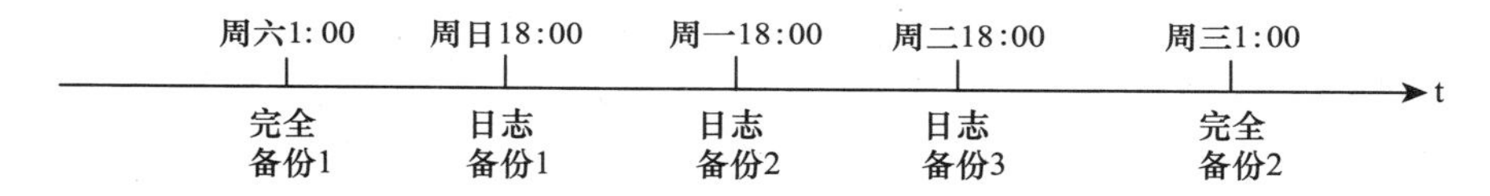

图 5-11 完全备份+事务日志备份策略示意图

(3)完全备份加差异备份再加事务日志备份

进行一次完全备份所需时间比较长,如果用户希望将进行完全备份的时间间隔再加大一些,比如每周进行一次。我们可以采取第三种备份策略,即完全备份加差异备份和事务日志备份策略。在两次完全备份中间加一些差异备份,然后再在两次差异备份中间加一些事务日志备份。这种策略的备份和恢复速度都比较快,而且当系统出现故障时,丢失的数据较少。例如图5-12所示,每周周日凌晨1点进行完全备份,然后每天分别在9、13、17点进行一次日志备份,同时每日的凌晨0点再进行一次差异备份。

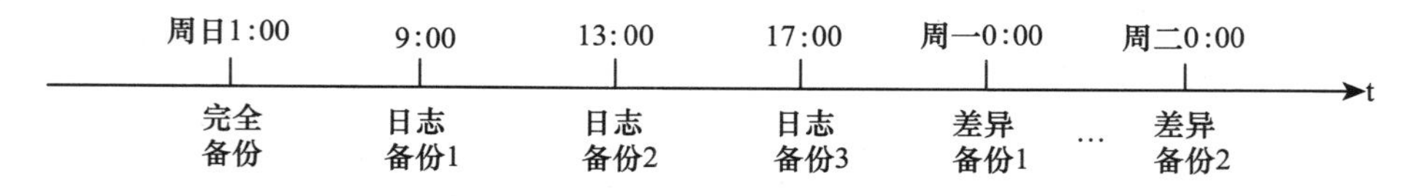

图 5-12 完全备份+差异备份+事务日志备份策略示意图

当数据库系统出现故障或异常毁坏时,可以使用数据库备份对数据库进行恢复。备份数据库是按一定顺序进行的,恢复数据库也有一定的顺序关系。恢复数据库的顺序如下:

①恢复最近的完全数据库备份。因为最近的完全数据库备份记录数据库最近的全部信息。

②恢复完全备份之后的最近的差异数据库备份(如果有的话),因为差异数据库备份内容是相对完全备份之后对数据库所作的全部修改。

③按事务日志备份的先后顺序恢复从完全备份或差异备份之后的所有日志备份。由于事务日志备份记录的是自上次备份之后新记录的日志部分,因此,必须按顺序恢复自最近的完全备份或差异备份之后所进行的全部日志备份。

【例 5-8】 从完全备份"教学管理信息系统_FULL"中恢复"教学管理信息系统_还原练习"数据库。

方法一:使用 SQL 语句

```
RESTORE DATABASE 教学管理信息系统
FROM 教学管理信息系统_FULL
WITH RECOVERY
```

方法二:使用对象资源管理器

操作步骤如下:

在对象资源管理器的"数据库"节点上,单击鼠标右键,出现的快捷菜单上,单击"还原数据库",出现"还原数据库"对话框,如图 5-13 所示填写。按"确定"按钮执行操作。

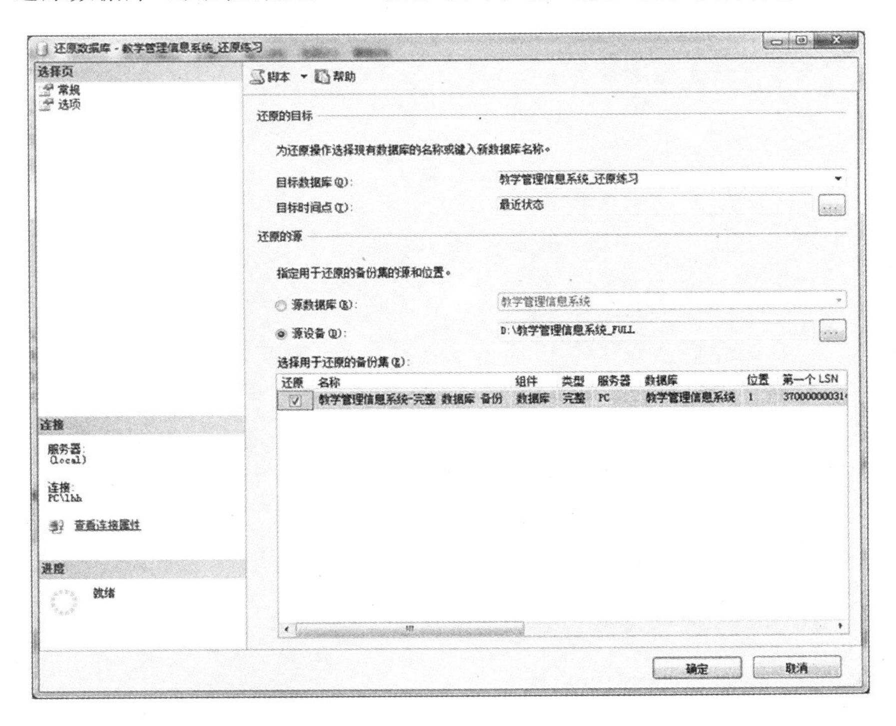

图 5-13　完全备份还原

【例 5-9】 从差异备份"教学管理信息系统_DIFFER"中恢复"教学管理信息系统"数据库。

从差异备份中恢复,先要进行完全备份恢复,再从差异备份恢复,所以需要两步操作。

方法一:使用 SQL 语句

(1)先从完全备份恢复,使用 NORECOVERY 选项。

```
RESTORE DATABASE 教学管理信息系统
FROM 教学管理信息系统_FULL
WITH NORECOVERY
```

(2)再从差异备份中恢复,使用 RECOVERY 选项。

```
RESTORE DATABASE 教学管理信息系统
FROM 教学管理信息系统_ DIFFER
WITH RECOVERY
```

提示:NORECOVERY 指出在执行数据库恢复后不回滚未提交的事务。RECOVERY 与 NORECOVERY 刚好相反,要求在执行数据库恢复后回滚未提交的事务。

方法二:使用对象资源管理器

操作步骤如下:

(1)先进行完全备份恢复,前面部分操作以及还原对话框内容的填写与图 5-13 相同,但需再继续点击图 5-13 对话框左边“选择页”→“选项”属性卡,如图 5-14 所示,“恢复状态”选择“不对数据库进行任何操作,不回滚未提交的事务。可以还原其他事务日志(A)。(RESTORE WITH NORECOVERY)”。最后点击“确定”按钮完成操作。

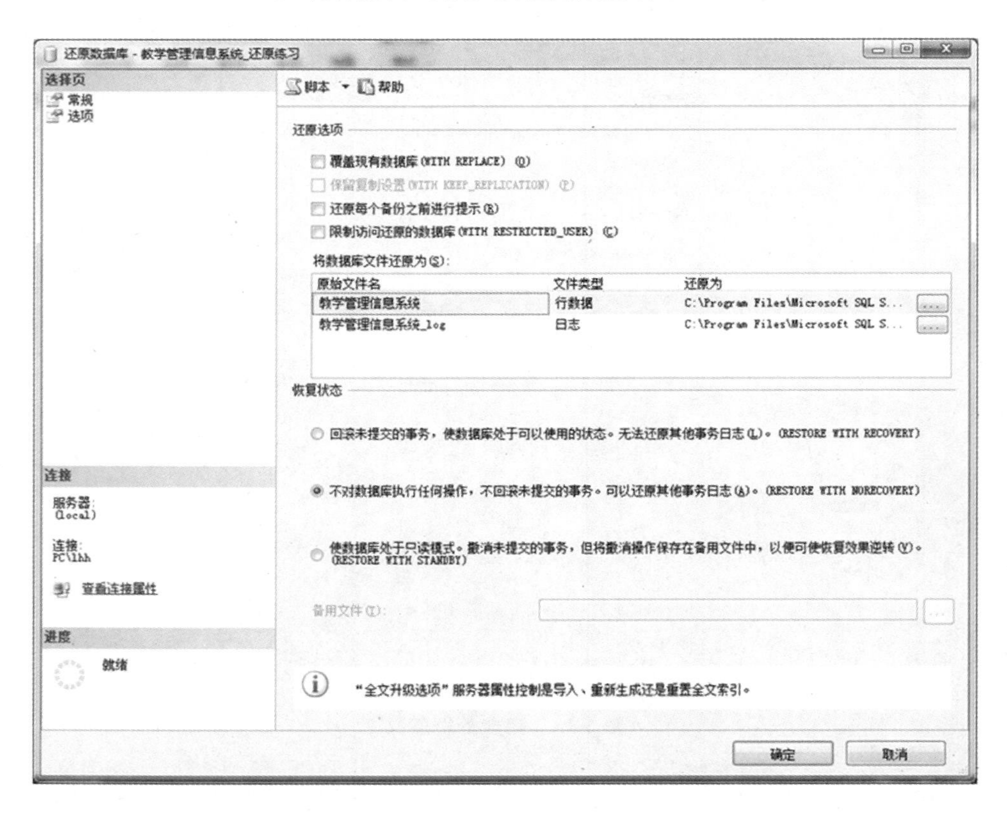

图 5-14 差异备份还原—恢复状态设置

(2)WITH NORECOVERY 的完全备份还原“确定”后,资源管理器中看到的数据库状态如图 5-15 所示，数据库显示“正在还原…”，此时数据库仍不可用。

图 5-15　WITH NORECOVERY 的完全备份还原

(3)再进行差异备份还原。右键点击图 5-15 中的“教学管理信息系统_还原练习(正在还原…)”，在快捷菜单中选择“任务”→“还原”→“数据库”，在弹出对话框(图 5-16)中的“源设备”选择需还原的差异备份文件。

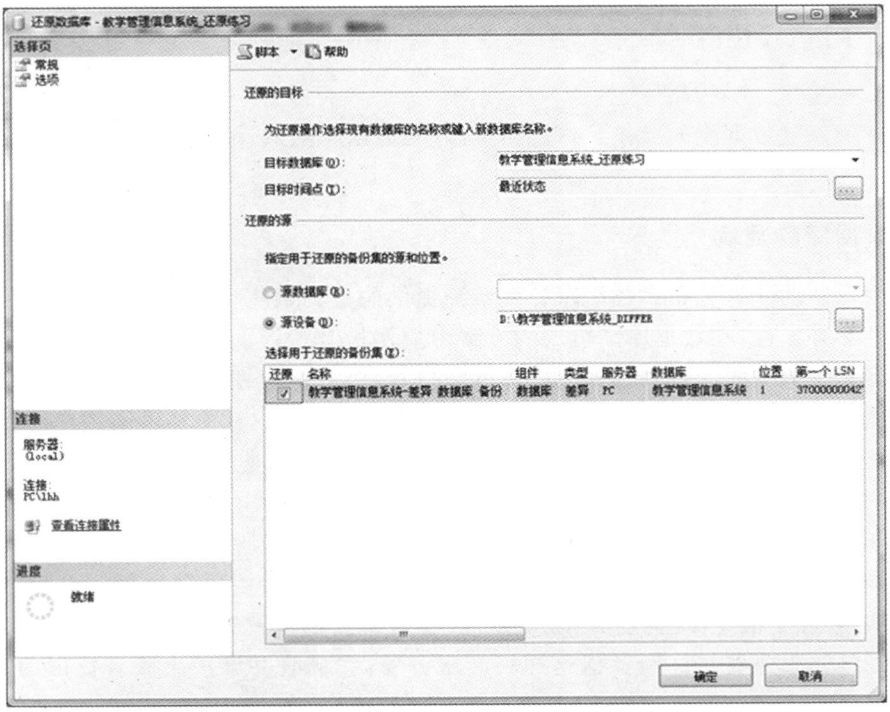

图 5-16　差异备份还原

(4)点击图 5-16 对话框的左边“选择页”→“选项”属性卡，“恢复状态”选择“回滚未提交事务，使数据库处于可以使用状态。无法还原其他日志事务(L)。(RESTORE WITH RE-

COVERY)”。最后点击“确定”按钮完成操作。

【例 5-10】 从日志备份“教学管理信息系统_LOG”中恢复“教学管理信息系统”数据库。

恢复日志备份的时候,SQL Server 只恢复事务日志中所记录的数据更改。恢复步骤是首先恢复完全数据库备份;如果存在差异备份,则再恢复差异备份;最后恢复日志备份。

方法一:使用 SQL 语句

①先从完全备份恢复,使用 NORECOVERY 选项。

```
RESTORE DATABASE 教学管理信息系统
FROM 教学管理信息系统_FULL
WITH NORECOVERY
```

②再从差异备份中恢复,使用 NORECOVERY 选项。

```
RESTORE DATABASE 教学管理信息系统
FROM 教学管理信息系统_ DIFFER
WITH NORECOVERY
```

③最后使用日志备份恢复,使用 RECOVERY 选项。

```
RESTORE DATABASE 教学管理信息系统
FROM 教学管理信息系统_ LOG
WITH RECOVERY
```

方法二:使用对象资源管理器

日志备份恢复数据库的操作,与差异备份恢复数据库类似,请读者参照例 5-9 的步骤自行完成。

5.3.5 数据库的复制

数据库复制功能是分布式数据库管理系统提供的一种数据库恢复功能,可有效提高数据库的安全性和并发性,在数据库高可用的方案中应用极其广泛。复制是将一组数据从一个数据源拷贝到多个数据源的技术,同时也可以将它理解为一份数据发布到多个存储站点上的有效方式。使用复制技术,可以将一份数据发布到多台服务器上,从而使不同用户都可以在权限许可的范围内共享这份数据。复制技术可以确保分布在不同地点的数据自动同步更新,从而保证数据的一致性。

SQL Server 使用出版和订阅这一术语来描述复制活动。所谓出版就是向其他数据库服务器(订阅者)复制数据,订阅就是从另外的服务器(出版者)接受复制数据。出版者就是指的发布服务器,它除了决定哪些数据将被复制外,还要检测哪些复制数据发生了变化,并将这些变化复制到订阅服务器。订阅者指这样一类服务器,它接收并维护出版者提供的出版数据。订阅者也可以对出版数据进行修改,尽管如此,它仍然是一个订阅者。

SQL Server 的复制分为三种:快照复制、事务复制和合并复制。

1. 快照复制

快照复制是完全按照数据和数据库对象出现时的状态来复制和分发它们的过程。快照复制分发特定时刻的数据,并不需要连续地监视数据更新,因为已发布数据的变化不被增量地传播到订阅服务器,而是周期性的被一次复制。快照复制是复制那些经常改变的数据的最佳方法,同时也适合于那些不需要最新数据和低滞后时间的场合。在进行同步时,整个快照被创建并发往订阅服务器。

2.事务复制

使用事务复制,初始快照数据将被传播到订阅服务器,因此该订阅服务器就具有了一个所谓的初始负载,这是可以开始工作的内容。当发布服务器上发生数据修改时,这些单独的事务会被及时捕获并复制到订阅服务器。并保留事务边界,当所有的改变都被传播后,所有订阅服务器将具有与传播服务器相同的值。利用事务复制,最初的数据快照将在订阅服务器那里得到应用,并在订阅服务器上进行数据修改,个体事务被捕捉并传播给订阅服务器。事务复制适用于以下场合:

(1)增量改变需要在发生时传播到订阅服务器。

(2)事务需要坚持其ACID(原子、一致性、隔离和持久性)属性。

(3)订阅服务器频繁地以可靠的方式连接到发布服务器上。

3.合并复制

任意计算机上的更新将在稍后复制到另一台计算机上。合并复制是从发布服务器向订阅服务器分发数据的过程,允许发布服务器和订阅服务器在连接或非连接状态下进行更新,然后在站点连接状态下合并这些更新。

合并复制让各种站点以自主的方式运行。然后合并更新产生单一的、统一形式的结果。最初的快照在订阅服务器上得到应用,然后您就可以跟踪到发布服务器和订阅服务器上已发布数据的改变。数据每隔一段时间或按照需要在服务器之间连续同步。因为更新在多台服务器上进行,所以同一数据可能已经由发布服务器或多台订阅服务器更新过了。因此,合并更新可能导致冲突。

合并复制包括默认和定制冲突解决两种选择,用户可以在配置合并复制的同时定义它。在发生冲突时,合并代理程序将调用一个解决程序,该程序将判断哪些数据应被接受和传播到其他站点。合并复制适用于以下场合:

(1)多个订阅服务器需要在不同时间更新数据并将数据改变传播到发布服务器和其他订阅服务器。

(2)订阅服务器需要接收数据并脱机更改数据,然后与发布服务器及其他订阅服务器同步这些改变。

(3) 当数据在多个站点上进行更新时,可能会导致一些冲突。这主要因为数据首先被过滤到分区中,然后才发布到不同的订阅服务器那里,或者是因为应用程序使用方式的原因。但是,如果发生了冲突,ACID属性的冲突是可以接受的。

本章小结

本章介绍了事务、并发控制、数据库恢复技术三方面的知识点。事务是数据库中非常重要的概念,是数据库的逻辑工作单元,只要数据库管理系统保证系统中一切事务的ACID四个特性,即事务的原子性、一致性、隔离性和持续性,也就保证了数据库处于一致状态。

数据库是共享资源，通常有多个事务同时运行，当多个事务并发地存取数据库时就会产生同时读取或修改同一数据的情况。若对并发操作不加控制就可能会存取和存储不正确的数据，破坏数据的一致性，所以数据库管理系统必须提供并发控制机制。并发控制通常使用封锁技术来实现，基本封锁方法有两种共享锁和排他锁。对数据进行加锁也会带来问题，比如活锁、死锁问题，数据库一般采用先来先服务、死锁检测等方法来预防活锁或死锁的发生。为了保证并发执行的事务是正确的，一般要求并行执行的事务遵守两段锁协议，这是事务可串行化调度的充分条件，但非必要条件。封锁的粒度也是需要关注的问题，粒度大小直接影响了系统的并发度和资源开销。

数据库备份和恢复是保证当数据库出现故障时能够将数据库尽可能的恢复到正确状态的技术。备份数据库不仅备份数据，而且还备份数据库中的所有对象、用户及权限等。数据转储和登记日志文件是数据库恢复中经常使用的技术。恢复的基本原理是利用存储在后备副本、日志文件中的冗余数据来重建数据库。

习题 5

5.1 试说明事务的概念及事务的四个特性。

5.2 分别解释事务 ACID 四个特性的用途。

5.3 根据运行模式，SQL Server 将事务分为哪四种类型？

5.4 并发操作可能会产生哪几种数据不一致性问题，试举例说明。用什么方法可以避免各不一致的情况？

5.5 什么是封锁？基本的封锁类型有哪几种？试述它们的含义。

5.6 什么是排他锁？什么是共享锁？

5.7 封锁协议有哪几种，为什么要引入封锁协议？不同级别的封锁协议的主要区别是什么？

5.8 两段锁协议的两阶段各是什么？

5.9 两段锁协议解决了哪些问题？没解决哪些问题？

5.10 什么是活锁？试述活锁的产生原因和解决方法。

5.11 什么是死锁？死锁预防有哪些方法？

5.12 如何进行死锁检测？当发生死锁后如何解除死锁？

5.13 设有三个事务：T_1、T_2 和 T_3，其所包含的动作为：

T_1：A = A + 2；　T_2：A = A * 2；　T_3：A = A * * 2(注：A * * 2 表示 A 的平方)

(1)设 A 的初始值为 1，若这三个事务并行执行，则可能的调度策略有几种？A 的最终结果分别是什么？

(2)请给出一个可串行化调度，并给出执行结果。

(3)请给出一个非串行化调度，并给出执行结果。

(4)若这三个事务都遵守两段锁协议，请给出一个不产生死锁的可串行化调度；

(5)若这三个事务都遵守两段锁协议，请给出一个产生死锁的调度。

5.14 为什么要引进意向锁？试述常用的意向锁：IS 锁、IX 锁、SIX 锁，给出这些锁的相容矩阵。

5.15 数据库故障大致分几类？试述对各类故障的恢复策略。

5.16 数据转储的意义是什么？试述各种数据转储方法。

5.17 什么是日志文件？为什么要使用日志文件？

5.18 登记日志文件时为什么必须先写日志文件，后写数据库？日志文件能否和数据库存储在一起，为什么？

5.19 试述不同故障的恢复策略。

5.20 SQL Server 主要有哪些备份方式？

5.21 数据库复制分为哪几类？试述每类复制的概念。

第 6 章　关系数据库的规范化理论

本章导读

关系数据库的规范化理论是数据库设计的一个理论指南，提供了判断一个关系模式优劣的理论依据。本章讨论的关系数据库的规范化理论主要包含三方面内容：函数依赖、范式和模式分解准则。函数依赖起着核心作用，是模式分解的基础，而范式是模式分解的标准。

学习目标

本章重点掌握函数依赖的相关概念，理解第一范式、第二范式、第三范式和BC范式的定义，掌握规范化的方法和模式分解准则，这也是本章难点。

6.1　问题的提出

关系数据库的规范化理论最早是由关系数据库的创始人 E. F. Codd 提出的，后来许多专家学者经过深入研究和发展，形成了一整套关系数据库设计的理论。前面章节主要阐述了关系数据库的基本概念、关系代数和关系数据库标准语言 SQL 以及关系数据库的安全性、完整性和事务的并发控制与恢复。通过前面的学习可以看出，现实世界的客观对象，通过抽象后得到相应的概念模型（如 E-R 模型），继而再转换成关系模型。在关系数据库中，关系模型包含一组关系模式，并且各个关系不是完全孤立的。那么，一个数据库模型应该构造几个关系模式，每个关系模式应该包含哪些属性，又如何将这些相互关联的关系模式组成一个合适的关系模型，确切的说，这是数据库逻辑设计要解决的问题。

数据库的逻辑设计为什么要遵循一定的规范化理论？先从一个实例出发，看看一个“不好”的关系模式可能给关系操作带来的不良影响。

【例 6-1】 学校要建立一个教学管理信息系统，假设有描述学生成绩管理情况的关系模式 SCD：

SCD(Sno, Sname, Sage, Dept, Mname, Cno, Grade)

涉及的对象有：学号、学生姓名、学生年龄、所属系别、系主任、课程号、成绩。

根据实际情况，分析出如下语义：

(1)一个系有若干学生，但一个学生只属于一个系；

(2)一个系只有一个系主任；

(3)一个学生可以选修多门课程,每门课程可以被多个学生选修;

(4)每个学生学习的每一门课程都有一个成绩。

表 6-1 是某一时刻关系模式 SCD 的一个实例,即一个学生成绩管理数据表。从表 6-1 中可以看出,(Sno,Cno)属性组能唯一标识一个元组,所以(Sno,Cno)是 SCD 关系模式的主码。观察这个表的数据,会发现该关系模式存在以下四类问题:

(1)数据冗余

每个系的系名和系主任名字存储的次数等于该系所有学生的所有课程成绩出现的次数,而且每个学生的姓名和年龄也都要重复存储多次,数据冗余度很大。数据冗余不仅造成存储空间的浪费,还为数据不一致问题埋下了隐患。

(2)插入异常

如果一个系刚成立,没有招生,则系名和系主任名字无法存入数据库中。因为这时没有学生,所以 Sno、Cno 无值,而 SCD 的主码(Sno,Cno)值不能为空,因此不能进行插入操作。

(3)删除异常

当某系学生全部毕业而又没有招新生时,需要把该表数据转入历史数据库,从而要在该表中删除全部学生的记录,这时系名、系主任名字也随之删除,虽然现实中这个系依然存在,但在数据库中却无法找到该系的信息。

(4)更新异常

某系更换系主任后,必须修改与该系学生有关的所有元组。如果该系中有一个学生没有修改,则会出现同一个系,两个系主任的现象。

表 6-1　SCD 表

Sno	Sname	Sage	Dept	Mname	Cno	Grade
20150101	孙涛	18	计算机	王伟	050201	94
20150101	孙涛	18	计算机	王伟	050202	88
20150101	孙涛	18	计算机	王伟	050203	75
20150105	李明	18	计算机	王伟	050201	76
20150105	李明	18	计算机	王伟	050202	92
20140103	张玲	19	网络	刘明	040301	82
20130106	汪东	20	电子	王伟	030101	70
20120109	陈艺	21	通信	肖杰	020202	89
20120109	陈艺	21	通信	肖杰	020203	90
⋮	⋮	⋮	⋮	⋮	⋮	⋮

综上所述,SCD 不是一个“好”的关系模式。为什么会产生这些问题呢? SCD 是“泛模式”,其好处在于对某些查询可以直接从中找到结果,但把各种数据混在一起,数据之间相互依赖,所以存在许多弊病。

那么,对于一个“不好”的关系模式,有没有一个形式化的方法,来判断它存在的问题,从而衡量出这个关系模式的质量呢? 这将在下一节关系规范化中讨论。

6.2 关系规范化

关系规范化是指导将“不好”的关系模式转换为好的关系模式的理论。本节首先讨论一下关系模式中各属性间的依赖情况，如何根据不同的依赖情况来判断关系规范化程度为第一范式、第二范式、第三范式、BC 范式等，然后直观地描述关系模式从低级范式向高级范式转换分解的过程。

6.2.1 函数依赖

关系模式中的各属性之间相互依赖、相互制约的联系称为数据依赖。数据依赖一般分为函数依赖、多值依赖和连接依赖。其中函数依赖(Functional Dependency，FD)是一种最重要、最基本的数据依赖，它反映属性或属性组之间相互依存、相互制约的关系。人们只有对一个数据库所要表示的现实世界进行认真的考察分析，才能归纳出与客观事实相符合的函数依赖关系。

函数是我们非常熟悉的概念，对公式

Y = f(X)

自然也不会陌生，即给定一个 X 值，都会有唯一 Y 值和它对应。也就是说，X 函数决定 Y，或 Y 函数依赖于 X，可以表示为：

X→Y

下面给出函数依赖的严格形式化定义。

定义 6.1 设 R(U，F)是属性集 U 上的关系模式，F 是 U 上的函数依赖集，X 和 Y 是 U 的子集，r 是 R(U，F)中任一可能的关系，t_1 和 t_2 是 r 中任意两个元组。如果 X 的每一个具体值，Y 都有唯一的具体值与之对应；也就是说，如果由 $t_1[X] = t_2[X]$ 可以推导出 $t_1[Y] = t_2[Y]$，则称 Y 函数依赖于 X，或 X 函数确定 Y，记作 X → Y。

以下介绍几个函数依赖有关的基本术语。

① 决定因素：若 X → Y，则 X 被称为决定因素。

② 互相依赖：若 X → Y，Y → X，称 X 和 Y 互相依赖，记作 X↔Y。

③若 Y 不依赖于 X，则记作 $X \nrightarrow Y$

函数依赖本质上都是强调 X 对 Y 的决定作用。若 X 相等，则 Y 一定相等；若 X 不等，Y 可以相等，也可以不等。

【例 6-2】 下面以关系模式 SCD 为例，说明函数依赖的定义和具体含义。

首先，根据实际情况的调查分析，得到关系模式 SCD 中的属性集合以及存在的一些依赖关系：

U = {Sno，Sname，Sage，Dept，Mname，Cno，Grade}

F = {Sno→Sname，Sno→Sage，Sno→Dept，Dept→Mname，(Sno， Cno)→Grade}

这些函数依赖的含义是：

①Sno→Sname 的含义：如果学号确定，学生的姓名就确定；由实际情况可知，一个学校任意一个学生的学号是唯一的，不可能出现相同的两个学号。学号不同，学生姓名可以相同也可以不同，对 Sno→Sname 不产生任何影响。此时，学号函数确定学生姓名，或者说学生姓名函

数依赖于学号;Sno→Sage,Sno→Dept,Dept→Mname,读者可以自己分析。

②(Sno,Cno)→Grade 的含义:学号与课程号的属性组合决定了学生选修某门课的成绩。可见,决定因素 X 可以是单个属性,也可以是一个属性组。

注意:函数依赖是语义范畴的概念,只能根据语义即数据所反映的现实世界事物本质的联系来确定一个函数依赖是否存在,而不能按照形式化的定义来证明函数依赖的成立。例如,Sname→Dept,只有在任何情况下学生不重名的情况下才成立;如果有重名学生,则 Sname $\nrightarrow$ Dept,例如,计算机系和数学系有可能都有一个张华学生。

此外,函数依赖反映了属性之间的一般规律,而不是特殊规律,所以函数依赖不能仅仅从关系模式 R 的一个特殊关系推导出来,而是指 R 的一切关系 r 中均要能满足约束条件。例如,SCD 关系模式中,如果当前元组恰巧一个学生只有一门课程,不能够断言 Sno → Grade 成立,除非知道对于 SCD 关系模式所有可能的合法状态,这个函数依赖都成立,才能证实这一点。对于关系模式中函数依赖关系的断言,只能由数据库设计者根据某些具体的环境给出,即根据语义确定函数依赖,此外别无它法。

为了深入研究函数依赖,也为了规范化的需要,下面引入几种不同类型的函数依赖。

定义 6.2 一个函数依赖 X → Y,如果满足 $Y \nsubseteq X$,则称此函数依赖为非平凡函数依赖(Nontrivial Dependency);反之,若 X → Y,但是 $X \subseteq Y$,则称之为平凡函数依赖(Trivial Dependency)。

例如,关系模式 SCD 中 Sno → Sname,Sno → Sage,Sno → Dept,Dept → Mname 都是非平凡的函数依赖,(Sno,Sname)→Sname 则是平凡函数依赖。本书讨论的函数依赖都是非平凡的函数依赖。

定义 6.3 R(U,F)中,如果存在 X → Y,且不存在 X 的任何一个真子集 X′(X′⊂X),有 X′ → Y 成立,则称 Y 对 X 完全函数依赖(Full Dependency),记作 $X \xrightarrow{f} Y$。

例如,关系模式 SCD 中,因为 Sno $\nrightarrow$ Grade,Cno $\nrightarrow$ Grade,所以

$$(Sno, Cno) \xrightarrow{f} Grade$$

定义 6.4 在 R(U,F)中,如果 X → Y,且 X 中存在的任何一个真子集 X′(X′⊂X),有 X′ →Y 成立,则称 Y 对 X 部分函数依赖(Partial Functional Dependency),记作 $X \xrightarrow{p} Y$。

例如,在关系模式 SCD 中,因为 Sno → Sage,所以 $(Sno, Cno) \xrightarrow{p} Sage$。

由上述定义可知,只有当决定因素是组合属性时,讨论部分函数依赖才有意义;当决定因素是单个属性时,只能是完全函数依赖。

定义 6.5 在 R(U,F)中,X、Y、Z 是 U 的不同的属性子集,设 X → Y,Y → Z,如果 Y $\nrightarrow$ X,且 $Y \nsubseteq X$,则称 Z 对 X 传递函数依赖(Transitive Functional Dependency),记作 $X \xrightarrow{t} Y$。如果Y → X,则 X↔Y,这时称 Z 对 X 直接函数依赖,而不是传递函数依赖。

例如,在关系模式 SCD 中,Sno → Dept,Dept → Mname,且 Dept $\nrightarrow$ Sno,则有 $Sno \xrightarrow{t} Mname$。当没有重名学生的情况下,Sno → Sname,Sname → Sno,则有 Sno↔Sname,而 Sname → Dept,所以 Dept 对 Sno 是直接函数依赖。

6.2.2 关系模式中的码

码是在关系模式 R 中,可以唯一标识一个元组的属性或属性组。第 2 章已给出有关码的若干定义,这里用函数依赖的概念来重新定义码。

定义 6.6 设 K 为关系模式 R(U,F)中的属性或属性组,若 $K \xrightarrow{f} U$,则 K 为 R 的候选码(Candidate Key)。

注意:K 为决定 R 中全部属性值的最小属性组,即 K 的任意一个真子集都不是候选码。

定义 6.7 一个关系模式 R(U,F)中,可能有多个候选码,则选定其中的一个作为主码(Primary Key)。

①主属性:包含在任何一个候选码中的属性。

②非主属性:不包含在任何候选码中的属性。

③全码:候选码为整个属性组 U。

注意:主属性并不是只包含那些在主码中的属性,而是包含在所有候选码中的属性。

【例 6-3】 关系模式 S:学生(学号,姓名,性别,身份证号,年龄,所属系别)。

候选码为:学号,身份证号。

主码为:学号或者是身份证号。

主属性为:学号,身份证号。

非主属性为:姓名,性别,年龄,所属系别。

【例 6-4】 关系模式 C:授课(教师,教室,学生),由于这三者之间是多对多的关系,所以,要确定元组中的任何一个属性,都必须使用这三个属性的集合。

候选码、主码均为:(教师,教室,学生)。

主属性为:教师,教室,学生。

没有非主属性。

这种情况下,称候选码是全部属性的表为全码表。

定义 6.8 若关系模式 R(U,F)的属性或属性组 X($X \subseteq U$)并非 R 的主码,而是另一个关系模式 S 的主码,则称 X 是 R 的外码(Foreign Key)。特殊情况下,R 和 S 表可以是同一个表。

【例 6-5】 关系模式 TC(教师编号,课程编号,授课地点,授课时间),教师编号不是它的主码,但是,教师编号是另一个关系模式 T(教师编号,教师姓名,教师所属系别)的主码,所以称教师编号是关系模式 TC 的外码。

主码和外码提供了一个表示关系间联系的手段。如例 6-5 中教师编号体现了教师信息和教师授课信息之间的联系。

6.2.3 范式

6.1 节已经介绍了“不好”的关系模式会带来各种问题,本节将讨论“好”的关系模式应具备的性质,即关系规范化问题。为了区分关系模式的优劣,同时也为了优化“不好”的关系模式,关系数据库的创始人 E. F. Codd 在 1971—1972 年系统地提出了范式的概念,最初是 1NF(First Normal Form)问题,随后又进一步提出 2NF、3NF 的概念,1974 年 Codd 和 Boyce 共同提出了 BCNF。Codd 对关系模式的范式设计做出了特殊的贡献,于

1981 年获得计算机科学届的最高荣誉 ACM 的图领奖。1974 年 Fagin 提出了 4NF，后来又出现了 5NF 等。

范式实际上表示关系模式满足的某种级别。当关系模式满足某级别范式要求的约束条件时，就称这个关系模式属于这个级别的范式，记作 R∈xNF。随着约束条件的越来越严格，范式的级别也越来越高，其中，各种范式之间的联系有：

5NF ⊂ 4NF ⊂ BCNF ⊂ 3NF ⊂ 2NF ⊂ 1NF

通过模式分解，可以将一个满足低一级别范式的关系模式转换为若干更高级别的范式的关系模式，这种过程就叫做规范化，即对有问题的关系进行分解从而消除这些异常。

在实际规范化过程中，应注意以下几点：

①1NF 和 2NF 一般作为规范化过程的过渡范式；

②规范化程度，不一定越高越好；

③设计关系模式时，一般只要求达到 3NF 或 BCNF。4NF 和 5NF 主要用于理论研究，有兴趣的读者可以参阅其他相关教材。

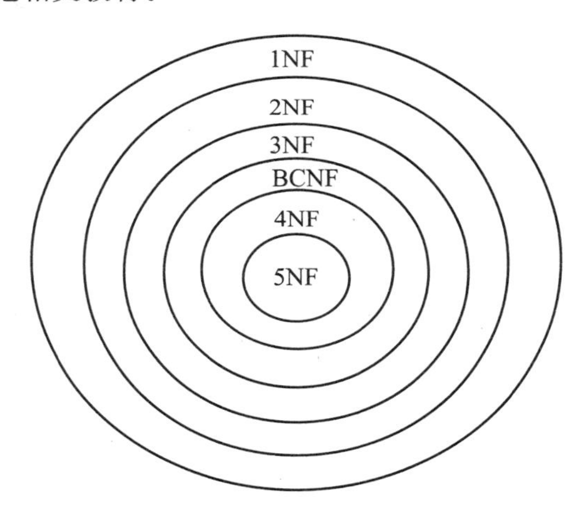

图 6-1　范式之间的嵌套关系图

下面将给出各个范式的定义。

1. 第一范式(1NF)

定义 6.9　若关系模式 R 中所有的属性均为简单属性，即每个属性都是不可再分的，则称 R 为第一范式，简记为 R∈1NF。

1NF 的关系模式要求属性不能再分，这和记录类型的文件是不同的，在文件记录类型中的数据项允许由组项或向量组成。而且，关系数据库管理系统（如 SQL Server、Oracle）都只支持第一范式及以上级别范式的关系模式。因此，满足第一范式是最基本的规范化要求。

【例 6-6】　如表 6-2 所示的关系不是第一范式。因为表中“高级职称人数”是由 2 个基本数据项：教授和副教授组成的一个复合数据项。

表 6-2　非第一范式的关系

系别	高级职称人数	
	教授	副教授
计算机系	6	8
电子	4	5
网络	3	6

解决办法：将所有数据项都表示为不可再分的最小数据项即可，如表 6-3 所示。

表 6-3　第一范式关系

系别	教授人数	副教授人数
计算机系	6	8
电子	4	5
网络	3	6

然而，一个关系模式仅仅属于第一范式是不实用的。在 6.1 节给出的关系模式 SCD∈1NF，但它存在大量的数据冗余，存在插入异常、删除异常和更新异常。为什么会存在这些问题呢？接下来分析一下 SCD(Sno，Sname，Sage，Dept，Mname，Cno，Grade)中的函数依赖关系。其中它的主码是(Sno，Cno)，存在一些函数依赖关系如图 6-2 所示。

$(Sno, Cno) \xrightarrow{f} Grade$

$Sno \rightarrow Sname, (Sno, Cno) \xrightarrow{p} Sname$

$Sno \rightarrow Sage, (Sno, Cno) \xrightarrow{p} Sage$

$Sno \rightarrow Dept, (Sno, Cno) \xrightarrow{p} Dept$

$Dept \rightarrow Mname, Sno \xrightarrow{t} Mname$

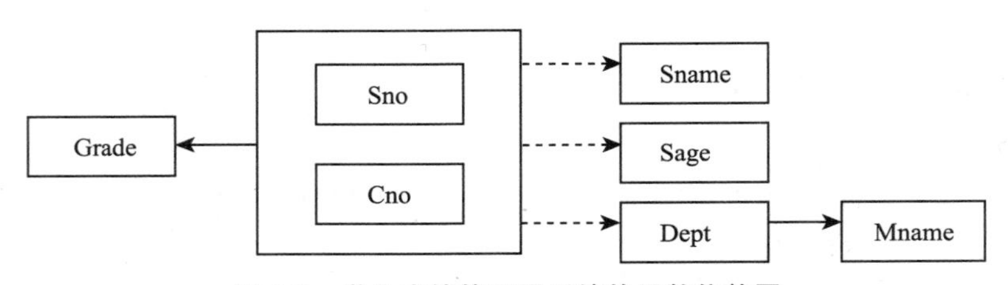

图 6-2　学生成绩管理子系统的函数依赖图

图 6-2 中用实线、虚线分别表示完全和部分函数依赖。由图 6-2 可见，SCD 中既存在完全函数依赖，又存在部分函数依赖和传递函数依赖。这种情况在数据库中往往是不允许的，会导致操作异常。

2. 第二范式(2NF)

定义 6.10　若关系模式 R∈1NF，且 R 中的每一个非主属性都完全函数依赖于主码，则称 R 为第二范式，简记为 R∈2NF。

从上述定义可以得到两个结论：

①从 1NF 关系中消除非主属性对主码的部分函数依赖，则可得到 2NF 关系；

②如果 R 的主码只由一个属性组成，那么这个关系就是 2NF 关系。

例如 SCD(Sno,Sname,Sage,Dept,Mname,Cno,Grade)就不是 2NF 的。前面已经介绍过这个关系存在若干操作异常，而这些操作异常就是由于它存在部分函数依赖造成的。可以遵循“一事一地”的原则，让一个关系只描述一个实体或者实体间的联系。如果多于一个实体或联系，则进行模式分解，将一个非 2NF 分解成多个 2NF 的关系模式。

下面以关系模式 SCD 为例，来说明 2NF 规范化的过程。

【例 6-7】　将关系模式 SCD(Sno, Sname, Sage, Dept, Mname, Cno, Grade)规范化为 2NF。

去掉部分函数依赖关系的分解过程为：

①用组成主码的属性集合的每一个子集作为主码构成一个新的关系模式；

对 SCD 表，首先分析得到如下 3 个关系模式：

SD(Sno,…)

C(Cno,…)

SC(Sno,Cno,…)

②将完全函数依赖于这些主码的属性放到相应的关系模式中；

据此，得到 3 个关系模式如下：

SD(Sno,Sname,Sage,Dept,Mname)

C(Cno)

SC(Sno,Cno,Grade)

③去掉只由主码自己构成的关系模式，也就是去掉 C(Cno)。

综上所述，SCD 分解为如下 2 个关系模式：

SD(<u>Sno</u>,Sname,Sage,Dept,Mname)，描述学生实体；

SC(<u>Sno,Cno</u>,Grade)，描述学生与课程的关系。

上述两个关系 SD 和 SC 的主码分别为 Sno 和(Sno,Cno)，分析可知非主属性对主码完全函数依赖。因此，SD∈2NF，SC∈2NF。函数依赖关系如图 6-3 和图 6-4 所示。

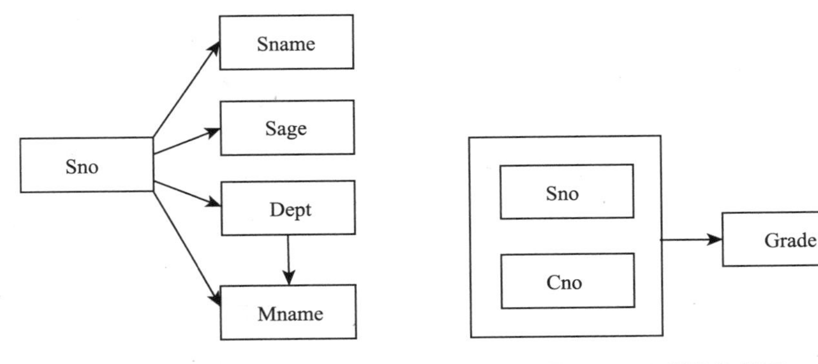

图 6-3　SD 函数依赖图　　**图 6-4　SC 函数依赖图**

接着分析分解后的两个关系模式是否还存在问题,先讨论SD关系。从表6-4中的数据可以看出仍然存在以下问题:

①数据冗余:一个系有多少学生,就会重复存储多少次系别和系主任名。

②插入异常:一个系新成立,没有招生,有关该系的信息无法插入SD表。

③删除异常:一个系学生全部毕业而又没有招新生时,把毕业生数据备份到历史数据中,删除该系所有学生记录时也删除了该系别和系主任名,此时SD表中没有该系的信息了。

④ 更新异常:系主任换人时,需要改动所有该系学生的信息,仍需改动较多学生记录。

表6-4 SD表

Sno	Sname	Sage	Dept	Mname
20150101	孙涛	18	计算机	王伟
20150105	李明	18	计算机	王伟
20140103	张玲	19	网络	刘明
20130106	汪东	20	电子	王伟
20120109	陈艺	21	通信	肖杰
⋮	⋮	⋮	⋮	⋮

表6-5 SC表

Sno	Cno	Grade
20150101	050201	94
20150101	050202	88
20150101	050203	75
20150105	050201	76
20150105	050202	92
20140103	040301	82
20130106	030101	70
20120109	020202	89
20120109	020203	90
⋮	⋮	⋮

由此看出,满足2NF的关系模式同样可能存在着操作异常,还需要进一步地对其进行分解。

3.第三范式(3NF)

定义6.11 若关系模式R∈2NF,且每个非主属性都不传递依赖于主码,则称R为第三范式,简记为R∈3NF。

由定义可知,若R∈3NF,则每个非主属性既不部分函数依赖于主码,也不传递依赖于主码,即若R∈3NF,则必有R∈2NF。

例如,关系模式SD(<u>Sno</u>, Sname, Sage, Dept, Mname),因为Sno → Dept, Dept →

Mname，所以存在 Sno $\xrightarrow{t}$ Mname，得出 SD∉3NF。

而关系模式 SC(Sno,Cno,Grade)，非主属性 Grade 既不部分依赖于主码，也不传递依赖于主码，所以 SC∈3NF。

下面以关系模式 SD 为例，来说明 3NF 规范化的过程。

【例 6-8】 将关系模式 SD(Sno,Sname,Sage,Dept,Mname)规范化为 3NF。

去掉传递函数依赖关系的分解过程为：

①对于不是候选码的每个决定因子，从关系模式中删去依赖于它的所有属性。

对 SD 表，首先得到关系模式：

S(Sno,Sname,Sage,Dept)

②新建一个关系模式，新关系模式中包含在原来关系模式中所有依赖于该决定因子的属性，并将该决定因子作为新关系的主码。

故得到一个新的关系：

D(Dept,Mname)

综上所述，SCD 关系分解得到 3 个关系模式如下：

S(Sno,Sname,Sage,Dept)，描述学生实体，Dept 为引用 D 关系的外码；

D(Dept,Mname)，描述系别实体，没有外码；

SC(Sno,Cno,Grade)，描述学生与课程的关系，Sno 为引用 S 关系的外码。

简单分析可知，S，D，SC 三个关系模式中每个非主属性既不部分函数依赖于主码，也不传递依赖于主码。因此，S∈3NF，D∈3NF，SC∈3NF。函数依赖关系如图 6-5，6-6 所示。

由于模式分解后，原来一张表中的信息被分解在多张表中表达，因此，为了能够表达分解前关系的语义，分解得到的关系模式除了要标识主码外，还要标识外码。

规范化的过程实际是：通过模式分解把范式程度低的关系模式分解为若干范式程度高的关系模式，分解的最终目的是使每个规范化的关系模式只描述一个主题，即“一事一地”。SCD 规范化到 3NF 后，操作异常全部消失。因此，在数据库设计中，一般要求关系模式达到 3NF。

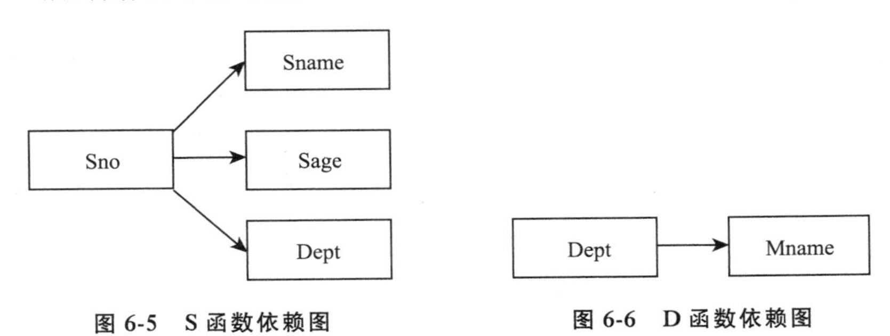

图 6-5　S 函数依赖图　　图 6-6　D 函数依赖图

那么，一个满足 3NF 的关系还有问题吗？答案是肯定的。到目前为止，本书讨论的 2NF 和 3NF 只限制了非主属性对主码的依赖关系，而没有考虑对所有候选码的依赖关系。如果发生这种依赖，仍有可能存在操作异常。

4.BCNF

BCNF(Boyce Codd Normal Form)是由 Boyce 与 Codd 于 1974 年共同提出的，它比 3NF 的约束条件又进了一步，通常认为 BCNF 是修正的第三范式，有时也称为扩充的三范式。

首先分析一下 3NF 关系中可能存在的问题。

【例 6-9】 假设有关系模式 SNC(Sno,Sname,Cno,Grade),任何情况下学生都没有重名。关系 SNC 存在函数依赖如下:

(Sno,Cno) → Grade

(Sname,Cno) → Grade

Sno↔Sname

可以判断出 SNC 有两个候选码:(Sno,Cno)和(Sname,Cno)。唯一的非主属性 Grade 对主码不存在部分函数依赖,也不存在传递函数依赖,所以 SNC∈3NF。但是,由于 Sno↔Sname,即决定因子 Sno 和 Sname 不包含候选码,存在着主属性对非候选码的部分函数依赖。当更改某个学生姓名时,必须搜索出该学生的每个学生记录,并逐一修改,这样容易造成数据不一致的问题。

3NF 的关系模式之所以会存在操作异常,主要是存在主属性对非候选码的函数依赖。

定义 6.12 若关系模式 R∈1NF,所有的函数依赖 X→Y 且 Y∉X,决定因素 X 都含有候选码,则 R∈BCNF。

通俗地说,当且仅当关系 R 中的每个函数依赖的决定因子都是候选码时,该范式即为 BCNF。

说明:

①3NF 和 BCNF 之间的区别在于,对一个函数依赖 X→Y,3NF 允许 Y 是主属性,而 X 不是候选码。但 BCNF 要求 X 必须是候选码。

②若 R∈BCNF,则 R∈3NF。但是,若 R∈3NF,则未必有 R∈BCNF。

③如果一个关系数据库的所有关系模式都属于 BCNF,那么在函数依赖范畴内,它已经达到了最高的规范化程度,一定程度上消除了冗余、更新异常、插入异常和删除异常。

回顾前面 SCD 的例子,通过模式分解得到三个关系模式:S,D,SC。它们都是 3NF 关系,同时也是 BCNF 关系,因为它们都只有一个决定因子。大多数情况下,3NF 的关系都是 BCNF 的,只有在以下特殊情况下,3NF 的关系违反 BCNF:

①关系中包含 2 个或以上复合候选码;

②候选码有重叠,通常至少有一个重叠的属性。

3NF 关系转换成 BCNF 的方法如下:消除主属性对候选码的部分和传递函数依赖,即可将 3NF 关系分解成多个 BCNF 关系模式。

把 SNC 关系分解为:

S1(Sno,Sname)

S2(Sno,Cno,Grade)

这样就消除了决定因子不是候选码的情况,上面 2 个关系模式都是 BCNF 的。

【例 6-10】 关系模式 Book(Bisbn,Bname,Author)的属性分别表示书的 ISBN 号、书名和书的作者。如果规定,每个书号只对应一个书名,但不同的书号可以有相同的书名;每本书可以有多个作者合作编写,但每个作者参与编著的书名应该不同。这样规定可以得出有如下两个函数依赖:

(Author,Bname)→Bisbn　　　　Bisbn→Bname

Book 的候选码是(Bisbn,Author)或(Author,Bname),因而 Book 的属性都是主属性,Book 属于 3NF。但是 Bisbn→Bname,决定因子不包含候选码,即:属性 Bname 传递函数依赖于候选码(Author,Bname),因此 Book 不是 BCNF 模式。例如,一本书由多个作者编写时,其书名与书 ISBN 号间的联系在关系中将多次出现,带来冗余和操作异常。

将 Book 模式分解成 R1(Bisbn,Bname)和 R2(Bisbn,Author),能解决上述问题,且 R1 和 R2 都是 BCNF。

3NF 的"不彻底性"表现在可能存在主属性对候选码的部分函数依赖和传递函数依赖。一个关系模型中所有的关系模式都属于 BCNF,那么在函数依赖的范畴内,就已经实现了彻底的分离,消除了操作异常。

6.2.4　规范化小结

规范化的基本思想是逐步消除函数依赖中不合适的部分,使模式中的各关系模式达到某种程度的"分离",即"一事一地"的模式设计原则:让一个关系描述一个实体或者实体间的一种联系,若多于一个实体就把它"分离"出去。图 6-7 可以概括这一过程。

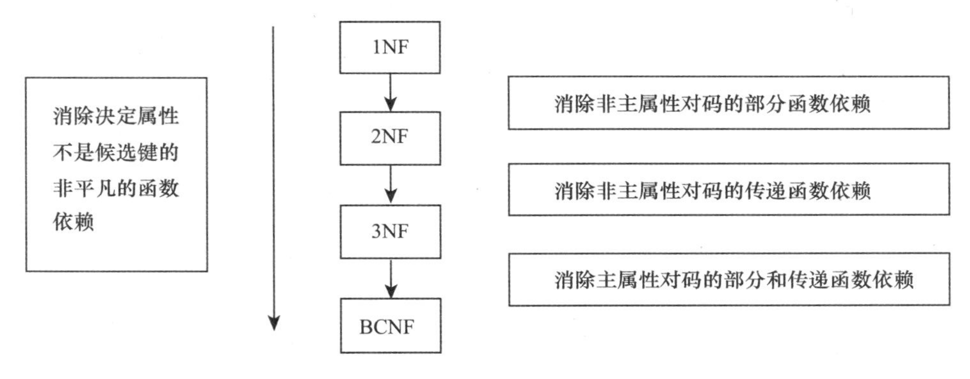

图 6-7　规范化过程

关系模式的规范化过程是通过对关系模式的分解来实现的,即将低一级的关系模式分解为若干个高一级的关系模式。这种分解不是唯一的,下节将讨论模式分解的准则。

6.3　关系模式的分解准则

既然已经对每个关系模式进行规范化了,为什么还要从整体的角度来考虑这些分解后的关系模式呢?因为并不是所有满足规范化要求的分解都与原模式等价,即:模式分解必须遵守一定的准则,不能仅仅从表面上消除了操作异常,却引发其他问题。

人们从不同的角度,用三个不同的准则来衡量关系模式分解的"等价"性:

- 分解具有"无损连接性"
- 分解具有"函数依赖保持性"
- 分解既具有"无损连接性",又具有"函数依赖保持性"

(1)无损连接性是指分解后的关系通过自然连接可以恢复成原来的样子,即通过自然连接得到的关系与原来的关系相比,既不多出信息,又不丢失信息。

(2)函数依赖保持性是指在模式的分解过程中,函数依赖不能丢失的特性,即模式分解不能破坏原来的语义。

那么,模式分解是否总能既保证无损连接,又保持函数依赖呢?答案是否定的。一个关系模式可能有多种分解方案,究竟怎样对关系模式进行分解才是好方案呢?

【例 6-11】 关系模式 SDM (Sno,Dept,Mname),各属性的含义分别为学号、系别、系主任名,则有函数依赖:Sno → Dept,Dept → Mname。

显然这个关系模式不是第三范式的。对于此关系模式我们至少可以有三种分解方案:

方案 1:S-M(Sno,Mname),D-M(Dept,Mname);

方案 2:S-D(Sno,Dept),S-M(Sno,Mname);

方案 3:S-D(Sno,Dept),D-M(Dept,Mname)。

这三种分解方案得到的关系模式都是第三范式的,那么如何比较这三种方案的好坏呢?由此我们想到,在将一个关系模式分解为多个关系模式时除了提高规范化程度之外,还需要考虑其他因素。

将一个关系模式 R(U,F)分解为若干个关系模式 $R_1(U_1,F_1)$,$R_2(U_2,F_2)$,…,$R_n(U_n,F_n)$,

其中,$U=U_1\cup U_2\cup U_3\cdots\cup U_n$,$F_i(i=1,2,\cdots,n)$是 F 在 U_i上的投影,这意味着将存储在一张二维表 r 中的数据分散到若干个二维表 $r_1,r_2,\cdots,r_n$中(r_i是 r 在属性组 U_i上的投影)。当然希望这样的分解不丢失信息,也就是说,希望能通过对关系 $R_1,R_2,\cdots,R_n$的自然连接运算重新得到关系 R 中的所有信息。

接下来对上述三种分解方案进行分析。表 6-6 是某一时刻关系模式 SDM 的一个实例,此关系用 r 表示。

表 6-6　SDM 关系模式的某一时刻数据(r)

Sno	Dept	Mname
20150101	计算机	王伟
20140103	网络	刘明
20140105	网络	刘明
20130106	电子	王伟

分析可知,若按照方案 1 将模式 SDM 分解为 S-M 和 D-M,则将 SDM 投影到 S-M 和 D-M 属性上,得到关系 r_{11}和 r_{12},如表 6-7 和表 6-8 所示。

表 6-7　方案 1 的 r_{11}表

Sno	Mname
20150101	王伟
20140103	刘明
20140105	刘明
20130106	王伟

表 6-8　方案 1 的 r_{12} 表

Dept	Mname
计算机	王伟
网络	刘明
电子	王伟

对上述两表做自然连接 $r_{11} \bowtie r_{12}$ 得到 r_1，如表 6-9 所示。r_1 表中（20150101，电子，王伟）和（20150106，计算机，王伟）不是原来 r 中的元组，因此，无法从 r_1 表中得知原来 r 中有哪些元组，这不是我们希望得到的结果。

表 6-9　方案 1 的 r_1 表

Sno	Dept	Mname
20150101	计算机	王伟
20150101	电子	王伟
20140103	网络	刘明
20140105	网络	刘明
20130106	计算机	王伟
20130106	电子	王伟

定义 6.13　$\rho = \{R_1(U_1, F_1), R_2(U_2, F_2), \cdots, R_n(U_n, F_n)\}$ 是关系模式 R(U，F)的一个分解，若对 R(U，F)任何一个关系 r 均有 $r = m_\rho(r)$ 成立，$m_\rho(r) = \bowtie_{i=1}^{n} \pi_{R_q}(r)$，则分解 ρ 具有无损连接性。

分解方案 1 不具有无损连接性，所以它不是一个好方案。

接着分析方案 2。将 SDM 分解为 S-D 和 S-M，则将 SDM 投影到 S-D 和 S-M 属性上，得到关系 r_{21} 和 r_{22}，如表 6-10 和表 6-11 所示。

表 6-10　方案 2 的 r_{21} 表

Sno	Dept
20150101	计算机
20140103	网络
20140105	网络
20130106	电子

表 6-11　方案 2 的 r_{22} 表

Sno	Mname
20150101	王伟
20140103	刘明
20140105	刘明
20130106	王伟

对上述两表做自然连接 $r_{21} \bowtie r_{22}$ 得到 r_2，如表 6-12 所示。从 r_2 表可以看出：分解后的关系经过自然连接后恢复成原来的关系，因此，方案 2 具有无损连接性。现在，我们对方案 2 做进一步分析。假设学生 20140105 从网络系转到了电子系，于是需要将 r_{21} 表中（20140105，网络）改为（20140105，电子），r_{22} 表中（20140105，刘明）改为（20140105，王伟）。如果这两个修改不同步，则数据库中就会出现数据不一致性。为什么？因为这样分解得到的两个关系模式没有保持原来的函数依赖关系。原来的函数依赖 Dept → Mname 在分解后既没有投影

到 S-D 关系中，也没有投影到 S-M 关系中。因此，方案 2 没有保持原有的函数依赖关系，不是好方案。

表 6-12 方案 2 的 r_2 表

Sno	Dept	Mname
20150101	计算机	王伟
20140103	网络	刘明
20140105	网络	刘明
20130106	电子	王伟

最后，我们来看方案 3。经过简单分析可以看出方案 3 具有无损连接性，也有保持原有的函数依赖，因此，它是一个好方案。

一般情况下，在模式分解式时，应该将有直接依赖关系的属性放在同一个关系模式中，如方案 3，这样得到的分解结果往往能具有无损连接性，并同时保持原有的函数依赖关系。

通过分析以上 3 种方案可以看出，如果一个分解具有无损连接性，则能够保证不丢失信息；如果一个分解具有函数依赖保持性，则可以减轻或解决各种异常情况。

无损连接性和函数依赖保持性是两个相互独立的标准。具有无损连接性的分解不一定具有函数依赖保持性。同样，具有函数依赖保持性的分解也不一定具有无损连接性。

规范化理论提供了一套完整的模式分解方法，如果分解既具有无损连接性，又具有函数依赖保持性，则分解一定能够达到 3NF，但不一定能够达到 BCNF。所以在 3NF 的规范化中，既要检查分解是否具有无损连接性，又要检查分解是否具有函数依赖保持性。只有这两条都满足，才能保证分解的正确性和有效性，才能既不会发生信息丢失，又保证关系中的数据满足完整性约束。

本章小结

在这一章，首先由关系模式的操作异常问题引出了函数依赖的概念，其中包括完全函数依赖、部分函数依赖和传递函数依赖，这些概念是规范化理论的依据和规范化程度的准则。规范化就是对原关系进行模式分解，消除决定属性不是候选键的任何函数依赖。一个关系只要其分量都是不可分的数据项，就可称作规范化的关系，也称作 1NF。消除 1NF 关系中非主属性对主码的部分函数依赖，得到 2NF；消除 2NF 关系中非主属性对主码的传递函数依赖，得到 3NF；消除 3NF 关系中主属性对候选码的部分函数依赖和传递函数依赖，便可得到一组 BCNF 。在规范化过程中，可逐渐消除操作异常，使数据冗余尽量小，便于插入、删除和更新。关系模式的规范化是指把一个低一级范式的关系模式分解为一组高一级的范式关系模式的过程。一个关系模式的设计要达到什么范式，要由实际情况出发，不能一味地追求高级别范式。

规范化的基本原则就是遵循概念单一化"一事一地"原则，即一个关系只描述一个实体或者实体间的联系。规范化的模式分解方法不是唯一的，在分解时应满足保持"等价"的两个要求：分解的"无损连接性"和"函数依赖保持性"。前者保持关系在投影连接以后仍能够恢复回来，而后者保证数据在投影或连接中其语义不会发生变化，但二者之间没有必然的联系。

习题 6

6.1 关系规范化中的操作异常有哪些？它是由什么原因引起的？如何解决？

6.2 理解并给出下列术语的定义：

函数依赖　部分函数依赖　完全函数依赖　传递函数依赖　候选码　主码　1NF　2NF　3NF　BCNF　无损连接　函数依赖保持性

6.3 设关系模式 R(ABCD)，F 是 R 上成立的函数依赖集，F={A→B，C→B}，则相对于 F，试写出关系模式 R 的候选码，并说明理由。

6.4 设有关系模式 R，它主码只由一个属性组成。如果 R∈1NF，则 R 是否一定属于 2NF？

6.5 设某商业集团数据库中有一个关系模式 R(商店编码，顾客编码，消费总额，顾客单位，地址，电话)，该模式的关系记载每个顾客在每个商店的累计消费总额。如果规定：每个顾客在每个商店只有一个消费总额；每个顾客只属于一个单位；每个顾客单位只有一个地址、一个电话。请回答下列问题：

(1)根据上述规定，写出模式 R 的基本函数依赖 FD 和候选码。

(2)分析 R 是否属于 3NF，如果不是请将 R 规范化成 3NF，并指出分解后的每个关系模式的主外码。

6.6 设有关系模式：教师授课(课程号，课程名，学分，授课教师编号，教师姓名，授课时数)，其语义为：一门课程(由课程号决定)有确定的课程名和学分，每名教师(由授课教师编号决定)有确定的教师名，每门课程可以由多名教师讲授，每名教师也可以讲授多门课程，每名教师对于每门课程有确定的授课时数。请回答下列问题：

(1)根据上述规定，写出模式 R 的基本函数依赖 FD 和候选码。

(2)分析 R 是否属于 3NF，如果不是请将 R 分解成 3NF，并指出分解后的每个关系模式的主外码。

第7章 数据库设计

本章导读

数据库的设计是指基于现有的数据库管理系统，针对具体应用构建适合的数据库逻辑模式和物理结构，并据此建立数据库及其应用系统，使之能有效地存储和管理数据，满足各类用户的应用需求。本章将介绍数据库设计的主要内容、特点、设计方法和全过程，从需求分析、概念结构设计、逻辑结构设计、物理结构设计到实施、运行与维护。

学习目标

重点掌握数据流图、数据字典的建立、E-R模型设计方法以及E-R模型向关系模型转换的方法。了解数据库选择的存取方式和存储结构。

7.1 数据库设计概述

7.1.1 数据库设计的内容和特点

1.数据库设计的内容

数据库设计包括数据库的结构设计和数据库的行为设计两部分，需要在整个设计过程中把二者密切结合起来。

(1)数据库的结构设计是指设计数据库模式或子模式，它是静态的，一经形成是不容易改变的，所以结构设计又常常称为静态模型设计。它包括数据库的概念设计、逻辑设计和物理设计。

(2)数据库的行为设计是指确定数据库用户的行为和动作，即设计应用程序完成事务处理，它是动态的。用户的行为和动作是通过应用程序对数据库进行的操作，使数据库的内容发生改变，所以，行为设计又常常称为动态模型设计。

结构设计一旦确定，该数据的结构就是稳定的、持久的。结构设计是否合理，直接影响系统中各个处理过程的质量，所以，数据库的结构设计至关重要，它是数据库设计方法与设计理论关注的焦点。数据库设计的主要精力应放在结构设计上，汇总各个用户视图，尽量减少冗余，实现数据共享，设计出一个包含各个用户视图的统一的数据模型。在此基础上，才能最后完成用户应用程序的设计。

2. 数据库设计的特点

(1)结构设计和行为设计相结合

现代数据库的设计强调结构设计和行为设计相结合，这是一个“反复探寻，逐步求精”的过程。如图 7-1 所示，结构设计和行为设计是分开而又并行的。

(2)重视基础数据建设

“三分技术，七分管理、十二分基础数据”是数据库建设的基本规律，它也是数据库设计的另一个特点。这句话揭示了技术、管理和基础数据三者在数据库建设中的权重关系，即管理创新的任务和工作量比技术的任务和工作量重，而基础数据工作不仅工作量非常大，其工作质量好坏还决定着信息化建设的成败。在数据库系统中技术只是基础；管理是支架，重要的是人的参与，人的管理工作；而一个数据库系统生命力如何就要看是否有一个完善的中央数据库，可以说数据是系统的标志和灵魂。数据库的设计和开发是一个庞大而且复杂的工程，是涉及硬件、软件和管理的综合技术。

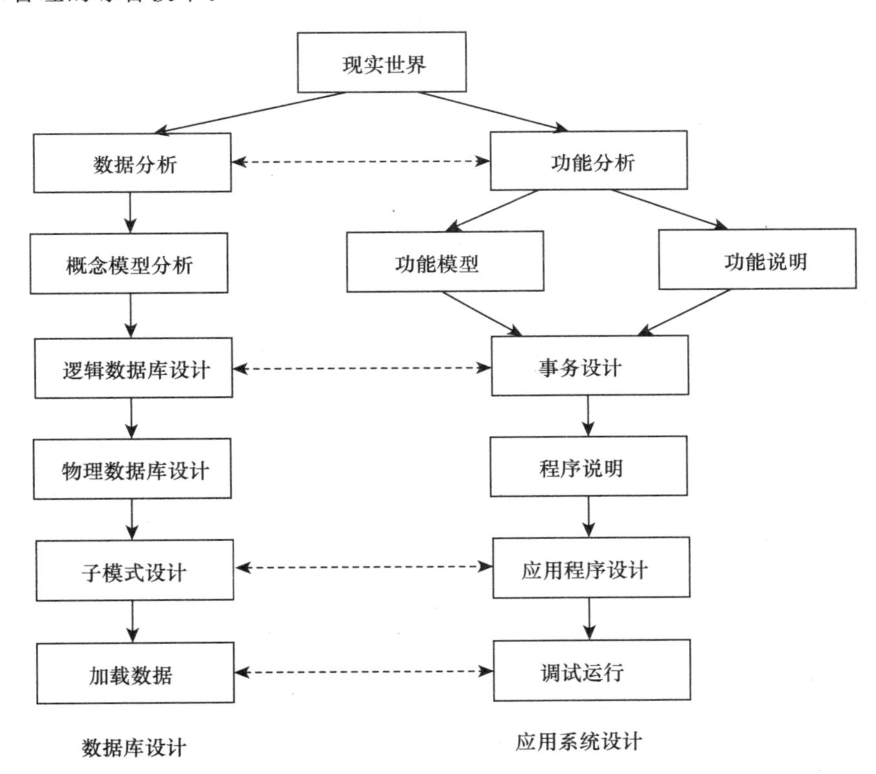

图 7-1　结构和行为分离与并行的设计

7.1.2　数据库设计的方法

为了使数据库设计更加合理有效，需要一定的指导原则，这种原则就是数据库设计方法。早期的数据库设计主要采用“手工试凑法”，依赖设计者的经验和技巧，缺乏科学理论和工程原则做支撑，设计质量难以保证；常常在系统运行一段时间后又发现种种问题，再重新修改甚至重新设计，增加了系统维护代价。

多年来，经过人们不断努力探索，提出了各种数据库设计方法，如E-R模型法、3NF法等。1978年10月，在美国新奥尔良市来自三十多个国家的数据库专家运用软件工程的思想提出了著名的“新奥尔良法”，它是目前公认的比较完整和权威的一种规范设计法。这种方法将数据库设计分为四个阶段：需求分析、概念结构设计、逻辑结构设计和物理结构设计，注重数据库的结构设计，而不太考虑数据库的行为设计。除此之外，下面介绍其他几种常用的设计方法。

1. 基于E-R模型的数据库设计方法

该方法是由P.P.S.chen于1976年提出的数据库设计方法，其基本思想是在需求分析的基础上，用E-R模型构造一个反映现实世界实体之间联系的模式，然后再将此模式转换成基于某一特定的DBMS的概念模式。

2. 基于3NF的数据库设计方法

该方法是由S.Atre提出的结构化设计方法，其基本思想是在需求分析的基础上，确定数据库模式中的全部属性和属性间的依赖关系，将它们组织在一个单一的关系模式中，然后再分析模式中不符合3NF的约束条件，将其进行模式分解，规范成若干个3NF关系模式的集合。

除了上述方法外，还有面向对象的数据库设计方法、统一建模语言（UML-Unified Model Language）等，这里不再详细介绍。

目前，许多计算机辅助软件工程（CASE-Computer Aided Software Engineering）工具可以自动或辅助设计人员完成数据库设计过程中的诸多任务，如Sybase公司的Power Designer、Rational公司的Rational Rose和Oracle公司的Design等。

7.1.3 数据库设计的基本步骤

和其他软件设计一样，可以采用传统软件工程的思想来指导数据库的设计实现。类似软件工程中生命周期的概念，把数据库系统从分析、设计、实现、投入运行后的维护到最后为新系统取代而停止使用的整个期间称为“数据库设计的生命期”。对数据库设计生命期的划分至今没有统一的标准。遵循“新奥尔良法”设计思想，考虑数据库及其应用系统开发全过程，一般将数据库设计分为六个阶段：需求分析、概念结构设计、逻辑结构设计、物理结构设计、数据库实施、数据库运行与维护，如图7-2所示。

在数据库设计过程中，需求分析和概念结构设计是独立于任何具体数据库管理系统的，它们面向用户的应用要求和具体问题；逻辑结构和物理结构设计与选用的数据库管理系统密切相关，面向数据库管理系统；而数据库实施、运行与维护阶段是面向具体的实现方法。前四个阶段可统称为“分析和设计阶段”，后两个阶段统称为“实施和运行阶段”。

数据库设计各阶段的主要工作如下：

1. 需求分析

需求分析阶段主要是系统分析员对具体应用环境的业务流程和用户提出的各种要求加以调查研究和分析，并和用户共同对各种原始数据加以综合、整理的过程。它是形成最终设计目标的首要阶段，也是最复杂、最耗时的一个阶段，为以后各阶段任务打下坚实的基础。需求分析做的不好，可能会导致整个数据库设计返工重做。

2. 概念结构设计

概念结构设计是数据库设计的一个关键，是在需求分析的基础上，对用户信息需求所进行的进一步抽象和归纳，构造每个数据库用户的局部视图，然后合并局部视图，经优化后形成一个全局的数据库公共视图。这个公共视图即为数据库概念结构，通常用 E-R 模型来表示。

3. 逻辑结构设计

逻辑结构设计就是将概念结构转化为某个 DBMS 所支持的数据模型，并对其进行优化。在逻辑结构设计阶段选择什么样的数据模型和哪一个具体的 DBMS 尤为重要，它是能否满足用户各种要求的关键。此外，还有一个很重要的工作就是模式优化工作，该工作主要以规范化理论为指导，目的是能够合理存放数据集合。逻辑结构设计阶段的优化工作，已成为影响数据库设计质量的一项重要工作。

4. 物理结构设计

数据库物理设计是将逻辑结构设计的结果转换为某一计算机系统所支持的数据库物理结构，包括存储结构和存取方法。它是完全依赖于给定的硬件环境、具体的 DBMS 和操作系统。

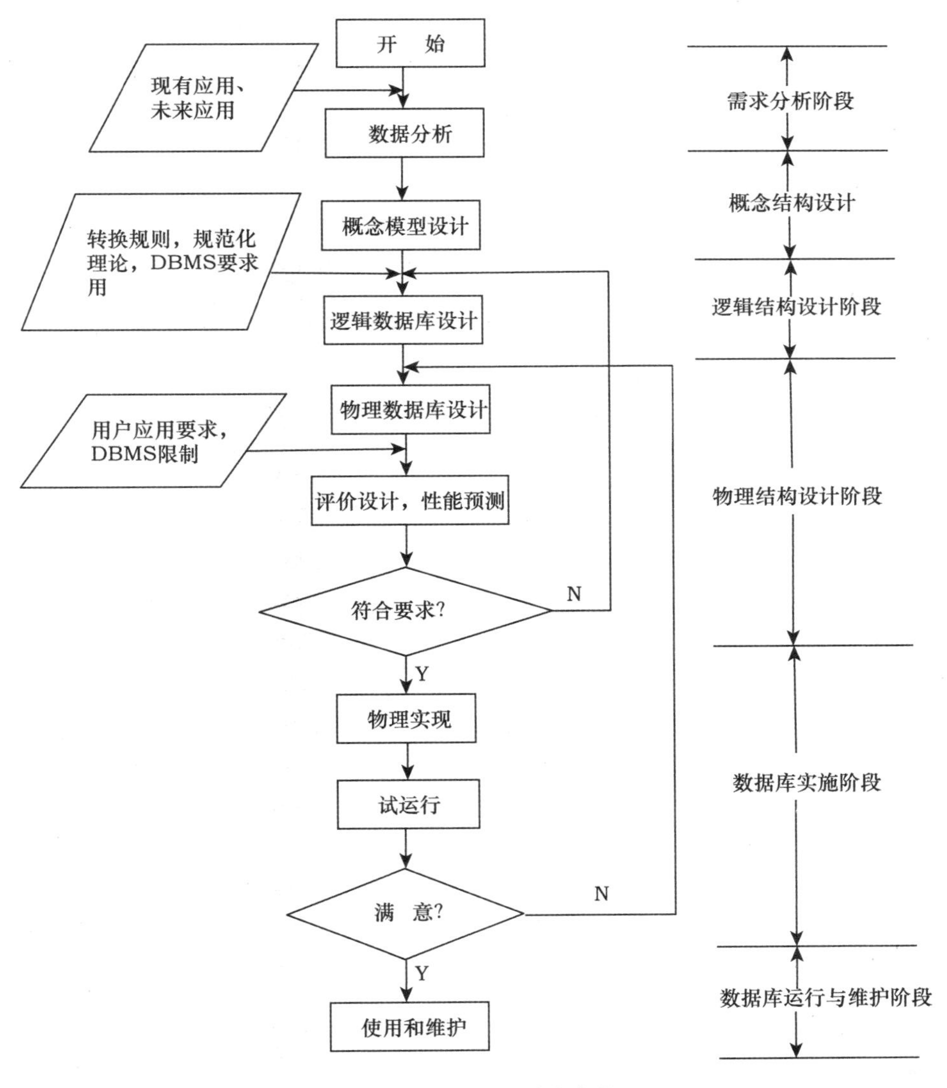

图 7-2　数据库设计的步骤

5.数据库实施

该阶段是根据物理结构设计的结果把原始数据装入数据库，建立一个具体的数据库并编写和调试相应的应用程序。该应用程序应是一个可依赖的有效的数据库存取程序，来满足用户的处理要求。

6.数据库运行与维护

数据库实施阶段结束，标志着数据库系统投入正常运行工作的开始。严格地说，数据库运行和维护不属于数据库设计的范畴，早期的新奥尔良法明确规定数据库设计的四个阶段，不包括运行和维护内容。随着人们对数据库设计的深刻了解和设计水平的不断提高，已经充分认识到数据库运行和维护工作与数据库设计的紧密联系。数据库是一种动态和不断完善的运行过程，在运行和维护阶段，可能要对数据库结构进行修改或扩充。要充分认识到，在数据库系统运行过程中，就必须不断地对其进行评价、调整与修改，甚至完全重新设计。

设计一个完善的数据库应用系统不可能一蹴而就，往往是这 6 个阶段不断反复，直到成功为止。可以看出，这个设计步骤既是数据库也是应用系统的设计过程。在设计过程中，力求让数据库设计与系统其他部分的设计紧密结合，各个阶段把数据和处理的需求收集、分析、抽象、设计和实现同时进行、相互参照、相互补充，不断完善两方面的设计。图 7-3 给出了设计过程中各个阶段关于数据特性的设计描述。其中有关处理特性的描述中，采用的设计方法和工具属于软件工程和信息系统设计等课程中的内容，故本书不再讨论，这里重点介绍数据特性的设计描述以及在数据特性中参照处理特性设计以完善数据模型设计的问题。

设计阶段	设计描述	
	数据	处理
需求分析	数据字典、全系统中数据项、数据流、数据存储的描述	数据流图和判定表(判定树) 数据字典中处理过程的描述
概念结构设计	概念模型(E-R 模型) 数据字典	系统说明书。包括： (1)新系统要求、方案和概图 (2)反映新系统信息的数据流图
逻辑结构设计	某种数据模型 关系模型	系统结构图 非关系模型(模块结构图)
物理结构设计	存储安排 存取方法选择 存取路径建立	模块设计 IPO 表
实施	编写模式 装入数据 数据库试运行	程序编码 编译连接 测试
运行与维护	性能测试、转储/恢复 重组和重构	新旧系统转换、运行、维护

图 7-3 数据库各个阶段的设计描述

接下来，以图 7-2 中的设计步骤为主线讨论数据库设计的 6 个阶段。

7.2 需求分析

需求分析，简单来说就是分析用户的实际要求。它是数据库设计的起点，其结果将直接影响后续各阶段的设计，并影响最终设计结果。

7.2.1 需求分析的任务

数据库需求分析的任务：对现实世界中要处理的对象（组织、部门、企业等）进行详细调查，在了解现行系统的概况、确定新系统功能的过程中，收集支持系统目标的基础数据及其处理方法。

具体地说，需求分析阶段的任务包括以下三方面：

1.调查分析用户活动

这个过程通过对新系统运行目标的研究，对现行系统所存在的主要问题以及制约因素的分析，明确用户总的需求目标，确定这个目标的功能域和数据域。

（1）调查组织机构情况，包括该组织的部门组成情况，各部门的职责和任务等。

（2）调查各部门的业务活动情况，包括各部门输入和输出的数据与格式、所需的表格与卡片、加工处理这些数据的步骤、输入什么信息，输出到哪些部门，输出结果的格式等，这些都是调查的重点。

2.收集和分析需求数据，确定系统边界

在熟悉各个部门业务活动的基础上，协助用户明确对新系统的各种需求，包括用户的信息需求、处理需求、安全性和完整性的需求等。

（1）信息需求

信息需求指用户需要从数据库中获得信息的内容与性质，包含定义未来数据库系统用到的所有信息，明确用户将向数据库中输入什么数据，对这些数据将做哪些处理，同时还要描述数据间的联系等。

（2）处理需求

处理需求指用户要求完成什么处理功能，对处理的响应时间有什么要求，处理方式是批处理还是联机处理等。

（3）安全性与完整性需求

安全性与完整性需求是指防范非法用户、非法操作以及防止不合语义的数据存在的要求。

3.编写系统分析报告

需求分析阶段的最后是编写需求分析报告，通常称为需求规范说明书。需求规范说明书是对需求分析阶段的一个总结，它是一个不断反复、逐步深入和逐步完善的过程，需求分析报告包括如下内容：

（1）系统概况、目标、范围、背景、历史和现状；

（2）系统的原理和技术，对原系统的改善；

（3）系统总体结构与子系统结构说明；

（4）系统功能说明；

（5）数据处理概要、工程体制和设计阶段划分；

（6）系统方案及技术、经济、功能和操作上的可行性。

完成系统的需求分析报告后，在项目单位的领导下要组织有关技术专家评审需求分析报告，这是对需求分析结果的再审查。审查通过后，再由项目方和开发方领导签字认可，以此为基础进入下阶段。

随需求分析报告提供下列附件：

(1)系统的硬件、软件支持环境的选择及规格要求(所选择的数据库管理系统、操作系统、计算机型号及其网络环境等)；

(2)组织机构图、组织之间联系图和各机构功能业务一览图；

(3)数据流图、功能模块图和数据字典等图表。

确定用户的最终需求其实是一件很困难的事，这是因为：一方面用户缺少计算机相关知识，开始时无法确定计算机究竟能为自己做什么，不能做什么，因此，无法一下子准确地表达自己的需求，他们所提出的需求往往会不断变化；另一方面，设计人员缺少用户的行业知识，不易理解用户的真正需求，甚至误解用户的需求。此外，新的硬件、软件技术的出现也会使用户需求发生变化。因此，设计人员必须和用户不断深入地进行交流，才能逐步得以确定用户的实际需求。

7.2.2 需求分析的步骤和方法

需求分析首先就是要调查清楚用户的实际需求，目的是了解企业的业务情况、信息流程、经营方式、处理要求以及组织机构等，为当前系统建立模型。

需求分析阶段的活动主要包括以下四步：

(1)分析用户活动，产生用户活动图

这一步主要了解用户当前的业务活动和职能，搞清其处理流程，即绘制出业务流程图。

(2)确定系统范围，产生系统范围图

这一步是确定系统的边界。在和用户经过充分讨论的基础上，确定计算机所能进行数据处理的范围，确定哪些工作由人工完成，哪些工作由计算机系统完成，即确定人机界面。

(3)分析用户活动所涉及的数据，产生数据流图

深入分析用户的业务处理，以数据流图形式表示出数据的流向和对数据所进行的加工。具有直观、易于被用户和软件人员双方理解的特点，它是一种表达系统功能的描述方式。

(4)分析系统数据，产生数据字典

仅仅有数据流图并不能构成需求说明书，因为只表示出系统由哪几部分组成和各部分之间的关系，并没有说明各个成分的含义。只有对每个成分都给出确切定义后，才能较完整地描述系统。

需求分析的方法有多种，主要分为自顶向下和自底向上两种。其中自顶向下的结构化分析方法(SA-Structured Analysis)简单实用，它从最上层的系统组织机构入手，采用自顶向下、逐层分解的方式分析系统，并且把每一层用数据流图和数据字典描述。

1. 数据流图

数据流图(DFD-Data Flow Diagram)是描述系统的重要工具，它从数据传递和处理角度以图形的方式描绘数据流动和被处理的逻辑过程。数据流图是系统逻辑功能的图形表示，即使不是专业的计算机技术人员也容易理解它，因此它是分析员与用户之间极好的通信工具。

数据流图通常由如图 7-4 所示的 4 种基本符号组成，即用箭线、圆形、双线和矩形表示数据流、处理、数据存储和数据流的源点/终点。

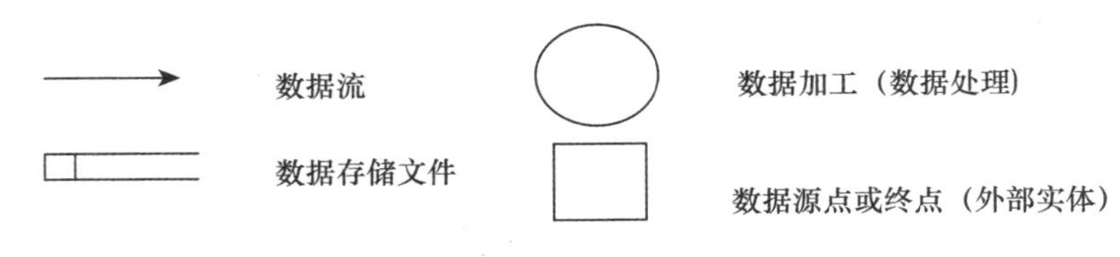

图7-4　数据流图基本符号

(1)数据流

即流动中的数据,代表信息流过的通道。数据流一般用单向箭头表示,箭头也指明了数据流动的方向。数据流由一组固定成分的数据组成,代表独立传递的数据单位。它可以从数据处理流向文件或由文件流向数据处理,也可以从外部实体流向数据处理或从数据处理流向外部实体。数据流除流向或流出文件者可以不命名之外,其他的都必须有一个合适而唯一的名字,对数据流的命名应该写在箭头的旁边。

(2)数据处理

对进入的数据流进行特定的加工的过程,处理后将产生新的数据流。每个处理都应有一个唯一的名字,以表示处理的作用与功能。如果数据流图是一张层次图时,每个处理还应该加一个编号,用以说明这个处理在层次分解中的位置。

(3)数据存储文件

代表一种数据的暂存场所,可对其进行存取操作。文件可存放于磁盘、磁带、主存、微缩胶片、穿孔卡片及其他任何介质上。数据存储文件是处于静态状态的数据,所有文件都应该命名。

(4)外部实体

表示数据的源点和终点。一般而言,它是存在于系统之外的人、事或组织,如客户、供应商、航空公司等。

层级数据流图可以分为顶层数据流图、中层数据流图和底层数据流图。除顶层数据流图外,其他数据流图从0开始编号。以教学管理信息系统为例,如图7-5、图7-6、图7-7所示,顶层数据流图分解为第0层数据流图,再进一步细化为第1层数据流图,直到把系统的工作过程表达清楚为止。在处理功能逐步分解的同时,数据也逐级分解,形成若干层次的数据流图。

数据流图表达了数据与处理过程之间的关系,仅仅有数据流图不能构成需求说明,只能描述系统的概貌,无法表达每个数据和处理的具体含义。系统中的数据则要借助数据字典来描述。

2.数据字典

数据字典(DD-Data Dictionary)用于定义数据流图中出现的所有数据元素和处理,即给出确切的内涵解释。同日常使用的字典一样,数据字典的主要用途也是供人查阅,为软件分析和设计人员提供关于数据的具体描述信息。

数据流图和数据字典共同构成系统的逻辑模型,没有数据字典,数据流图就不严格,然而没有数据流图,数据字典也难于发挥作用。只有数据流图和对数据流图中每个元素的精确定义放在一起,才能共同构成系统的规格说明。

数据字典通常包括数据项、数据流、数据存储和处理过程四种元素。

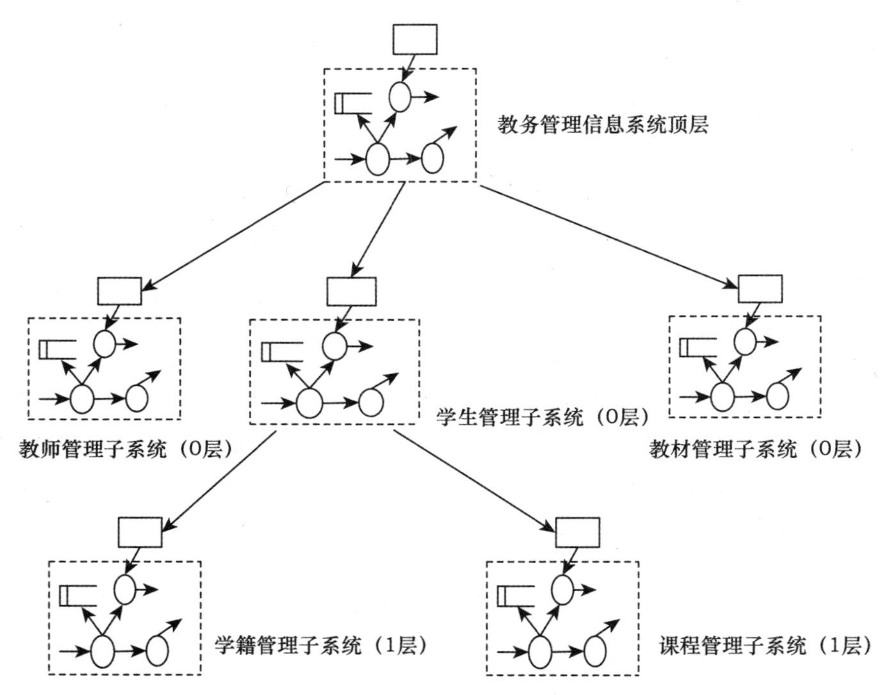

图 7-5 分层的数据流图

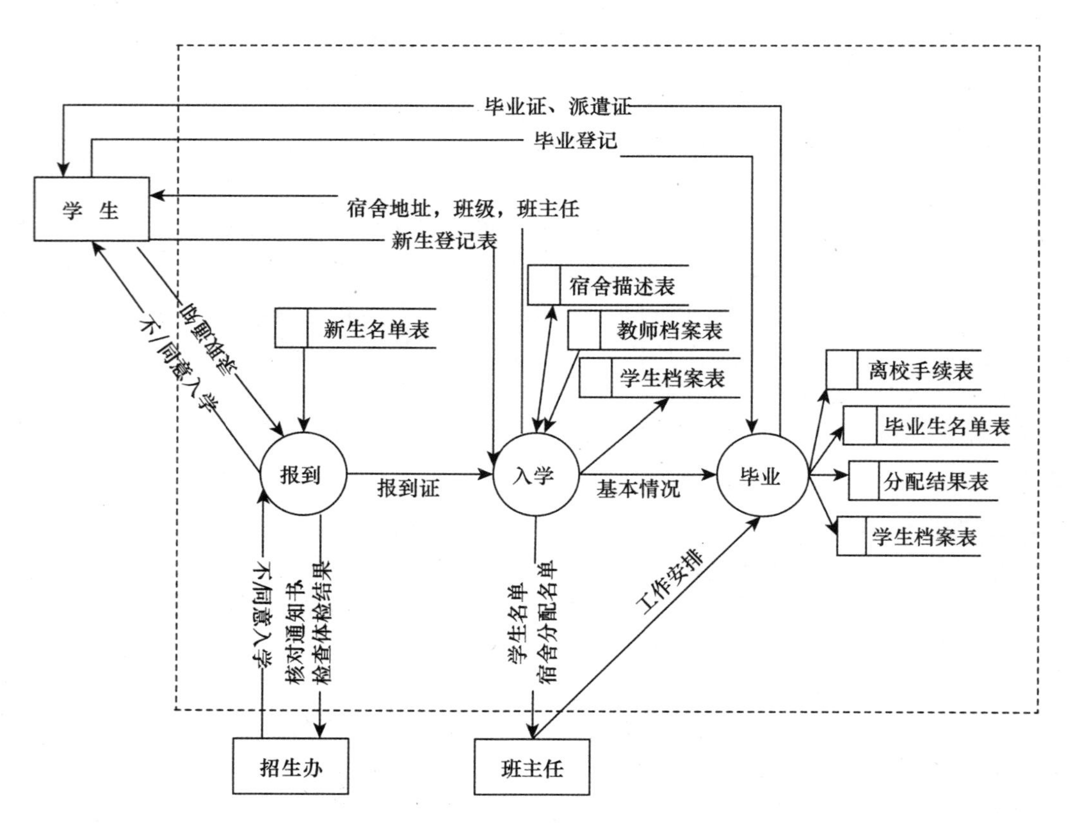

图 7-6 学籍管理子系统(1 层)数据流图

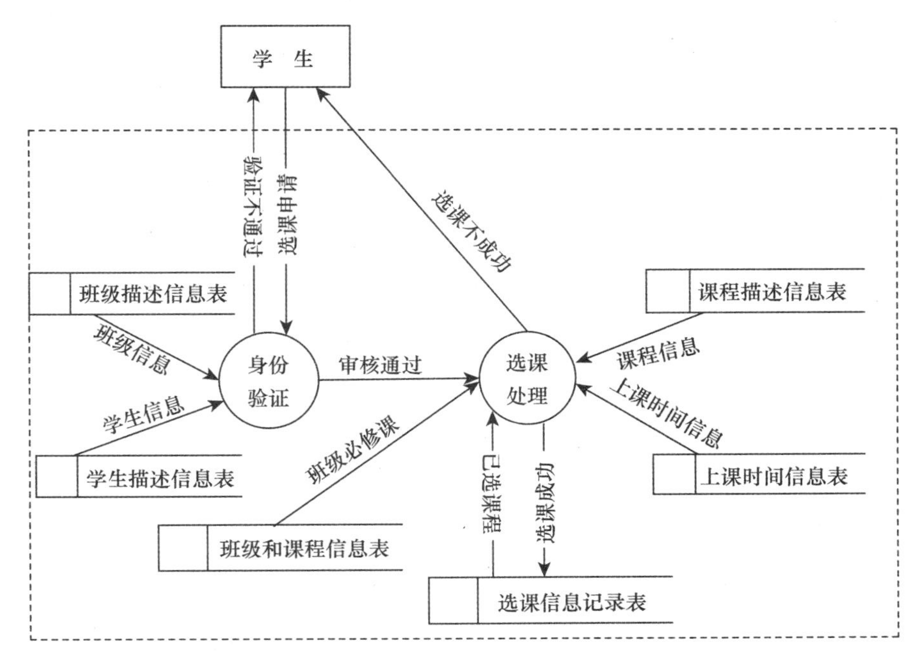

图 7-7　课程管理子系统(1 层)数据流图

(1)数据项

数据项是不可再分的数据单位。对数据项的描述通常包括以下内容:

数据项描述 = {数据项名,别名,数据项含义说明,取值定义(数据类型、长度、取值范围、取值含义),与其他数据项的联系}

其中"取值定义"、"与其他数据项的逻辑关系"定义了数据的完整性约束条件,是设计数据检验功能的依据。例如:

- 数据项名称:学生编号
- 别名:学号
- 数据项含义:唯一地标识学生身份的号码
- 类型:CHAR
- 长度:8
- 取值范围:20140101-20170530

(2)数据流

数据流可以是数据项,也可以是数据结构,表示某一加工处理过程的输入或输出数据。对数据流的描述应该包括以下内容:

数据流描述 = {数据流名称,别名,说明,数据流来源、数据流去向,平均流量,高峰期流量,数据组成}

其中"数据流来源"说明该数据流来自哪个过程。"数据流去向"是说明该数据流将到哪个过程去。"平均流量"是指在单位时间里面传输的数据次数。例如:

- 数据流名称:选课申请

- 别名:选课
- 说明:由学生个人信息和课程信息组成选课申请
- 数据流来源:无
- 数据流去向:身份验证
- 平均流量:150 次/天
- 高峰流量:210 次/天
- 数据组成:账号、密码

(3)数据存储

数据存储是数据保留或保存的地方,也是数据流的来源和去向之一。它可以是手工文档或手工凭单,也可以是计算机文档。对数据存储的描述通常包括以下内容:

数据存储描述={数据存储名,别名,编号,说明,输出数据流,数据描述,数据量,存取方式}

其中"编号"指每个数据存储都有唯一的编号。"存取频率"指每小时或每天或每周存取几次、每次存取多少数据等信息。"存取方式"包括是批处理还是联机处理,是索引还是更新。例如:

- 数据存储名:上课时间信息
- 别名:授课时间
- 编号:S1
- 说明:每门课的上课时间,一门课可以有多个上课时间,同一时间可有多门课程在上课。
- 输出数据流:课程上课时间
- 数据描述:课程编号、上课时间
- 数据量:每学期 200~300 个
- 存取方式:随机存取

(4)处理过程

处理过程说明某个具体的加工处理工作。

处理过程={处理过程名,说明,编号,触发条件,输入数据流,输出数据流,处理}

其中"编号"每个处理过程都有唯一的编号,并且按照处理过程所在的数据流图的层次来命名,比如:若在第 2 层,编号可以为 1.1.1、1.1.2、1.2.1 等。"处理"描述处理的算法、加工逻辑流程、校验规则和默认情况。例如:

- 处理过程名:身份验证
- 说明:对学生输入的账号、密码进行验证,验证通过则得到相应的学生编号
- 输入:学生账号、密码、选课的课程编号
- 输出:学生编号、选课的课程编号
- 处理:对输入的学生个人信息,检查学号和密码是否正确;对身份正确的学生,检查要选修的课程是否允许;检查是否正确返回信息。

7.3　概念结构设计

概念结构设计是将需求分析得到的用户需求抽象为信息结构，即概念层数据模型。它是整个数据库设计阶段的关键，独立于逻辑结构设计和数据库管理系统。

7.3.1　概念结构的特点和设计策略

概念结构是对现实世界的一种抽象，即对实际的人、物、事和概念进行人为处理，抽取人们关心的共同特性，忽略非本质的细节，并把这些特性用各种概念精确地加以描述。它常用 E-R 模型进行描述。

1. 概念结构的特点

概念结构独立于数据库逻辑结构，也独立于其所支持数据库的 DBMS。其主要特点如下：

(1) 概念模型能够充分反映现实世界，能够满足用户对数据的处理要求。

(2) 概念模型易于向关系、网状、层次、面向对象等各种数据模型转换。

(3) 概念模型易于理解，便于和不熟悉计算机的用户交换意见，用户易于参与。

(4) 概念模型易于更改，当现实世界需求改变时，概念结构又可以很容易作相应调整。

综上所述，概念结构设计是整个数据库设计的关键所在。

2. 概念结构设计的策略

概念模型是数据模型的前身，它比数据模型更独立于机器、更抽象，也更加稳定。概念模型设计有 4 种方法。

(1) 自顶向下策略(top-down strategy)

即首先定义全局概念结构的框架，然后逐步细化。例如，可以先确定几个高级实体类型，然后在确定其属性时，把这些实体类型分裂为更低一层的实体类型和联系。

(2) 自底向上策略(bottom-up strategy)

即首先定义各局部应用的概念结构，然后将它们集成起来，得到全局概念结构。这是最经常采用的一种策略。

(3) 由内向外策略(inside-out strategy)

首先定义最重要的核心概念结构，然后向外扩充，考虑已存在概念附近的新概念使得建模过程向外扩展。使用该策略，可以先确定模式中比较明显的一些实体类型，然后继续添加其他相关的实体类型。

(4) 混合策略(mixed strategy)

即将自顶向下和自底向上相结合，用自顶向下策略设计一个全局概念结构的框架，以它为骨架集成由自底向上策略中设计的各局部概念结构。

在上一节介绍需求分析的方法中，较为普遍的是采用自顶向下法描述数据的层次结构化联系。但在概念结构的设计过程中却截然相反，自底向上法是普遍采用的一种设计策略。

7.3.2　概念结构设计的步骤

E-R 模型是设计数据库概念结构的最著名、最常用方法。因此，采用自底向上方法分步设计产生每一局部的 E-R 模型，综合各局部 E-R 模型，逐层向上回到顶部，最终产生全局 E-R 模型。

按照图 7-8 所示的概念结构设计的步骤，概念结构的设计可分为两步：

（1）抽象数据，并设计局部 E-R 模型，即局部视图；

（2）集成各局部 E-R 模型，形成全局 E-R 模型，即视图集成。

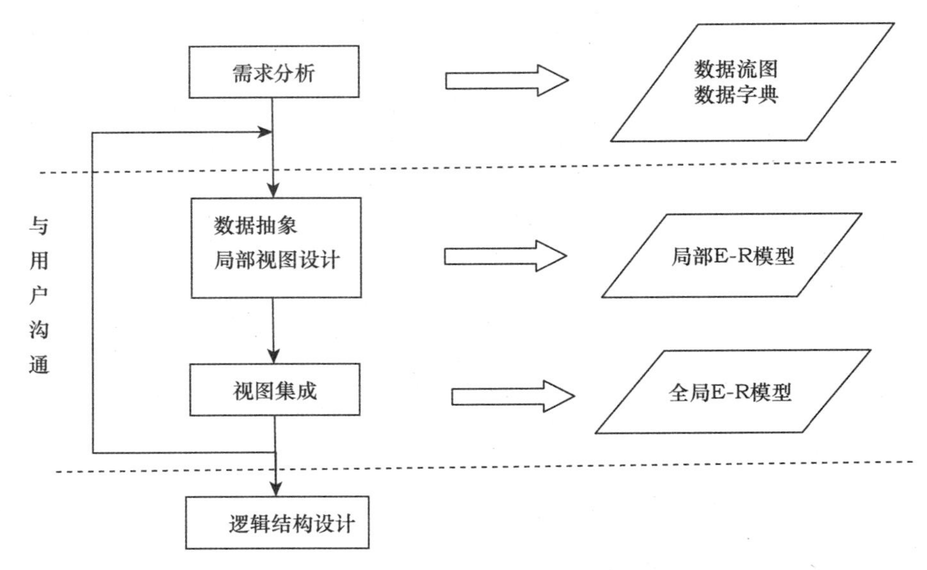

图 7-8 自底向上设计概念结构

7.3.3 数据抽象和局部 E-R 模型设计

概念结构是对现实世界的一种抽象。所谓抽象是抽取现实世界中实体的共同特性，忽略非本质细节，并把这些特性用各种概念精确地加以描述，形成某种模型。概念结构设计首先要根据需求分析得到的结果（如数据流图、数据字典）对现实世界进行抽象，设计各个局部 E-R 模型。

1. 三种数据抽象

数据抽象主要有 3 种基本方法：分类、聚集和概括。

（1）分类（Classification）

分类就是定义某一类概念作为现实世界中的一组对象的类型。这些对象具有某些共同的特性和行为。它抽象了对象值和型之间的“is a member of”（是……的成员）的语义。在 E-R 模型中，实体就是这种抽象。

例如，在教学管理信息系统中，“刘洁”是“学生”（实体）中的一个成员，她具有其他学生共有的特性和行为：具有学生编号、姓名、年龄、性别、所属系别等特性。与“刘洁”一样属同一特性的学生还有“张佳”、“韩梅”、“陆毅”等。如图 7-9 所示。

（2）聚集（Aggregation）

聚集是定义某一类型的组成部分，它抽象了对象内部类型成分之间的“is a part of”（是……的一部分）的语义。在 E-R 模型中若干属性的聚集组成了实体型，如图 7-10 所示。

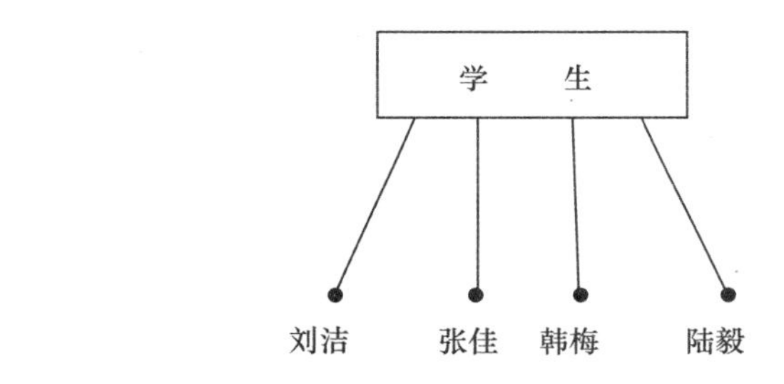

图7-9　学生分类示意图

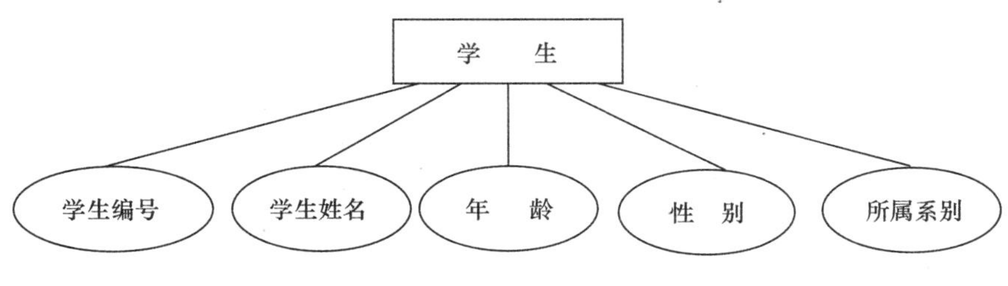

图7-10　聚集示意图

(3)概括(Generalization)

概括定义了实体之间的一种子集联系,它抽象了实体之间的“is a subset of”(是……的子集)的语义。例如“学生”是实体集,“中学生”、“本科生”、“研究生”也是实体集,但均是“学生”实体的子集。把“学生”称为超类,“中学生”、“本科生”、“研究生”称为“学生”的子集。在E-R模型里面用双竖线的矩形框表示子类,用直线加小圆圈表示超类-子类的联系,如图7-11所示。

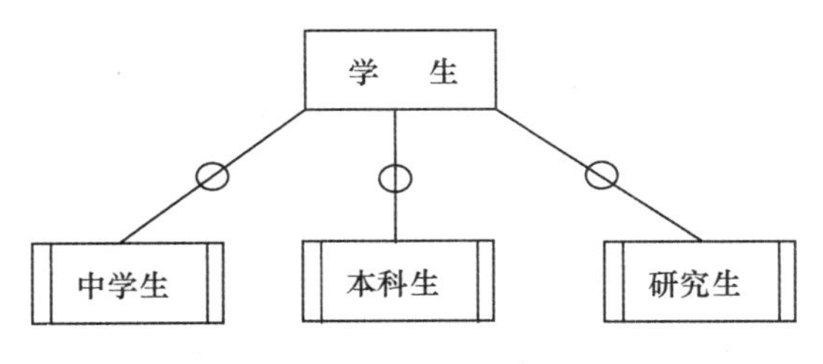

图7-11　概括示意图

概括有一个很重要性质是继承性。继承性指子类继承超类中定义的所有抽象。但是子类也可以有自己的特性,即“中学生”、“本科生”、“研究生”除了继承了“学生”的所有属性和方法之外,还具有自己学生类型的特性,比如“本科生”有所学专业、所属院系等高校学生的属性。

2.局部E-R模型设计

(1)局部E-R模型设计的步骤

概念结构设计是利用抽象机制对需求分析阶段收集到的数据进行分类、组织,形成实体集、属性和码,确定实体之间的联系类型(1∶1、1∶n、n∶m)进而设计局部E-R模型。

以下是设计局部E-R模型的具体步骤：

1)选择局部应用

在需求分析阶段，通过对应用环境和要求进行详尽的调查分析，用多层数据流图和数据字典描述了整个系统。设计局部E-R模型的第一步，就是要根据系统的具体情况，在多层的数据流图中选择一个适当层次的(经验很重要)数据流图，使得图中每一部分对应一个局部应用，可以就这一层次的数据流图为出发点，设计局部E-R模型。一般而言，中层的数据流图能较好地反映系统中各局部应用的子系统组成，因此人们往往以中层数据流图作为设计局部E-R模型的依据。

2)逐一设计局部E-R模型

每个局部应用都对应了一组数据流图，局部应用涉及的数据都已经收集在数据字典中了。现在就是要将这些数据从数据字典中抽取出来，参照数据流图，标定局部应用中的实体、实体的属性、标识实体的码，确定实体之间的联系及其类型。

数据抽象后得到实体和属性，实际上实体与属性是相对而言的。同一事物，在一种应用环境中作为“属性”，在另一种应用环境中就必须作为“实体”。往往要根据实际情况进行必要的调整。一般说来，在给定的应用环境中：

①属性不能再具有需要描述的性质。即属性必须是不可分的数据项，也不能包含其他属性。

②属性不能与其他实体具有联系。联系只发生在实体之间。

例如，某公司的职员是一个实体，职员号、姓名、年龄、身高、职务等级是职员的属性，职务等级如果没有与工资、福利挂钩，换句话说，不需要进一步描述该特性，则根据第一条，可以作为“职员”实体的属性。但是如果不同的等级的职务有不同的工资待遇、福利等，那么职务等级就需要作为一个实体看待了，如图7-12所示。

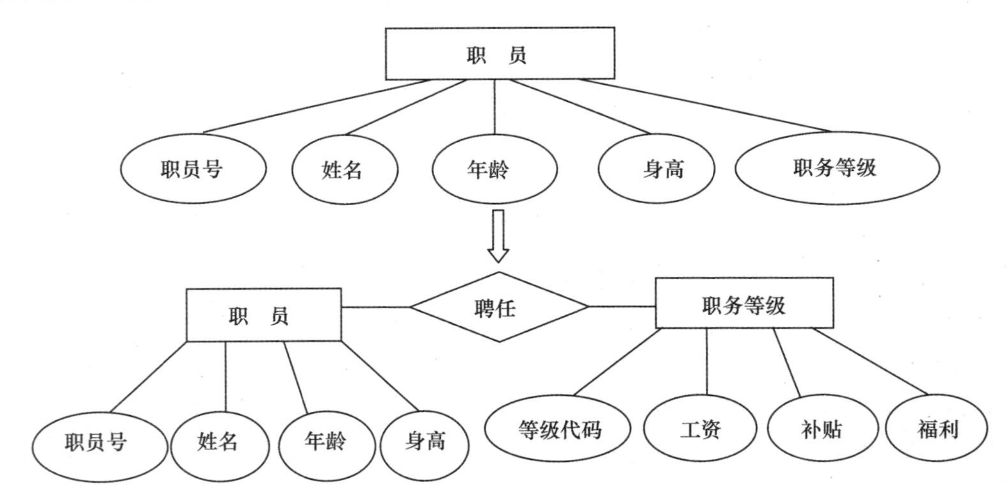

图7-12　“职务等级”由属性上升为实体的示意图

(2)“教学管理信息系统”局部E-R模型的设计

在高校的实际应用中，一个学生可以选修多门课程，一门课程可以被多个学生选修；一个教师可以讲授多门课程，一门课程也可以被多个教师讲授；一个系可以有多个学生，一个学生只能属于一个系；一个系可以有多个教师，一个教师只能属于一个系；一个系可以开设多门课程，一门课程只能由一个系开设。因此，各子系统的局部 E-R 模型见图 7-13 和图 7-14，它们分别由 2 名数据库设计人员完成。

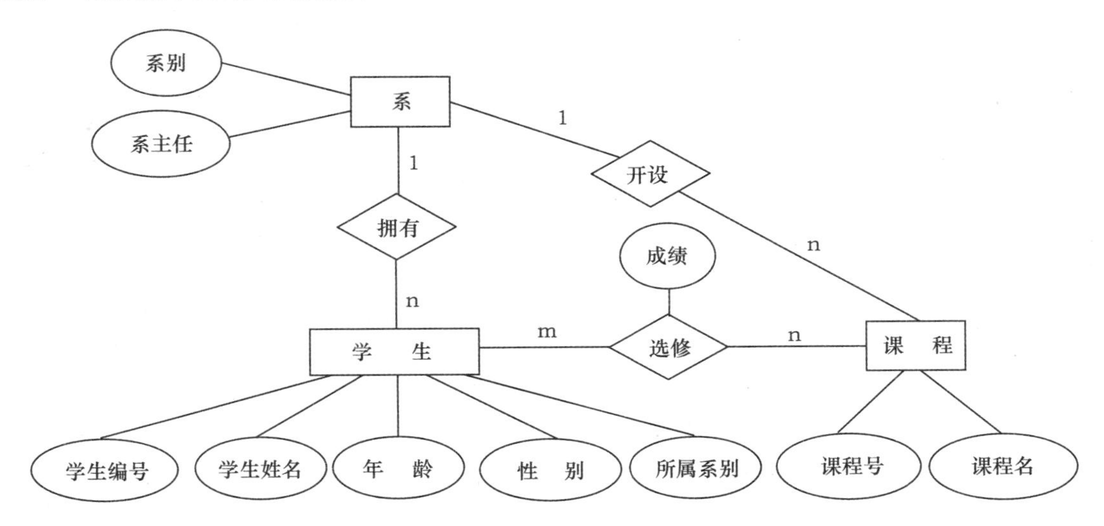

图 7-13　学生选课局部 E-R 模型

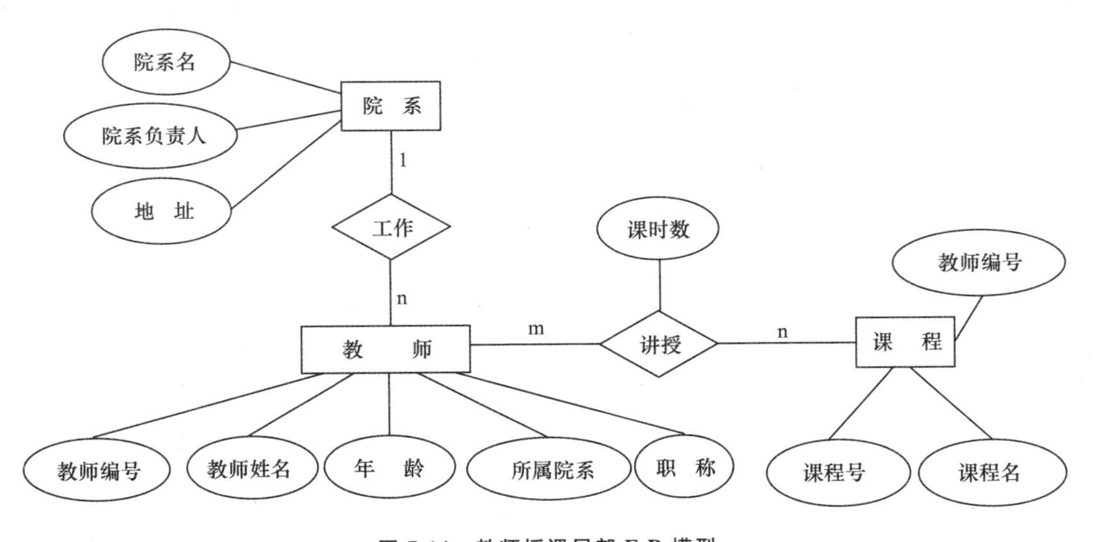

图 7-14　教师授课局部 E-R 模型

7.3.4　全局 E-R 模型设计

集成各子系统的局部 E-R 模型形成全局 E-R 模型，即视图集成。视图集成有 4 种方法。

(1)二元集成(Binary ladder Integration)

首先对两个比较类似的模式进行集成，然后把结果模式和另外一个模式集成，不断重复该过程直到所有模式被集成。可以根据模式的相似程度确定模式集成的顺序。由于集成是逐步进行的,所以该策略适用于手工集成。

(2)n 元集成(Nary Integration)

对视图的集成关系进行分析和说明之后,在一个过程中完成所有视图的集成。对于规模较大的设计问题,这个策略需要使用计算机化的工具,目前有一些这种工具的原型,但还没有成熟的商业产品。

(3)二元平衡策略(Binary Balanced Strategy)

首先将模式成对地进行集成,然后再将结果模式成对地进一步集成,不断重复该过程直至得到最终的全局模式。

(4)混合策略(Mixed Strategy)

首先,根据模式的相似性把它们划分为不同的组,对每个组单独地进行集成。然后对中间结果进行分组并集成,重复该过程直至集成结束。

实际应用时可以根据系统复杂度选择集成策略。一般情况常常采用二元集成。如果局部 E-R 模型比较简单,可以采用 n 元集成。无论采用哪个方法集成视图,在每次集成时都要先合并局部 E-R 模型,解决各局部 E-R 模型之间的冲突问题,并将各局部 E-R 模型合并起来生成初步 E-R 模型;优化初步 E-R 模型,消除不必要的实体集冗余和联系冗余,得到基本 E-R 模型,如图 7-15 所示。

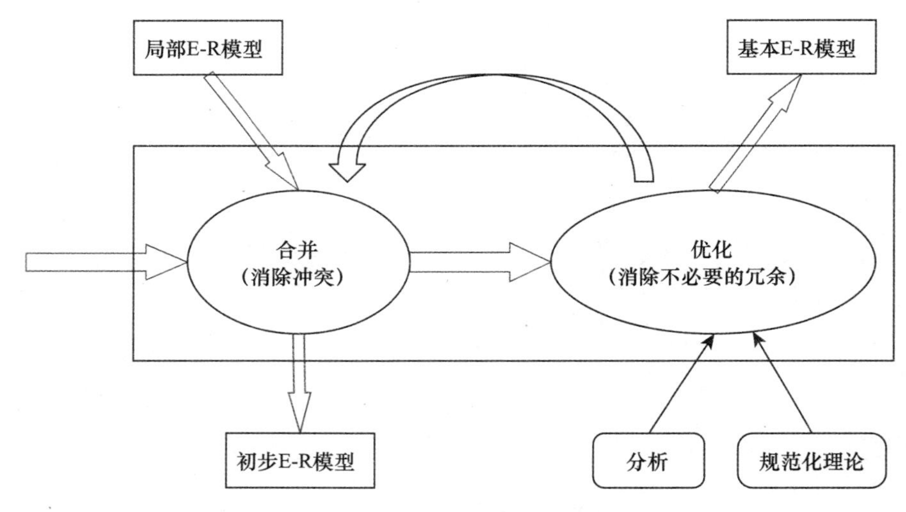

图 7-15 视图集成

1.合并

合并后,解决各局部 E-R 模型之间的冲突,生成初步 E-R 模型。

由于各个局部应用所面向的问题不同,通常是由不同的设计人员进行不同局部的视图设计,所以就会导致各局部 E-R 模型之间存在许多不一致的地方,即产生“冲突”。因此,有必要在合并之前先消除各局部 E-R 模型之间的不一致,形成一个能被全系统所有用户共同理解和接受的统一的概念模型。合理消除各局部 E-R 模型之间的冲突是合并的关键。

各子系统的 E-R 模型间的冲突有如下 3 类,如图 7-16 所示。

(1)属性冲突

①属性值域冲突,即属性值的类型、取值范围或取值集合不同。例如,“职员”的性别属性,有些部门定义的类型是布尔型,取值 0 和 1;有的部门定义的类型是字符型,取值男和女。

②属性取值单位冲突。例如,“职员”的身高,不同部门可能分别用米或厘米来表示,这就会给数据统计造成错误。

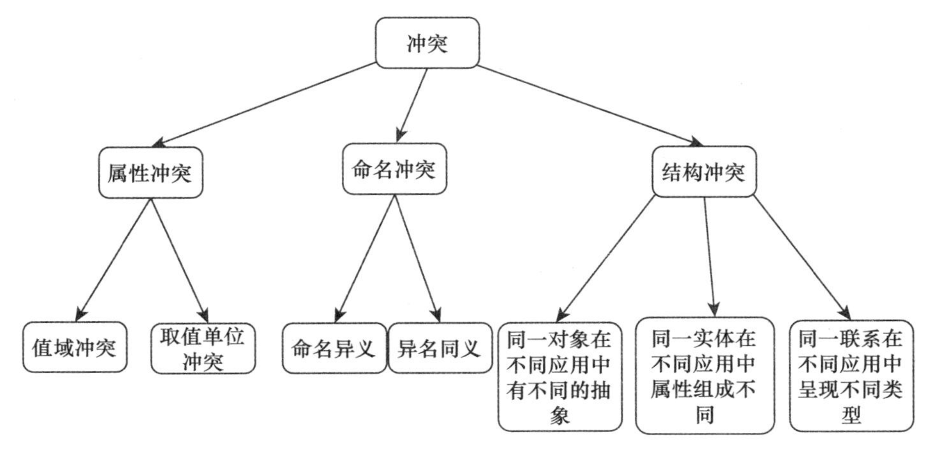

图 7-16　冲突分类

(2)命名冲突

①同名异义,不同意义的对象在不同的局部应用中具有相同的名字。

②异名同义,即一义多名。意义相同的对象在不同的局部应用中具有不同的名字。如教研项目,在教务处称为“课题”,在财务处称为“项目”。

(3)结构冲突

结构冲突有以下 3 种情况:

①同一对象在不同应用中具有不同的抽象。例如“班主任”在某一局部应用中被当作实体,而在另一局部应用中则被当作属性。

②同一实体在不同局部视图中所包含的属性不完全相同,或者属性的排列次序不完全相同。此类冲突即所包含的属性个数和属性排列次序不完全相同。这类冲突是由于不同的局部应用所关心的实体的不同侧面而造成的。解决这类冲突的方法是使该实体的属性取各个局部 E-R 模型中属性的并集,再适当调整属性的次序,使之兼顾到各种应用。

③实体之间的联系在不同局部视图中呈现不同的类型。

(4)合并实例

以“教学管理信息系统”为例,说明合并局部 E-R 模型的主要过程。

第 1 步:确定并解决各局部 E-R 模型之间的冲突:

①2 个局部 E-R 模型之间存在命名冲突。学生选课局部 E-R 模型中的实体“系”和教师授课局部 E-R 模型中的实体“院系”异名同义,合并后统一改为“系”,因此属性“系别”和“院系名”统一为“系别”,“系主任”和“院系负责人”统一为“系主任”。

②存在结构冲突。2 个局部 E-R 模型中的实体“系”和“课程”属性组成不同,将取原来 2 个实体的属性并集组成合并后实体的属性。

第 2 步：视图集成，集成后的教学管理信息系统的 E-R 模型如图 7-17 所示。

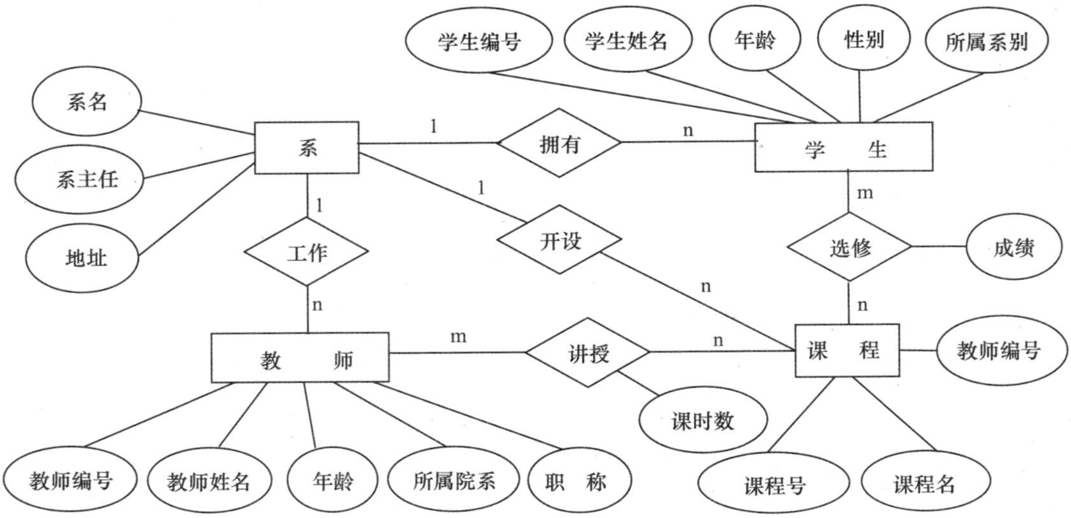

图 7-17 教学管理信息系统的初步 E-R 模型

2.优化

优化就是消除不必要的冗余，生成基本 E-R 模型。优化的目的就是使 E-R 模型满足下述 3 个条件：

- 实体个数尽可能少
- 实体所包含的属性尽可能少
- 实体间的联系无冗余

其中，要使实体个数尽可能少，可以合并相关实体，一般是把具有相同主码的实体进行合并；另外，还可考虑将 1∶1 联系的两个实体合并成一个实体，同时消除冗余属性和冗余联系。冗余属性是指可由基本数据导出的属性，冗余联系是指可由其他联系导出的联系。

图 7-18 所示是将初步 E-R 模型优化为基本 E-R 模型。其中，“课程”实体中的属性“教师编号”可由“选修”这一联系导出，所以，“教师编号”是冗余属性；“教师”实体中的“所属院系”可由“工作”这一联系导出，所以，“所属院系”是冗余属性；依此类推，“学生”实体中的“所属院系”也是冗余属性；而“系”和“课程”之间的“开设”这一联系可由“系”和“教师”之间“工作”联系与“教师”和“课程”之间的“讲授”联系推导出来，所以，“开设”是冗余联系。

视图集成后形成一个整体的数据库概念结构，对该整体概念结构还必须进行进一步验证，确保它能够满足下列条件：

(1)整体概念结构内部必须具有一致性，即不能存在互相矛盾的表达；

(2)整体概念结构能准确地反映原来的每个视图结构，包括属性、实体及实体间的联系；

(3)整体概念结构能满足需要分析阶段所确定的所有要求。

整体概念结构最终还应该提交给用户，征求用户和有关人员的意见，进行评审、修改和优化，然后把它确定下来，作为数据库的概念结构和进一步设计数据库的依据。

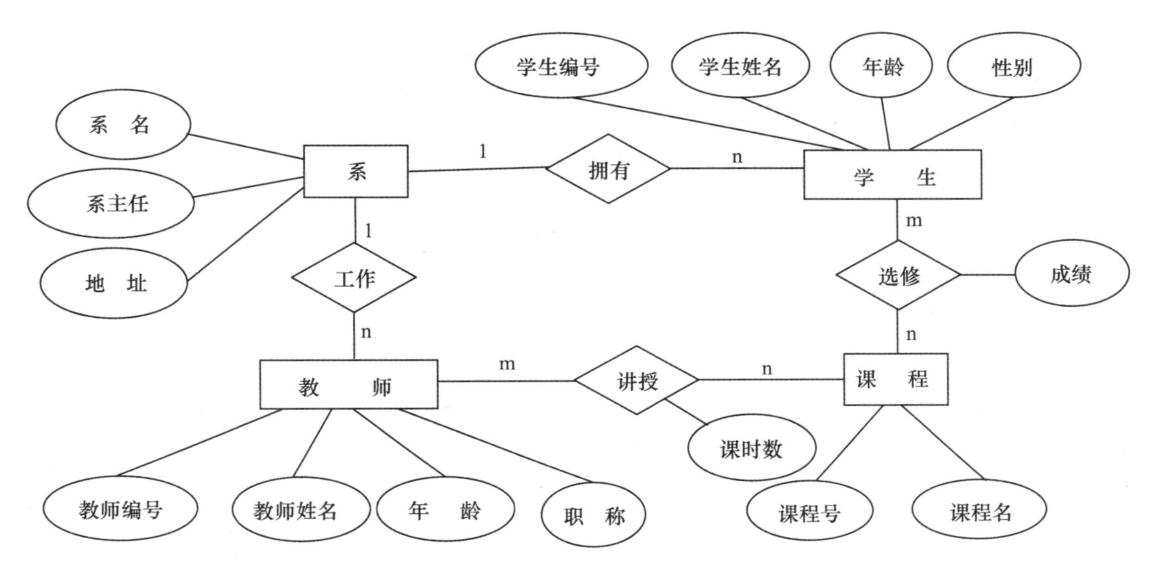

图 7-18　教学管理信息系统的基本 E-R 模型

7.4　逻辑结构设计

E-R 模型表示的概念模型是用户数据要求的形式化，它独立于任何一种数据模型，独立于任何一个具体的 DBMS。逻辑结构设计的任务就是把概念结构设计阶段得到的 E-R 模型转换为特定 DBMS 所支持的数据模型。

7.4.1　逻辑结构设计的步骤

设计逻辑结构应该选择最适于描述与表达相应概念结构的数据模型，然后选择最合适的 DBMS。设计逻辑结构一般分为以下 2 步：

(1)将概念结构转换为特定 DBMS 支持下的数据模型；

(2)对数据模型进行优化。

特定 DBMS 可以支持的数据模型包括层次模型、网状模型、关系模型和面向对象模型等。下面仅讨论从 E-R 模型向关系模型的转换。

7.4.2　E-R 模型向关系模型的转换

关系模型的逻辑结构是一组关系模式的集合。而 E-R 模型则是由实体、实体的属性和实体之间的联系三个要素组成的。所以，将 E-R 模型转换为关系模型实际上就是要将实体、实体的属性和实体之间的联系转化为关系模式，这种转换一般遵循如下原则：

(1)一个实体转换为一个关系模式。实体的属性就是关系的属性，实体的码就是关系的码。

(2)一个 1∶1 联系可以转换为一个独立的关系模式，则与该 1∶1 联系相连的各实体的码以及联系本身的属性均转化为此关系模式的属性，而每个实体的码都是关系的候选码；也可以与任意一端所对应的关系模式合并,则需要在该关系模式的属性中加入另一个实体的码和联系本身的属性。通常采用后一种方式,这样转换出来的关系模式个数少,利于查询。

(3)一个1:n联系可转换为一个独立的关系模式,则与该1:n联系相连的各实体的码以及联系本身的属性均转化为此关系模式的属性,而关系模式的码为n端实体的码;也可以与n端所对应的关系模式合并,则需要在该关系模式的属性中加入1端实体的码和联系本身的属性。通常也采用后一种方式,这样转换出来的关系模式个数少,利于查询。

(4)一个m:n联系必须转换为一个独立的关系模式。与该联系相连的各实体的码以及联系本身的属性均转换为此关系模式的属性,且关系模式的主码包含各实体的码。

(5)3个或3个以上实体间的一个多元联系可以转换为一个关系模式。与该多元联系相连的各实体的码以及联系本身的属性均转换为此关系模式的属性,而此关系模式的主码包含各实体的码。

下面以图7-18中的教学管理信息系统的基本E-R模型为例,具体分析E-R模型向关系模型的转换。

①4个实体"系"、"教师"、"学生"、"课程"分别转换成4个关系模式,如下:

系(系名,系主任,地址)

教师(教师编号,教师姓名,年龄,职称)

学生(学生编号,学生姓名,年龄,性别)

课程(课程号,课程名)

②1:n联系"工作",与n端所对应的关系模式"教师"合并,则需要在该关系模式"教师"的属性中加入1端实体"系"的码和联系本身的属性,结果如下:

教师(教师编号,教师姓名,年龄,职称,系名);

其中"系名"是"教师"的外码,参考"系"的主码"系名"。

1:n联系"拥有",与n端所对应的关系模式"学生"合并,则需要在该关系模式"学生"的属性中加入1端实体"系"的码和联系本身的属性,结果如下:

学生(学生编号,学生姓名,年龄,性别,系名);

其中"系名"是"学生"的外码,参考"系"的主码"系名"。

③m:n联系"讲授"、"选修",必须转换为一个独立的关系模式。转换后的结果为:

讲授(教师编号,课程号,课时数)

选修(学生编号,课程号,成绩)

其中"讲授"关系中(教师编号,课程号)是主码,"教师编号"和"课程号"分别是外码,相应地参考了关系模式"教师"的主码"教师编号"以及关系模式"课程"的主码"课程号"。读者可自行分析"选修"关系的主码、外码。

7.4.3 数据模型的优化

应用规范化理论对逻辑结构设计阶段产生的数据模型进行初步优化,以减少乃至消除关系模式中存在的各种异常,改善完整性、一致性和存储效率。规范化理论是数据库逻辑结构设计的指南和工具,规范化过程分为两个步骤:确定范式的级别和实施规范化处理(模式分解)。

1. 确定范式级别

考察关系模式的函数依赖关系,确定范式等级。找出所有"数据字典"中得到的数据之间的依赖关系，对各模式之间的数据依赖进行极小化处理，消除冗余的联系。按照数据依赖理论对关系模式逐一进行分析，考察是否存在部分函数依赖、传递函数依赖等，确定各关系模式属于第几范式。

2. 实施规范化处理

确定范式级别后，根据应用需求，判断它们对于这样的应用环境是否合适，确定对于这些模式是否进行合并或分解。

(1)合并

如果有若干关系模式具有相同的主码，并且对这些关系模式的处理主要是查询操作，而且经常是多表连接查询，那么可以对这些关系模式按照组合使用频率进行合并，这样可以减少连接操作的次数从而提高查询效率。

(2)分解

对关系模式进行必要的分解，提高数据操作的效率和存储空间的利用率。常用的方法是水平分解和垂直分解两种分解方法。

①水平分解

水平分解是以时间、空间、类型等范畴属性取值为条件，满足相同条件的数据作为一个子表。对于经常进行大量数据的分类条件查询的关系，可以进行水平分解，这样就大大减少了应用系统每次查询所需要访问的记录数量，从而提高了查询性能。

例如，对于教学管理信息系统的“学生”关系，可以水平分解为“在校学生”和“毕业学生”2个关系模式。因为对于已经毕业学生的情况关心较少，而经常需要了解当前在校学生的情况。因为将已经毕业学生的信息单独存放在“毕业学生”中，可以提高对在校学生的处理速度。

②垂直分解

垂直分解是以非主属性所描述的数据特征为条件，把经常一起使用的属性划分在一个子表中。

例如，“学生”关系垂直分解为“学生基本信息”和“学生家庭信息”2个关系模式。

垂直分解可以提高某些事务的效率，但有可能使另一些事务不得不执行连接操作，从而降低效率。因此，是否进行垂直分解要看分解后的所有事务的总效率是否得到了提高。

7.4.4　设计用户外模式

将概念模型转换为逻辑模型后，还应该根据局部应用需求，结合具体 DBMS 的特点，设计用户的外模式。外模式对应关系数据库管理系统的视图这一概念，可以利用视图设计更符合局部用户需要的用户外模式。

定义数据库模式主要是从系统的时间效率、空间效率、易维护等角度出发。由于用户外模式与模式是独立的，因此在定义用户外模式时应该更注重考虑用户的习惯与方便。包括：

(1)使用更符合用户习惯的别名

在合并各局部 E-R 模型时，需要消除命名冲突，以使数据库中的同一个关系和属性具有唯一的名字，但有可能不符合某些用户的习惯。这时，可以利用视图对某些属性重命名，这样方便用户使用。

(2)对不同级别的用户定义不同的视图，以满足系统对安全性的要求

如关系模式教师(教师编号，教师姓名，年龄，籍贯，专业，所属院系，联系电话，职称，基本

工资，绩效工资），在这个关系上建立两个视图：

教师1（教师编号，教师姓名，年龄，籍贯，专业，所属院系，联系电话）

教师2（教师编号，教师姓名，年龄，籍贯，联系电话，职称，基本工资，绩效工资）

教师1视图中只包含了一般职工可以查看的基本信息，而教师2视图中包含了允许领导查看的信息。这样就可以防止用户非法访问不允许他们查看的数据，从一定程度上保证了数据的安全。

（3）简化用户对系统的使用

如果在某些局部应用中经常要使用某些复杂的查询，为了方便用户，可以将这些复杂的查询定义成一个视图，这样每次用户只需查询定义好的视图，而不用再编写复杂的查询语句。

7.5 物理结构设计

对于给定的逻辑数据模型，选取一个最适合应用环境的物理结构的过程，称为数据库的物理结构设计。一般来说，物理结构设计与DBMS的功能、DBMS所提供的物理环境和工具、应用环境以及数据存储设备的特性都有密切关系。其设计的目的是获得一个有较高检索效率以及较省的存储空间和维护代价的物理结构。所以，数据库物理结构设计可分为以下两步：

（1）确定物理结构，在关系数据库中主要指存取方法和存储结构；

（2）评价物理结构，评价的重点是时空效率。

7.5.1 存取方法的选择

存取方法是快速存取数据库中数据的技术。由于数据库是多用户共享的系统，它要提供多条存取路径才能满足多用户共享数据的要求。关系数据库一般都提供多种存取方法，常用的有索引方法、聚簇（clustering）方法。

1.索引选择

索引是数据库内部的特殊数据结构，几乎所有的关系数据库都提供建立索引功能。索引一般用于提高数据查询性能，但会降低数据修改性能。当经常需要向关系中插入新记录或者删除和修改现有记录时，系统要同时对索引进行维护，使索引和数据保持一致。这样就会大大增加维护索引的时空开销，有时可能大到难以承受。

选择索引实际上要根据应用要求确定在关系的哪些属性上建立索引，在哪些属性上建立复合索引，在哪些索引建立唯一索引等。选择索引方法的基本原则是：

（1）如果某个或某些属性经常在查询条件中出现，则考虑在这个或者这些属性上建立索引。

（2）如果某个或某些属性经常作为最大值和最小值等聚集函数的参数，则考虑在这个或这些属性上建立索引。

（3）如果某个或某些属性经常在连接操作的连接条件中出现，则考虑在这个或这些属性上建立索引。

（4）如果某个属性经常作为分组的依据列，则考虑在这个属性上建立索引。

（5）对经常执行插入、删除、修改操作或者记录数较少的关系，应尽量避免建立索引。

当然，关系上定义的索引数也要适当，并不是越多越好，因为系统为维护索引要付出代价，查找索引也要付出代价。

2.聚簇存取方法的选择

为了提高某个属性或属性组的查询速度,把这个属性或属性组上具有相同值的元组集中存放在连续的物理块上的处理称为聚簇,这个或这组属性称为聚簇码。

一个数据库可以建立多个聚簇,但一个关系只能加入一个聚簇。选择聚簇的存取方法就是确定需要建立多少个聚簇,确定每个聚簇包括哪些关系。下面介绍设计候选聚簇的原则:

(1)将一个关系按某个或某组属性的值聚簇。对数据库的查询经常按照属性值相等性,或进行属性值相互比较,为此可以将记录按照某个或某组属性的值来聚簇存放,并建立聚簇索引。例如,如果经常需要按院系属性来检索学生记录,那么预先将同一个院系的学生的记录,在物理介质上尽可能存放在一起,这样一个院系的学生记录所存放的页面数最少,因而所需的I/O数大大减少,提高了存取的效率。

(2)对于不同关系,经常在一起进行连接操作的可以建立聚簇。关系数据库中经常通过一个关系与另一个关系的关联属性找到另一个关系的需求记录信息,此时如果把有关的两个关系物理上靠近存放,如存放在同一个柱面上,这可以使得在完成相关检索时,大大提高了效率。

(3)如果关系的主要应用是通过聚簇码进行访问或连接,而其他属性访问关系的操作很少时,可以使用聚簇。尤其当SQL语句中包含有与聚簇有关的ORDER BY,GROUP BY,UNION,DISTINCT等子句或短语时,使用聚簇特别有利,可以省去对结果集的排序操作。反之,当关系较少利用聚簇码时,最好不要使用聚簇。

值得注意的是,当一个元组的聚簇码值改变时,该元组的存储位置也要做相应移动,所以聚簇码值应相对稳定,以减少修改聚簇码值所引起的开销。聚簇虽然能提高某些应用性能,但是建立与维护聚簇的开销也是相当大的,所以应该适当地建立聚簇。

7.5.2 存储结构的确定

确定数据的存放位置和存储结构要综合考虑存取时间、存储空间利用率和维护代价三方面的因素。这三方面常常相互矛盾,需要进行权衡,选择一个折衷方案。

1.确定数据的存放位置

为了提高系统性能,应根据应用情况将数据的易变部分与稳定部分、经常存取部分和存取频率较低部分分开存放。有多个磁盘的计算机,可以采用下面几种存取位置的分配方案:

(1)将表和索引放在不同的磁盘上。这样在查询时,两个磁盘驱动器并行工作,可以提高物理I/O读写效率。

(2)将比较大的表分别放在两个磁盘上,以加快存取速度,这在多用户环境下特别有效。

(3)将日志文件、备份文件与数据库对象放在不同的磁盘上,以改进系统的性能。

(4)对于经常存取时间要求高的对象应放在高速存储器上,对于存取效率小或存取时间要求低的对象,如果数据量很大,可以存放在低速存储设备上。

2.确定系统配置

DBMS产品一般提供了一些系统配置变量和存储分配参数供设计人员和DBA对数据库进行物理优化。在初始情况下,系统都为这些变量赋予了合理的默认值。但是这些默认值不一定适合每种应用环境。在进行数据库的物理设计时,还需要重新对这些变量赋值,以改善系统的性能。

系统配置变量很多。例如,同时使用数据库的用户数、同时打开的数据库对象数、内存分配参数、缓冲区分配参数、存储分配参数等,这些参数值将影响存取时间和存储空间的分配。物理设计时需要根据应用环境确定这些参数值,以使系统性能最佳。在物理设计时对系统配置变量的调整只是初步的,在系统运行时还要根据系统实际运行情况做进一步的调整,以期切实改进系统性能。

3. 存储结构的评价

评价物理结构设计的方法完全依赖于具体的 DBMS,主要考虑操作开销,即:为使用户获得及时、准确的数据所需要的开销和计算机资源的开销。实际上,往往需要经过反复测试才能优化数据库的物理结构。

7.6 数据库实施、运行和维护

在完成物理结构设计之后,设计者对目标系统的结构、功能已经分析得较为清楚了,但这还只是停留在文档阶段。数据系统设计的根本目的,是为用户提供一个能够实际运行的系统,并保证该系统的稳定和高效。要做到这点,还有两项工作,这就是数据库的实施、运行和维护。

7.6.1 数据库的实施

数据库的实施主要是根据逻辑结构设计和物理结构设计的结果,在计算机系统上建立实际的数据库结构、导入初始数据并进行程序的调试。它相当于软件工程中的代码编写和程序调试的阶段。

1. 建立实际数据库结构

用具体的 DBMS 提供的数据定义语言(DDL),把数据库的逻辑结构设计和物理结构设计的结果转化为 SQL 语句,然后经 DBMS 编译处理和运行后,实际的数据库便建立起来了。目前的很多 DBMS 系统除了提供传统的命令行方式外,还提供了数据库结构的图形化定义方式,极大地提高了工作的效率。

具体地说,建立数据库结构应包括以下几个方面:

(1)数据库模式与子模式,以及数据库空间的描述;

(2)数据完整性的描述;

(3)数据安全性描述;

(4)数据库物理存储参数的描述。

此时的数据库系统就如同刚竣工的大楼,内部空空如也。要真正发挥它的作用,还必须装入各种实际的数据。

2. 装入数据与应用程序编码、调试

一般数据库系统中的数据量都很大,而且数据来源往往不同,所以数据的组织方式、结构和格式都与新设计的数据库系统有相当差距。因此,转入数据需要耗费大量的人力、物力,同时又简单乏味且意义重大。为了保证转入数据正确无误,必须高度重视数据的校验工作。

数据库应用程序的设计应该与数据库设计同时进行。因此,在组织数据入库的同时还要调试和应用程序。

3. 数据库的试运行

当有初始数据装入数据库以后，就可以进入数据库系统的试运行阶段，也称为联合调试。数据库的试运行对于系统设计的性能检测和评价是十分重要的，因为某些DBMS参数的最佳值只有在试运行中才能确定。

由于在数据库设计阶段，设计者对数据库的评价多是在简化了的环境条件下进行的，因此设计结果未必是最佳的。在试运行阶段，除了对应用程序做进一步的测试之外，重点执行对数据库的各种操作，实际测量系统的各种性能，检测是否达到设计要求。如果在数据库试运行时，所产生的实际结果不理想，则应重新修改物理结构，甚至修改逻辑结构。

7.6.2　数据库的运行和维护

数据库系统投入正式运行，意味着数据库的设计与开发阶段的基本结束，运行与维护阶段的开始。数据库的运行和维护是个长期的工作，是数据库设计工作的延续和提高。

在数据库运行阶段，完成对数据库的日常维护，数据库系统的工作人员需要掌握DBMS的存储、控制和数据恢复等基本操作，而且要经常性地涉及物理数据库，甚至逻辑数据库的再设计，因此数据库的维护工作仍然需要具有丰富经验的专业技术人员（主要是数据库管理员）来完成。

数据库的运行和维护阶段的主要工作有：

(1)对数据库性能的监测、分析和改善；

(2)数据库的转储和恢复；

(3)维持数据库的安全性和完整性；

(4)数据库的重组和重构。

本章小结

本章从“软件工程”的角度介绍了数据库设计的方法和步骤，详细介绍了数据库设计各个阶段的目标、方法。其中重点讨论了数据库设计中的前三个重要阶段：需求分析、概念结构设计和逻辑结构设计。这三个阶段是设计一个合理、高效并且满足用户需求的数据库应用系统逻辑模式的关键。

在本章的学习过程中，除了要掌握书中讨论的基本原理和方法外，还要主动地尝试在实际应用中运用这些思想解决具体问题，这样将实践和理论相结合，才能设计出符合应用需求的数据库应用系统。

习题7

7.1 数据库设计分为哪几个阶段？每个阶段的主要任务是什么？

7.2 数据流图由哪些基本符号组成？数据字典的内容和作用是什么？

7.3 什么是数据库的概念结构？概念结构设计的策略是什么？试述数据库概念结构设计的步骤。

7.4 什么是视图集成？视图集成的方法是什么？

7.5 什么是逻辑结构设计？试述数据库逻辑结构设计的步骤。

7.6 试述 E-R 模型转换成关系模型的转换规则，并举例说明。

7.7 试述数据库中对逻辑结构设计结果进行优化的方法。

7.8 试述数据库物理设计的内容和步骤。

7.9 数据库实施阶段主要任务？

7.10 设某商业集团数据库中有一个关系模式 R(商店编码，顾客编码，消费总额，顾客单位，地址，电话)，该模式的关系记载每个顾客在每个商店的累计消费总额。如果规定：每个顾客在每个商店只有一个消费总额；每个顾客只属于一个单位；每个顾客单位只有一个地址、一个电话。

请回答下列问题：

(1)根据上述规定，写出模式 R 的基本函数依赖 FD 和候选码。

(2)分析 R 是否为 2NF。

(3)分析 R 是否为 3NF，如果不是，请将 R 分解成 3NF。

7.11 假设某超市公司要设计一个数据库系统来管理该公司的业务信息。该超市公司的业务管理规则如下：

(1)该超市公司有若干仓库，若干连锁商店，供应若干商品。

(2)每个商店有一个经理和若干收银员，每个收银员只在一个商店工作。

(3)每个商店销售多种商品，每种商品可在不同的商店销售。

(4)每个商品编号只有一个商品名称，但是不同的商品编号可以有相同的商品名称。每种商品可以有多种销售价格。

(5)超市公司的业务员负责商品的进货。

请根据以上规则设计适当的 E-R 模型，再将其转换成相应的关系模式，并指出转换以后的各关系模式的范式等级和对应的主外码。

第 8 章　数据库编程

本章导读

由于标准 SQL 是非过程化的查询语言，具有操作统一、面向集合、功能丰富、使用简单的特点，把 SQL 嵌入到高级程序语言中，就可以实现了人机界面、业务逻辑控制与数据操作的完美结合，以提高应用系统与 DBMS 间的互操作性，这就是数据库应用系统的开发中常常使用编程方法对数据库的操纵。为了提高 SQL 的功能，Microsoft SQL Server 对 SQL 的过程化扩展 T-SQL 的存储过程和函数；同时本章还讲述了联接访问数据库的技术 ODBC、ADO 和 JDBC 的工作原理和工作流程。

学习目标

本章重点掌握 T-SQL 及其存储过程，ADO、JDBC 结构和编程。

8.1　T-SQL 语言基础

T-SQL 是 SQL Server 的核心组件，它是 Microsoft 对标准 SQL 的一种扩展。T-SQL 实现了对 SQL 语句高效集成和应用，利用 T-SQL 编写实用的数据库程序可以完成数据库的各种操作。在 T-SQL 编写的业务处理过程中，可以方便地使用与数据相关的标示符、常量、变量、函数和表达式，同时还可以使用流程控制语句和谓词。

在 T-SQL 中标示符、命令名称、控制关键字等书写不区分大小写。为了方便具体应用，在书写及使用常用的语法规则如下：

(1)“< >”(尖括号)中内容表示必选项，不可缺省。

(2)“[ ]”(方括号)中内容表示可选项，省略时系统取缺省值。

(3)“|”表示相邻前后项中只能选取一项。

(4)“…”表示其中内容为多项，可以重复书写，且各项之间必须用逗号分开。

(5)T-SQL 程序中所涉及的标点符号都应该是英文半角。

(6)T-SQL 注释分为多行注释和单行注释两种，多行注释以“/ * ”开始和“ * /”结束，单行注释也称为行注释，以两个减号(－－)开始的若干字符。

(7)较长的 T-SQL 语句可以通过“;”分成多行书写；但是不允许多条语句写在一行之中。

(8)在 T-SQL 中，通常关键字为大写，列名或表名为小写。

8.1.1 标示符

在 T-SQL 中标示符是指用于标识数据库对象、变量、函数等名称的字符串，例如，数据库对象中的服务器、数据库、数据表、视图等，有些对象的标识符是可选的，因为它们可以由 RDBMS 自动生成。

标示符的规则包括五项：

（1）标示符由字母、数字、下划线、@符号、# 和 $ 符号组成。

（2）标示符的首字母不能为数字或 $ 符号，这与 C、Java 语言不同。T-SQL 的标示符首字符必须为字母、下划线“_”、“@”或“#”开头。

（3）标示符不能使用 T-SQL 的保留字，如 CREATE、DROP 等命令名称。

（4）标示符内不允许有空格和特殊字符、例如?、*、%等。

（5）标示符长度不超过 128 字符。

8.1.2 常量和变量

1. 常量

常量是指在程序运行过程中值保持不变的量。常量是表示一个特殊数值的符号，也称为字面量、文字值或标量值。常量的格式取决于表达的数据类型。在 T-SQL 中，分为字符类型、整数类型、浮点数类型、日期时间类型、货币类型、二进制类型、图像类型和 Bit 类型 8 类。

1）字符串常量

字符串常量分为 ASCII 字符串常量和 Unicode 字符串常量，它们都是由字母、数字、下划线、特殊字符（空格、标点符号、@、#）组成的字符串，并以单引号（也可以使用双引号，这样容易与标示符混淆，通常不用）括起来。例如 ASCII 字符串常量：' Hello the World! '、' I'm a student '（字符串内包含了单引号，这样需要使用两个连续的单引号来表示嵌入的单引号）。Unicode 字符串常量与 ASCII 类似，但它前面有一个 N（National Language 的首字符），而且必须为大写字符，例如 N ' Hong Kong '、'澳门'、'広島'（日本语）。Unicode 中每个字符用两个字节存储，而 ASCII 字符用一个字节存储。

2）整型常量

按照整型常量的不同表示方式，又分为二进制整型常量、十六进制整型常量和十进制整型常量。二进制整型常量由 1 和 0 组成，不使用引号，例如 1110101，对应的整数十进制值为 117；如果使用一个大于 1 的数字则自动被转换为 1。十进制整型常量由 0～9 个数字和正负号组成，例如 2016、－273、＋24。十六进制整型常量需要前缀 0x 后跟 0～9A-E 等 16 个数码组成，例如 0x12FE、0x001BB97F34DF 以及十六进制的空值 0x。

3）浮点数常量

浮点数常量分为定点表示和浮点表示两种。定点表示由整数、小数点、小数三部分组成，可以带有正负号，例如 3.14、－116.68、＋120.24 等。浮点表示由尾数部分＋E＋指数部分等三部分组成，尾数和指数部分都可以带正负号，其中尾数可以为整数或小数，例如 1.26E5、0.5E-4、＋123E-4 等。

4）日期时间常数

用单引号将表示日期时间的字符串括起来构成的常数，可以是单独的日期或单独的时间字符串，但是必须符合英文的用法。

(1)数字日期格式，例如' 8/20/1974 '、' 8-20-1974 '、' 1974/08/20 '、' 1974-08-20 '。分隔符可以为斜杠符，也可以为连字号。

(2)没有分隔符的日期格式，例如' 19740820 '，采用年月日的顺序排列，其中月日都必须为两位数，不足用零补齐。

(3)12 小时时间格式，例如' 02:30:36 PM '、' 11:08 AM '、' 8 AM '，采用冒号分隔时分秒，空格之后是 AM 和 PM，AM 表示上午，PM 表示下午。其中时和 AM/PM 必不可少的，可以省略秒，也可以省略分和秒，省略部分的值为 0。

(4)24 小时时间格式，例如' 14:30:36 '、' 11:08 '、' 8:00 '，采用冒号分隔时分秒，仅仅可以省略秒，空串特殊情况表示零点零时零分。

日期时间格式，例如' 1974-08-20 8:32 AM '，由日期和时间两个部分组成。

5)货币常量

货币常量是以“ $ ”作为前缀的一个整型或定点浮点数的常量数据，例如 $ 12608.23、$ 12、- $ 12.54、+ $ 76.87，对于超过 4 位的整数部分不能使用逗号分隔符。

6)唯一标示常量

唯一标示常量是用于标识全局唯一标示符(Globally Unique Identification Numbers，GUID)，为 16 个字节的二进制数据，是 SQL Server 根据计算机网络适配器地址和主机时钟产生的唯一号码，常用于数字证书、注册表、类及接口标识、数据库、甚至自动生成的机器名、目录名等。可以使用十六进制数或者单引号括起来的十六进制串表示，例如' 4E124016-2C5B-4553-8D04-84648AB9D284 '是一个有效的 GUID，另外一种表示方法为 0xAAA3826BBFF7470D8D4C79E5F6AB037B 十六进制串。

2. 变量

变量是指在程序运行过程中其值可以发生变化的量，在 T-SQL 中变量分为局部变量和全局变量。

1)局部变量

局部变量是由用户定义的，其作用域局限在一定范围的 SQL 对象。例如定义在一个批处理、过程、函数、存储过程、触发器中的变量，他们仅仅在批处理、过程、函数、存储过程和触发器中使用的局部变量。

(1)局部变量的声明格式

DECLARE @变量名 1 [as] 数据类型 [= 值]，@变量名 2 [as] 数据类型 [= 值]，…

局部变量名称必须以@开头，[as]表示可以缺省。[= 常量值]也是可以缺省的，缺省值为 NULL，如果赋初值，初值数据类型必须与变量声明类型匹配的常量值或常量表达式值。

数据类型为 RDBMS 提供的数据类型、CLR 用户定义类型或别名数据类型。SQL Server 2014 提供的常用数据类型：①字符串类型 char、varchar、text、nnext；②整数类型 int、smallint、bigint；③浮点类型 decimal、float、real；④日期时间类型 date、time、datetime；⑤货币类型 money；⑥二进制类型 binary、varbinary；⑦图像数据类型 image。其中变量不能使用 text、ntext 或 image 数据类型。

(2)局部变量赋值和值显示

当局部变量声明或定义之后，可以使用 SET 和 SELECT 语句为其赋值，其格式如下：

SET 局部变量名 = 表达式

SELECT 局部变量名 1 = 表达式 1, 局部变量名 2 = 表达式 2, 局部变量名 3 = 表达式 3, …

SELECT 局部变量名 = 输出值 FROM 表名 WHERE 条件 (本章后面的语句)

赋值的表达式为任何有效的、数据类型匹配的 SQL Server 表达式。SET 只能给一个局部变量赋值,而 SELECT 可以同时为多个局部变量赋值。

在 SSMS 中调试 T-SQL 语句,通常需要打开一个指定的数据库,使用 master 数据库为当前数据库,并用 GO 语句进行指定。需要显示局部变量的值,使用 SELECT 语句,其格式如下:

SELECT 局部变量名 1, 局部变量名 2, …

【例 8.1】 创建两个局部变量,分别初始化字符串'中国'和整数值 960,然后输出变量值。

```
USE master                                    —设定当前数据库
GO
DECLARE @str varchar(8),@num as int           —声明局部变量
SET @str = '中国'                              —局部变量赋初值
SELECT @num = 960
SELECT @str,@num,'万平方公里'                  —显示局部变量的值
```

最后一行分别显示三个数据分别是字符串变量、整型变量和字符串常量,执行结果如下图:

	(无列名)	(无列名)	(无列名)
1	中国	960	万平方公里

2)全局变量

全局变量是由系统提供且预先声明赋初值,通过在名称前面加上两个"@"来区分局部变量,通常用于跟踪服务器范围和特定对话期间的信息,用户直接使用全局变量即可,不可以重新赋值。SQL Serve 2014 提供了 33 个全局变量,常用的有@@ERROR 表示的上一条 SQL 语句报告的错误号,@@ROWCOUNT 表示的上一条 SQL 语句处理的行数,@@CONNECTIONS 返回了上次启动 SQL Server 以来连接或试图连接的次数。

8.1.3　表达式

表达式是指由常量、变量、函数、关系属性等操作数通过运算符按规则要求连接而成的式子,其中运算符表示了操作数进行何种运算。在 SQL Server 中有数学表达式、字符串表达式、关系表达式和逻辑表达式 4 种,它们对操作数都有数据类型要求。

1. 数学表达式

数学表达式用于各种数值运算的表达式,运算对象的数据类型分为整型和浮点类型,能够进行加(+)、减(-)、乘(*)、除(/)和取余(%)5 种二元运算,还有一元运算取正数(+)和求相反数(-)。取余(%)运算的两个操作数都必须为整型。两个整数运算的结果数据类型是整数。如果两个操作数一个为浮点数,运算的结果数据类型为浮点数。

【例 8.2】 圆的直径为 7,通过整型和浮点型两个方式求半径,计算圆的面积,把半径和面积值分别输出。

```
USE master                                  —设定当前数据库
GO
DECLARE @i int=7,@f as float=7              —声明局部变量
SET @i=@i/2                                 —局部变量赋初值
SET @f=@f/2                                 —局部变量赋初值
SELECT @i,@f,7.0/2,3.14*@f*@f               —显示局部变量的值
```

执行结果如下图:

	(无列名)	(无列名)	(无列名)	(无列名)
1	3	3.5	3.500000	38.465

整型变量@i/2 值的结果为整型变量 3。在局部变量@f 赋初值时把 7 整数转变为浮点数进行赋值,所以@f/2 的值是浮点数 3.5。程序的最后一句的 7.0/2 表达式的值是浮点类型,所以值为 3.500000。

2.字符串表达式

字符串表达式常用于字符串运算和操作,运算符为“+”表示字符串的联接形成一个新的字符串。操作数的数据类型有 char、varchar、nvarchar、text 以及可以通过数据类型转换为 char 或 varchar 的数据类型也可以。

【例 8.3】 创建一个整型变量和一个字符串变量,通过“+”联接,输出联接的值。

```
USE master                                  —设定当前数据库
GO
DECLARE @i int=2014                         —声明局部变量
DECLARE @name varchar(30)
SET @name='SQL'+'Server'+Str(@i)            —局部变量赋初值
SELECT @name                                —显示局部变量的值
```

程序中 Str(@i)是一个把数值转换为对应字符串的函数,执行结果如下图:

	(无列名)
1	SQL Server 2014

3.关系表达式

关系表达式是对两个可比的操作进行比较,结果值为“真”和“假”的表达式。常用关系运算符有大于“>”、大于等于“>=”、小于“<”、小于等于“<=”、等于“=”、不等于“!=”或“<>”、不大于“!>”、不小于“!<”等。经常使用的操作数有整数、浮点数。

4.逻辑表达式

在 T-SQL 中逻辑值“真”和“假”,使用逻辑运算符联接运算表达式称为逻辑表达式。逻辑运算符通常联接的是关系表达式,用于表示复杂的条件。逻辑运算符 AND、OR 和 NOT 共 3 个;其中 AND 表示左右两个逻辑值都为“真”结果为“真”,其余都为“假”;OR 表示左右两个逻辑值都为“假”结果值为“假”,其余的“真”;NOT 是单目运算符,对其后的操作数求反值。

逻辑运算符还有“ALL”、“ANY”、“BETWEEN”、“IN”、“LIKE”、“SOME”、“EXISTS”，应用在 SQL 的 SELECT 的 WHERE 子句中，也称为谓词。

5.运算符的优先级

一个 T-SQL 表达式中可能含有很多运算符，如何确定运算顺序，依赖于运算符的优先级。“( )”虽然不是运算符，但是括号优先级最高。在 T-SQL 中运算符的优先级分为八级，从高到低优先级如下：①“～”按位取反；②算术运算符“ * ”乘、“/”除、“%”取模；③算术运算符“ + ”加、“ - ”减，符号运算符“ + ”正、“ - ”负、“&”按位与、“^”按位异或、“|”按位或、字符串运算符“ + ”连接；④关系运算符；⑤逻辑运算符 NOT；⑥逻辑运算符 AND；⑦逻辑运算符“OR”，谓词“ALL”、“ANY”、“BETWEEN”、“IN”、“LIKE”、“SOME”；⑧赋值运算符“ = ”。

具有相同优先级的算术表达式中运算符按照由左向右的顺序进行。运算符对操作数的数据类型都有要求，不同的数据类型要求能够可以隐式转换；如果不能自动转换的需要使用 CAST、CONVERT、STR 等函数进行手动转换才能进行表达式运算，否则表达式为“非法”表达式，不能通过编译。

8.1.4 流程控制语句

在程序设计时，常常需要利用各种流程控制语句，改变计算机的执行流程以满足程序设计需要。在 T-SQL 中提供分支语句、循环语句和复合语句等流程控制语句。

1.复合语句

当要执行多条语句时，可以使用 BEGIN...END 将这些语句定义成一个复合语句，作为一条语句来使用；复合语句内的语句也可以是复合语句，即 BEGIN...END 可以嵌套，语法格式如下：

```
BEGIN                                  —标识复合语句的开始
    { SQL 语句 | 语句块 }
END                                    —标识 BEGIN 开始的复合语句结束
```

2.条件语句

根据给定的条件“真”和“假”，执行不同的分支，单分支语法格式如下：

```
IF 条件表达式
    { SQL 语句 | 语句块 }
```

双分支语句，带有 ELSE 关键字，语法格式如下：

```
IF 条件表达式
    { SQL 语句 | 语句块 }
ELSE
    { SQL 语句 | 语句块 }
```

条件语句还可以嵌套使用，形成多个条件分支。

3.多重分支语句

CASE 语句可以根据条件进行多重分支控制，其格式分为两种。第一种语法格式如下：

```
IF 输入表达式
    WHEN 表达式 1   THEN 结果表达式 1
    WHEN 表达式 2   THEN 结果表达式 2
    ......
    WHEN 表达式 n   THEN 结果表达式 n
    [ELSE 结果表达式 n+1]
END
```

其中输入表达式是要判断的值或表达式，接下来是一系列的 WHEN-THEN 块，每个 WHEN 的表达式等于输入表达式的值，则执行相应的结果表达式或对应的 SQL 语句。如果前面所有的 WHEN 表达式都与输入表达式不匹配，则执行 ELSE 指定的结果表达式计算。

第二种 CASE 语句格式如下：

```
IF
    WHEN 布尔表达式 1   THEN 结果表达式 1
    WHEN 布尔表达式 2   THEN 结果表达式 2
    ......
    WHEN 布尔表达式 n   THEN 结果表达式 n
    [ELSE 结果表达式]
END
```

其中 CASE 后面没有表达式，每个 WHEN-THEN 指定了一个布尔表达式，当表达式的结果为真则执行相应的语句，这种方式是 IF...ELSE 语句的复合使用，比 IF...ELSE 使用起来更加方便。

4. 无条件转移语句

"GOTO 标号"是无条件转移到标号指定的位置，此时需要预先定义"标号:SQL 语句"。无条件转移语句虽然使用很灵活，但会破坏程序的良好结构，一般很少使用。

5. 循环语句

如果需要重复执行程序的一部分语句，则可以使用 WHILE 循环语句实现，其格式如下：

```
WHILE 条件表达式
    {  SQL 语句 | 语句块 }
```

当条件为真时，执行循环体的 SQL 语句，然后再进行条件表达式的判断，直到条件为假时退出循环，为了能够退出循环，一般在循环体内部都有更改条件表达式变量的语句。

也可以在循环体内执行一条 BREAK 语句，跳出当前循环。如果程序中有多层循环，则 BREAK 仅跳出使用 BREAK 所在的这一层循环。

如果在循环体中，执行了某个内容，不想再继续执行循环体下面的部分，可以执行一条 CONTINUE 语句，结束本层循环，直接到条件判断。

6. 返回语句

当需要从存储过程、批处理或复合语句中无条件退出，可以执行 RETURN 语句，这样其后面的所有 SQL 语句都不执行，其语法格式如下：

RETURN [整数表达式]

如果不提供整数表达式,则退出程序返回一个 NULL 空值。一般通过 RETURN 返回的整数值来反映程序执行的情况,一般 0 表示成功,其他数值表示失败原因编码。切记存储过程不返回 NULL 空值。

7. 等待语句

等待语句指定触发语句块、存储过程或事务执行的时刻或需等待的时间间隔,语法格式如下:

WAITFOR DELAY '等待时间间隔' | TIME '执行时间'

等待时间间隔为时间部分,不允许有日期部分,最长等待 24 小时;执行时间指的是哪个时间开始后续的 SQL 语句。

8. 错误处理语句

在 SQL Server 中可以使用 TRY...CATCH 语句进行错误处理,其语法格式如下:

```
BEGIN TRY
    { SQL 语句 1 | 语句块 1 }
END TRY
BEGIN CATCH
    { SQL 语句 2 | 语句块 2 }
END CATCH
```

TRY...CATCH 语句是针对 TRY 块中 SQL 语句执行中发送的错误进行控制,转移到 CATCH 块中的 SQL 语句进行错误处理,例如事务的滚回、数据库的连接等,这样可以使程序的健壮性得到提高,对大量实际应用的 SQL 语句的进行分析,有 30%~40%的语句用于错误处理。

8.1.5 函数

函数是指完成某种特定功能的程序。函数的处理结果为返回值,处理过程为函数体。SQL Server 提供了丰富的内置函数,方便用户实现各种操作和运算,如表 8-1 所示;还可以让用户自己定义函数,因为用户自己定义函数是作为 SQL Server 对象创建和管理的。

表 8-1 常用内置函数种类和功能

函数种类	主要功能
聚合函数	将多个值按照规则计算出一个值,例如求最大值和最小值
配置函数	返回当前配置选项的信息
加密函数	加密、解密、数字签名和数字签名验证
游标函数	返回有关游标状态的信息
日期时间函数	执行与时间、日期有关系的函数
数学函数	执行指数、三角函数、平方、平方根的数学计算

续表 8-1

函数种类	主要功能
元数据函数	返回数据库和数据库对象的属性信息
排名函数	返回一组数据的排名值
行集函数	返回一个可用于代替 SQL 语句中表引用的对象
安全函数	返回有关用户和角色的信息
字符串函数	对字符串进行求子串、替换、连接等操作
系统函数	对系统级的各种选项和对象进行操作或报告
系统统计函数	返回有关 SQL Server 系统性能统计的信息
文本和图像函数	用于执行更改 text 和 image 值的操作

【例 8.4】 数学函数的简单应用。

```
USE master                                 —设定当前数据库
GO
DECLARE @i int=6                           —声明局部变量
DECLARE @f float=3.1415926
SELECT @i,'EXP',EXP(@i)                    —求以 e 为底的指数值
SELECT @i,'SQRT',SQRT(@i)                  —求平方根
SELECT @f,'CEILING',CEILING(@f)            —求天花板值,即大于或等于表达
                                            式值的最小整数
SELECT @f,'ROUND',ROUND(@f, 3)             —求小数点后 3 位进行四舍五入
```

执行结果如下图：

	(无列名)	(无列名)	(无列名)
1	6	EXP	403.428793492735

	(无列名)	(无列名)	(无列名)
1	6	SQRT	2.44948974278318

	(无列名)	(无列名)	(无列名)
1	3.1415926	CEILING	4

	(无列名)	(无列名)	(无列名)
1	3.1415926	ROUND	3.142

【例 8.5】 字符串函数的简单应用。

```
USE master                                         —设定当前数据库
GO
DECLARE @s char(16)='Hello the world'              —声明局部变量
SELECT 'A','ASCII',ASCII('A')                      —求字符的 ASCII 值
SELECT '98','CHAR',CHAR(98)                        —按 ASCII 值求字符
SELECT @s,'LOWER',LOWER(@s)                        —把字符串转换为小写
SELECT @s,'LEFT',LEFT(@s, 5)                       —求字符串左边起始的子串
```

```
SELECT @s,'SUBSTRING',SUBSTRING(@s,11,5)    —求指定位置起始的子串
```

执行结果如下图：

	(无列名)	(无列名)	(无列名)
1	A	ASCII	65

	(无列名)	(无列名)	(无列名)
1	98	CHAR	b

	(无列名)	(无列名)	(无列名)
1	Hello the world	LOWER	hello the world

	(无列名)	(无列名)	(无列名)
1	Hello the world	LEFT	Hello

	(无列名)	(无列名)	(无列名)
1	Hello the world	SUBSTRING	world

【例 8.6】 日期时间函数的简单应用。

SQL Server 2014 提供了 9 个日期时间处理函数，其中一些需要指定一些时间和日期的标记常数，例如 yy 或 yyyy 表示年、qq 或 q 表示季度、mm 或 m 表示月份、wk 或 ww 表示星期、dw 或 w 表示周日期(1～7)、dy 或 y 表示年日期(1～366)、dd 或 d 表示日、hh 表示时、mi 或 n 表示分、ss 或 s 表示秒、ms 表示毫秒。

```
USE master                                              —设定当前数据库
GO
DECLARE @birthday date='1980-9-6'                       —声明局部变量
SELECT @birthday, DATENAME(dw,@birthday)                —显示出生日期的星期
SELECT @birthday,DATEDIFF(yy,@birthday,GETDATE())       —显示年龄
```

执行结果如下图：

	(无列名)	(无列名)
1	1980-09-06	星期六

	(无列名)	(无列名)
1	1980-09-06	36

8.1.6 用户自定义函数

用户在进行编程时常常需要将多个 T-SQL 语句组成子程序，以便反复调用，这可以通过自定义函数实现，根据函数的返回值，用户自定义函数可以分为两类：

(1)标量函数：返回值为标量的函数；

(2)表值函数：返回值为表的函数，通常为 SELECT 语句的执行结果，根据函数主体的定义方式，又分为内联表值函数和多语句表值函数。

用户自定义函数不支持输出参数，不能修改全局数据库状态。

创建用户自定义函数命令为 CREATE FUNCTION，修改用户自定义函数命令为 ALTER FUNCTION，删除用户自定义函数命令为 DROP FUNCTION。

1. 自定义标量函数

标量函数包括返回值、参数列表、函数体，其语法形式一般为：

```
CREATE FUNCTION 函数名(@参数1 数据类型,@参数2 数据类型,…)
RETURNS 返回值类型
AS
BEGIN
    函数体
    RETURN 标量表达式
END
```

注意 T-SQL 的自定义函数与 C、Java 区别比较大。参数可以设定缺省值，即在形参定义处“@参数 数据类型 = 缺省值”。在函数体中使用参数一定要有@前缀符，也可以在函数体中定义临时变量，即“DECLEAR @变量名 数据类型”的格式。

【例 8.7】 编写去除字符串中连续的分割符的自定义函数 m_delrepeatsplit，参数有两个：预处理的字符串和分隔符，返回值为去掉分隔符合并而成的字符串。为了使一个连续的分隔符变为一个，设置一个临时变量@isSplitCharBegin，当遍历字符串时，取到第一个分隔符时设置为 1，取到一个非分隔符设置为 0，从而可以判断哪些分隔符为连续的，以便去掉。

```
CREATE FUNCTION m_delrepeatsplit(@str varchar(2000),@split nvarchar(200))
RETURNS nvarchar(2000)
AS
BEGIN
        declare @count int,@i int,@isSplitCharBegin int
        declare @newchar nvarchar(1),@nn nvarchar(2000)

        set @count = len(@str);
        set @i = 1;
        set @isSplitCharBegin = 0;
        set @nn = '';

        while @i<@count + 1
        BEGIN
            set @newchar = substring(@str,@i,1)
            if(@isSplitCharBegin = 0)
            BEGIN
                set @nn = @nn + @newchar;
                if(@newchar = @split)
                    set @isSplitCharBegin = 1;
            END
            else
            BEGIN
                if(@newchar != @split)
```

```
                BEGIN
                    set @nn = @nn + @newchar;
                    set @isSplitCharBegin = 0;
                END
            END
            set @i = @i + 1;
        END
    RETURN  @nn
END
```

自定义函数的标量函数调用方式有两种 SELECT 语句和 EXECUTE(EXEC),其中 EXECUTE 调用时如果采用“形参名 = 实参”的形式,实参序列和形参序列可以不同。例如手机号码'138-----4385--6277',需要去掉多余的分隔符变为'138-4385-6277',可以用 SELECT 语句调用 m_delrepeatsplit 函数完成:

```
declare @str nvarchar(200)
set @str = '138-----4385--6277';
declare @split nvarchar(200)
set @split = '-';
select dbo.m_delrepeatsplit(@str,@split) as newchar
```

2.内联值表函数

若表值函数包含单个 SELECT 语句,而且语句可更新,则函数返回值的表也可以更新,该函数称为内联表值函数。语法形式一般为:

```
CREATE FUNCTION 函数名(@参数 1 数据类型,@参数 2 数据类型,…)
RETURNS TABLE
AS
RETURN(SELECT 语句)
```

函数的返回值为 TABLE 数据类型,它没有函数体,仅仅通过关键字 RETURN 返回一条 SELECT 语句的表,形参的定义和标量函数相同。

【例 8.8】 数据库 Student 的学院系部信息表 Department 查询某个学院的各个系部和学生人数信息,定义内联函数 majorInfo,参数为学院名称:

```
CREATE FUNCTION majorInfo (@schName nvarchar(24))
RETURNS TABLE
AS
RETURN
(
    SELECT MajorName,StudentNum
    FROM Department
    WHERE SchName = @schName
)
```

定义了内联函数后，majorInfo 可以作为关系表一样使用，例如查询“计算机科学与技术学院”的系部和学生信息的 T-SQL 语句：

```
SELECT * FROM majorInfo ('计算机科学与技术学院')
```

更新 majorInfo 代表的表，则要满足更新的规则，可以功能更强的参数化视图，例如“计算机科学与技术学院”的“计算机系”的学生人数为 244 人的 T-SQL 语句：

```
UPDATE majorInfo ('计算机科学与技术学院')
SET StudentNum = 244
WHERE MajorName = '计算机系'
```

3. 多语句表值函数

若表值函数包含多个 SELECT 语句，则函数返回值的表不可以更新，该函数称为多语句表值函数。

```
CREATE FUNCTION 函数名(@参数 1 数据类型,@参数 2 数据类型,…)
RETURNS @返回变量 TABLE(表类型定义)
AS
BEGIN
    函数体
    RETURN
END
```

多语句表值函数定义的关键字 RETURNS 之处定义一个 TABLE 数据类型的表，在函数体中多个 SELECT 语句生成的行可以插入到表中，最后通过 RETURN 关键字返回，注意没有表达式。TABLE 之后圆括号的表的类型定义和 T-SQL 中 CREATE TABLE 的表的定义相同，这个表是一个只读的表，不能修改。

【例 8.9】 采用多语句表值 majorInfo 函数实现内联表值 majorInfo 函数的功能：

```
CREATE FUNCTION majorInfo1 (@schName nvarchar(24))
RETURNS @SchTable TABLE
(
    编号 nchar(3) NOT NULL,
    系名 nchar(20) NULL,
    学生人数 int NULL
)
AS
BEGIN
    INSERT @SchTable
        SELECT DeptNo, MajorName, StudentNum
        FROM Department
        WHERE SchName = @schName
    RETURN
END
```

8.2 存储过程

存储过程可以理解为数据库的子程序，在客户端和服务器端可以直接调用。存储过程可以输入参数、调用"数据定义语言 DDL"和"数据操作语言 DML"语句完成特定功能的 SQL 集，返回参数。存储过程存储在数据库中，经过第一次编译后再次调用不需要再次编译，即第一次执行后就驻留在服务器端的高速缓冲器，以后再调用存储过程只需从高速缓冲器中调用已编译好的二进制代码执行，从而可以提高执行速度。

8.2.1 存储过程的类型

在数据库中存储过程一般分为 3 种：系统存储过程、扩展存储过程和用户存储过程。

1. 系统存储过程

由数据库提供的存储过程就是系统存储过程，可以作为命令执行。在 SQL Server 中，系统存储过程定义在系统数据库 master 中，其前缀是 sp_，例如 sp_columns 是返回当前环境中可查询的指定表或视图的列信息，sp_table_privileges 是返回指定的一个或多个表的表权限（如 INSERT、DELETE、UPDATE、SELECT、REFERENCES）的列表。系统存储过程允许系统管理员执行修改系统表的数据库管理任务，可以在任何一个数据库中执行。

2. 扩展存储过程

扩展存储过程是指在 SQL Server 环境之外，使用编程语言（例如 C++）创建的外部例程形成的动态链接库（DLL）。使用时，先将 DLL 加载到 SQL Server 系统中，并且按照使用系统存储的方法执行。扩展存储过程在 SQL Server 实例地址空间中运行。但因为扩展存储过程不易开发，而且可能会引起数据库安全问题，不推荐使用该种存储过程。

3. 用户存储过程

在 SQL Server 中，用户存储过程可以使用 T-SQL 语言编写，也可以使用 CLR 方式编写，即 Microsoft. NET Framework 公共语言运行库（CLR）方法的引用。

8.2.2 存储过程的创建

存储过程只能定义在当前数据库中，拥有 CREATE ROUTINE 权限，使用 T-SQL 命令或"对象资源管理器"创建，其格式为：

```
CREATE PROCEDURE 过程名 [ {@参数[数据类型] [VARYING] [ = DEFAULT]
[OUT|OUTPUT] [READONLY] ]
AS
BEGIN
  T-SQL 语句序列
END
```

存储过程分为有参数和无参数两种，参数定义较为复杂，定义多个参数时用逗号分开。参数名标示符之前必须有@符号，表示一个形参定义的开始。VARYING 指定作为输出参数支持的结果集，该参数由存储过程动态构造，其内容可能发生改变，仅适用于 cursor 参数。

DEFAULT 指定存储过程输入参数的缺省值，即常量或 NULL，执行存储过程时不提供实参就用缺省参数。OUT 和 OUTPUT 意义相同，都指示为输出参数，从存储过程返回信息，如果参数定义为 cursor 数据类型，必须指定为输出参数。存储过程的 T-SQL 语句在 BEGIN 与 END 之间，如果只有一条语句，可以省略 BEGIN 和 END 关键字。

【例 8.10】 创建一个无参数的存储过程 dep_info，返回的 Student 数据库 department 表的院系编号为 06 的院系信息：

```
CREATE PROCEDURE dep_info
AS
    SELECT  *  FROM  department
    WHERE deptNo='06'
```

【例 8.11】 创建一个有参数的存储过程 dep_info1，返回 Student 数据库 department 表的指定院系编号的院系名字。输入参数为@deptno 代表院系编码，输出参数为@schname 和 @majorname 分别代表查询到的学院名称和系部名称：

```
CREATE PROCEDURE dep_info1
    @deptno char(3),
    @schname char(24) OUTPUT,
    @majorname char(20) OUTPUT
AS
    SELECT @schname=schName,@majorname=majorName  FROM  department
    WHERE deptNo=@deptno
```

【例 8.12】 创建一个有游标参数的存储过程 dep_info2，返回 Student 数据库 department 表的指定学生人数超过某值的院系信息。输入参数为@deptno 代表院系编码，输出参数为游标：

```
CREATE PROCEDURE dep_info2
    @studnum int,
    @studCursor cursor VARYING OUTPUT
AS
    SET @studCursor= CURSOR FORWARD_ONLY STATIC FOR
        SELECT schName, majorName
        FROM  department
        WHERE StudentNum >=@studnum
    OPEN @studCursor
```

8.2.3 存储过程的执行

在 T-SQL 的命令执行行中，可以通过 Exec 或 Execute 的 T-SQL 命令来执行一个已经定义的存储过程，其格式为：

Exec|Execute [@返回状态] =存储过程名称　参数列表

当一个存储过程执行后,是否执行成功?可以根据保存在局部变量的整数值进行判断,返回状态也可以不保存,它是一个可选项,但是在使用之前必须对整数值进行声明。

如果存储过程有多个实参则需要用逗号分开。如果参数列表采用"@参数=值",则要求第一个"@参数=值"之后都采用相同的形式。如果不采用"@参数=值"形式,则实参的顺序必须与定义时参数的顺序相同,否则结果错误。对于每个输入实参可以选择值或@变量 DEFAULT,这样清晰易辨认。对于每个输入参数,需要预先定义一个变量返回结果,并用 OUTPUT 关键字进行说明,类似于 C++ 的引用说明一样,这个是必须的。

(1)执行存储过程 dep_info 的语句为:

```
EXECUTE dep_info
```

(2)执行存储过程 dep_info1,首先要定义局部变量,其语句序列为:

```
declare @deptno1 char(3)
declare @schname1 char(24)
declare @majorname1 char(20)
set @deptno1 ='06'
exec dep_info1 @deptno1, @majorname = @majorname1 out, @schname = @schname1 out
select @schname1,@majorname1
```

(3)执行存储过程 dep_info2,首先要定义游标,执行存储过程查询学生人数超过 120 的院系,通过游标传递并显示游标内容:

```
declare @myCursor cursor
exec dep_info2 120,@myCursor output
fetch next from @myCursor
while (@@Fetch_Status =0)
begin
        fetch next from @myCursor
end
close @myCursor
deallocate @myCursor
```

8.2.4 存储过程的修改和删除

如果有相应的权限,通过 T-SQL 执行可以非常方便地进行存储过程的修改与删除。

1.存储过程的修改

其格式为:

ALTER PROC|PROCEDURE 过程名 [{@参数[数据类型][VARYING][=DEFAULT][OUT|OUTPUT][READONLY]]

```
AS
BEGIN
  T-SQL 语句序列
END
```

参数含义与存储过程创建类似。

2. 存储过程的删除

其格式为：

DROP PROC|PROCEDURE 存储过程列表

当不再使用一个存储过程时，就要把它从数据库中删除，使用 DROP PROC|PROCEDURE 命令可以永久地删除存储过程。删除时一定要注意，该存储过程没有被其他的存储过程或 SQL 语句使用，否则会使应用系统不可用。可以同时删除多个存储过程，它们之间通过逗号分隔开。

也可以通过 SQL Server 2014 的“对象资源管理器”以窗口界面的方式进行存储过程的创建、执行、修改和删除。该方式操作简单、界面友好。

8.3 ODBC 和 ADO 编程

8.3.1 ODBC

目前广泛使用的关系数据库系统有多种，无论是桌面关系数据库还是企业关系数据库都可以采用 SQL 语句访问。但是不同的关系数据库之间存在不小的差异，在某个关系数据库管理系统下编写的应用程序并不能访问另外一个关系数据库的表，适应性和可移植性比较差。一个企事业单位中因为各种原因，在不同的部门存在很多种不同的关系数据库管理系统，如何实现各个部门的数据资源共享，这就需要可以访问不同数据库，使数据库系统开放，实现数据库的互连，为此 1992 年 Microsoft 和 Sybase、Digital 共同制定了 ODBC 标准接口，以单一的 ODBC API（Application Programming Interface）来存取各种不同的数据库，完成应用程序和数据库系统之间的中间件功能。它是 Microsoft 开放服务结构（WOSA，Windows Open Services Architecture）中有关数据库的一个组成部分，它建立了一组规范，并提供了一组对数据库访问的标准 API。这些 API 利用 SQL 来完成其大部分任务，ODBC 本身也提供了对 SQL 语言的支持，用户可以直接将 SQL 语句送给 ODBC。开放数据库互连定义了访问数据库 API 的一个规范，这些 API 独立于不同厂商的 DBMS，也独立于具体的编程语言。ODBC 便获得了许多数据库厂商和第三方软件开发商的支持而逐渐成为标准的数据存取技术。

1. ODBC 工作原理

应用 ODBC 开发应用程序分为 3 层，如图 8-1 所示。第一层为应用层，由用户应用程序和数据源名组成；第二层为 ODBC 层，向应用层提供了 API 接口，提供操纵数据库的服务，通过不同的驱动程序直接操作数据源文件,完成服务操作;第三层为数据层,即不同数据库系统的文件。

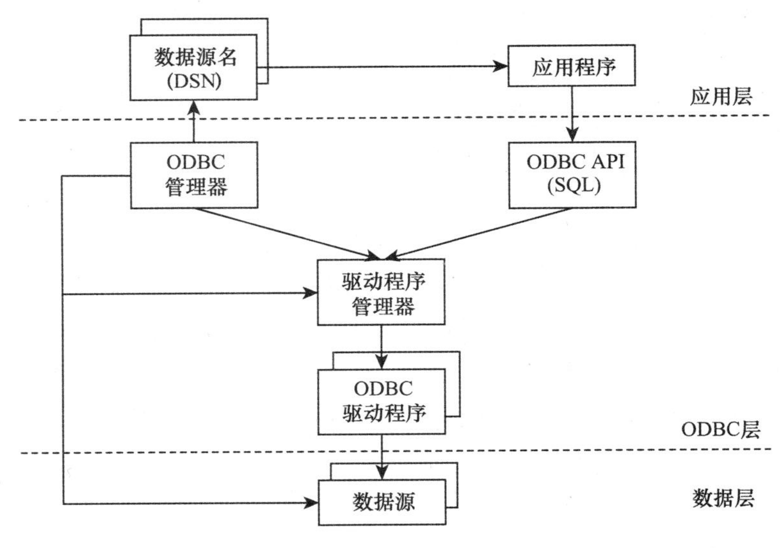

图 8-1 ODBC 的体系结构

驱动程序管理器用来管理各种驱动程序,比如 SQL Server、Aceess、Oracle、dBase、DB2、MySQL 等不同数据库,它主要管理用户通过 ODBC API 与驱动程序之间的通信,具体功能包括连接和选择正确的驱动程序、检查 ODBC 调用的合法性、记录 ODBC 函数的调用。

应用程序的数据库操作请求是由某个关系数据库的 ODBC 驱动程序来完成,即通过调用驱动程序所支持的函数来存取相应的数据源,再把数据操作结果返回给应用程序。如果一个应用程序中要操作不同种类的数据库,只要使用动态地链接到不同驱动程序上即可,这也是 ODBC 提供应用系统与数据库平台的独立性的基础。

ODBC 管理器主要任务是管理安装的 ODBC 驱动程序和管理数据源。应用程序要访问一个数据库,必须用 ODBC 管理器注册一个数据源,只要应用程序将数据源名(Data Source Name,DSN)提供给 ODBC,管理器根据数据源提供的数据库位置、数据库类型及 ODBC 驱动程序等信息,建立起 ODBC 与具体数据库的相应连接。DSN 通过 ODBC 管理映射到驱动程序管理器、驱动程序等底层软件。在连接中,用数据源名来代表用户、服务器名、所连接的数据库名等。最终用户无需知道数据库管理系统或其他数据管理软件、网络以及有关 ODBC 驱动程序细节,数据源对最终用户是透明的。

ODBC3.0 标准提供 76 个函数接口,分为六类:①分配和释放环境句柄、连接句柄、语句句柄;②连接函数;③与信息相关的函数;④事务处理函数;⑤执行 SQL 相关的函数;⑥编码函数,获取数据字典的访问。

2. ODBC 的工作流程

ODBC 应用程序的最终目的是通过 ODBC API 函数执行 SQL 语句,完成各种数据库操作。ODBC 对数据库的访问通过句柄来实现,常用的三个基本的句柄是:环境句柄、连接句柄、语句句柄。环境句柄用于建立应用程序与 ODBC 系统之间的联系,一个应用程序只有一个环境句柄。连接句柄用于把 ODBC 与数据源建立联系，一个数据源一个连接句柄，所以一个应用程序可以有多个连接句柄。语句句柄用来与 SQL 语句操作建立联系，以便执行 SQL 语句，ODBC 应用程序中，任何一个处理 SQL 语句的 ODBC 函数都需要一个语句句柄作参数。其实句柄是 32 位整数值，代表一个指针指向不同的数据结构。

使用 ODBC 的应用程序大致分为 7 步进行，如图 8-2 所示。

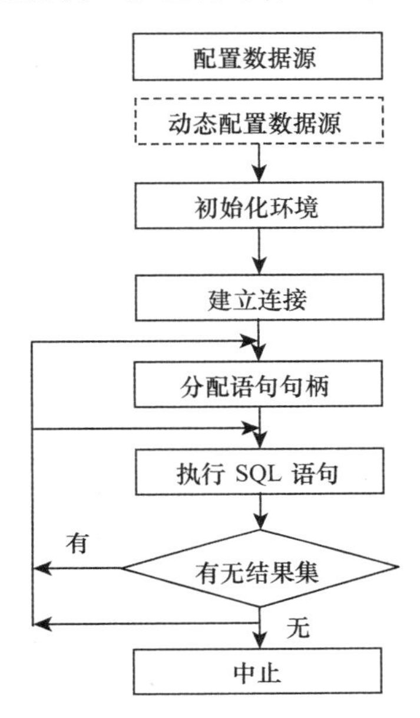

图 8-2　ODBC 的工作流程

【例 8.13】　采用 Visual C++ 6.0 通过 ODBC 访问 SQL Server 2014 的 Stud 数据库 department 表进行查询操作。为此需要在 Window 操作系统的控制面板->数据源（ODBC）中创建系统 DSN，名字为 DepartDSN，用户名为 sa，密码为 159263。本例为按照学生人数从多到少的顺序显示各个院系的详细信息。

```
#include <stdio.h>
#include <string.h>
#include <windows.h>
#include <sql.h>
#include <sqlext.h>
#include <sqltypes.h>
#include <odbcss.h>
int main()
{   /* 定义句柄和变量 */
    SQLHENV henv = SQL_NULL_HENV;              /* 环境句柄 */
    SQLHDBC hdbc1 = SQL_NULL_HDBC;             /* 连接句柄 */
    SQLHSTMT hstmt1 = SQL_NULL_HSTMT;          /* 语句句柄 */
    SQLRETURN retcode;                         /* 执行 ODBC 函数返回值 */
```

```
/ * 按照学生人数从高到低排列 * /
SQLCHAR sql[] = "SELECT  *  FROM Department ORDER BY StudentNum DE-
SC";
SQLCHAR departNo[4], schName[25], majorName[21];
SQLINTEGER studentNum;
SQLINTEGER lenDepartNo = 0, lenSchName = 0, lenMajorName = 0, lenStudent-
Num = 0;
//1.环境句柄
retcode = SQLAllocHandle(SQL_HANDLE_ENV,NULL,&henv);
retcode = SQLSetEnvAttr(henv,SQL_ATTR_ODBC_VERSION,(SQLPOINTER)
SQL_OV_ODBC3,SQL_IS_INTEGER);
//2.连接句柄
retcode = SQLAllocHandle(SQL_HANDLE_DBC,henv, &hdbc1);
retcode = SQLConnect(hdbc1,(SQLCHAR *)"DepartDSN",SQL_NTS,(SQL-
CHAR *)"sa",SQL_NTS,(SQLCHAR *)"159263",SQL_NTS);
//判断连接是否成功
if (! (retcode = = SQL_SUCCESS || retcode = = SQL_SUCCESS_WITH_INFO)
)
{     printf("连接失败! \\n");
      return 1;
}
//3.初始化语句句柄
retcode = SQLAllocHandle(SQL_HANDLE_STMT,hdbc1,&hstmt1);
//4.直接执行 SQL 语句
retcode = SQLExecDirect(hstmt1,sql,SQL_NTS);//直接执行 SQL 语句
//判断执行 SQL 语句是否成功
if (retcode = = SQL_SUCCESS || retcode = = SQL_SUCCESS_WITH_INFO)
{   //5.遍历结果集
    printf("院系编号\\t 学院名称\\t   系部名称\\t    学生人数\\n");
    while(SQLFetch(hstmt1)! = SQL_NO_DATA)
    {   //把一行数据分别赋值给相应的变量,注意数据的宽度和数据类型的兼容
        SQLGetData(hstmt1,1,SQL_C_CHAR,departNo,4,&lenDepartNo);
        SQLGetData(hstmt1,2,SQL_C_CHAR,schName,25,&lenSchName);
        SQLGetData(hstmt1,3,SQL_C_CHAR,majorName,21,&lenMajorName);
        SQLGetData(hstmt1,4,SQL_C_LONG,&studentNum,0,&lenStudentNum);
        printf("%s\\t%s\\t%s\\t%d\\n", departNo, schName, majorName,
        studentNum);
    }
}
```

```
    /* 释放句柄,关闭数据库链接 */
    SQLFreeHandle(SQL_HANDLE_STMT,hstmt1);//释放语句句柄
    SQLDisconnect(hdbc1);           //断开与数据库的连接
    SQLFreeHandle(SQL_HANDLE_DBC,hdbc1);//释放连接句柄
    SQLFreeHandle(SQL_HANDLE_ENV,henv);//释放环境句柄
    return 0;
}
```

虽然 ODBC 在初期的版本中执行效率不佳,而且功能有限。但是,随着 Microsoft 不断地改善 ODBC,使 ODBC 的执行效率不断增加,ODBC 驱动程序的功能也日渐齐全。到目前,ODBC 已经是一个稳定并且执行效率良好的数据存取引擎。不过 ODBC 仅支持关系数据库,以及传统的数据库数据类型,并且只以 C/C++ 语言 API 形式提供服务,在 Window 操作系统中就是一些动态链接库文件,因而无法符合日渐复杂的数据存取应用,也无法让脚本语言使用。ODBC 是面向过程的语言,由 C 语言开发出来,不能兼容多种语言,所以开发的难度大,而且只支持有限的数据库公司,对于后来的 Excel 等根本不能支持。因此 Microsoft 除了 ODBC 之外,也推出了 OLE DB 和 ADO 等其他的数据存取技术以满足程序员不同的需要。

8.3.2　OLE DB

随着数据源日益复杂化,现今的应用程序很可能需要从不同的数据源取得数据,加以处理,再把处理过的数据输出到另外一个数据源中。更麻烦的是这些数据源可能不是传统的关系数据库,而可能是 Excel 文件、Email、Internet/Intranet 上的电子签名信息。Microsoft 为了让应用程序能够以统一的方式存取各种不同的数据源,在 1997 年提出了 Universal Data Access(UDA)架构。UDA 以组件对象模型(Component Object Model,COM)技术为核心,协助程序员存取企业中各类不同的数据源。UDA 以 OLE-DB(属于操作系统层次的软件)做为技术的骨架。OLE-DB 定义了统一的 COM 接口做为存取各类异质数据源的标准,并且封装在一组 COM 对象之中。藉由 OLE-DB,程序员就可以使用一致的方式来存取各种数据。但仍然 OLE DB 是一个低层次的,利用效率不高。

OLE DB 不仅包括微软资助的标准数据接口开放数据库连通性(ODBC)的结构化查询语言(SQL)能力,还具有面向其他非 SQL 数据类型的通路,所以说符合 ODBC 标准的数据源是符合 OLE DB 标准的数据存储的子集。作为微软的组件对象模型(COM)的一种设计,OLE DB 是一组读写数据的方法(在过去可能被称为渠道)。OLD DB 中的对象主要包括数据源对象、阶段对象、命令对象和行组对象。使用 OLE DB 的应用程序会用到如下的请求序列:初始化 OLE 连接到数据源、发出命令、处理结果、释放数据源对象并停止初始化的 OLE。OLE 不仅是桌面应用程序集成,而且还定义和实现了一种允许应用程序作为软件"对象"(数据集合和操作数据的函数)彼此进行"连接"的机制,这种连接机制和协议称为部件对象模型。

OLE DB 包括消费者(Consumer)和提供者(provider)两个部分。消费者通过提供者可以访问某个数据库的数据或某种数据,提供者对应用访问数据源的接口进行封装,通过 ODBC 也可以为 OLE DB 提供数据服务,这个就是 ODBC OLE DB Provider,微软已经为所有所有的 ODBC 数据源提供了一个统一的 OLE DB 服务程序。OLE DB 的体系结构如图 8-3 所示。

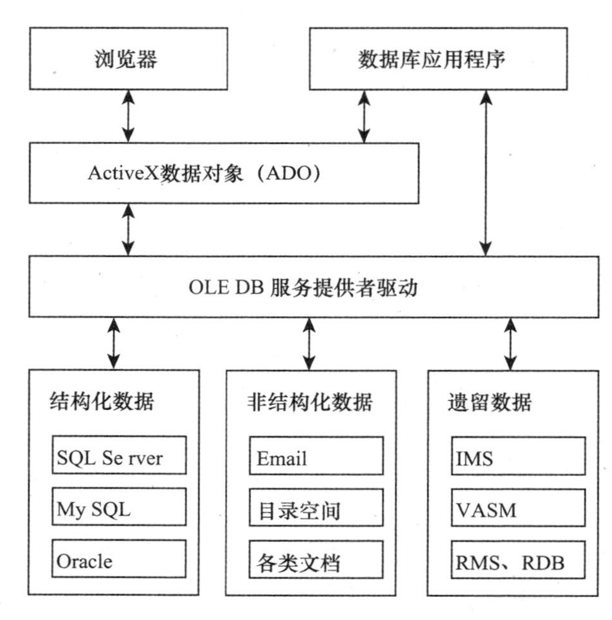

图 8-3 OLE DB 基本结构

8.3.3 ADO

虽然 OLE-DB 允许程序员存取各类数据，是一个非常良好的架构，但是由于 OLE-DB 太底层化，而且在使用上非常复杂，需要程序员拥有高超的技巧，因此只有少数的程序员才有办法使用 OLE-DB，这让 OLE-DB 无法广为流行。为了解决这个问题，并且让 Visual Basic、Delphi 可视化开发工具以及 ASP、PHP、Perl 等脚本语言也能够藉由 OLE-DB 存取各种数据源，Microsoft 同样以 COM 技术封装 OLE-DB 为 ADO 对象，简化了程序员数据存取的工作。由于 ADO 成功地封装了 OLE-DB 大部分的功能，并且大量简化了数据存取工作，因此 ADO 也逐渐被愈来愈多的程序员所接受。ADO 是对当前微软所支持的数据库进行操作的最有效和最简单直接的方法，它是一种功能强大的数据访问编程模式，它也可以通过 OLE DB 访问非关系数据库中的数据。

微软公司的 ADO 是一个用于存取数据源的 COM 组件。它提供了编程语言和统一数据访问方式 OLE DB 的一个中间层。允许开发人员编写访问数据的代码而不用关心数据库是如何实现的，而只用关心到数据库的连接。访问数据库的时候，关于 SQL 的知识也不是必要的，但是特定数据库支持的 SQL 命令仍可以通过 ADO 中的命令对象来执行。

ADO 被设计来继承微软早期的数据访问对象层，包括 RDO (Remote Data Objects)和 DAO(Data Access Objects)。ADO 在 1996 年冬被发布。ADO 包括了 6 个类：Connection、Command、Recordset、Errors、Parameters、Fields。后来又扩充了 4 个类：DataControl、DataFactory、DataSpace、Property。

开发应用程序的基本过程为：

(1)连接数据源 (Connection)，可选择开始事务。

(2)可选择创建表示 SQL 命令的对象 (Command)。

(3)可选择指定列、表以及 SQL 命令中的值作为变量参数（Parameter)。

(4)执行命令(Command、Connection 或 Recordset)。

(5)如果命令以行返回，将行存储在存储对象中（Recordset)。

(6)可选择创建存储对象的视图以便进行排序、筛选和定位数据（Recordset)。

(7)编辑数据。可以添加、删除或更改行、列（Recordset)。

(8)在适当情况下，可以使用存储对象中的变更对数据源进行更新（Recordset)。

(9)在使用事务之后，可以接受或拒绝在事务中所做的更改。结束事务（Connection)。

8.3.4　ADO. NET

ASP. NET 使用 ADO. NET 数据模型，用于访问数据库或 XML 数据。该模型从 ADO 发展而来，但它不只是对 ADO 的改进，而是采用了一种全新的技术。主要表现在以下几个方面。

(1)ADO. NET 不是采用 ActiveX 技术，而是与. NET 框架紧密结合的产物。

(2)ADO. NET 包含对 XML 标准的完全支持，这对于跨平台交换数据具有十分重要的意义。

(3)ADO. NET 既能在与数据源连接的环境下工作，又能在断开与数据源连接的条件下工作，这个特性非常适合于网络应用的需要。

1. 数据访问的层次结构

ADO. NET 访问数据采用的层次结构，其逻辑关系如图 8-4 所示。

ADO. NET 层次结构的顶层代表网站，底层代表各种不同类型的数据源，包括不同类型的数据库、XML 文档等。中间是数据层(Data Layer)，其下面是数据提供器(Provider)。

数据提供器是整个 ADO. NET 层次结构的起到了关键的作用，Provider 相当于 ADO. NET 的通用接口。各种不同的数据提供器对应于不同类型的数据源。每个数据提供器相当于一个容器，包括一组类以及相关的命令，它是数据源与数据集(DataSet)之间的桥梁。它可以根据需要将相关的数据读入内存中的数据集，也可以将数据集中的数据返回到数据源。

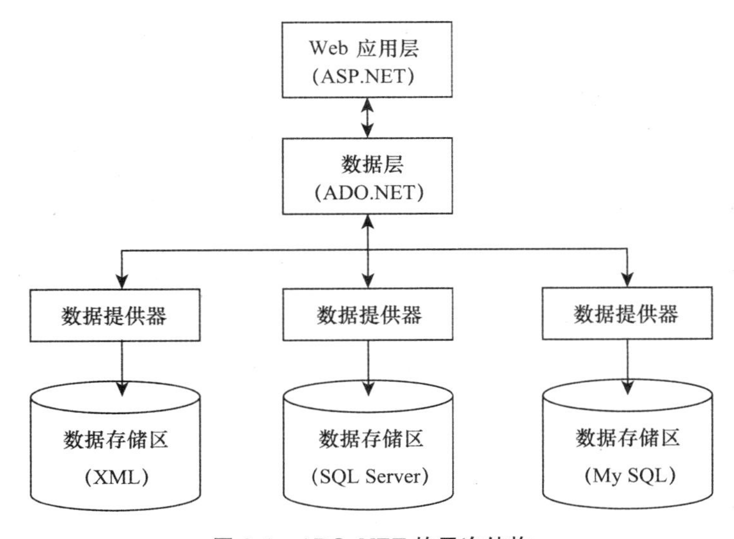

图 8-4　ADO. NET 的层次结构

2. 数据集与数据提供器

在 ADO.NET 中数据集与数据提供器是两个非常重要而又相互关联的核心组件，数据集与数据提供器的关系如图 8-5 所示。图的左边代表数据集，右边代表数据提供器。数据集是实现 ADO.NET 断开式连接的核心，从数据源读取的数据先缓存到数据集中，然后被程序或控件调用。数据提供器用于建立数据源与数据集之间的联系，它能连接各种类型的数据，并能按要求将数据源中的数据提供给数据集，或者从数据集向数据源返回编辑后的数据。数据源可以是数据库(SQL Server、Oracle、DB2 等)或者 XML 数据文件。

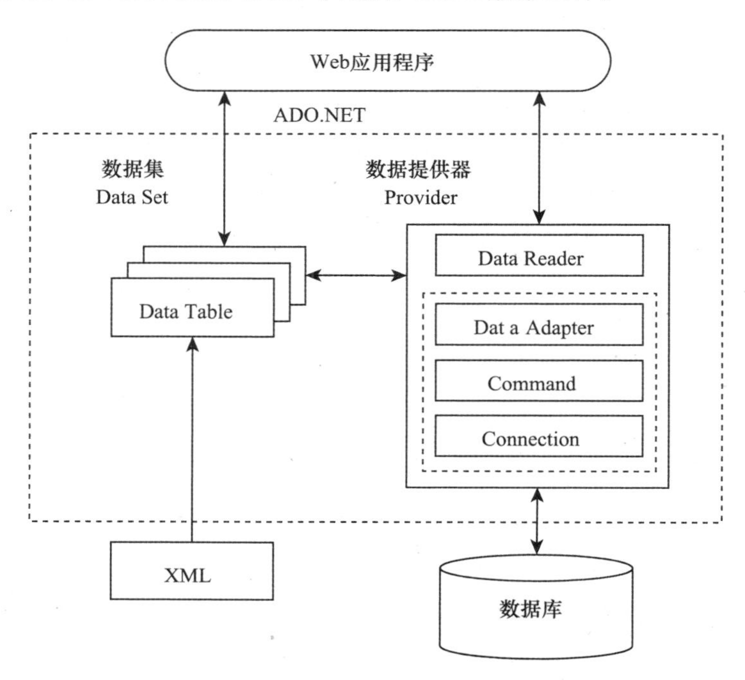

图 8-5 数据集与数据提供器

3. 数据源控件

ASP.NET 2.0 新版本在 ADO.NET 的数据模型的基础上作了进一步的封装和抽象，提供了一个新的控件："数据源控件(DataSource Control)"。数据源控件既代表数据源，又代表与数据源相连接的数据提供器和数据集。在数据源控件中还隐含有大量的、常用的基层代码。数据源控件是一个功能强大的控件。在程序运行时，这个控件虽然不会显示在界面上，但是在幕后它却能完成很多有用的工作。

使用数据源控件之前需要进行配置。在智能向导(Wizard)的指引下，数据源控件的配置很容易完成。当配置完成以后，系统内部已经根据确定的数据源自动生成了连接对象、命令对象、数据适配器对象以及数据集，并且已经调用了数据适配器的 Fill()方法，将检索出来的数据放入数据集中。

通常情况下，只要设计人员对数据源控件的属性进行适当的设置，即可以完成对数据表的分页、排序、更新、删除、增添数据等项工作，而不需要手工增添其他代码。

数据源控件可以连接不同类型的数据源：如数据库、XML 文档和其他对象等，但它留给设计者的接口却非常相似。设计人员只需采用相同或相似的方法处理数据,而不必关心数据源属于什么类型。

数据源控件有 5 种类型,分别可以用于访问数据库、平面文件、各种对象以及 XML 文件等。

(1)AccessDataSource 数据源控件

Microsoft Access 数据库是 Microsoft 提供的小型数据库。这种数据库的特点是功能比较简单,使用比较容易。如果要使用这种数据库,可以利用这种数据源控件对数据表执行选择、插入、编辑和删除数据表记录的操作。

(2)SqlDataSource 数据源控件

SQL Server 数据库是微软提供的功能强大、运行可靠的数据库,ASP.NET 结合使用这种数据库是最佳的选择。选择使用这种数据库时应该使用 SqlDataSource 数据源控件。此控件还能够用来访问 Oracle、ODBC、OLE DB 等大型数据库,并对这些数据库执行选择、插入、编辑和删除操作。这是使用最为普遍的一种数据源控件。

(3)ObjectDataSource 数据源控件

当数据库应用系统比较复杂,需要构建三层分布式架构时,可以将中间层的商务逻辑封装到这个控件中,以便在应用程序中共享。通过这个控件可以连接和处理数据库、数据集、DataReader 或任意其他对象。

(4)XMLDataSource 数据源控件

XML 文件通常用来描述层次型数据,因此显示层次型数据的控件(例如 TreeView)可以通过 XMLDataSource 数据源控件访问和处理 XML 文件。

(5)SiteMapDataSource 数据源控件

控件 SiteMapDataSource 允许用来浏览网站。方法是先建立一个网站地图文件。网站地图文件是一个 XML 文件,用来设置网页之间的逻辑关系。例如,一个网站地图文件 app.sitemap 的代码如下:

```
<? xml version = "1.0" encoding = "utf-8"? >
<siteMap>
  <siteMapNode title = "LibraryLib" description = "LibraryLib" url = "root.aspx">
      <siteMapNode title = "BookPublish"
          description = "Book Publish" url = "BookPublish.aspx">
            <siteMapNode title = "BookClass"
              description = "BookClass"
              url = "BookClass.aspx" />
      </siteMapNode>
  </siteMapNode>
</siteMap>
```

然后利用 TreeView 控件通过 SiteMapDataSource 控件与网站地图文件连接,即可以显示出网站中网页之间的逻辑结构。

8.4 JDBC 编程

从笔记本计算机、PC 到数据中心，从游戏控制台到科学超级计算机，从手机到互联网，Java 无处不在！Java 是几乎所有类型的网络应用程序的基础，也是开发和提供嵌入式和移动应用程序、游戏、基于 Web 的内容和企业软件的全球标准。截止到 2015 年，Java 在全球各地有超过 900 万的开发人员，97% 的企业桌面运行 Java，开发人员的头号选择是 Java 语言，Java 能够高效地开发、部署和使用精彩的应用程序和服务。Java 已由专业的 Java 开发人员、设计师和爱好者团体进行测试、完善、扩展和验证。Java 旨在竭尽所能为最广泛的计算平台开发可移植的高性能应用程序，Java 在一个平台上编写软件，然后即可在几乎所有其他平台上运行。通过使应用程序在异构环境之间可用，企业可以提供更多的服务，提高最终用户生产力并加强沟通与协作，从而显著降低企业和消费类应用程序的拥有成本。

Java 访问数据库需要 JDBC(Java Data Base Connectivity，Java 数据库连接)支持，即使 Java 使用 ODBC 来访问数据库，也必须有 JDBC 支持的。JDBC 是一种用于执行 SQL 语句的 Java API，可以为多种关系数据库提供统一访问方式，它由一组用 Java 语言编写的类和接口组成。JDBC 提供了一种标准，它是建立在 X/Open SQL CLI(调用级接口)基础之上，据此可以构建更高级的工具和接口，使数据库开发人员能够编写纯 Java 代码的数据库应用程序。

Java 原来为 Sun 公司所有，后来 Oracle 公司收购了 Sun 公司，现在 Java 版权归 Oracle 公司。JDBC 随着 JDK 版本的升级，JDBC 也进行了相应的更新，从 JDBC 1.0 版本，至 2014 年 3 月 4 日发布 JDBC 4.0 版本。

8.4.1 JDBC 的体系结构

Java 访问数据库的模式有两种，一为 C/S 模式，即 Java 应用程序直接访问数据库，如图 8-6 所示，开发 Java 应用程序时直接编写调研 JDBC 的 API 程序代码，从而可以操纵数据库。

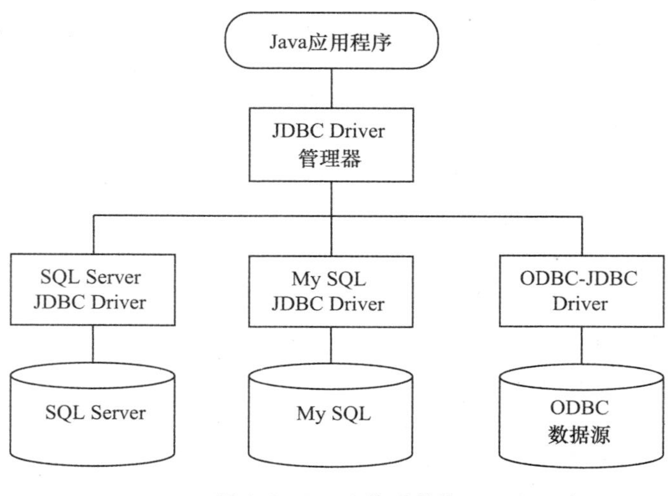

图 8-6 JDBC 体系结构

另外一种模式为B/S模式，浏览器与基于JSP/Servlet的Web应用服务器之间采用标准http通信，Web应用服务器通过JDBC驱动器来操作数据库，常用的Web应用服务器为Tomcat、WebSphere、WebLogic、JBoss等。两层的C/S模式的JDBC运行在J2SE平台上，三层/多层的B/S模式运行在J2EE平台上，其实两种模式的JDBC体系结构上是相同的。

JDBC由四层组成，即Java应用程序、JDBC Driver管理器、JDBC驱动器和实体数据库。对于Java程序员来说JDBC就是API、Java类/接口，对于各个关系数据库软件开发商来说JDBC就是一个接口模型，按照接口标准开发JDBC驱动器，实现的Java API为数据库厂商及第三方中间件厂商实现与数据库的连接提供了标准方法，例如SQL Server、Oracle、MySQL、DB2等关系数据库JDBC驱动器。

JDBC驱动器管理器是JDBC的管理层，作用于用户和驱动程序之间，JDBC驱动程序管理器可确保正确的驱动程序来访问每个数据源。该驱动程序管理器能够支持连接到多个异构数据库的多个并发的驱动程序。它跟踪可用的驱动程序，并在数据库和相应驱动程序之间建立连接。另外，JDBC驱动器管理器也处理诸如驱动程序登录时间限制及登录和跟踪消息的显示等事务。

JDBC是个“低级”接口，它可以直接调用SQL命令，从而它的功能比较好，并比其他的数据库连接API易于使用。它同时也被设计为一种基础接口，在它之上可以建立高级接口和工具。高级接口是“对用户友好的”接口，它使用的是一种更易理解和更为方便的API。

JDBC驱动器有4种类型：

1.JDBC-ODBC桥

Type1驱动程序就是利用ODBC驱动程序提供JDBC访问数据库，它需要在JRE安装的客户机上安装ODBC驱动程序，这样才能把JDBC的请求转化为ODBC请求。在JDBC框架中直接提供了JDBC-ODBC桥，不用其他公司开发。JDBC-ODBC桥的实现为JDBC的快速发展提供了一条途径，其长远目标提供一种访问某些不常见的DBMS的方法，但该类型的驱动仅仅是一个过渡类型。

2.JDBC-Native桥

Type2驱动程序把应用程序上JDBC的API调用转换为Oracle、Sybase、Informix、DB2或其他DBMS的本地C、C++程序设计语言的API调用。虽然比JDBC-ODBC桥的性能好，大多数数据库厂商提供了其数据库产品的JDBC-Native驱动程序，但本驱动采用了Java代码的本地化，损失了Java平台无关性，所以仅仅过渡方案来使用。

3.JDBC-Net桥

Type3驱动程序是纯Java开发驱动程序，不像Type1和Type2那样使用数据库驱动的本地接口，它将JDBC转换为与DBMS无关的网络协议后再访问中间网络服务器，再由中间网络服务器把这种协议转化为要访问DBMS的请求。这种网络服务器中间件能够将它的纯Java客户机连接到多种不同的数据库上，可以采用数据库的连接池来提高访问效率，这可能是最为灵活的JDBC驱动程序。

4.纯Java JDBC驱动器

Type4是纯粹Java实现的JDBC驱动器，它将JDBC调用直接转换为DBMS所使用的网络协议。这将允许从客户机机器上直接调用 DBMS 服务器，是企业内部网访问的一个很实用的解决方法。由于许多关系 DBMS 的网络协议都是专用的，因此数据库厂商开发这类的 JDBC 驱动程序。微软公司提供的 Microsoft JDBC Driver 6.0 for SQL Server 驱动器支持 JDBC4.2 规范，该驱动程序提供对 SQL Server 2014、SQL Server 2012、SQL Server 2008 R2、SQL Server 2008 和 Azure SQL Database 的可靠数据访问。

8.4.2 JDBC 的工作流程

JDBC API 是一种规范，它提供一套完整的接口，允许 Java 程序可以便携式地访问底层数据库。JDBC 库包含的 API 为每个通常与数据库的使用相关联的任务：

- 连接到某种数据库；
- 创建 SQL 语句；
- 执行 SQL 的操作数据库；
- 查看和修改结果记录。

对应访问数据库的任务，JDBC 提供相应的类和接口，在 JDBC4.0 中，java.sql 和 javax.sql 是主要的包，它提供的类与数据源进行交互，简介如下所示：

(1)java.sql.DriverManager

管理数据库驱动程序的列表，登记或注销驱动程序、直接输出日志、设置登记有效时间。识别 JDBC 在一定子协议的第一个驱动器将被用来建立数据库连接。

(2)java.sql.Driver

此接口处理与数据库服务器通信。Java 程序中很少直接编程操纵 Driver 驱动程序对象，通常使用 DriverManager 来管理此类型的对象。Driver 接口抽象了与驱动程序对象工作相关的详细信息。

装载相应的驱动程序比较简单，首先把相应的 jar 文件放入 Classpath 路径中，使用 import 语句引入 java.sql.* 包，再使用 Class.forName 方法即可装载相应的 JDBC 驱动程序。

装载 JDBC-ODBC 桥驱动程序：

```
Class.forName("sun.jdbc.odbc.JdbcOdbcDriver");
```

装载 SQL Server 驱动程序：

```
Class.forName("com.microsoft.sqlserver.jdbc.SQLServerDriver");
```

装载 MySQL JDBC Driver 驱动程序：

```
Class.forName("com.mysql.jdbc.Driver");
```

装载 Oracle JDBC Driver 驱动程序：

```
Class.forName("oracle.jdbc.driver.OracleDriver");
```

在 JDBC API 4.0 及其后续版本中，将增强 DriverManager.getConnection 方法，可以自动加载相应的 JDBC 驱动程序。因此，在使用 sqljdbc4.jar、sqljdbc41.jar 或 sqljdbc42.jar 类库时，应用程序可以不调用 Class.forName 方法来注册或加载驱动程序。

(3)java.sql.Connection

此接口与接触数据库的所有方法。连接对象表示通信上下文，即与数据库中的所有的通信是通过唯一的连接对象。

(4)java.sql.Statement

可以使用这个接口创建的对象的 SQL 语句提交到数据库。一些派生的接口接受除执行存储过程的参数。

(5)java.sql.ResultSet

这些对象保存从数据库后，执行使用 Statement 对象的 SQL 查询中检索数据。它作为一个迭代器，让您可以通过移动它的数据。

(6)java.sql.SQLException

这个类处理发生在一个数据库应用程序的任何错误。

【8.14】 采用 Java 通过 JDBC 访问本地 SQL Server 2014(TCP 为 1999)的 Stud 数据库 department 表进行查询操作。用户名为 sa，密码为 159263。本例为按照学生人数从多到少的顺序各个院系的详细信息。编写 connectURL.java 文件如下：

```
import java.sql.*;
public class connectURL {
    public static void main(String[] args) {
        // 创新连接信息字符串
        String connectionUrl = "jdbc:sqlserver://localhost:1999;databaseName = 
        Student;";
        String userName = "sa";    //默认用户名
        String userPwd = "159263";    //密码
        //声明 JDBC 对象.
        Connection con = null;
        Statement stmt = null;
        ResultSet rs = null;
        try { // 创新数据库连接.
            //Class.forName("com.microsoft.sqlserver.jdbc.SQLServerDriver");
            con = DriverManager.getConnection(connectionUrl,"sa","159263");
            // Create and execute an SQL statement that returns some data.
            String SQL = "SELECT * FROM Department ORDER BY Student-
            Num DESC";
            stmt = con.createStatement();
            rs = stmt.executeQuery(SQL);
            System.out.println(String.format("%3s%24s%20s%6s","院系编号","
            学院名称","系部名称","学生人数"));
            while (rs.next())
              System.out.println(String.format("%3s%24s%20s%6s",rs.get-
            String(1).trim(),
                                  rs.getString(2).trim(),rs.getString(3).trim(),rs.
            getString(4).trim()));
```

```
            } catch (Exception e) {
                e.printStackTrace();
            } finally {
                if (rs != null)
                    try { rs.close(); } catch(Exception e) {}
                if (stmt != null)
                    try { stmt.close(); } catch(Exception e) {}
                if (con != null)
                    try { con.close(); } catch(Exception e) {}
            }
        }
    }
```

8.4.3 JDBC 的优缺点

1. JDBC 与 ODBC 的比较

JDBC 实际运用程序接口是 Java 程序语言内针对数据存取所涉及的程序开发接口，其内部是由许多类与接口构成。JDBC 是由 Sun 公司（已被 Oracle 收购）向联系型数据库系统厂商帮助 JDBC 的规格与需求；然后各大厂商遵循达标规格设计出符合自己数据库产业商品的 JDBC 驱动程序。ODBC 则是由 C 语言来开发的，使用了指针造成安全隐患；虽然 ODBC 主要是面向 C/C++ 开发程序，也可以面向不同的程序设计语言开发数据库应用程序，ODBC 驱动程序一般由 Microsoft 公司开发。

JDBC 要比 ODBC 容易理解。由于 Java 语言的设计思路是面向对象的，跟人的认识思维较接近，为此较容易被人接受，研究起来也相对容易一点。而 C 语言则就较抽象了，即使采用了 C++ 面向对象技术，由于和 C 语言兼容，它们跟人的认识规则有确定的距离。从前面的 JDBC 和 ODBC 访问数据库的例子来看，在 ODBC 应用较为复杂，即使一个的简单的查询，也需要分为好几块内容才能完成，在 ODBC 驱动程序内部再去整合，执行一些复杂的操作。这不仅降低了数据库启动程序的性能，而且也给程序开发者开发实际运用程序带来了确定的负面效果。而 JDBC 数据库程序在设计的时期就包含了大部分基本数据操作功能，为此在编写一些常规的数据库操作语句时，如查询、更新等，其所需求的源代码比 ODBC 要少得多。

JDBC 的移植性要比 ODBC 要好。通常情况下，安装完 ODBC 驱动程序之后，还需求经过确定的配置才能够应用。而不相同的配置在不相同数据库服务器之间不能够通用。也那是说，装一次需求配置一次。但是 JDBC 数据库驱动程序则不相同，如果采用 JDBC 数据库驱动程序，仅仅选取适当的 JDBC 数据库驱动程序，就不需求停止额外的配置。在安装过程中，JDBC 数据库驱动程序会完成有关的配置。

2. Java 访问数据库技术

对比 ODBC 和 JDBC，JDBC 开发的程序更加简单和简洁，适合于超大批量数据的操作，速度快。但是使用 JDBC 的 Java 开发的数据库应用程序的代码仍然比较繁琐，难以写出高质量的代码，例如资源的释放，SQL 注入安全性等；Java 程序员必须编写业务逻辑，又要编写 Java 对象的创建和销毁以管理底层具体数据库 SQL 操作。为了适应 Web 和企业级数据库应用程序，在 JDBC 的基础上发展了多种数据库应用技术。

（1）JavaBean 访问数据库技术

JavaBean 是一种 Java 语言写成的可重用组件。一个 Java 类至少满足两条要求才能成为一个 JavaBean，即公共的非抽象类、拥有一个无参的默认构造方法；属性通过 set 和 get 方法进行设置和读取。JavaBean 分为两种：一种是有用户界面的 JavaBean，可以在可视化的 IDE 中进行设计；还有一种是没有用户界面，主要负责处理事务的 JavaBean，例如数据运算，操纵数据库。JavaBean 不仅可以在 C/S 中使用，也可以在基于 JSP 的 B/S 中使用，主要是进行 SQL 语句的数据库操作。对于 JavaWeb 的数据库访问，JavaBean 技术提供一个比较强大、灵活的解决方案，使用 JavaBean 能访问不同类型数据库。

使用 JavaBean 技术访问数据库把常用的数据库操作功能进行封装，能缩短开发时间，容易维护，可重用性高。同时 JavaBean 是编译为字节码存放的，数据库访问密码、用户名对于使用者不可见，安全性高。缺点是稳定性不高。

（2）EJB 访问数据库技术

EJB（Enterprise JavaBean ）是用于开发基于组件的企业多重应用程序的标准，提供能被客户端程序存取的可重用的服务器端组件，提供类似于中间件的服务，为各种中间件实现了不依赖供应商的编程接口。EJB 组件分为 3 种类型：会话 Bean 实现在服务器上运行的业务逻辑，可以直接访问数据库，但很少用；实体 Bean 是可被持久化的数据对象，是确实存在的，主要用来存储业务数据；消息驱动 Bean 使得 EJB 容器能异步地接收消息。使用 EJB 技术具有安全性、持续性、并行性，编程更加简单。

使用 EJB 技术访问数据库能解决数据库异构问题，也可以解决操作系统异构问题。EJB 能有效的处理企业应用中的信息交换问题，实现不同信息资源的共享及信息的综合统计查询。缺点是 EJB 是重量级技术，组件需要消耗应用服务器资源，学习和使用复杂，不灵活。

（3）JDO

JDO（JavaDataObject）是 Java 对象持久化的新的规范，也是一个用于存取某种数据仓库中的对象的标准化 API。JDO 技术改变了开发人员与数据库及其他数据存储空间的交互方式，用简单的方式来存储及操作对象。JDO 技术提供了透明的对象存储，不需要使用 JDBC 或 EJB 的由容器管理的持久保存机制，JDO 实现会在幕后处理持久保存，使用方便。另外，JDO 灵活运行在任何数据库的底层。在企业级的应用开发中，一个比较重要问题是解决数据的存储，即持久化。软件开发过程中设计数据的加工、处理及存储、查询等业务，其中一个较为繁琐的工作，就是存储大量的数据，即处理数据持久化代码。为了实现数从业务对象层向数据存储层之间的转换，JDO 技术解决了将 Java 对象直接存储为数据库相应表的底层处理过程。JDO 可以使用 Java 语言编写透明的访问底层数据存储的代码，而无需涉及与具体数据库相关的代码。

JDO 属于轻量级工具，无需容器支持，因此使用 JDO 技术访问数据库可以避免很多繁琐的工作，使代码易读、易维护，开发灵活而可移植，独立于不同厂商，避免了对厂商的依赖。缺点是采用 JDO 后，不再需要处理底层的数据库访问，所以在性能优化上不是很好。

(4)ORM 技术

ORM(ObjectRelationalMapping)即对象关系映射,目的是解决面向对象与关系数据库之间存在的互不匹配现象,方便编程人员用面向对象的思想处理数据库。ORM 通过使用映射元数据(描述对象和数据库之间的映射),将程序中的对象自动持久化到关系数据库中,也就是说将数据从对象形式转换到关系模式,这样操作数据库可以转化为操作这些对象。ORM 中间件连接业务逻辑层和数据库层,JavaWeb 开发中常用的 ORM 中间件有:Hibernate、iBatis、Toplink 等。

Hibernate 是当今最为流行的框架技术之一,可提供强大的对象-关系持久化和查询服务。Hibernate 按照面向对象的原理开发持久化类,实现对象之间的关联、继承、多态、组合、集合等。Hibernate 框架技术是为企业应用提供各种数据库服务的中间件,通过使用 Hibernate,企业应用与数据库联系,对数据进行操作。Hibernate 通过 properties 文件及 XML 映射文件将透明持久化类,POJO 映射到数据库表中的相应行,这样在企业级应用开发过程中,不要使用 JDBC 和 SQL 连接和操作数据库,可以通过持久化对象类直接访问数据库,可以使用面向对象思想来操作数据库,简单高效。

使用 Hibernate 技术访问数据库可以简化应用程序和底层关系数据库之间的对象关系映射,保存对象状态到数据库和从数据库加载对象状态非常容易,就和调用 Java 对象中的方法一样,使用灵活方便,无需从应用程序代码中管理底层的数据操作,Hibernate 框架能完成所有的中间步骤,同时它易于学习和使用。缺点是 Hibernate 是一个拥有自己的应用和维护周期的开源框架,另外配置文件也比较繁琐,不适合处理查询复杂且有大量数据的数据库。

本章小结

本章讲解了如何使用编程的方法对关系数据库以及其他数据源进行操纵的技术。

数据库操作技术最先是通过命令行的形式,直接实现了人机对话,这种方式的人机界面差,需要操作人员理解数据库和掌握数据库,限制了数据库的使用和推广。于是出现了嵌入式 SQL 的方式,把 SQL 语言嵌入到 C、C++等高级语言中,把 SQL 数据操作与高级语言的丰富的数据计算和流程控制结合起来,开发应用程序,为用户提供友好的人机界面。为了实现嵌入式 SQL,引入了主变量、游标、存储过程、通信区等概念,也为 SQL Server 等数据库的发展提供了基础,把游标、存储过程、用户子定义函数作为对象引入到 SQL Server 数据库中,大大方便了数据库应用。

为了更好地开发数据库应用程序,微软发展了 ODBC 技术,为 C、C++提供了统一的数据库管理框架,通过函数的方式操作数据库。微软进一步发展了 OLE DB 和 ADO 技术,采用对象的技术完成数据库的操作,特别是 ADO.NET 在 C/S 和 B/S 模式中开发极其方便。

在 Java 平台上,JDBC 提供一个统一的框架可以操纵不同类型的关系数据库,编写的面向对象程序操作数据库简单易学,可以共享多个数据资源。在 JDBC 的技术上发展了 Hibernate 等 ORM 形式的技术,进一步提高操作数据库的简单性。

习题8

8.1 简述T-SQL的基本语法。

8.2 简述存储过程实现的基本步骤,以及存储过程的优势是什么?

8.3 简述ODBC的体系结构。

8.4 分析ODBC、OLE DB、ADO的区别与联系。

8.5 ODBC的驱动程序通常由哪些部门开发?为什么?

8.6 JDBC的驱动程序通常由哪些部门开发?为什么?

8.7 比较ODBC与JDBC优缺点。

8.8 T-SQL提供了哪些函数?

8.9 简述.NET框架技术。

8.10 存储过程有什么优点?

8.11 在C#的程序人机界面中常用的数据库组件是哪些?

8.12 试比较ADO.NET和Hibernate数据库操作技术的优缺点?

8.13 在SQL Server 2014中写出下面数据库模式的存储过程:

Author(Ano,Name,Age,Sex)

Book(Bno,Title,Publisher)

Write (Ano,Bno,IsFirstAuthor)

(1)给定作者姓名,删除作者信息并从Write中删除做个写作信息。

(2)给定书名,如果此书的作者只有一人,则输出此作者姓名,否则返回NULL。

(3)编写基于JDBC的Java应用程序操纵的存储过程并显示相关信息。

(4)编写基于ADO.NET的C#应用程序完成作者和书名的查询和显示。

第9章　现代数据管理技术

本章导读

数据库技术的核心是数据管理,其发展的源动力涉及两方面:一是方法论,其中较为典型的代表是面向对象数据库（OOOB）技术、分布式数据库(DDB)技术和多媒体数据库(MDB)技术的发展和形成;另一种是数据库技术与相关技术的有机结合,如模糊数据库、空间数据库等,它们是特定技术领域的知识通过数据库技术,实现对特定数据对象的数据管理,并实现对被管理数据对象的操作。

随着大数据时代的到来,数据管理技术也面临新的机遇和挑战。互联网技术的发展使互联网本身成为一个巨大的非结构化数据库,但由于缺乏统一的数据管理机制而使互联网成为一个完全自治的、异构的巨大数据源而非传统意义的数据库。NoSQL技术异军突起,对多种类型的数据进行管理、处理和分析;通过并行处理技术获得良好的系统性能,并以其高度的扩展性满足了不断增长的数据量的处理要求。

学习目标

通过本章学习,理解数据库技术发展的主要特点;了解新一代数据库技术;掌握数据模型的发展。

9.1　面向对象数据库系统

面向对象(OO-Object-Oriented)技术是计算机软件中发展非常快的一项技术。与传统面向数据流和面向结构的软件构造方法相比,面向对象技术能够更好地模拟现实世界中的实体及实体间的复杂关系,使得来自现实世界的应用需求与软件实现能够很容易地映射。因此,近年来从面向对象的程序设计、面向对象的软件系统到面向对象的开发工具,面向对象技术得到了越来越多的应用。

在数据库领域尽管关系数据库仍占主导地位,但传统数据库已经很难满足如计算机辅助设计、办公自动化等新的应用。因此,人们开始对面向对象数据库进行研究,并研制出了许多面对数据库技术。

9.1.1　面向对象数据库系统定义

对于“面向对象数据库系统(OODBS-Object-Oriented Data Base System)”,有许多不同的定义,读者可以查阅相关文献。Francois Bancilho把OODB定义为:“一个面向对象的数据库系统应该满足两条准则:①它是一个数据库管理系统。②它是一个面向对象的系统。第一条准则说明它应该具备6个特征:永久性、外存管理、数据共享(并发)、数据可靠性(事务管理和恢复)、即时查询工具和模式修改。第二条准则说明它应具备8个特征:类/类型、封装性/数据抽象、继承性、多态性/滞后联编、计算完备性、对象标识、复杂对象和可扩充性。"

从OODBS具有面向对象特性的角度出发,OODBS应该提供创建类的设施,用以组织对象、创建对象、把类组织成一个继承层次,使得子类能从超类中继承属性和方法,以及调用方法来访问特定的对象,实现对象之间的通信。

从OODBS是一个数据库系统的角度考虑,它必须提供关系数据库系统(RDB)提供的那些标准数据库设施,包括检索对象的非过程性查询设施、自动查询优化和处理、动态模式改变(改变类定义和继承结构)、存取方法(如B+树索引、可扩充散列、排序等)的自动管理、自动事务管理、并发控制、从系统故障中恢复、安全和授权。

9.1.2　面向对象数据库系统的特征

1989年12月,在第一届演绎、面向对象数据库国际会议上,以Malcolm Atkinson、Francois Bancilhon、David Dewitt等为代表的一批OODB专家发表了著名的"面向对象的数据库系统宣言",提出了OODBS应该具备的主要性质和特征。这些特征分为三组:必备的(被称作面向对象的数据库系统所必须满足的特性)、可选的(为了使系统更完善可添加的而非必备的特性)和开放的(设计人员可以选择的特性)。

(1)必备的特征

包括复杂对象、对象标识、封装性、类型和类、类和类型的层次结构、复载、过载和滞后联编、计算完备性、可扩充性、持久性、辅存管理、并发性、恢复、即时查询功能。

(2)可选的特性

包括多重继承性、类型检查和类型推理、分布、设计事务处理和版本5个方面。

(3)开放的特性

包括程序设计范例、表示系统、类型系统和一致性。

9.1.3　面向对象数据库系统的查询

与传统数据库系统一样,面向对象数据库系统(OODBS)也需要提供查询语言对数据对象进行操作。尽管面向对象模型的查询与关系模型查询有许多不同,但查询方法有许多相似的地方,如像关系的选择操作一样可以对目标类的实例进行检索。因此,关系查询中的优化技术和策略经过改进可以应用于面向对象查询中。

索引是查询优化的一项关键技术,也是面向对象数据库中进行快速查询的一项重要技术。与关系数据库在一个或一组属性上建立索引不同,面向对象数据库中可以在某个类的属性上建立索引,也可以在类复合层次的某个类的属性上建立索引,前者称为类层次索引,后者称为嵌套属性索引。

类层次索引是建立在一个类层次的某个属性上。由于类能从它的超类中继承属性,因此,一个类的直接和间接子类能共享同一个属性,可在这些属性上建立类层次索引。在某个类C中的属性A上的一个类层次索引是以该类为根的类层次中所有类的属性A上的单一索引,属性A称为索引属性,类C称为索引类。相当于类层次索引,在每个类的属性上建立的索引称为单一类索引。

以上讨论了OODB查询的一些特点，有关OODB查询模板还有待进一步研究，因而目前还没有一个OODB语言标准，许多实际的OODBS使用的语言接口各不相同，但在设计查询语言方面大多采用了扩充SQL语言的方法，称为OSQL。OSQL的SELECT语句的语法与SQL很相似，但不是对表而是对对象进行查询，查询中出现的变量直接表示对象。下面给出应用OSQL查询的几个例子。

【例9-1】 检索姓名为“何雪澎”的学生的学号。

```
SELECT s.s_no
  FROM s IN student
    WHERE s.name ='何雪澎'
```

这是一个简单查询，与SQL查询类似，直接在STUDENT类中查询满足条件的对象实例的属性S_NO的值。

【例9-2】 检索学号为“20160002”的学生的籍贯。

```
SELECT s.native.province
  FROM s IN student
    WHERE s.s_no ='20160002'
```

在以上查询中，查询目标不是STUDENT类中的直接属性，而是STUDENT类的属性n-ative域中定义的属性province；当然查询谓词也可以含有嵌套属性。

9.1.4 面向对象数据库系统的并发控制

OODBS中操作对象不是单一的表而是具有复杂类层次结构的对象，类可以从它的超类中继承属性和方法，如果在一个类中增加和删除属性或方法，其子类的这些属性和方法也要增加或被删除，这就意味着当一个事务访问某个类的实例时其他事务不能对这个类的任何超类进行修改。此外，在查询一个类时不仅要对该类还要对该类的所有子类进行评估，而类属性的值域往往也是以这个值域类为根的类层次，这就是说一个事务在查询计算时其他事务也不能修改该类的所有子类。因此，OODBS中的锁机制比传统数据库系统要复杂的多，给一个对象类上锁比给一个表上锁需要更多的语义信息。

OODBS中锁的粒度有数据库、类、对象、属性、物理页等，为了减少访问数据库过程中设置锁的数目，尽量使同一数据库享用的“对象”为多个并行事务共享。在OODBS中采用了多粒度加锁，锁类型除了共享锁（S锁）和排他锁（X锁），还引入了一种意向锁（Intentlock）。例如，事务T1在类C的对象O上已上锁，而事务T2要求在类C上加锁，若这两个锁是不相容的，则T2将不能获得锁。为了知道是否相容，需要逐个检查类C中实例上的锁，这将需要较大的开销，如果事务T1在对对象O上锁前先对类C上锁以表明它要访问类中的对象则可以避免逐个检查实例上的锁，事务T1在类C上的这种锁称为意向锁。意向锁有意向共享锁、意向排他锁和共享意向排他锁。下面以类上的锁为例介绍这几种锁。

（1）意向共享锁（IS）

事务T在类上加IS锁表示该事务可能对类中的实例显式请求S锁。

（2）意向排他锁（IX）

事务T在类上加IX锁表示该事务可能对类中的实例显式请求X锁或者S锁。

(3)共享锁(S)

事务 T 在类上加 S 锁表示该事务不更新类中的实例。

(4)共享意向排他锁(SIX)

事务 T 在类上加 SIX 锁表示对类中所有的实例都隐式地加了 S 锁,因此,允许其他事务并行地读该类中的实例但不允许并行地更新类中的实例。另外,该事务还可能对类中的一些实例请求加 X 锁。

(5)排他锁(X)

事务 T 在类上加 X 锁表示不允许其他事务对该类的任何存取,该事务可能对类中的实例显式请求 X 锁。

上述几种锁类型的相容性矩阵如表 9-1 所示。

表 9-1　锁类型的相容性矩阵

	S	X	IS	IX	SIX
S	Y	N	Y	N	N
X	N	N	N	N	N
IS	Y	N	Y	Y	Y
IX	N	N	Y	Y	N
SIX	N	N	Y	N	N

9.1.5　面向对象数据库管理系统 OODBMS

一个实际的 OODBMS 通常由 3 部分组成,它们是类管理、对象管理和对象控制。

1. 类管理

类管理主要对类的定义和类的操纵进行管理,具体内容有:

(1)类定义:包括定义类的属性集、类的方法、类的继承性以及完整性约束条件等,通过类定义可以建立一个类层次结构。

(2)类层次结构的查询:包括对类的数据结构、类的方法、类间关系的查询等。

(3)类模型演进:面向对象数据库模式是类的集合,类模式为适应需求的变化而随时间的变化称为类模式演进。它包括创建新的类、删除或修改已有的类属性和方法等。

(4)类管理中的其他功能:如类的权限建立与删除、显示、打印等。

2. 对象管理

对象管理主要完成对类中对象的操纵管理,主要内容有:

(1)对象的查询:在类层次结构图中,通过查询路径查找所需对象。查询路径由类、属性、继承路径等部分组成,一个查询可用一个路径表达式表示;

(2)对象的增、删和修改操作;

(3)索引与簇集:为提高对象的查询效率,按类中属性及路径建立索引以及对类及路径建立簇集。

3. 对象控制

(1)通过方法与消息实现完整性约束条件的表示及检验;

(2)引入授权机制等实现安全性功能;

(3)并发控制与事务处理的具体实现更为复杂,事务处理还需增加长事务及嵌套事务处理的功能。

(4)故障恢复。

9.2 分布式数据库系统

分布式数据库发展到今天已经在许多场合得到了广泛的应用。随着新应用(如办公自动化系统、计算机集成制造系统)的出现和计算机技术(如并行多处理机、超高速网络)的发展,分布式数据库系统向更广阔的领域迈进。另外,面向对象技术研究不断地深入,人工智能、专家系统的进一步成熟,也迫切需要数据库管理系统具有高效的数据管理功能。

9.2.1 分布式数据库及其分类

1.分布式数据库(DDB-Distributed Data Base)

分布式数据库是计算机网络环境中各场地(Site)或节点(Node)上数据库的逻辑集合。它是一组结构化的数据集合,逻辑上属于同一系统,而物理上分布在计算机网络的不同节点上,具有分布性和逻辑协调性的特点。

(1)分布性是指数据不是存放在单一场地为单个计算机配置的存储设备上,而是按全局需要将数据划分成一定结构的数据子集,分散地存储在各个场地(节点)上。

(2)逻辑协调性是指各场地上的数据子集,相互间由严密的约束规则限定,在逻辑上是一个整体。

实际上,基于以上两个特性的分布式数据库是虚拟的、逻辑的,即是由许多局部的数据库系统在逻辑上组织而成的,它是针对全体用户的、全局的数据库。

2.分布式数据库的分类

分布式数据库的类型很多,分类方法也不同。下面从数据冗余、全局数据库的构成、数据库分级结构和本地数据库的配置等方面对它们分类。

(1)按数据冗余分类

全局分布数据库的数据分布到网络中各结点时,会有如下情况:完全复制型、完全分割型、子集复制型、子集分布型等。

(2)按全局数据库的构成分类

同构型分布式数据库、异构型分布式数据库两类。

(3)按本地数据库的配置方式分类

可分布访问的集中数据库、中心数据库加专用数据库、多级分布数据库、水平分布数据库等。

(4)按本地数据库的数据是否全部集成到全局数据库中分类

对等型分布数据库(Peer-to-Peer DBS)、多数据库系统(Multi-DBS)两类。

9.2.2 分布式数据库的分级结构

按照 ANSI/SPARC 的描述,集中数据库的分级结构是包含外模式、概念模式、内模式的三级结构。分布式数据库，其分级结构较为复杂，描述整个分布式数据库中数据的是全局概念模式，它表示了分布式数据库的全局逻辑结构。

1. 对等型分布数据库的分级结构

对等型的分级结构如图 9-1 所示，它的全局概念模式是所有结点本地概念模式的并集。

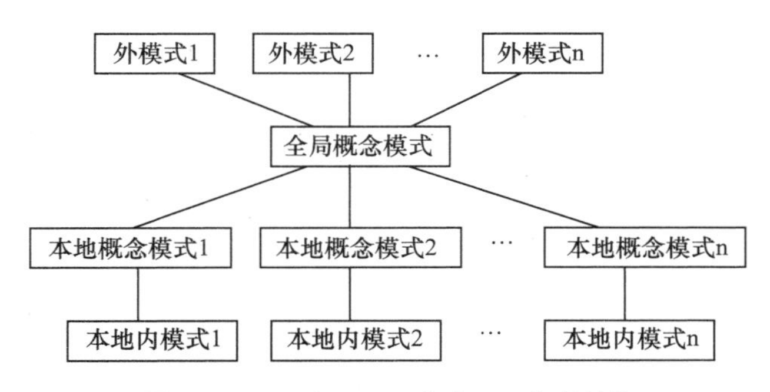

图 9-1　ANSI/SPARC 分布 DB 参考结构

同构分布式数据库的全局概念模式较为简单，它可以是本地概念模式的简单并集。在使用关系模型时则是若干关系框架的集合，描述分布式数据库的所有全局关系；本地概念模式则描述局部关系(也称段)，是全局关系的子集，每个子集由单个全局关系经关系运算导出；本地内模式给出存储在本地结点上的所有局部关系的物理表示，它与集中数据库的情况相同；全局外模式定义导出关系和与之相联系的访问控制规则。异构分布式数据库就比较复杂了，请读者参考相同资料去学习。

2. 多数据库系统的分级结构

多数据放宽了分布式数据库中所有数据从逻辑上看必须都在一个全局数据库中的要求，允许部分数据只供本地用户使用。这里又有两种参考结构：

(1)带有全局要领模式的参考结构，如图 9-2 所示

在此种结构中，全局概念模式是本地概念模式的集成。本地用户的外模式定义在本地概念模式上，不改变本地用户原来使用本地数据库的方式。全局用户的外模式定义在全局概念模式上，用统一的语言访问多数据库。

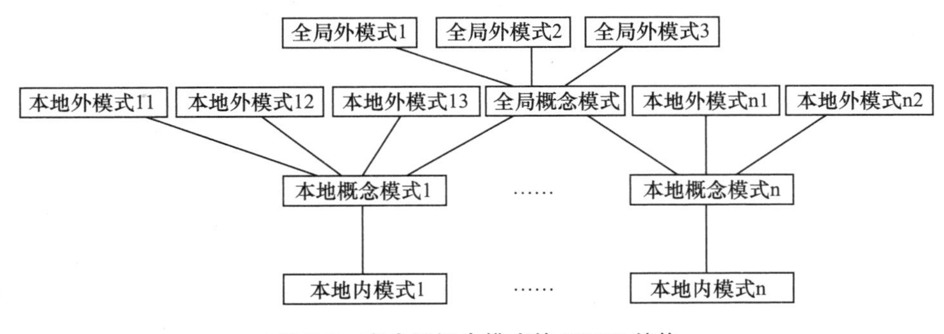

图 9-2　有全局概念模式的 MDBS 结构

(2)无全局要领模式的参考结构，如图 9-3 所示

此种结构分为两层：本地系统层和多数据库层。本地系统层由各本地数据库组成；多数据

库层由多数据库用户的外模式组成。这些外模式可以定义在一个或多个本地概念模式上。用户用编程通过外模式访问多数据库系统，而实现对各本地数据库访问的责任交给多数据库层与本地系统层之间的映射。

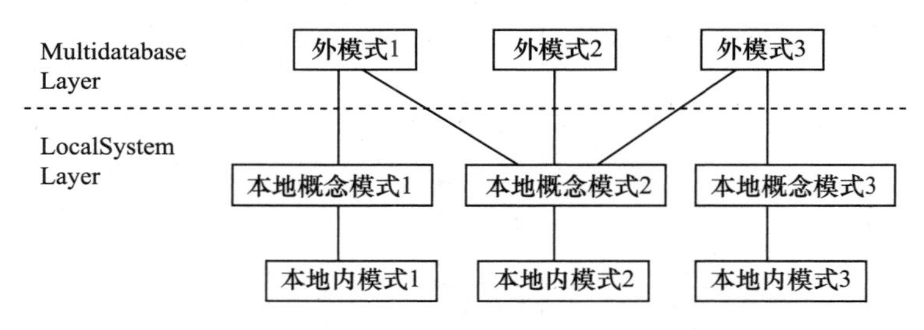

图 9-3 无全局概念模式的 MDBS 结构

3.联邦式结构

联邦数据库系统由一组既协同工作又独立自治的部件数据库系统组成。组成联邦数据库系统的这些部件可以是集中数据库、分布式数据库、甚至是另一个联邦数据库系统。如图 9-4 所示，联邦数据库结构包含如下几个部分：

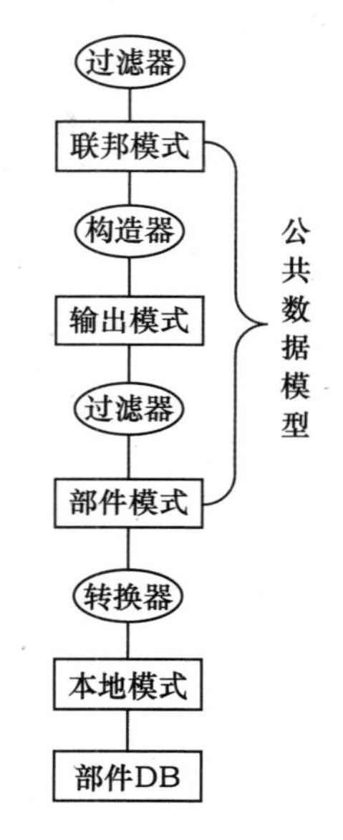

图 9-4 联邦数据库结构

(1)本地模式

它是部件数据库系统的概念模式。

(2)部件模式

它是本地模式经转换器处理后变成联邦数据库系统公共数据模型的形式。

(3)输出模式

它给出了部件模式可被联邦数据库系统使用的一个子集和一些访问控制信息。

(4)联邦模式

它是各输出模式的并集,由各输出模式经构造器生成。

(5)外模式

外模式由联邦模式经过滤器导出,其数据模型可以不同。

(6)转换器

把一种数据模型(格式)转换为另一种数据模型(格式)。把一种数据语言转换为另一种数据语言。

(7)过滤器

限制从一层处理器传送到另一层处理器的命令和相应的数据。

(8)构造器

把单个处理器的操作,分解、复制成多个操作(查询分解)。把多个处理器产生的数据合并成单个数据集合(模式集成)。

9.2.3 数据分布

在构成分布式数据库系统的运行环境时,必须考虑构成分布式数据库系统所应用的各个组成部分各自如何使用数据的问题,所以,分布式数据库系统同样存在着分布式数据库的设计问题,这就是数据分布。它包括了分布式数据库的逻辑划分和物理分配,以及用户对分布式数据库的划分或分配的感知程度(透明度)。

数据分布的主要目的是提高访问的局部性。即通过数据的合理分布,尽可能地使更多的数据能够就地存放,以减少远距离的数据访问,但在任何分布式数据库中,达到所有数据的访问都局部化是不可能的。即使多复本也只能达到读的完全局部化,对于数据的更新则需各个复本同步更新,因此仍然需要进行远程访问。一个成功的分布式数据库的设计应使访问的局部性能更好。数据的分布的目的是为了就地访问,而不是分布访问。

数据分布包括分割和分配两个方面,可以描述为以下两个步骤:先从逻辑上将全局概念模式,即全局关系模式,划分成若干逻辑片段(子关系)——分割;再按一定的冗余度将片段分配到各个节点上,这时逻辑片段就成为具体的物理片段——分配。

1.分割

对分布式数据库分割后,仍应保持分布式数据库系统原有的特质,所以分割后的各逻辑关系之间应遵循下列原则:

(1)完整性原则

全局关系的所有数据项必须包括在任何一个片段中。不允许出现某个数据项属于全局关系,但却不属于任何片段。

(2)重构性原则

所有片段必须能重构(逆操作)成全局关系。

(3)不相交原则

不允许一个全局关系的某些数据既属于该全局关系的某一个片段,又属于该全局关系的另一个片段,即要求一个全局关系被分割后得到的各个数据片段必须是互相不重叠的。

2.分配

分割后的工作便是分配,它的处理和加工不依赖分割。分配的目标是将已分割好的片段分配到不同的场地中去，使得某节点对某片段的访问尽量为本地访问，并且修改频率是可以接受的，从而获得最佳效益。分配的过程是线性的，亦即分割的输出是分配的输入。显然，分割与分配有着天然的联系，二者的区别仅在于分割着眼于全局，分配则考虑片段关系。数据分配一般有以下几种方式：

(1)集中型

数据虽经划分，但所有逻辑片段完全集中在一个场地上，仍然像一个集中数据库一样。

(2)分割型

数据被划分后，所有逻辑片段各自分配在一个场地上，所有场地上分配的只是全局关系的一个子关系。

(3)混合型

数据被划分后的逻辑片段根据需要分配，共享的片段在需要共享的场地上重复设置，高度私用的片段只设置在所需要的场地上。

9.3 并行数据库系统

人类已进入信息化社会，每时每刻都有大量的数据信息产生，使得数据库系统的数据量与日俱增。数据量已从过去的几兆字节(MB)，经过几吉字节(GB)，扩展到几太字节(TB)以上。例如，21世纪我国13亿人口的基本信息库就在几太字节以上。而美国宇航局近几年从空间收集的数据，仅卫星图片资料就有几万太字节以上。

对于多少太字节以上的特大规模数据库，如何提高它的访问速度是一个迫切需要解决的问题。提高访问速度有如下途径：

(1)提高单机速度。这一途径已快走到尽途，因为CPU主频已快接近它的物理极限。I/O带宽提高缓慢。要使单机速度有很大提高非常困难。

(2)数据库机器(DBM、DBC)没有成效。为了提高数据库的访问速度，早在20世纪80年代初，就开始了数据库机器的研究。企图用并行的专用硬件设备取代软件进行数据操作。这条路没有成功，也没有出现商用的数据库机器。

(3)大规模并行处理(MPP)体系结构的兴起，给数据库系统增速带来了新的契机。现在的并行计算机速度已达每秒万亿次以上，甚至几十万亿次、几百万亿次。将数据库建立在MPP结构上被认为是数据库系统增速的一种希望。

(4)关系数据模型本身固有的并行性和SQL语言标准化为数据库并行处理的实现提供了有利条件。

基于上述情况，并行数据库的研究工作非常活跃，成为并行计算领域的一个重要部分。并行数据库的研究工作集中在并行体系结构、并行算法的研究上。

9.3.1 并行结构模型

并行计算机是并行数据库的基础。1986年，美国学者M.Stonebraker提出了并行计算机的3种并行结构模型。

(1)享主存结构(SM-Shared Memory)，也称全共享结构(SE-Shared Everything)，各处理机通过共享主存通信。每个处理机都能访问任一存储单元和任一磁盘单元，处理机与存储器之间通过高速总线或交叉开关连接，如图 9-5(a)所示，这是目前较成熟的结构。采用该结构的机器有 IBM 的 IBM3090，BULL 的 DPS8，Sequent 和 Encore 公司的对称多处理机等。该结构的优点是：结构简单、负载均衡、通信效率高，缺点是：维护开销大、可扩充性受限制、可用性低。建立在这种结构上的并行数据库系统有：XPRS、DBS3、Volcalno、IBM3090 上的 DB2 等。

(2)共享磁盘结构(SD-Shared-Disk)，如图 9-5(b)所示。在此种结构中，每个处理机有自己的内存，通过高速互联网，可以访问任何磁盘。这种结构的优点是可扩充性好，负载均衡，维护开销不大，可用性较高。缺点是复杂度较高，潜在性能较低的问题。建立在该类结构上的并行数据库系统有 IBM 的 IMS/VS 数据共享产品，DEC 公司的 VAX DBMS 和 Rdb 产品，以及在 DEC cluster 和 NCUBE 计算机上的 ORACLE 数据库实现等。

(3)无共享结构(SN-Shared Nothing)，如图 9-5(c)所示，这是一种松耦合系统，每个计算机系统通过高速网络互联，各计算机系统独占自己的主存与磁盘，这种结构的并行数据库本质上是一种分布数据库。无共享结构的缺点是复杂度高，负载平衡难于达到，因为它依赖于数据库中数据的分割与放置。而该结构的优点很突出：它的扩充性好，增加新结点系统可平衡地增长，线性加速比好，在多个结点上复制数据，可增加系统可用性、可靠性，资源竞争对系统的干扰小，系统维护开销不大。建立在该结构上的并行数据库有 Teradata 的 DBC、Tandem 的 NonStopSQL 产品以及原型系统 BUBBA、EDS、GAMMA、GRACE、PRISMA 等。

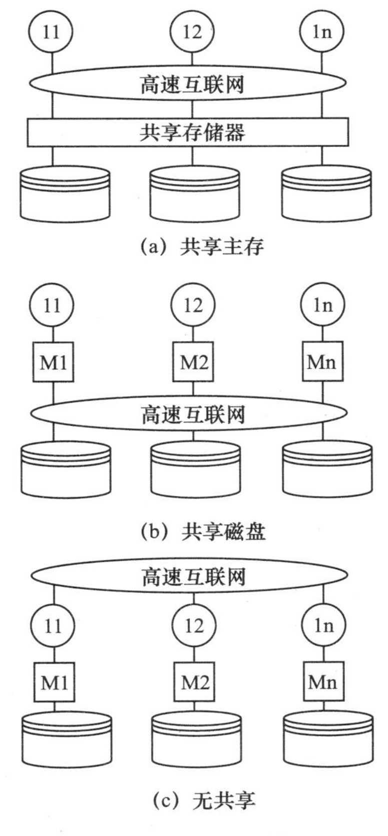

图 9-5　并行结构模型

(4)层次结构也称混合结构,首先由 Bhide 在 1988 年提出,其思想是建立以共享主存为结点的无共享结构。而后由 Graefe 在 1993 年详细描述。

该结构结合了 SM 结构的灵活性与高效通信(经主存)以及 SN 结构的可扩充性高的优点。当超级结点个数为 1 时,层次结构蜕变为 SM 结构;当每个超级结点中只有一个处理机时,层次结构蜕变为 SN 结构。

(5)NUMA 结构,现有两类 NUMA 结构:CC_NUMA 机和 COMA 结构。CC_NUMA 是缓存一致性的 NUMA 结构,把主存固定地分配给系统的各结点;而 COMA 结构则把每个结点的主存转变为共享地址空间的大缓存(cache),于是数据项的定位完全与它的物理地址分开,从而可在主存中自动迁移或复制数据项。由于共享主存和缓存一致性是由硬件支持的,所以远程主存访问非常有效,仅为本地访问的 3～4 倍。

NUMA 是基于国际标准和现有部件的,例如 Sequent NUMA-Q2000 使用 ANSI/IEEE 标准接口(SCI),互连多个 Intel 标准高容量(SHV)服务器结点,每个 SHV 结点由 4 个 Pentium 处理机,可达到 4 GB 的主存和两个对等的 PCI/IO 子系统组成。Oracle 数据库系统已修改它的内核,以便优化 NUMM 多处理机系统提供的 64 GB 主存的使用。

9.3.2 数据分置与数据偏斜

1.数据分置

类似于分布式数据库中的数据分布,并行数据库中的数据如何分布到各结点的存储设备上去呢?这就是数据分置(Data placement)问题。它由数据划分和分配两部分组成。要把数据分置到不同结点上,首先要对数据进行划分(Partitioning),这类似于分布数据库中的全局关系分段。分段与分布是以用户使用数据的方式以及在什么结点使用为依据的。与此不同,并行数据库的用户查询并不与特定结点相联系,数据分置不考虑特定用户的特定应用,它的目标是有利于用户查询的并行处理。

基本的数据分置方法有:轮回分置法(Round-Robin),哈希分置法(Hash),范围分置法(Range)以及多维数据分置法(Multi-Dimension)。下面介绍前 3 种方法。

(1)轮回分置法

按元组插入顺序将一个关系 R 的第 i 个元组分置到编号为 i mod n 的结点上。

(2)哈希分置法

该方法选定关系 R 的一个或多个属性 A 作为分置元组的属性。选择一个 HASH 函数 H,它的自变量为分置属性 A,函数值域为结点所在的正整数域,如果关系 R 的某元组 t 按分置属性算出的 HASH 函数的值 H(t[A])为 j,则将该元组分置到第 j 结点上。该方法支持精确匹配查询,如谓词为 A=a 的条件查询。

(3)范围分置法

该方法把关系 R 的分置属性 A 的值域划分为几个区间:

$I_0=(V_0,V_1)$, $I_1=(V_1,V_2)$, …,$I_{n-1}=(V_{n1},V_n)$,将关系 R 分为几个子集 R_0,…,R_n,其中:$R_j=\{t|t\in R\wedge t[A]\in I_j\}$,将子集 R_j分置到第 j 结点,j=0,1,…,n。

2.数据偏斜(Data Skew)

数据偏斜是对并行执行效果有影响的数据分布不均匀的总称。Walton 等将数据偏斜分类如下：

(1)属性值偏斜

这是数据集本身固有的。如我国人口信息中，民族属性的值分布不均，汉族比少数民族多得多。

(2)元组分置偏斜

数据初始分置时使用哈希分置或范围分置方法由分置属性分布不均引起的。

(3)选择性偏斜

由选择谓词时对每个结点的选择率不同引起的，它使选择操作在每个结点产生的结果大小不均。

(4)重分置偏斜

在两次操作中间，对第一次操作的结果重新分置，供第二次操作使用。与元组分置偏斜类似，重新分置也可能引起数据偏斜。

(5)连接结果偏斜

由结点间数据分置偏斜，连接选择率不同造成的。

数据偏斜不能很好地发挥操作的并行性、负载的均衡性，显著地降低并行数据库系统的性能。有些文章研究了抗数据偏斜的方法，减少数据偏斜对并行数据库的影响。

围绕并行数据库的各方面的研究，推动了数据库产品的发展。一些著名的数据库厂商，如Oracle、IBM、Informix、Sybase等纷纷将并行处理技术引入自己的数据库产品，使之具有不同程度的并行处理功能。另外，并行数据库的研究已不局限于关系数据库领域，而扩展到并行面向对象数据库和并行知识库领域。这些研究将进一步推动数据库技术的发展，为高性能数据库系统的研制创造条件。

9.4 数据仓库

近年来，随着数据库技术的应用和发展，传统数据库系统已经无法满足数据处理多样化的要求，人们尝试对数据库中的数据进行再加工，形成一个综合的、面向分析的环境，以更好地支持决策分析，从而形成了数据仓库技术(DW-Data Warehousing)。

9.4.1 数据仓库概念

目前，数据仓库一词尚没有一个统一的定义，著名的数据仓库专家W.H.Inmon在其著作《Building the Data Warehouse》一书中给予如下描述：数据仓库(Data Warehouse)是一个面向主题的(Subject Oriented)、集成的(Integrate)、相对稳定的(Non-Volatile)、反映历史变化(Time Variant)的数据集合，用于支持管理决策。可以从两个层次理解数据仓库的概念，首先，数据仓库用于支持决策，面向分析型数据处理，它不同于企业现有的操作型数据库；其次，数据仓库是对多个异构数据源的有效集成，集成后按照主题进行重组，并包含历史数据，而且存放在数据仓库中的数据一般不再修改。

1.对于数据仓库，应该注意以下4点

(1)数据仓库是一个过程，而不是一个项目；

(2)数据仓库是一个环境，而不是一件产品；

(3)数据仓库提供用户用于决策支持的当前和历史数据,这些数据在传统的操作型数据库中很难或者不能得到;

(4)数据仓库技术是为了有效地把操作型数据集成到统一的环境中以提供决策型数据访问的各种技术和模块的总称。所做的一切都是为了让用户更快更方便查询所需要的信息,提供决策支持。

2.根据数据仓库概念的含义,数据仓库拥有以下 4 个特点

(1)面向主题,它是与传统数据库的面向应用相对应的。主题是一个在较高层次将数据归类的标准,每一个主题对应一个宏观分析领域。基于主题的数据被划分为各自独立的领域,每个领域有自己互不交叉的逻辑内涵。

(2)集成的,数据仓库中的数据是在对原有分散的数据库数据抽取、清理的基础上经过系统加工、汇总和整理得到的,必须消除源数据中的不一致性,并将原始数据的结构从面向应用转换到面向主题。

(3)相对稳定的,数据仓库的数据主要供企业决策分析之用,所涉及的数据操作主要是数据查询,一旦某个数据进入数据仓库以后,一般情况下将被长期保留,也就是数据仓库中一般有大量的查询操作,但修改和删除操作很少,通常只需要定期地加载、刷新。

(4)反映历史变化,数据仓库中的数据通常包含历史信息,系统记录了企业从过去某一时点(如开始应用数据仓库的时点)到目前的各个阶段的信息,通过这些信息,可以对企业的发展历程和未来趋势做出定量分析和预测。

数据仓库与传统数据库的区别比较大,如表 9-2 所示。

表 9-2 传统数据库与数据仓库比较

比较项目	传统数据库	数据仓库
总体特征	围绕高效的事务处理	以提供决策为目标
存储内容	以当前数据为主	历史、存档、归纳
面向用户	普通业务处理人员	高级决策管理人员
功能目标	面向业务操作,注重实时	面向主题,注重分析
汇总情况	原始数据	多层次汇总,数据细节损失
数据结构	结构化程度高,适合运算	结构化程度适中

9.4.2 数据仓库的类型

数据仓库的类型根据数据仓库的数据类型和它们所解决的企业问题范围,一般可将数据仓库分为 3 种类型:企业数据仓库(EDW)、操作型数据库(ODS)和数据集市(Data Marts)。

(1)企业数据仓库为通用数据仓库,它既含有大量详细的数据,也含有大量累赘的或聚集的数据,这些数据具有不易改变性和面向历史性。此种数据仓库被用于进行涵盖多种企业领域上的战略或战术的决策上。

(2)操作型数据库既可以被用来针对工作数据做决策支持,又可用做将数据加载到数据仓库时的过度区域。与 EDW 相比,ODS 是面向主题和面向综合的,易变的,仅含有目前的、详细的数据,不含有累计的、历史性的数据。

(3)数据集市是为了特定的应用目的或应用范围,从数据仓库中独立出来的一部分数据,也可称为部门数据或主题数据。几组数据集市可以组成一个 EDW。

9.4.3　数据仓库的体系结构

整个数据仓库系统是一个包含四个层次的体系结构,具体如图 9-6 所示。

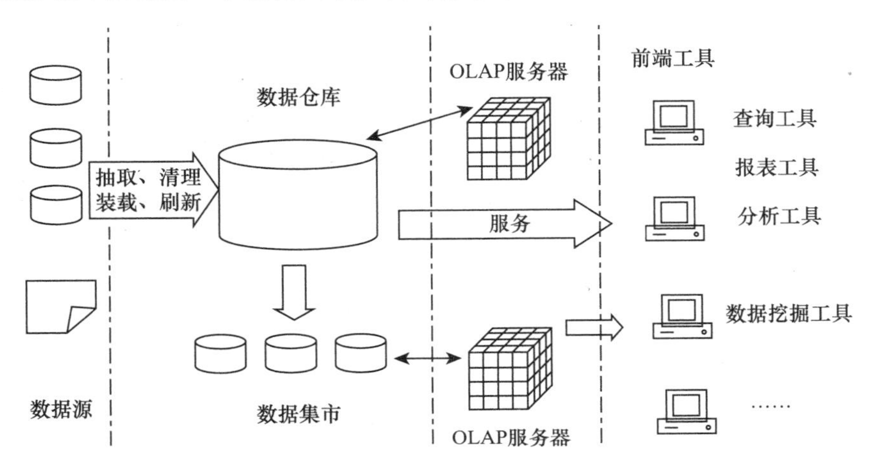

图 9-6　数据仓库系统体系结构

(1)数据源

它是数据仓库系统的基础,是整个系统的数据来源。通常包括企业内部信息和外部信息。内部信息包括存放于 RDBMS 中的各种业务处理数据和各类文档数据。外部信息包括各类法律法规、市场信息和竞争对手的信息等。

(2)数据的存储与管理

它是整个数据仓库系统的核心。数据仓库的组织管理方式决定了它有别于传统数据库,同时也决定了其对外部数据的表现形式。要决定采用什么产品和技术来建立数据仓库的核心,则需要从数据仓库的技术特点着手分析。针对现有各业务系统的数据,进行抽取、清理,并有效集成,按照主题进行组织。数据仓库按照数据的覆盖范围可以分为企业级数据仓库和部门级数据仓库(通常称为数据集市)。

(3)OLAP 服务器

对分析需要的数据进行有效集成,按多维模型予以组织,以便进行多角度、多层次的分析,并发现数据趋势。其具体实现可以分为:ROLAP、MOLAP 和 HOLAP。ROLAP 基本数据和聚合数据均存放在 RDBMS 之中;MOLAP 基本数据和聚合数据均存放于多维数据库中;HOLAP 基本数据存放于 RDBMS 之中,聚合数据存放于多维数据库中。

(4)前端工具

主要包括各种报表工具、查询工具、数据分析工具、数据挖掘工具以及各种基于数据仓库或数据集市的应用开发工具。其中数据分析工具主要针对 OLAP 服务器,报表工具、数据挖掘工具主要针对数据仓库。

9.4.4 数据仓库系统的三个工具层

OLAP的查询分析型工具、DSS的分析预测型工具、数据挖掘的挖掘型工具构成了数据仓库系统的工具层，它们各自的侧重点不同，适用范围和针对的用户也不相同。具备这三种工具的数据仓库系统，才能真正高效地利用数据仓库中蕴藏的大量宝贵的信息。

1. 联机分析处理(OLAP)

联机分析处理(OLAP-OnLine Analytical Processing)主要通过多维的方式来对数据进行分析、查询和报表。它不同于传统的联机事物处理(OLTP-Online Transaction Processing)应用。OLTP应用主要是用来完成用户的事务处理，如民航订票系统、银行储蓄系统等，通常要进行大量的更新操作，同时对响应时间要求比较高。而OLAP应用主要是对用户当前及历史数据进行分析，辅助领导决策。其典型的应用有对银行信用卡风险的分析与预测、公司市场营销策略的制定等，主要是进行大量的查询操作，对时间的要求不高。

2. 决策支持系统(DSS)

决策支持系统(DSS)和数据仓库的目标用户相同，都是面向企业的中高层领导，它们执行的都是决策和趋势分析类的应用，DSS中的一些技术可以很好地集成到数据仓库中，并使数据仓库的分析能力更加强大。

3. 数据挖掘

数据挖掘是当前业界的热门技术，已经在多个应用领域产生了巨大的效益。数据挖掘不一定需要建立在数据仓库的基础上，但是如果将数据挖掘和数据仓库协同工作，则可以简化数据挖掘过程的某些步骤，从而大大提高数据挖掘的工作效率。并且，因为数据仓库的数据来源于整个企业，保证了数据挖掘中数据来源的广泛性和完整性。数据挖掘技术是数据仓库应用中比较重要也是相对独立的部分。目前，数据挖掘技术正处在发展当中。数据挖掘涉及到数理统计、模糊理论、神经网络和人工智能等多种技术，技术含量比较高，实现难度较大。此外，数据挖掘技术还可与可视化技术、地理信息系统、统计分析系统相结合，丰富数据挖掘技术及工具的功能与性能。

9.4.5 数据仓库的关键技术

与关系数据库不同，数据仓库没有严格的数学理论基础，它更偏向于工程。由于数据仓库的工程性，因而在技术上可以根据它的工作过程分为：数据的抽取、存储和管理、数据的表现以及数据仓库设计的技术咨询四个方面，本书着重讲述前面两个技术。

1. 数据的抽取

数据的抽取是数据进入仓库的入口。由于数据仓库是一个独立的数据环境，它需要通过抽取过程将数据从联机事务处理系统、外部数据源、脱机的数据存储介质中导入到数据仓库。数据抽取在技术上主要涉及互连、复制、增量、转换、调度和监控等几个方面。数据仓库的数据并不要求与联机事务处理系统保持实时的同步，因此数据抽取可以定时进行，但多个抽取操作执行的时间、相互的顺序、成败对数据仓库中信息的有效性至关重要。

2. 数据的存储和管理

数据仓库遇到的首要问题是对大量数据的存储和管理。这里所涉及的数据量比传统事务处理大得多，且随时间的推移而累积。从现有技术和产品来看，只有关系数据库系统能够担当此任。关系数据库经过几十年的发展，在数据存储和管理方面已经非常成熟，非其他数据管理系统可比。数据的存储和管理，需要高性能处理、优化、多维度的分析来支持。

在传统联机事务处理应用中，用户访问系统的特点是短小而密集；对于一个多处理机系统来说，能够将用户的请求进行均衡分担是关键，这便是并发操作。而在数据仓库系统中，用户访问系统的特点是庞大而稀疏，每一个查询和统计都很复杂，但访问的频率并不是很高。此时系统需要有能力将所有的处理机调动起来为这一个复杂的查询请求服务，将该请求并行处理。因此，并行处理技术在数据仓库中比以往更加重要。

数据仓库需要针对决策支持查询的优化。这个问题主要针对关系数据库而言，因为其他数据管理环境连基本的通用查询能力都还不完善。在技术上，针对决策支持的优化涉及数据库系统的索引机制、查询优化器、连接策略、数据排序和采样等诸多部分。普通关系数据库采用 B 树类的索引，对于性别、年龄、地区等具有大量重复值的字段几乎没有效果。而扩充的关系数据库则引入了位图索引的机制，以二进制位表示字段的状态，将查询过程变为筛选过程，单个计算机的基本操作便可筛选多条记录。由于数据仓库中各数据表的数据量往往极不均匀，普通查询优化器所得出得最佳查询路径可能不是最优的。因此，面向决策支持的关系数据库在查询优化器上也作了改进，同时根据索引的使用特性增加了多重索引扫描的能力。

数据仓库是支持多维分析的查询模式，这也是关系数据库在数据仓库领域遇到的最严峻的挑战之一。用户在使用数据仓库时的访问方式与传统的关系数据库有很大的不同。对于数据仓库的访问往往不是简单的表和记录的查询，而是基于用户业务的分析模式，即联机分析。它的特点是将数据想象成多维的立方体，用户的查询便相当于在其中的部分维（棱）上施加条件，对立方体进行切片、分割，得到的结果则是数值的矩阵或向量，并将其制成图表或输入数理统计的算法。

9.5　联机分析处理技术(OLAP)

9.5.1　OLAP 的定义

数据仓库中尽管包含了大量有价值的历史数据，但如果让决策支持人员直接去看这些数据是没有任何实际意义的，必须有方便有效的工具能够很容易地对其中的数据进行分析处理。20 世纪 60 年代末，关系数据库之父 E. F. Codd 提出了关系模型，促进了联机事务处理 OLTP（On-Line Transactional Processing）的发展（数据以表格的形式而非文件方式存储）。1993 年，E. F. Codd 提出了 OLAP 概念，认为 OLTP 已不能满足终端用户对数据库查询分析的需要，SQL 对大型数据库进行的简单查询也不能满足终端用户分析的要求。用户的决策分析需要对关系数据库进行大量计算才能得到结果，而查询的结果并不能满足决策者提出的需求。因此，E. F. Codd 提出了多维数据库和多维分析的概念，即联机分析处理技术 OLAP（On-line Analytical Processing）。

OLAP 是目前 RDBMS 不可缺少的功能，可以作为一个独立的 OLAP 服务器实现，也可以集成在 RDBMS 中。

定义 1　OLAP 是针对特定问题的联机数据访问和分析。通过对信息（维数据）的多种可能的观察形式进行快速、稳定一致和交互性的存取，允许管理决策人员对数据进行深入观察。

定义 2 OLAP 是使分析人员、管理人员或执行人员能够从多种角度对从原始数据中转化出来的、能够真正为用户所理解的、并真实反映企业维特性的信息进行快速、一致、交互地存取，从而获得对数据的更深入了解的一类软件技术（OLAP 委员会的定义）。

OLAP 的目标是满足决策支持或多维环境特定的查询和报表需求，它的技术核心是“维”这个概念，因此 OLAP 也可以说是多维数据分析工具的集合。

表 9-3 OLAP 与 OLTP 比较

OLTP 数据	OLAP 数据
原始数据	导出数据
细节性数据	综合性和提炼性数据
当前值数据	历史数据
可更新	不可更新，但周期性刷新
一次处理的数据量小	一次处理的数据量大
面向应用，事务驱动	面向分析，分析驱动
面向操作人员，支持日常操作	面向决策人员，支持管理需要

9.5.2 OLAP 的相关基本概念

(1)维

维是人们观察数据的特定角度，是考虑问题时的一类属性，如：产品维、时间维、地理维等。

(2)维的层次

人们观察数据的某个特定角度，即某个维，还可以存在细节程度不同的各个描述方面，如时间维：日期、月份、季度、年；地区维：街道、城市、省、国家。

(3)维的成员

某个维的某个具体取值，是数据项在某维中位置的描述。如：“某年某月某日”是在时间维上位置的描述。

(4)多维数组

维和变量的组合表示。一个多维数组可以表示为：(维 1，维 2，…，维 n，变量)。如：(时间，地区，产品，销售额)。

(5)数据单元(单元格)

多维数组的取值。如：(2016 年 1 月，上海，联想笔记本电脑，$ 100000)。

下面举例说明上述概念。

一个 IT 公司的销售一般从以下三个方面分析销售额：

- 时间：在某一段时间内的销售情况，其度量为(年、季度、月、旬、天)
- 地区：在某个地区的销售情况，其度量为(地区、国家、省、市)
- 产品：某类型产品的销售情况，其度量为(类别、型号等)

(时间，地区，产品)就构成三个维，可以在某个层次上查看数据，如图 9-7 所示。正好构成一个数据立方体(Cube)，可以有更高阶的维，但仍称为数据立方体，如图 9-8 所示。

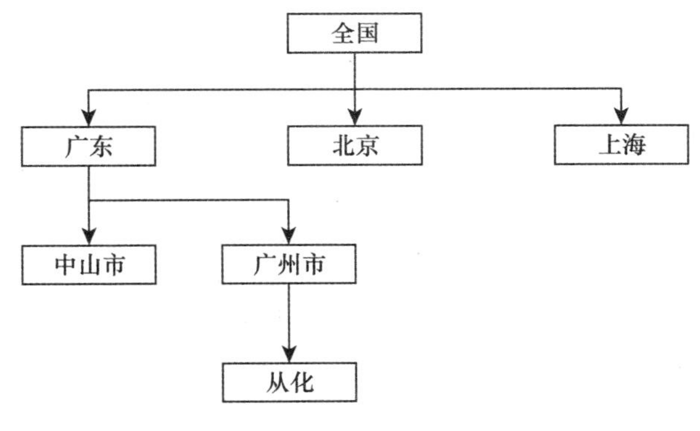

图 9-7　地区维的层次

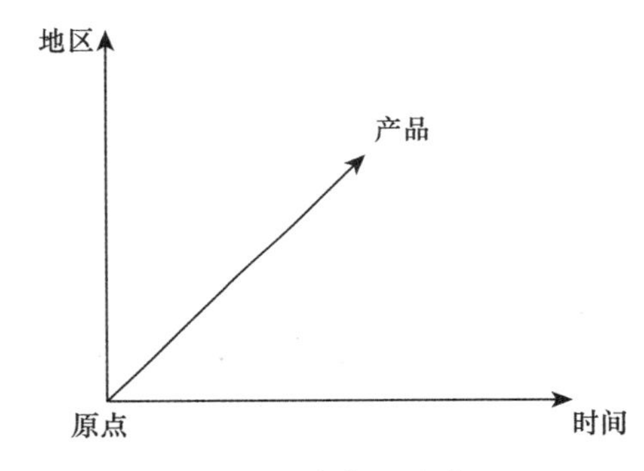

图 9-8　数据立方体

9.5.3　OLAP 的多维分析操作

在实际的决策制定过程中，决策者需要的不是某一指标单一的值，而是希望从多个角度或者从不同的考察范围来观察某一指标或多个指标，通过分析对比，从而找出这些指标间隐藏的内在关系，并预测这些指标的发展趋势，即决策所需的数据总是和一些分析角度和分析指标有关。OLAP 的主要工作就是将数据仓库中的数据转换到多维数据结构中，并且对上述多维数据结构执行有效且非常复杂的多维查询。

多维分析操作是指对以多维形式组织起来的数据采取切片、切块、旋转等各种分析操作，以求剖析数据，使最终用户能从多个角度、多个侧面去观察数据库中的数据，从而深入地了解包含在数据中的信息和内涵。多维分析的基本操作有：

(1)切片

在给定的多维数据集的某一个维上选定一维成员，从而得到一个多维数据子集的动作。如果有(维 1，维 2，…，维 i，…，维 n，度量)多维数据集，对维 i 选定了某个维成员，那么(维 1，维 2，…，维 i 成员，…，维 n，度量)就是多维数据集(维 1，维 2，…，维 i，…，维 n，度量)在维 i 上的一个切片。如图 9-9 所示，选择维中特定的值进行分析，比如只选择电子产品的销售数据，或者 2016 年第二季度的数据。

(2)切块

在多维数据集的某一维上选定某一区间的维成员的操作称为切块，即限制多维数据集的某一维的取值区间。如图 9-10 所示，选择维中特定区间的数据或者某批特定值进行分析，比如选择 2016 年第一季度到 2016 年第二季度的销售数据，或者是电子产品和日用品的销售数据。

(3)旋转

旋转是一种目视操作，它转动多维数据集的视角，提供数据的替代表示。旋转操作可以将多维数据集的不同维进行交换显示，从而使用户更加直观地观察数据集中不同维之间的关系。如图 9-11 所示，即维的位置的互换，就像是二维表的行列转换，通过旋转实现产品维和地域维的互换。

(4)钻取

在维的不同层次间的变化，从上层降到下一层，或者说是将汇总数据拆分到更细节的数据。如图 9-12 所示：通过对 2016 年第二季度的总销售数据进行钻取来查看 2010 年第二季度 4、5、6 每个月的消费数据，当然也可以钻取浙江省来查看杭州市、宁波市、温州市……这些城市的销售数据。

(5)上卷

钻取的逆操作，即从细粒度数据向高层的聚合，如将江苏省、上海市和浙江省的销售数据进行汇总来查看江浙沪地区的销售数据，如下图 9-13 所示。

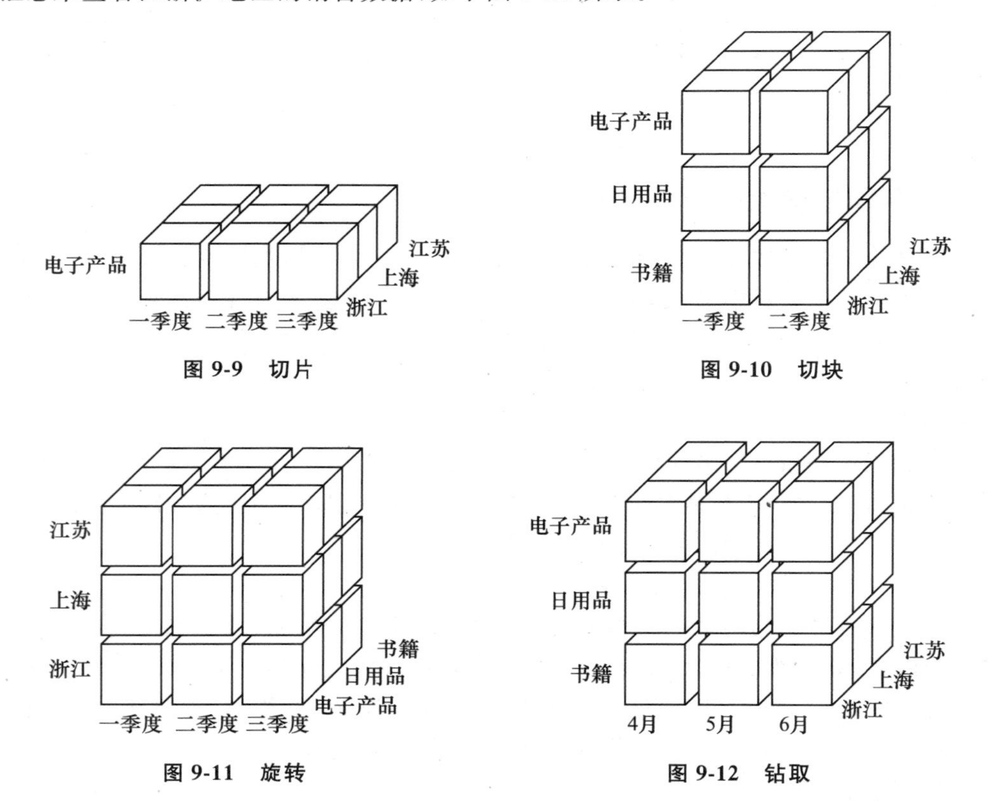

图 9-9 切片

图 9-10 切块

图 9-11 旋转

图 9-12 钻取

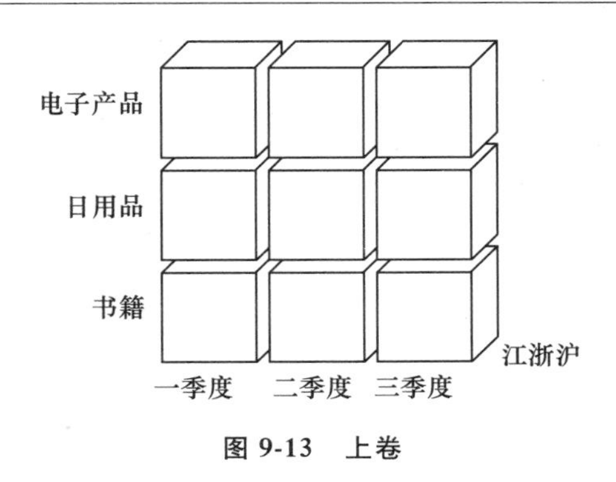

图9-13　上卷

9.5.4　OLAP的特点

根据OLAP产品的实际应用情况和用户对OLAP产品的需求，人们提出了一种对OLAP更简单明确的定义，即共享多维信息的快速分析。OLAP主要有以下四个特点：

(1)快速性

用户对OLAP的快速反应能力有很高的要求。有个业务需要系统应能在5 s内对用户的大部分分析要求做出反应。

(2)可分析性

OLAP系统应能处理与应用有关的任何逻辑分析和统计分析，用户无需编程就可以定义新的专门计算，将其作为分析的一部分，并以用户理想的方式给出报告。用户可以在OLAP平台上进行数据分析，也可以连接到其他外部分析工具上，如时间序列分析工具、成本分配工具、意外报警、数据开采等。

(3)多维性

它是OLAP的关键属性。系统必须提供对数据的多维视图和分析，包括对层次维和多重层次维的完全支持。事实上，多维分析是分析企业数据最有效的方法，是OLAP的灵魂。

(4)信息性

不论数据量有多大，数据存储在何处，OLAP系统应能及时获得信息，并且管理大容量信息。这里有许多因素需要考虑，如数据的可复制性、可利用的磁盘空间、OLAP产品的性能及与数据仓库的结合度等。

9.5.5　OLAP的分类

OLAP有多种分类方法，根据存储数据方式的不同，可分为ROLAP、MOLAP、HOLAP。

(1)ROLAP

表示基于关系数据库的OLAP实现(Relational OLAP)。以关系数据库为核心，以关系型结构进行多维数据的表示和存储，如表9-4所示。ROLAP将多维数据库的多维结构划分为两类表：一类是事实表，用来存储数据和维关键字；另一类是维表，即对每个维至少使用一个表来存放维的层次、成员类别等维的描述信息。如图9-14所示，维表和事实表通过主关键字和外关键字联系在一起，形成了“星形模式”。对于层次复杂的维，为避免冗余数据占用过大的存储空间，可以使用多个表来描述，这种星形模式的扩展称为“雪花模式”，如图9-15所示。ROLAP的最大好处是可以实时地从源数据中获得最新数据更新，以保持数据实时性，缺陷是运算效率比较低，用户等待响应时间比较长。

表 9-4　增加汇总数据的关系数据库存储数据的方式

产品名称	销售地区	销售数量
电器	江苏	940
电器	上海	450
电器	北京	340
电器	汇总	1730
服装	江苏	830
服装	上海	350
服装	北京	270
服装	汇总	1450
汇总	江苏	1770
汇总	上海	800
汇总	北京	610
汇总	汇总	3180

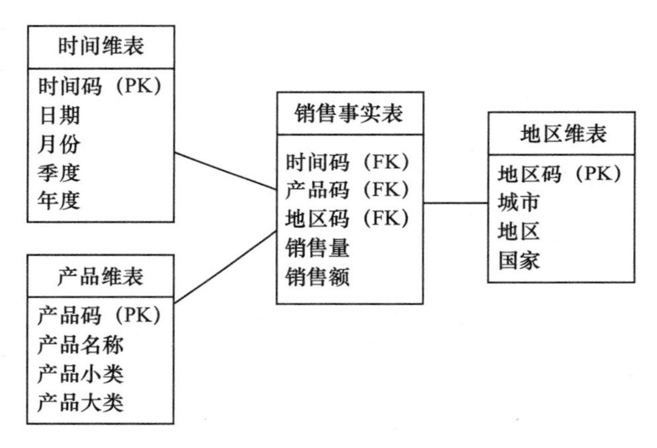

图 9-14　“星形模式”示例

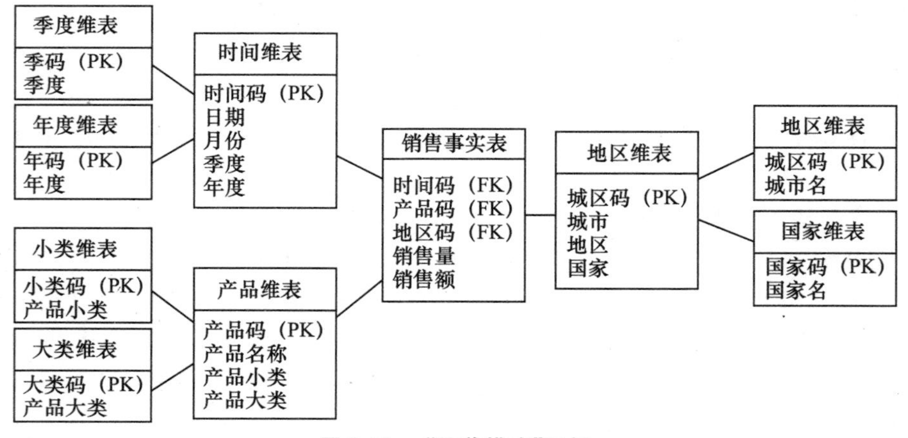

图 9-15　“雪花模式”示例

(2)MOLAP

表示基于多维数据组织的OLAP实现(Multidimensional OLAP)。以多维数据组织方式为核心,也就是说,MOLAP使用多维数组存储数据,如表9-5所示。多维数据在存储中将形成“数据立方体”的结构,此结构高度优化后,可以最大程度地提高查询性能。随着源数据的更改,MOLAP存储中的对象必须定期处理以合并这些更改。两次处理之间的时间将构成滞后时间,在此期间,OLAP对象中的数据可能无法与当前源数据相匹配。维护人员可以对MOLAP存储中的对象进行不中断的增量更新。MOLAP的优势是经过了数据多维预处理,分析中数据运算效率高,主要缺陷是数据更新有一定延滞。

表9-5 增加汇总数据的多维数据库储数据的方式

	江苏	上海	北京	汇总
电器	940	450	340	1730
服装	830	350	270	1450
汇总	1770	800	610	3180

(3)HOLAP

表示基于混合数据组织的OLAP实现(Hybrid OLAP),用户可以根据自己的业务需求,选择哪些模型采用ROLAP,哪些采用MOLAP。一般来说,需要灵活定义的分析使用ROLAP方式,而常规模型多采用MOLAP实现。

9.6 数据挖掘(DM)

9.6.1 DM概述

在当今信息爆炸的时代,人类正面临着“被信息所淹没,但却饥渴于知识”的困境。随着计算机硬件技术的快速发展、企业信息化水平的不断提高和数据库技术的日臻完善,人类积累的数据量正以指数方式增长。据粗略估计,一个中等规模企业每天要产生100 GB以上的商业数据。而电信、银行、大型零售业每天产生的数据量以TB来计算。人们搜集的数据越来越多,剧增的数据背后隐藏着许多重要的信息,人们希望对其进行更高层次的分析,以便更好地利用这些数据。当前的数据库系统可以高效的实现数据的录入、查询、统计等功能,但无法发现数据中存在的关系与规则,无法根据现有的数据来预测未来的发展趋势。人们迫切需要一种将传统的数据分析方法与处理海量数据的复杂算法有机结合的技术。随着计算机数据仓库技术的不断成熟,从数据中发现知识(Knowledge Discovery in Database)及其核心技术——数据挖掘(DM-Data Mining)便应运而生,并得以蓬勃发展,越来越显示出其强大的生命力。它可以从大量的数据中去伪存真,提取有用的信息,并将其转换成知识。

数据挖掘是指从大量数据中发现并提取隐藏的、人们事先不知道的但又有可能是用户感兴趣的、有用的信息和知识的一种技术。我们把提取出的信息和知识表示为规律、概念、模式、规则等形式,它为从简单查询变为在数据库里挖掘与发现知识从而产生决策的行为提供了支持。

9.6.2 DM 的技术及方法

数据挖掘是一个跨学科的交叉领域，涉及数据库技术、信息检索、机器学习、神经网络、统计学、模式识别、知识获取、人工智能、高性能计算和数据可视化等技术。

1.预言型数据挖掘

(1)分类

分类要解决的问题是为一个事件或对象归类。在使用上，既可以用此模型分析已有的数据，也可以用它来预测未来的数据。例如，用分类来预测哪些客户最倾向于对电子信箱的销售做出回应，又有哪些客户可能会换他的手机服务提供商，或在医疗领域当遇到一个病例时用分类来判断一下从哪些药品着手比较好。

(2)回归

回归是通过具有已知值的变量来预测其他变量的值。在最简单的情况下，回归采用的是像线性回归这样的标准统计技术。但在大多数现实世界中的问题是不能用简单的线性回归所能预测的。为此人们又发明了许多新的手段来试图解决这个问题，如逻辑回归、决策树、神经网络等。

(3)时间序列

时间序列是用变量过去的值来预测未来的值。与回归一样，也是用已知的值来预测未来的值，只不过这些值的区别是变量所处时间的不同。时间序列采用的方法一般是在连续的时间流中截取一个时间窗口(一个时间段)，窗口内的数据作为一个数据单元，然后让这个时间窗口在时间流上滑动，以获得建立模型所需要的训练集。

2.描述型数据挖掘

图形和可视化工具在数据准备阶段尤其重要，它能使人们快速直观的分析数据，而不只是枯燥乏味的文本和数字。我们不仅要看到整个森林，还要拉近每一棵树来察看细节。在图形模式下人们很容易找到数据中可能存在的模式、关系、异常等，直接看数字则很难。

(1)聚类

聚类是把整个数据库分成不同的类，类与类之间差别要很明显，而同一个类之间的数据则尽量相似。与分类不同，在开始聚类之前我们不知道要把数据分成几组，也不知道怎么分。因此在聚类之后要有一个对专业很熟悉的人来解释分类的意义。

(2)关联分析

关联分析是寻找数据库中值的相关性。两种常用的技术是关联规则和序列模式。关联规则是寻找在同一个事件中出现的不同项的相关性，比如在一次购买活动中所买不同商品的相关性。序列模式与此类似，他寻找的是事件之间时间上的相关性。

9.6.3 DM 的工作流程

数据挖掘工作作为一个完整的挖掘过程，可分为以下 4 个步骤：

(1) 陈述问题和阐明假设

多数基于数据的模型研究都是在一个特定的应用领域里完成的，因此在设计数据挖掘算法之前，需要事先确定一个有意义的问题陈述，模型建立者通常会为未知的相关性指定一些变量，如果可能还会指定相关性的一个大体形式作为初始假设，对当前问题可能会有几个阐明的假设，这要求将应用领域的专门技术和数据挖掘模型相结合。实际上，这往往意味着数据挖掘人员与应用专家之间密切地协作，在开始数据处理过程之前明确实际工作对数据挖掘结果的要求，根据此要求，确定数据收集过程的具体方法和数据挖掘采用的具体算法。

(2)数据准备和预处理

数据准备和预处理又可分为3个步骤，数据选取、数据预处理、数据变换。数据选取的目的是确定数据挖掘的处理对象，即目标数据，它是根据问题陈述中得到的用户需求，从原始数据库中抽取一定的数据用于数据挖掘，这些数据可能是整个数据库中与问题相关的数据，也可能是这些数据中的某些部分。数据预处理一般包括消除噪声，推导缺值数据所缺的数值，消除重复记录，完成数据类型转换(如把连续值数据转换为离散型的数据，以便于符号归纳，或是把离散型的转换为连续值型的，以便于神经网络)等，当数据挖掘的对象是数据仓库中的数据时，一般来说，数据预处理工作已经在生成数据仓库时完成了。数据变换的主要目的是消减数据维数或降维，即从初始属性中找出对知识产生真正有用的属性以减少数据挖掘时要考虑的属性或变量个数，可以有效地减少数据挖掘的工作量，提高整个系统的效率。

(3)算法选择与挖掘数据

数据挖掘的任务是从数据中发现模式，此阶段首先根据问题的定义明确挖掘的任务或目的，例如需要产生聚类、分类、关联规则还是时间序列等模式，确定了任务后，就需要决定使用什么样的算法，选择算法需要考虑两个因素：一是根据不同的数据，采用适合处理这些数据的算法；二是根据用户需要，选择符合用户需求，能够产生预期结果的算法。关于数据挖掘所采用的一些常用算法，请参考相关的资料进行学习。采用选定的算法对数据进行分析，也可以根据用户的多种需求采用多个算法分别对数据进行分析。

(4)结果解释和评估

数据挖掘出的模式，不一定都是有价值的，需要对结果进行解释和评估，其中可能存在冗余或与问题无关的模式 这时需要将整个数据挖掘过程退到前面的某个阶段，重新对数据进行处理，如重新选取目标数据，采用新的数据变换方法，重新设定数据挖掘算法的参数值，甚至换一个新的算法等。另外，数据挖掘过程最终要面向用户，因此需要对发现的模式进行可视化，或者把分析的结果转换为用户易懂的表示形式，使用户便于理解和接受。

整个数据挖掘过程是一个不断反馈的过程，若某个步骤的结果与预期的目标不相符合，那么则需要回到前一步骤，甚至前几个步骤，重新调整，重新执行。

9.6.4 DM、DW与OLAP的联系与区别

若将DW比作矿坑，DM就是深入矿坑采矿的工作。要将庞大的数据转换成有用的信息，必须先有效率地收集信息。随着科技的进步，功能完善的数据库系统就成了最好的收集数据的工具。DW，简单地说，就是搜集来自其他系统的有用数据，存放在一个整合的储存区内。

DW本身就是一个非常大的数据库，它储存着由组织作业数据库中整合而来的数据，特别是指事务处理系统OLTP所得来的数据。将这些整合的数据存储于数据库中，公司的决策者利用这些数据作决策；但是，转换及整合数据的过程是建立一个DW最大的挑战。因为将作业中的数据转换成有用的策略性信息是整个数据仓库的重点。所以，DW应该具有这些数据：整合性数据、详细和汇总性的数据、历史数据、解释数据的数据。从DW挖掘出对决策有用的信息与知识，是建立DW与使用DM的最大目的，两者的本质与过程是两回事。换句话说，数据仓库应先行建立完成，DM才能有效率地进行，因为数据仓库本身所含数据是干净（不会有错误的数据参杂其中）、完备，且经过整合的。因此，两者关系可解读为DM是从DW中找出有用信息的一种过程与技术。

OLAP是指由数据库所连接出来的在线分析处理程序。有些人会说："已经有OLAP的工具了，所以我不需要Data Mining。"事实上，两者间截然不同。主要差异在于DM用在产生假设，OLAP则用于查证假设。简单来说，OLAP是由使用者所主导，使用者先有一些假设，然后利用OLAP来查证假设是否成立；而DM则是用来帮助使用者产生假设。所以在使用OLAP工具时，使用者是自己在做探索，但DM是用工具在帮助做探索。

举个例子来看，一个市场分析师在为超市规划货品架柜摆设时，可能会先假设婴儿尿布和婴儿奶粉是常被一起购买的产品，接着便可利用OLAP的工具去验证此假设是否为真，成立的证据有多明显；但DM则不然，执行DM的人将庞大的结账数据整理后，并不需要假设或期待可能的结果，透过Mining技术可找出存在于数据中的潜在规则，于是我们可能得到意外发现，例如：尿布和啤酒常被同时购买，这是OLAP所做不到的。

DM常能挖掘出超越归纳范围的关系，但OLAP仅能利用人工查询及可视化的报表来确认某些关系，DM自动找的数据模型与关系的特性，事实上已超越了我们的经验、教育、想象力，OLAP可以和DM互补，但这项特性是DM无法被OLAP取代的。

9.6.5 DM的功能和应用

1. 数据挖掘

简单地说，数据挖掘是从大量数据中提取或"挖掘"知识的过程。就功能而言，数据挖掘包括5种主要功能：

(1)分类

按照分析对象的属性分门别类加以定义从而建立组别。例如，将信用卡申请者的风险属性，区分为高度风险申请者、中度风险申请者及低度风险申请者。

(2)推算估计

根据与所估计的目标变量相关的其他变量，利用已有数据来推算预测变量的未来值。例如按照信用卡申请者的教育程度、行为类别来推估其信用卡消费量。

(3)预测

根据估计对象的过去观察值来预测未来值。与推估的区别在于，这种预测由变量过去的值来估计未来值。例如由顾客过去的刷卡消费量预测其未来的刷卡消费量。

(4)关联分析

将所有对象按某种规则划分为相关联的类,从而将它们放在一起。例如,超市中相关的日常用品(牙刷、牙膏)放在同一货架上。在客户服务系统中各种功能用以确认交叉销售的机会,从而设计出吸引顾客的产品群。

(5)聚类分析

将成分各异的总体分割为若干具有相同性质的群。聚类分析相当于营销术语中的区分化,但它不是事先的区分,而是直接根据数据自然产生的区分。

2.应用

在应用方面,数据挖掘的上述五种功能与不同领域的实际需求相结合就产生了数据挖掘应用的丰富内容。到目前为止,数据挖掘已经在世界范围内的各行业得到了广泛的应用并结出了丰硕的成果,它的主要应用体现在以下7个方面:

(1)科学应用研究

从科学研究方法学的角度看,随着先进的科学数据搜集工具的使用,如观测卫星、遥感器、DNA分子技术等,数据量非常大,传统的数据分析工具无能为力,因此必须利用强大的自动数据分析工具。数据挖掘在天文学上有一个非常著名的应用系统:SKICAT,它是美国加州理工学院喷气与推进试验室和文科学家合作开发的用于帮助天文学家发现遥远类星体的一个工具,也是人工智能技术在天文学和空间科学上的第一批成功应用案例之一。利用SKICAT,天文学家已经发现了16个新的极其遥远的类星体,数据挖掘在生物学上的应用主要集中在分子生物学特别是基因工程的研究上。近几年,通过使用计算生物分子系列分析方法,尤其是基因数据库搜索技术已在基因研究上做出了很多重大发现。

(2)市场营销

数据挖掘在营销业上的应用可分为两类,数据库营销和购物篮分析。数据库营销中,数据挖掘将用户进行分类,这样,当一个新用户到来时,通过顾客信息预测其购买的可能性,从而可以根据结果有针对性地对顾客进行推销。购物篮分析是分析市场销售数据以识别顾客的购买行为模式,例如,如果A商品被选购,那么B商品被购买的可能性为95%,从而帮助确定商店货架的布局排放以促销某些商品,并且对进货的选择和搭配上也更有目的性。这方面的分析系统有Opportunity Explorer,它可用于超市商品销售异常情况的因果分析等。

(3)金融投资

典型的金融投资分析领域有投资评估和股票交易市场预测,分析方法一般采用模型预测法(如神经网络或统计回归技术)。数据挖掘可以通过对自己已有数据的处理,找到数据对象之间的关系,然后利用学习得到的模式进行合理的预测。这方面的系统有Fidelity StockSelector和LBS Capital Management。前者的任务是使用神经网络模型选择投资,后者则使用了专家系统、神经网络和基因算法技术来辅助管理多达6亿多元的有价证券。

(4)欺诈甄别

银行或商业上经常发生诈骗行为,如恶性投资等,这些给银行或商业单位带来了巨大的损失。进行诈骗甄别主要是通过总结正常行为和诈骗行为之间的关系,得到诈骗行为的一些特性,这样当某些业务符合这些特征时,可以向决策人员提出警告。这方面应用非常成功的系统有FALCON和FAIS系统。FALCON是HNC公司开发的信用卡欺诈估测系统;它已被相当数量的零售银行用于探测可疑的信用卡交易;FAIS是一个用于识别与洗钱有关的金融交易系统，它使用的是一般的政府数据表单。

(5)产品制造

在产品的生产制造过程中常常伴有大量的数据，如产品的各种加工条件或控制参数，这些数据反映了每个生产环节的状态，不仅为生产的顺利进行提供了保证，而且通过对这些数据的分析，得到产品质量与这些参数之间的关系。这样通过数据挖掘对这些数据的分析，可以对改进产品质量提出一些针对性很强的建议，从而有可能提出新的更高效的控制模式，从而为制造厂家带来极大的回报。

(6)通信网络管理

在通信网络运行过程中。会产生一系列警告，这些警告有的可以置之不理，而有的如果不及时采取措施，后果将不堪设想。数据挖掘可以通过分析已有的警告信息的正确处理方法以及警告之间的前后关系的记录，得到警告之间的序列模式规则，这些有价值的信息可用于网络故障的定位检测和严重故障的预测等任务中。

(7)Web 挖掘

20 世纪 90 年代网站热潮兴起，Web 数据大量出现。由于 Web 数据的特点非常适合进行数据挖掘，如站点访问模式分析、网页内容自动分类、聚类等，因此，数据挖掘开始被广泛应用到 Web 挖掘中，而且还出现了一些专门从事 Web 挖掘的公司。

9.7 大数据管理

随着互联网的飞速发展，特别是近年来社交网络、物联网、云计算以及多种传感器的广泛应用，以数量庞大，种类众多，时效性强为特征的非结构化数据不断涌现，数据的重要性愈发凸显，传统的数据存储、分析技术难以实时处理大量的非结构化信息，大数据的概念应运而生。

9.7.1 大数据定义

大数据是一个较为抽象的概念，正如信息学领域大多数新兴概念，大数据至今尚无确切、统一的定义。大数据通常被认为是 PB(1 024 terabytes)或 EB(1 EB = 100 万 TB)或更高数量级的数据，包括结构化的、半结构化的和非结构化的数据，其规模或复杂程度超出了常用传统数据库和软件技术所能管理和处理的数据集范围。普遍的观点认为：大数据是指无法在可承受的时间范围内用常规软件工具进行捕捉、管理和处理的数据集合。但这并不是一个精确的定义，因为无法确定常用软件工具的范围，可承受时间也是个粗略的描述。全球著名的咨询机构 IDC(国际文献资料中心)对大数据作出的定义为，大数据一般会涉及 2 种或 2 种以上数据形式。它要收集超过 100 TB 的数据，并且高速、实时的数据流；或者是从小数据开始，但数据每年会增长 60%以上。这个定义给出了量化标准，但只强调数据量大，种类多，增长快等数据本身的特征。全球权威的 IT 研究与顾问咨询公司 Gartner(高德纳)给出这样的定义，大数据是需要新处理模式才能具有更强的决策力、洞察发现力和流程优化能力的海量、高增长率和多样化的信息资产。这也是一个描述性的定义，在对数据描述的基础上加了处理此类数据的一些特征，用这些特征来描述大数据。

9.7.2 大数据的特征与分类

当前，较为统一的认识是大数据有4个基本特征：数据规模大（Volume），数据种类多（Variety），数据要求处理速度快（Velocity），数据价值密度低（Value），即所谓的四V特性。这些特性使得大数据区别传统的数据概念。大数据的概念与“海量数据”不同，后者只强调数据的量，而大数据不仅用来描述大量的数据，还进一步指出数据的复杂形式、数据的快速时间特性以及对数据的分类、处理等专业化处理，最终获得有价值信息的能力。

随着技术的发展，大数据广泛存在，如企业数据、统计数据、科学数据、医疗数据、互联网数据、移动数据、物联网数据等，并且各行各业都可得益于大数据的应用。

1.按其来源不同，大数据可分为如下3类

(1)来自于人

人们在互联网活动以及使用移动互联网过程中所产生的各类数据，包括文字、图片、视频等信息。

(2)来自于机

各类计算机信息系统产生的数据以文件数据库多媒体等形式存在，也包括审计日志所自动生成的数据。

(3)来自于物

各类数字设备所采集的数据，如摄像头产生的数字信号，医疗物联网中产生的人的各项特征值，天文望远镜所产生的大量数据等。

2.按其应用类型，大数据可分为如下3类

(1)海量交易数据(企业OLTP应用)

其应用特点是为简单的读写操作，访问频繁，数据增长快，一次交易的数据量不大，但要求支持事务特性。其数据的特点是完整性好、实效性强，有强一致性要求。

(2)海量交互数据(社网、传感器、GPS、Web信息)

其应用特点是实时交互性强，但不要求支持事务特性。其数据的典型特点是结构异构、不完备、数据增长快，不要求具有强一致性。

(3)海量处理数据(企业OLAP应用)

其应用特点是面向海量数据分析，操作复杂，往往涉及多次迭代完成，追求数据分析的高效率，但不要求支持事务特性。典型的是采用并行与分布处理框架实现。其数据的典型特点是同构性(如关系数据或文本数据或列模式数据)和较好的稳定性(不存在频繁的写操作)。

9.7.3 大数据管理系统

从未来发展趋势来看，大数据无处不在。在当前典型的应用案例中，大数据主要存在于大型互联网企业、电子商务企业及社会网络中，以Google、百度、Amazon、淘宝、Facebook等为代表。大数据带来了大机遇，同时也为有效管理和利用大数据提出了挑战。尽管不同种类的海量数据存在一定的差异，但总体而言，支持海量数据管理的系统应具有如下特性：高可扩展性(满足数据量增长的需要)、高性能(满足数据读写的实时性和查询处理的高性能)、容错性(保证分系统的可用性)、可伸缩性(按需分配资源)和尽可能低的运营成本等。然而，传统关系数库库所固有的局限性，如峰值性能、伸缩性、容错性、可扩展性差等特性，很难满足海量数据的性能管理需求。大数据管理技术的核心是如何实现大数据的处理任务。为此，云环境下面向海量数据管理的新模式，如采用 NoSQL 存储系统、MapReduce 技术应运而生。

1. NoSQL 存储系统

对于 NoSQL 技术，学术界有两种解释：①“Non-Relational”，也就是非关系型数据库；②“Not Only SQL”，即数据库不仅仅是 SQL；当前第二种解释比较流行。NoSQL 存储系统是指数据模型定义不明确的非关型的、分布式的，不保证遵循 ACID 原则的数据存储系统。NoSQL 具有灵活的数据模型、高可扩展性和美好的发展前景。NoSQL 牺牲了一些已在 RDBMS 中成为标准的功能(如数据一致性、存取控制、标准查询语言以及参照完整性等)，从而保证了海量数据的高可用性。

2. NoSQL 数据模型

NoSQL 普遍采用的数据模型有 4 种：Key-Value 模型、BigTable 模型、Document 模型以及 Graph 模型。

(1)Key-Value 模型

记为 KV(Key, Value)，是 NoSQL 系统较常用的数据模型。每个 Key 值对应一个任意类型的数据值，对应的对象可以是结构化数据，也可以是文档。基于 Key-Value 模型组织数据，需要将数据按照 Key-Value 形式存储，接着通过对 Key-Value 进行序列化排序操作进行存储，将 Key-Value 存储为字符串或者字节数据，且对 key 建立索引以便进行快速查询。

支持 Key-Value 模型的 NoSQL 系统有：Oracle Berkeley DB、Kyoto Cabinet、Membase、Voldemort、Redis 等。其中有的采用 ISK 方式存储实现同步数据复制(例如 Membase 等)，有的则采用 RAM 存储数据实现异步数复制(例如 Redis 等)。

(2)BigTable 模型

又称为 Columns Oriented 模型，它是 Google 提出并广泛采用的存储方式，而且也被 HBase、HyperTabley 以及 Cassandra 等系统借鉴使用。BigTable 模型同样是通过 Key-Value 基础模型对数据进行建模，不一样的是 Value 具有了比较精巧的结构，即一个 Value 包含多个列，这些列还能进行分组(column family)，表现出了多层嵌套映射的数据结构。

(3)Document 模型

其相对于 BigTable 模型在存储方面有两大改进：Value 值支持复杂的结构定义，其 Value 通常是被转换成 JSON 或者类似于 JSON 格式的结构化文档，如列表、键值对或者层次复杂的文档；支持数据库索引的定义，其索引主要是按照字段名来组织的，若是按字段的内容来组织则成了 Inverted Index (倒排索引) 模型。目前，基于文档模型的 NoSQL 系统有：MongoDB、CouchDB、Dynamo 等。

(4)Graph 模型

Graph 存储方式直接将整个数据集建模成一个大型的网络结构，再采用一系列图操作实现对数据的操作。由于图由结点和边构成，对于海量数据的图不能完全装入内存中，因此，Graph 存储方式通常是基于 DISK 的，NoSQL 系统实现图索引，完成图在内存中的调入调出。使用这种存储方式的 NoSQL 数据库有 Neo4、Hyper Graph DB 等。

3. 问题

与传统的关系型数据库相比，NoSQL 非关系型数据库在并行处理方面有一定优势，但也

存在一些问题,主要体现在:

(1)NoSQL很难实现数据的完整性。由于NoSQL项目中很难实现数据的完整性,而在企业中数据完整性又是必不可少的。因此,在企业中,NoSQL的应用还不是很广泛。

(2)成熟度不高。大部分NoSQL数据库都是开源项目,没有世界级的数据库厂商提供完整的服务,出现问题,都是自己解决,风险较大。

(3)关系数据库比NoSQL在设计时更能够体现实际,而NoSQL数据库缺乏这种关系,难以体现业务的实际情况,对于数据库的设计与维护增加了难度。

4. MapReduce技术

Google于2004年提出了MapReduce技术作为大规模并行计算解决方案,主要应用于大规模廉价集群上的大数据并行处理。MapReduce构建于基于Key/value存储的分布式存储系统之上,通过元数据集中存储、数据以chunk为单位分布存储和数据chunk冗余复制(默认为三复本)来保证其高可用性。

MapReduce是一种并行编程模型,它把计算过程分解为两个主要阶段,即Map阶段和Reduce阶段。Map函数处理Key/value对,产生一系列的中间Key/value对,Reduce函数用来合并所有具有相同key值的中间键值对,计算最终结果。并行任务调度负责在对输入数据分块后启动并行Map函数,在数据端完成本地数据处理并写入磁盘,在Reduce阶段由Reduce函数将Map阶段具有相同key值的中间结果收集到相同的Reduce节点进行合并处理,将结果写入本地磁盘。

MapReduce是一种简洁的并行计算模型,其设计的初衷主要是解决简单数据模型大数据在大规模并行计算集群上的高可扩展性和高可用性分析处理,其处理模式以离线式批量处理为主。Hadoop是Apache推出的开源MapReduce实现系统,以HDFS(Hadoop分布式文件系统)为存储引擎,以MapReduce为并行计算引擎。Hadoop推出后得到学术界和工业界的广泛关注并被大量电子商务企业及互联网企业所采用,Hadoop上的优化技术也成为近年来国际顶级学术会议的热点研究问题。

9.7.4 大数据发展趋势

关系数据库和MapReduce非关系型数据库技术的融合是数据库、数据工程领域的研究趋势。当前产业界正在尝试将数据库与MapReduce进行集成。Greenplum和sterData采用的是在MPP并行数据库内置对MapReduce的支持,实现数据库和MapReduce的双引擎融合,通过MapReduce扩展数据库对分析软件的支持。同时,传统数据库厂商如Oracle、IBM、Teradata、Vertica等也在致力于数据库与MapReduce的集成工作,通过双向数据通道在数据库和MapReduce系统之间建立协同访问的桥梁。

(1)从数据库管理的角度来看,非结构化大数据管理是数据库固有的技术障碍,但在结构化大数仓库(Big Data Warehouse)领域可以借鉴MapReduce的并行计算模型和高可用性分布式存储模型对数据库进行改造,同时对数据库进行“瘦身”,简化其强一致性约束功能和其他不必要的功能,充分利用其列存储、查询优化等成熟的技术,使数据库在大数据仓库应用中突破其固有的扩展性瓶颈,在高性能、高扩展和高可用性三个技术维度上获得平衡;使用非结构化Key-Value存储管理结构化大数据仍然是顺应应用需求的。因为基于Key-Value存储的Hadoop数据仓库实现技术尚处于起步阶段,需要其他数据库技术加速其发展进程。

(2)从系统结构的角度看,MapReduce 可以看作是并行计算平台的操作系统,提供最基础的数据管理和任务调度功能,而其上需要创建或移植专用的数据库系统来支持应用层的数据服务需求。因此,如何将数据库应用整合在 MapReduce 平台上,如何以数据为中心开发适应大数据特点的新的并行计算模型还将具有较大的研究空间。

电子商务、Web2.0、社会网络等技术的发展使人们对网络点击行为产生了兴趣并从中获得巨大的价值,但这些记录用户行为模式的网络日志数据伴随互联网规模的迅速扩张而极大地膨胀,传统的数据存储、管理和处理能力难以应对其巨量数据的管理需求。随着智能终端、移动计算、物联网等技术的发展和普及,数据产生的来源和采集能力极大增强,可以想象未来每一个智能终端都会成为数据网络中的一个节点,数据将随着设备的发展而更加多样化,数据管理将被赋予更加广泛的含义,而数据库也将伴随着大数据的特性而不断拓展其数据管理能。简而言之,大数据既是一个相对的概念又是一个永恒的概念,它伴随着人类对现实世界认知能力和反映能力的发展而发展,大数据管理也是一个数据管理技术与方法不断适应大数据特性的过程。

9.8 其他数据库

数据库技术可与其他相关技术相结合,例如模糊数据库、空间数据库等,它们是特定技术领域的知识通过数据库技术,实现对特定数据对象的计算机管理,并实现对被管理数据对象的操作。

9.8.1 模糊数据库

在一般数据库系统中引入"模糊"概念产生模糊数据库系统。它对模糊数据、数据间的模糊关系与模糊约束实施模糊查询和模糊数据操作。客观世界表露的不完全性、不确定性和概念外延的模糊性,强烈要求寻找处理有关模糊问题的数学工具。在 1965 年,Zadeh 的模糊集合理论应运而生。该理论的提出,几乎对所有的数学分支都产生了重要影响,应用遍及各个领域,在数据库理论与技术中使用模糊理论,开始于 1979 年 Buckles 等建立的模糊数据库理论,而国际上对模糊数据库的研究主要是从 20 世纪 80 年代开始的,旨在克服传统数据库难以表达和处理模糊信息的特点,进而扩展数据库的功能,开拓更新更广的领域,近十年来,大量的工作集中在模糊关系数据库方面,即对关系数据库进行模糊扩展。

模糊数据库系统中的研究内容涉及模糊数据库的形式定义、模糊数据库的数据模型(如属性值模糊的 FVRDM、元组值模糊的 FTRDM)、模糊数据库语言设计、模糊数据库设计方法及模糊数据库管理系统的实现。

近年来,也有许多工作是对关系之外的其他数据模型进行模糊扩展,如模糊 E-R(实体-联系),模糊 OODB(面向对象数据库)、模糊多媒体数据库等。当前,中国、日本、加拿大、法国、俄国的科研人员在模糊数据库的研究、开发与应用系统的建立方面都做了不少工作。但是,摆在人们面前的任务是,如何进一步研究、开发大型适用的商业性模糊数据库系统。

9.8.2 空间数据库

空间数据库系统是支持空间数据管理,面向地理信息系统、制图、遥感、摄影测量、测绘和计算机图形学等学科的数据库系统。目前,空间数据的结构基本上可分为两类,矢量和栅格形式。矢量表示与图形要素的常规表示一致,具有数据量小、精度高、图形操作处理复杂的特点;而栅格形式的数据是电子设备获取数据和显示数据的原始形式,基于栅格的图形处理操作较易实现,图形精度与象元分辨率有关,分辨率高则数据量增大。为解决精度和数据量的矛盾,已提出并研究了多种数据结构,如四分树(Quad Tree)及其变种,以及各种压缩方法。空间数据库系统不仅要支持传统的数据查询,而且要支持基于空间关系的查询。为此要解决好空间数据的存储和组织,建立合适的索引结构(如 R 树)等。

9.8.3　移动数据库

近十年来移动通信技术迅速发展,地面无线网、卫星网络覆盖全球,移动联网技术与协议也在不断发展,这些都为移动计算环境的形成创造了条件。

移动数据库是建立在移动计算环境之上的,系统模型如图 9-16 所示。

(1)服务器一般为固定结点

它带一个本地数据库,与可靠高速互联网络(固定网络)相连,构成传统分布数据库的一部分,也可能存在移动服务器。

(2)移动支持结点

它在固定高速网络中,具有无线联网能力,用于支持移动客户机。带有本地数据库。

(3)移动客户机

本身处理能力和存储能力较差,具有移动性,经常与服务器断开。

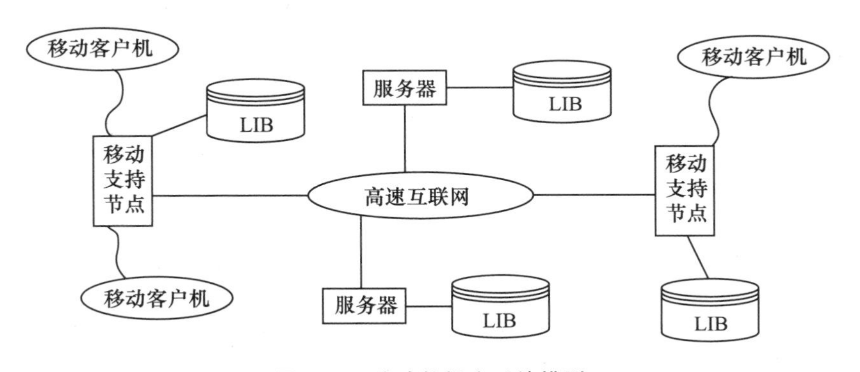

图 9-16　移动数据库系统模型

9.8.4　多媒体数据库

多媒体数据库是计算机多媒体技术与数据库技术的结合,它是当前最有吸引力的一种技术。多媒体技术是对传统计算机应用技术,即在对数字、字符、文字、图形、图像、语音处理技术及影视处理技术的结合继承的基础上所形成的新的计算机集成新技术。多媒体数据库技术正是研究并实现对多媒体数据的综合管理,即对多媒体对象的建模,对各种媒体数据的获取、存储、管理和查询。

目前,对多媒体数据库的研究与开发中主要采用以下几种体系结构。

1.组合式结构

根据不同媒体的特点分别建立数据库和管理系统,但相互间可以通信进行协调和执行相应操作,用户可以对单一的或多个媒体数据库进行存取。这种结构要求系统中每个DBMS能够相互协调工作,为此,每个系统应提供接口软件进行系统间通信、提供检索和修改界面。这种结构对单一数据库实现起来比较容易,但联合操作和合成处理较为困难。如图9-17所示为三种不同媒体数据库的组合结构,它们分别由三个多媒体数据库管理系统管理协调工作。

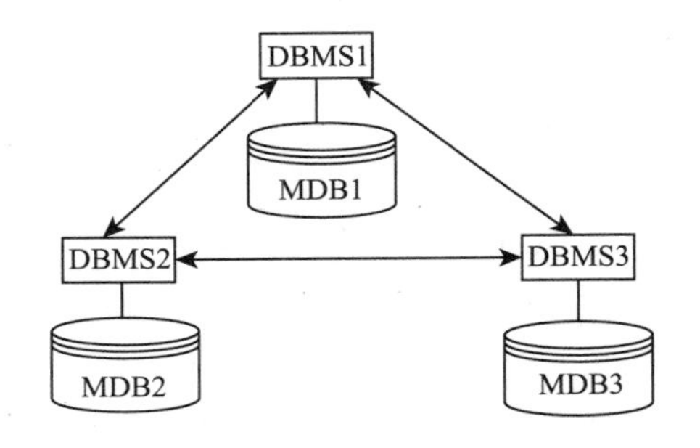

图9-17 MDBMS的组合结构

2.集中式结构

建立一个多媒体数据库管理系统集中统一管理所有媒体。这种结构需要集成多种媒体技术,实现起来有一定的难度,但便于对多种媒体进行统一管理和处理。集中式结构的多媒体数据库系统如图9-18所示,图中多种媒体数据MDB1、MDB2、…、MDBk由DBMS同一管理,完成对多媒体数据的不同操作。

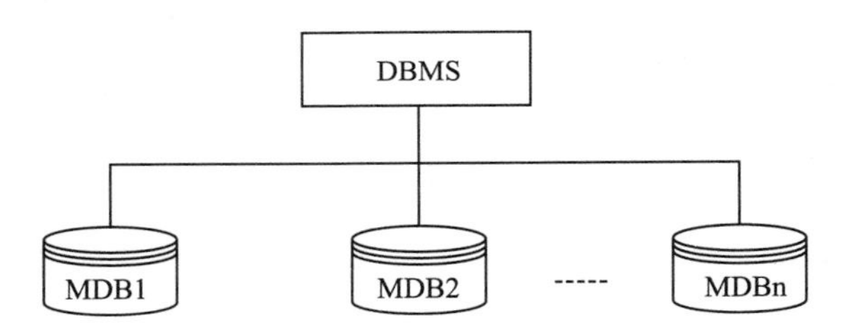

图9-18 MDBMS的集中式结构

3.客户/服务器结构

这种结构如图9-19所示,各种媒体数据的管理分别通过各自服务器上的数据管理结构(MDM)实现,所有媒体通过多媒体服务器上的多媒体数据管理系统统一管理,客户和服务器之间通过特定的中间件连接,用户通过多媒体服务器使用多媒体数据库。对于不同媒体类型,在多媒体层可以得到其重要特征属性和媒体所在的位置信息,用户通过这些信息完成对多媒体数据的处理。这种结构具有良好的可扩充性,可以根据不同需要采用不同的服务器、客户进程组合,能够较好的满足客户的需要。

除了上述数据库以外,还有内存数据库、时态数据库、工程数据库、主动数据库等,读者可自行查阅相关文献。

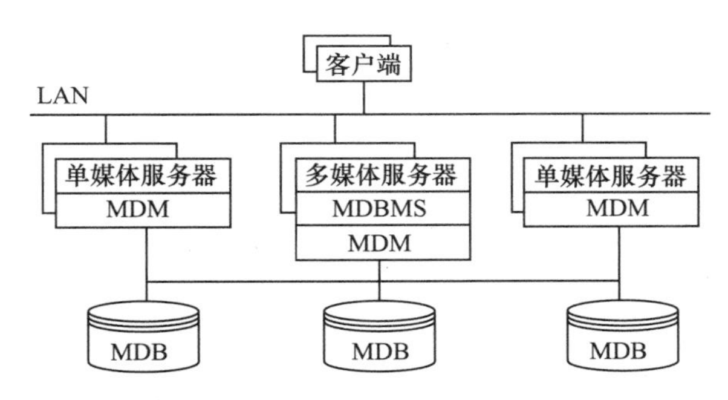

图 9-19　MDBMS 的客户/服务器结构

本章小结

本章分别讨论了面向对象数据库、分布式数据库、并行数据库、数据仓库，联机分析处理技术、大数据管理，以及其他数据库。由于大数据管理技术的迅速崛起，较详细介绍了其相关内容。通过这些内容说明了数据管理技术的最新发展。通过本章的学习，读者应该：

- 掌握数据库技术的发展历程和数据库技术的发展方向
- 理解数据库技术与其他技术相结合产生的新的类型数据库
- 理解面向特定领域的数据库
- 掌握传统数据库与数据仓库的异同
- 了解大数据管理的最新动态

习题 9

9.1 名词解释

面向对象数据库　分布式数据库　并行数据库

数据挖掘　联机分析处理技术　大数据

9.2 数据仓库的主要特征有哪些?

9.3 简述数据挖掘、数据仓库、联机分析处理技术之间的关系?

9.4 简述联机分析处理的多维分析的基本操作。

9.5 简述 NoSQL 存储系统采用的 4 种数据模型。

9.6 什么是模糊数据库?

9.7 什么是空间数据库?

参考文献

[1] 萨师煊,王珊. 数据库系统概论.5 版. 北京:高等教育出版社,2014.

[2] 施伯乐. 数据库系统教程.4 版. 北京: 高等教育出版社,2008.

[3] 王秀英,张俊玲. 数据库原理与应用.北京: 清华大学出版社,2017.

[4] 贾铁军. 数据库原理应用与实践 SQL Server 2014. 北京: 科学出版社,2015.

[5] 王岩,贡正仙. 数据库原理、应用与实践:SQL Server. 北京: 清华大学出版社,2016.

[6] 石玉强,闫大顺. 数据库原理及应用. 北京: 中国水利水电出版社,2009.

[7] 高凯. 数据库原理与应用.2 版. 北京: 电子工业出版社,2016.

[8] 王晓斌. 数据库原理与 SQL Server 应用. 北京: 北京航空航天大学出版社,2015.

[9] 李春葆,陈良臣,曾平,喻丹丹. 数据库原理与技术——基于 SQL Server 2012. 北京: 清华大学出版社,2015.

[10] 戴维·m,克伦克 戴维·j,奥尔. 数据库原理.6 版. 北京: 中国人民大学出版社,2017.

[11] 尹志宇,郭晴. 数据库原理与应用教程——SQL Server.2 版. 北京: 清华大学出版社,2015.

[12] 托马斯 m.康诺利,卡洛琳 e.贝格,宁洪,贾丽丽,张元昭. 数据库系统:设计、实现与原理(基础篇). 北京: 机械工业出版社,2016.

[13] 苗雪兰,刘瑞新,邓宇乔,宋歌. 数据库系统原理及应用教程. 北京: 机械工业出版社,2014.

[14] 申德荣,于戈.分布式数据库系统原理与应用. 北京: 机械工业出版社,2011.

[15] 王艳丽,郑先锋,刘亮. 数据库原理及应用. 北京: 机械工业出版社,2013.

[16] 何玉洁,梁琦. 数据库原理与应用.2 版. 北京: 机械工业出版社,2011.

[17] 陆黎明,王玉善,陈军华. 数据库原理与实践. 北京: 清华大学出版社, 2016.

[18] 姜代红,蒋秀莲. 数据库原理及应用.2 版. 北京: 清华大学出版社,2017.

[19] 沐光雨,庞丽艳. 数据库原理及 SQL Server. 北京: 电子工业出版社,2015.

[20] 胡孔法. 数据库原理及应用.2 版. 北京: 机械工业出版社,2015.

[21] 张莉. SQL Server 数据库原理与应用教程.4 版. 北京: 清华大学出版社,2016.

[22] 鲁宁,寇卫利,林宏. SQL Server 2012 数据库原理与应用. 北京: 人民邮电出版社,2016.

[23] 李辉. 数据库系统原理及 MySQL 应用教程. 北京: 机械工业出版社, 2017.

[24] 徐洁磐,操凤萍. 数据库技术原理与应用教程.2 版. 北京: 机械工业出版社,2017.

[25] 肖海蓉,任民宏. 数据库原理与应用. 北京: 清华大学出版社, 2016.

[26] 张跃廷,王小科,许文武. ASP. NET 数据库系统开发完全手册. 北京: 人民邮电出版社,2007.

[27] 饶俊,赵富强. ASP. NET Web 数据库开发实践教程. 北京: 清华大学出版社,2013.

[28] 李刚．Java 数据库技术详解．北京：化学工业出版社，2010．
[29] 陈俟伶，张红实．SSH 框架项目教程．北京：中国水利水电出版社，2014．
[30] 微软．SQL Server 2014 教程．http://www.microsoft.com．
[31] 微软．SQL Server 2014 联机丛书．http://msdn.microsoft.com/zh-cn/library/ms1130214.aspx．